工业和信息化部"十四五"规划教材

# 纳米材料化学与工程

张加涛 ◎ 主编

## NANOMATERIALS CHEMISTRY AND ENGINEERING

U0234171

北京理工大学出版社
BEIJING INSTITUTE OF TECHNOLOGY PRESS

**图书在版编目（CIP）数据**

纳米材料化学与工程／张加涛主编．－－北京：北京理工大学出版社，2023.8

工业和信息化部"十四五"规划教材

ISBN 978 - 7 - 5763 - 2855 - 4

Ⅰ．①纳…　Ⅱ．①张…　Ⅲ．①纳米材料-应用化学-高等学校-教材　Ⅳ．①TB383

中国国家版本馆 CIP 数据核字（2023）第 171604 号

**责任编辑**：王玲玲　　　**文案编辑**：王玲玲
**责任校对**：刘亚男　　　**责任印制**：李志强

**出版发行** / 北京理工大学出版社有限责任公司
**社　　址** / 北京市丰台区四合庄路 6 号
**邮　　编** / 100070
**电　　话** / （010）68944439（学术售后服务热线）
**网　　址** / http://www.bitpress.com.cn

**版 印 次** / 2023 年 8 月第 1 版第 1 次印刷
**印　　刷** / 三河市华骏印务包装有限公司
**开　　本** / 787 mm×1092 mm　1/16
**印　　张** / 17.75
**彩　　插** / 2
**字　　数** / 365 千字
**定　　价** / 72.00 元

# 序

  21 世纪，纳米科技迅猛发展，极大地推动了物理、化学、材料科学、电子信息技术、生物科技等相关学科的发展。纳米材料化学作为纳米科技领域的核心方向，为纳米科技的发展及其相关领域的应用做出了重要贡献。纳米材料化学已发展成为当前国际前沿交叉领域中最活跃的领域，并已在新材料、新能源、生物科技、光电信息、国防工业等产业化领域开辟了新赛道。2023 年，诺贝尔化学奖授予蒙吉·G. 巴文迪、路易斯·E. 布鲁斯和阿列克谢·伊基莫夫，以表彰他们在量子点的发现和化学合成及其应用方面的贡献。正如诺贝尔化学奖委员会成员、瑞典皇家科学院院士海纳·林克评价："量子点可以看作纳米技术领域的一个里程碑"。

  在纳米科技日新月异发展的当前，化学、材料及相关交叉学科领域的本科、研究生人才培养需要一本系统的纳米化学方面的规划教材。我本人近 30 年的纳米材料化学研究经历，深深感受到培养从纳米材料的实验室合成到工业化生产与成果转化的科技人才是非常必要的，对进一步推动纳米科技的发展、造福人类具有重要的意义。

  北京理工大学张加涛教授主编的《纳米材料化学与工程》作为工信部"十四五"规划教材出版恰逢其时，本教材涵盖了从纳米材料基本效应，到纳米材料合成化学、合成方法学，到纳米材料化学工程的知识点，是一本值得期待的教材。

李亚栋

**清华大学化学系教授**

**安徽师范大学校长**

**中国科学院院士**

化学是研究物质的组成、结构、性质、反应及物质转化的一门科学，是创造新分子和构建新物质的根本途径，是与其他学科密切交叉和相互渗透的中心科学。化工是利用基础学科原理，实现物质和能量的传递与转化，解决规模生产的方式和途径等过程问题的科学。近10年来，化学学科发展迅速，国家自然科学基金化学学部支持原子、分子、分子聚集体及凝聚态体系的反应、过程与功能的多层次、多尺度研究，以及复杂化学体系的研究，实现化学合成、过程及功能的精准控制和规律认知。针对国民经济、社会发展、国家安全和可持续发展中提出的重大科学问题，在生物、材料、能源、信息、资源、环境和人类健康等领域，发挥化学与化工科学的作用。强调微观与宏观相结合、静态与动态相结合、化学理论研究与发展实验方法和精准分析测试技术相结合，鼓励吸收其他学科的最新理论、技术和成果，倡导源头创新与学科交叉，瞄准学科发展前沿，推动化学与化工学科的可持续发展。

化学自身不断发展，又与其他学科相互交叉、相互促进，不断形成新的生长点，其中纳米化学是一个典型，是在纳米水平上研究化学，主要研究原子尺度到100 nm之间的纳米世界中的各种化学问题的科学，是研究纳米体系的化学制备、化学性质及应用的科学。纳米材料化学工程是指在纳米化学技术基础上，即纳米尺度物质的制备、复合、加工、组装以及纳米材料、纳米器件与纳米系统在原子、分子尺度上的化学调控基础上，研究纳米材料、纳米器件、纳米系统以及纳米技术等纳米科技产品的设计、工艺、制造、装配、修饰、控制、操纵等化学工程问题，推动纳米科技产品走向市场、有效地服务于经济社会。

1. 纳米材料化学与工程不断和化学学科的延伸深层次交叠，纳米化学与工程和能源化学、能源化工交叉延伸。

我国是世界上最大的能源消费国和温室气体排放国，2020年9月，习近平总书记宣布"中国二氧化碳排放力争于2030年前达到峰值，努力争取2060年前实现碳中和"，因此，需要大力发展碳中和技术体系和碳中和产业，积极推进能源革命。绝大多数的能源利用实质上是能量和物质不同形式之间的化学、化工转化过程，而能源和化学物质之间的转化是通过化学反应直接或间接实现的。能源化学的核心内涵是利用化学的原理和方法，研究能量获取、储存及转换过程的基本规律，为发展新的能源技术奠定基础。纳米化学与能源化学交叠形成了纳米能源化学子学科，许多新能源技术以及传统能源的高效利用，都与纳米化学与工程有深层次交叠，并在不断发展和贡献。针对我国现有能源结构特点和发展趋势，纳米化学与工程将在"化石资源清洁高效利用与耦合替代""清洁能源互补体系""能源化学前沿科学"多条主线交叉延伸，推动基础研究与应用基础研究融合发展。

2. 纳米化学与工程和生命健康交叉延伸。

从生命的起源，DNA 的双螺旋结构开始，就与纳米、微米尺寸密不可分，所以，纳米材料、纳米化学从诞生就与生命科学紧密结合。随着纳米化学的发展，逐渐交叉和延伸出了纳米生物学（Nanobiology）、纳米医学（Nanomedicine）交叉学科，而且在不断发挥作用。纳米生物学是从微观的角度来观察生命现象，并以对分子的操纵和改性为目标的；纳米医学是将纳米科学与技术的原理和方法应用于医学。2020 年 9 月 11 日，习近平总书记主持召开科学家座谈会，提出"坚持面向世界科技前沿、面向经济主战场、面向国家重大需求、面向人民生命健康，不断向科学技术广度和深度进军"，其中，"面向生命健康"成为一个新的方向，纳米化学与工程和生命健康的交叉，将为人类的生命健康贡献科学与技术。

3. 纳米化学与工程和材料科学与工程学科深度交叉融合。

1994 年，在波士顿召开的美国材料研究学会（MRS）秋季会议上正式提出了纳米材料工程的概念。至此，纳米材料科学与工程成为材料科学与工程学科的一个完整的分支学科。其中，材料物理与化学作为材料科学的二级学科，涌现出了强劲的纳米材料化学子学科，以及当前的纳米材料无机化学、纳米材料物理化学、纳米材料有机与高分子化学、纳米材料超分子化学和纳米材料生物化学等。21 世纪以来，石墨烯、碳纤维、轻型合金、碳纳米管、超导材料、半导体材料（集成电路、LED、太阳能光伏等）、功能薄膜（光学薄膜、光伏薄膜、锂电池隔膜、水处理渗透膜、高阻隔包装膜等）、智能材料、生物材料（如人工眼角膜、心脏支架、心脏起搏器、人工硬脑膜等）、特种玻璃（如光伏玻璃等）等层出不穷，这些新材料大部分需要纳米化学合成、组装，形成新功能，然后利用纳米化学工程推进应用技术研究。

本书在撰写过程中，充分兼顾前沿性和交叉性等，在充分考虑教材思政的同时，加入新的元素丰富教材，各章基本框架为"本章重点及难点＋具体内容＋中间穿插的科技视野、知识拓展＋本章思考题和参考文献"。纳米化学与工程作为新兴交叉学科，发展迅速，知识体系不断更新，编者在编写过程中，难以一一顾及众多知识体系，疏漏之处在所难免，敬请读者指教。

**编　者**

# 目　录
## CONTENTS

# 第1章

# 纳米材料化学与工程概论

## 本章重点及难点

（1）了解纳米科技的发展历史。

（2）掌握纳米材料的定义，了解纳米科技的内容和分支。

（3）理解纳米科技的前景与安全性：两面性、"双刃剑"作用。

（4）理解并掌握纳米材料化学工程的定义和内容。

（5）了解纳米材料化学的工程学特性。

（6）了解纳米材料的优势，以及与其他学科的交叉应用。

## 1.1　纳米材料的起源与发展

纳米材料是从最初的"无意"到"有意"而发现，在生活中无处不在，例如：1 300 多年前王羲之"丧乱帖"（图1−1）纳米炭黑流传到日本，千年不褪色；公元4世纪古罗马莱克格斯杯（Lycurgus cup）在反射光下呈绿色、透射光下呈红色，是因为胶体纳米金、银颗粒的表面等离子体共振（SPR）效应；荷花出淤泥而不染，根本原因是在"微米结构"上再叠加上"纳米结构"的微纳结构；徽墨用纳米级大小的松烟炱（即所谓精烟徽墨），制墨时所用的黑灰越细，墨的保色时间越长。

（a）　　　　　　　　　　　　　　　（b）

图1−1　王羲之"丧乱帖"（**a**）、古罗马的莱克格斯杯（**Lycurgus cup**）（**b**）、
荷花出淤泥而不染（**c**）以及中国的徽墨（**d**）（见彩插）

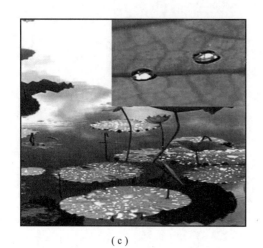

（c）

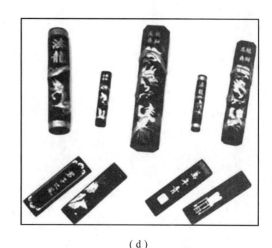

（d）

图1-1　王羲之"丧乱帖"（a）、古罗马的莱克格斯杯（Lycurgus cup）（b）、
荷花出淤泥而不染（c）以及中国的徽墨（d）（续）（见彩插）

在现代的科技发展中，出现了各种各样的新能源材料，有染料敏化太阳能电池、柔性薄膜电池、燃料电池汽车、锂离子电池等，如图1-2所示。现实生活中，纳米材料也无处不在，北京奥运会的国旗和锦旗具有防水和自清洁的功效；纳米衬衣和领带具有自清洁和抗菌的功效，冰箱中加入纳米材料可以实现更好的隔热、抗菌和除臭的功能；空调中加入纳米材料，杀菌效果可以达到95%，有机污染物清洁效果可以达到98%；添加纳米银复合材料的洗衣机具有更好的抗菌和抗垢功效。

（a）

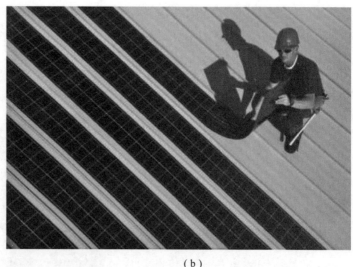

（b）

图1-2　Grätzel教授和他的染料敏化太阳能电池（a）和建筑物上的柔性薄膜电池（b）

在材料的"尺寸"方面，经历了三次工业革命，第一次工业革命发生在18世纪中叶，以蒸汽机为代表，新的动力解放了人类的双手，使人类跨入了以机械代替人力的机械化工业

时代，它的标志尺度是毫米，可以称作毫米技术应用时代；第二次工业革命是 20 世纪以电子技术为代表，它的标志是微米技术的应用，使人类进入电气化、电子化、以计算机和网络通信为代表的新时代，不仅缩短了人类之间的空间距离，而且部分地解放了人类的脑力劳动，促进了生产力的飞速发展；第三次工业革命是 21 世纪，以纳米技术为代表的新兴科技，将给人类带来第三次工业革命，使人类的生产和科技活动从微米层次深入纳米层次，它将为人类创造出许多新材料、新产品，将彻底改变人们千百年来形成的生活习惯和生产模式，将对传统产业带来极大的变革。纳米技术将成为 21 世纪科技发展的"领头羊"。人类探索世界的不同层次包括微观、介观和宏观三个方面（图 1-3），其中，介观层次中物质的性质会与宏观大块物质大不相同。以纳米颗粒材料为例，当物质小到纳米尺度时，物质的局域性、巨大的表面和界面效应以及量子效应大大改变了大块物质的原有性能，而具有自洁、催化、巨磁阻、高韧性等特殊性能。

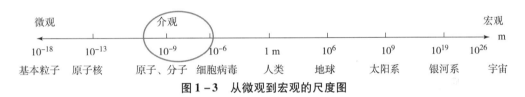

**图 1-3　从微观到宏观的尺度图**

### 1.1.1　纳米材料的定义

纳米材料的定义在《纳米材料术语》（GB/T 19619—2004）中有三个层面的标准：①纳米尺度：1~100 nm 范围的几何尺度；②纳米结构单元：具有纳米尺度结构特征的物质单元，包括稳定的团簇或人造原子团簇、纳米晶、纳米微粒、纳米管、纳米线、纳米单层膜及纳米孔等；③纳米材料：物质结构在三维空间至少有一维处于纳米尺度，或由纳米结构单元组成的具有特殊性质的材料。

纳米材料的发展历史从古代的炭黑、铜镜等开始，1857 年，法拉第制备红色的金溶胶。1861 年，胶体化学建立。1962 年，日本东京大学的 R. Kubo 教授提出了超细粒子的量子限域理论。1963 年，日本的上田良二在惰性气体中通过蒸发冷凝法制备了几纳米到几百纳米的金属颗粒。1984 年，德国的 H. Gleiter 等人通过蒸发冷凝制备纳米铁粒子，在真空下原位压制成纳米块体材料，首次提出"纳米材料"的概念。1987 年，美国阿贡国家实验室的 Siegel 等制备纳米 $TiO_2$ 粉体及陶瓷（纳米固体），发现以纳米粉体为原料可以提高块体的性能。1990 年，纳米材料学在首次召开的国际纳米科技会议上，正式成为材料科学的一个分支。1994 年，在波士顿召开的美国材料研究学会（MRS）秋季会议上正式提出了纳米材料工程的概念。至此，纳米材料科学与工程成为材料科学与工程学科的一个完整的分支学科。

纳米材料研究的三个发展阶段：1990 年以前，研究纳米微粒、薄膜和纳米块体材料的制备、表征，探索纳米材料不同于常规材料的特殊性能，局限在单一或单相材料。1990—1994 年，探索纳米复合材料的合成及物性。通常采用纳米微粒与纳米微粒复合、纳米微粒与常规块体复合以及发展纳米复合薄膜等。1994 年至今，研究纳米组装体系（nanostructured assembling system）、人工组装合成纳米结构材料体系，强调有目的地按照性能要求设计、组装创造新的纳米体系，实现所希望的特性，进而形成应用器件。

从传统的制造方式（从块体材料出发，自上而下地加工出具有特定功能的器件）到现在的纳米制造技术（从原子、分子水平的精确操控出发，自下而上地制造材料、器件以及功能系统），纳米科技带来人们传统思维方式的深刻变革。纳米科技的发展：1931年，E. Ruska 等发明 TEM，到今天分辨率已达到 0.1 nm；1959 年，Feynman 发表了著名演讲，最早的纳米科技提出；1968 年，贝尔实验室的 A. Y. Cho 和 J. Arthur 等发明分子束外延生长技术——单层原子的沉积；1974 年，N. Taniguchi 发明"纳米技术"词语；1981 年G. Binnig 和 H. Rohrer 发明 STM；1985 年，G. Binnig、H. Rohrer 和 C. F. Quate 发明 AFM；1985年，H. W. Kroto、R. E. Smalley、R. F. Curl 发现金刚石和石墨之外的"fullerence"——C_{60}；1986 年，K. E. Drexler 出版第一部纳米科技书籍——*Engines of Creation*：*The coming Era of nanotechnology*（《纳米技术的未来》）（图 1－4）；1988 年，Albert Fert 和 Peter Grunberg 分别独立发现纳米多层膜的巨磁电阻效应，2007 年获诺贝尔物理学奖；1991 年，Sumio Lijirma 发现碳纳米管；2000 年，克林顿政府宣布启动国家纳米技术计划。

图 1－4　K. E. Drexler 的纳米科技梦想

目前已可以把传感器、电动机和数字智能装置集中在一块硅片上，制造出微机电系统，为军备专家研制新概念的纳米武器奠定了基础。各国的武器专家正在尽情地发挥想象力，提出了千奇百怪的战场"精灵"和纳米级武器新概念，如"蚂蚁士兵""苍蝇飞机""麻雀卫星""纳米炸弹""蚊子导弹""基因武器"等。纳米科技是高度交叉的新兴学科，是物理、化学、生物、医学、材料、电子等学科的交叉汇合点。①纳米科学：纳米尺度上所表现出来的各种物理、化学和生物学现象及其内在规律，尤其是原子、分子以及电子在纳米尺度范围的运动规律。②纳米技术：纳米尺度物质的制备、复合、加工、组装以及测试和表征，实现纳米材料、纳米器件与纳米系统在原子、分子尺度上的可控制备。③纳米工程：包括纳米材料、纳米器件、纳米系统以及纳米技术设备等纳米科技产品的设计、工艺、制造、装配、修饰、控制、操纵与应用，推动纳米科技产品走向市场、有效地服务于经济社会。

## 科学视野

### "纳米化学"名词溯源

图 1-5　George M. Whitesides

到目前为止，纳米化学的一个重点是试图使用和理解生命系统中遇到的各种令人惊讶的复杂策略和过程。然而，纳米化学越来越受到重视，因为它是一门具有非常广泛影响的学科，而且最终将涉及许多领域：界面和胶体科学、分子识别、电子微制造、聚合物科学、电化学、沸石和黏土化学、扫描探针显微镜等[①]。

——George M. Whitesides（图 1-5），哈佛大学，化学系

与纳米物理学相反，纳米化学是固态化学的一个新兴分支学科，它强调合成，而不是制备一维、二维或三维纳米大小物质的工程方面[②]。

——Geoffrey A. Ozin（图 1-6），多伦多大学，化学系

纳米化学的需求：自下而上或工程化的纳米结构和纳米系统的构建方法[③]。

——Sir Fraser Stoddart（图 1-7），西北大学

图 1-6　Geoffrey A. Ozin

图 1-7　Sir Fraser Stoddart

---

① George M. Whitesides, J. P. Mathias, C. T. Seto. 分子自组装和 Nanochemistry：合成纳米结构的化学策略. 科学，1991（254）：1312.

② 纳米化学：降维合成. 先进材料，1992（4）：612.

③ 自然和非自然系统中的自组装. 德国应用化学，1996（35）：1154.

纳米化学与纳米物理的区别如图 1 - 8 所示。

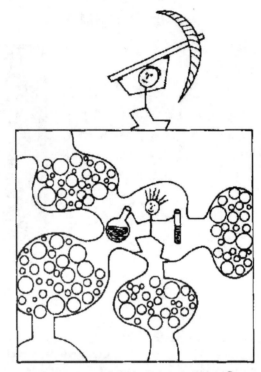

图 1 - 8　纳米化学与纳米物理的区别①

## 1.1.2　纳米材料化学的定义与研究范畴

纳米化学的定义：化学的一个新分支，是研究原子以上、100 nm 以下的纳米世界（介观世界）中的各种化学问题及其应用的科学。纳米化学的研究对象是至少一个维度的尺寸在 100 nm 以下的原子或分子的集合体。它的主要任务是研究纳米材料与结构的化学制备方法，探索有限原子或分子体系的性质及反应规律等。

纳米化学研究物质在微米尺度以下、纳米尺度以上的化学问题。纳米化学的提出，为化学家开拓了一个新的研究领域。物质达到纳米的尺度，将为化学合成、物质性质及其他的问题带来新的科学研究内涵。纳米物质的合成是纳米化学首先面临的问题。

纳米材料化学的研究范畴包括：①纳米材料合成、性质及新能源、生物等应用，如合成新材料，探索新的合成方法；尺寸效应、个体与群体性质（界面问题）、结构与功能的构效关系等。在纳米材料合成方面，"零维"的纳米晶、非晶等颗粒材料已有长足进步和发展；在"一维"棒状和管状材料的研究方面，近十年来也取得迅速进步；2004 年以来，二维原子晶体材料受到高度重视。更为有效地控制材料的生长过程，以期实现对产物尺寸、形状、分散度以及微观结构的精确控制，将一直是纳米化学合成的首要任务。从自然界、从生命体系中汲取营养将是纳米化学合成的重要出路和推动力。生命体系中有着琳琅满目的基于自我识别和自组织而形成的复杂纳米结构的例子，生命系统掌握着通过各种弱相互作用制备纳米

---

① Geoffrey A. Ozin，Adv. Mater. 1992 (4)：612.

结构的极为精湛的艺术。对于纳米化学家来说，还仅仅是刚刚开始学习这种艺术。②自组织与自组装现象及其应用，如 LB 膜、SAM、非共价和超分子组装、自组织生长等。③化学反应的尺寸效应和单分子性质，如纳米尺度的反应规律，单个分子和有限分子体系的化学性质、光谱性质等，纳米尺寸的催化剂的设计、制备及其作用原理。④纳米分析与表征技术，如发展各种纳米尺度的物理化学性质的实验测量、分析表征技术。

区别于传统制造方式的从块体材料出发，自上而下地加工出具有特定功能的器件，纳米制造技术是从原子、分子水平的精确操控出发，自下而上地制造材料、器件以及功能系统。

### 1.1.3　纳米化学发展大事记

- 1931 年，Max Knoll 和 Ernst Ruska 发明电子显微镜，实现了纳米尺度的成像。
- 1959 年，Richard Feynman 发表《在底部有广漠的空间》著名演讲，预言了纳米科技的美好前景。
- 1962 年，日本物理学家久保亮武（R. Kubo）在金属超微粒子的理论研究中发现，金属粒子具有与块体物质不同的热性质，被学界称为 Kubo 效应。随后提出针对金属超微粒子的著名的久保理论，即超微粒子的量子限域理论。
- 1963 年，Ryozi Uyeda（上田良二）发展了气体蒸发法或称为气体冷凝法，通过在纯净的惰性气体中的蒸发和冷凝过程获得了清洁表面的超微粒子，并对单个金属超微粒子的形貌和晶体结构进行了透射电子显微镜研究。
- 20 世纪 70 年代末，MIT 的 W. R. Cannon 等人发明激光驱动气相合成方法，合成出尺寸为数十纳米的 Si、SiC、$Si_3N_4$ 陶瓷粉末，从此人类开始了规模制备纳米材料的历史。
- 1981 年，Gerd Binnig 和 Heinrich Rohrer 发明扫描隧道显微镜，使人们能够直接观测到单个原子。
- 1985 年，Robert F. Curl、Harold W. Kroto 和 Richard E. Smalley 发现直径约为 1 nm 的富勒烯。
- 1986 年，G. Binnig 和 C. Quate 发明原子力显微镜，使绝缘性基底上的高分辨成像成为可能；同年，在美国圣地亚哥召开第一届 STM 国际会议。
- 1989 年，IBM 的 Donald M. Eigler 利用 STM 针尖写下单个氙原子构成的 IBM 商标。
- 1990 年，在美国巴尔的摩召开第一届纳米科技国际会议，正式提出纳米材料学、纳米生物学、纳米电子学和纳米机械学的概念，并决定出版《纳米结构材料》《纳米生物学》和《纳米技术》学术刊物。
- 1991 年，NEC 的 Sumio Iijima 发现碳纳米管。
- 1992 年，首届国际纳米材料学术会议在墨西哥召开，之后每两年一次。
- 1997 年 11 月 18—21 日，召开"纳米化学研究"第 86 次香山科学会议。
- 1998 年，荷兰科学家 Cees Dekker 制备出碳纳米管晶体管。
- 1999 年，Rice 大学的 James M. Tour 和耶鲁大学的 Mark A. Reed 研制成功单分子开关。
- 2004 年，曼彻斯特大学的 K. S. Novoselovand 和 A. K. Geim 研制成功单层石墨烯晶体管。
- 2004 年 4 月 23—27 日，中国化学会第 24 届年会"纳米化学分会"在湖南大学召开。

- 2006 年 7 月 11—14 日，中国化学会第 25 届年会"纳米化学分会"在吉林大学召开。
- 2008 年 7 月 13—16 日，中国化学会第 26 届年会"纳米化学分会"在南开大学召开。
- 2010 年 6 月 20—23 日，中国化学会第 27 届年会"纳米化学分会"在厦门大学召开。
- 2012 年 4 月 13—16 日，中国化学会第 28 届年会"纳米化学分会"在四川大学召开。
- 2013 年 1 月，中国化学会纳米化学专业委员会正式成立。

……

### 1.1.4　纳米科技的发展前景

纳米科技的发展前景包括信息、材料、能源、环境、医疗、卫生、生物与农业等诸多领域的新的产业革命。医学：癌症治疗、药物载体、药物缓释、靶向治疗、荧光标记、痕量分析等。信息技术：存储量（巨磁电阻效应，T 级）、处理速度（CPU）、纳米集成电路、LED（OLED、半导体 LED）、单电子晶体管等。国防：低密度、高比强度、耐高温的轻质航空航天材料，如 $Mg_2Si$、碳纤维等；光、机、电、磁高度集成、微型化、智能化的电子战系统、灵敏便携式探测系统、隐身技术。能源与环境方面：包括新能源太阳能、生物质能等可再生能源的开发与应用。环境方面：尾气处理、污水处理、自清洁、有机物质降解、石油化工等。此外，还有食品、化妆品、家居装饰。

各国针对纳米材料的研究分别出台了相关的纳米发展计划，我国于 2001 年 7 月发布《国家纳米科技发展纲要（2001—2010）》。在我国新材料产业"十二五"发展规划（工信部）中，发展的重点包括特种金属功能材料、高端金属结构材料、先进高分子材料、新型无机非金属材料、高性能复合材料、前沿新材料（纳米材料、生物材料、智能材料、超导材料）。

未来十大最具潜力的新材料包括石墨烯、碳纤维、轻型合金、碳纳米管、超导材料、半导体材料、功能薄膜、智能材料、生物材料、特种玻璃。其中，石墨烯材料是一种颠覆世界的材料（图 1-9）。石墨烯是目前发现的最薄、最坚硬、导电导热性能最强的一种新型纳米材料。石墨烯被称为"黑金"，是"新材料之王"，科学家甚至预言石墨烯将"彻底改变 21世纪"，它是用透明胶带从石墨晶体上"粘"出来。目前最有潜力的应用是成为硅的替代

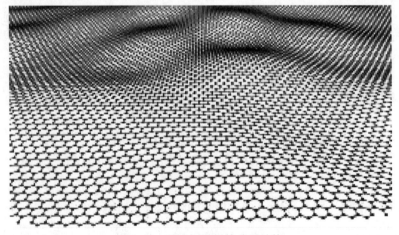

**图 1-9　单层石墨烯的分子结构**

品。在特定情况下，石墨烯能转化成具有独特功能的拓扑绝缘体，有望带来一种制造量子计算机的新方法。其次，石墨烯助力超级电容器、锂离子电池的发展。石墨烯还可应用于电路、触摸屏、基因测序以及制造出羽翼般超轻型飞机、超坚韧防弹衣等。

### 1.1.5　纳米材料的化学安全性

纳米材料的安全性也是人们需要重视的方面，例如：1997 年，牛津大学与蒙特利尔大学的科学家发现，纳米 $TiO_2/ZnO$ 在防紫外线作用的同时，还会引发皮肤细胞中的自由基，破坏 DNA。纳米微粒对于动物和人体的毒副作用：碳纳米颗粒、金纳米颗粒、CdSe 量子点。*Science* 和 *Nature* 杂志分别在 2003 年的 4 月和 7 月发表署名文章，介绍纳米尺度物质的生物效应及其对环境和健康的影响。在 2004 年 243 次香山科学会议"纳米尺度物质的生物效应"中，白春礼院士作了"纳米科技：发展趋势与安全性的主题报告"。2004 年 12 月，欧盟启动"纳米安全综合研究计划"。2005 年 11 月，美国启动"国家纳米科技毒理学计划"。美国政府召开了"人造纳米材料的安全性问题圆桌会议"。2006 年 8 月，我国"人造纳米材料的生物安全性研究及解决方案探索"获得"973"计划的立项支持。

随着"纳米"逐渐走进人类生活，是否存在"纳米污染"问题，纳米尺度的物质与生命体系是如何相互作用的，也有待研究。上述问题对化学家们来说，既是极大的挑战，也意味着新的机会。毫无疑问，纳米化学必将在这种机会与挑战中得到不断的发展，逐渐走向成熟。

纳米世界是科学与艺术的完美结合。1990 年，IBM 公司的科学家展示了一项令世人瞠目结舌的成果，他们在金属镍表面用 35 个惰性气体氙原子组成"IBM"三个英文字母。中国科技大学侯建国教授领导的课题组将 $C_{60}$ 分子组装在单层分子膜的表面，隔绝了金属衬底的影响。在 $-268\ ℃$ 下，将分子热运动冻结，利用扫描隧道显微镜（STM）在国际上首次"拍下"了能够分辨碳—碳单键和双键的分子图像，如图 1 - 10 所示。

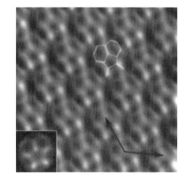

图 1 - 10　纳米世界

### 1.1.6　纳米新材料前瞻

新材料发展的四个关键词是绿色、智能、健康、可持续；科技发展的四类重点领域是信息（大云物移）、能源（新能源、清洁交通、智能电网）、材料（纳米材料、先进制造、机器人）、生物（医药、农业、环保）；四大战略方向是深空（空天技术）、深地（地球科学）、深海（海洋技术）、深脑（脑科学）。麦肯锡预测了 12 种改变未来的颠覆性技术，分别是移动互联网、知识型工业自动化、物联网、云计算、先进机器人、新一代基因组技术、自动或半自动交通工具、能量存储技术、3D 打印技术、先进材料、先进油气田开采技术、可再生能源。

2020 年 9 月 22 日，中国政府在第七十五届联合国大会上提出："中国将提高国家自主贡献力度，采取更加有力的政策和措施，二氧化碳排放力争于 2030 年前达到峰值，努力争取 2060 年前实现碳中和。"中国是世界上最大的能源消费国和碳排放国。2019 年碳排放 120 亿吨，占全球 31%。1750 年以来，能源累计碳排放 2 100 亿吨，占全球 13%。工业碳排放占比：2019 年工业二氧化碳排放量为 104 亿吨，占我国总碳排放量的 87%。纳米科技在降低碳排放，尤其是发展新型清洁能源实现碳中和目标方面起到重要的推进作用。

## 1.2　纳米材料化学的工程学特质

材料化学是根据材料的基本理论和方法对工业生产中与化学有关的问题进行应用基础理论和方法的研究以及实验开发研究的一门学科。它既是材料科学的一个重要分支，又是化学学科的一个组成部分，具有明显的交叉学科和边缘学科的性质。材料化学在原子和分子水准上设计的新材料有着广阔的应用前景，其研究的范围涵盖整个材料领域，研究包括无机和有机的各类应用材料的化学性能。材料的广泛应用是材料化学与技术发展的主要动力。

化工材料是材料产业的一个重要分支，它是建造化工装置所需工程材料的简称，是基础化学工业最具活力和发展潜力的领域。化工材料分为金属材料和非金属材料两大类。化工用金属材料又可分为黑色金属材料和有色金属材料。黑色金属材料主要指铁和钢，多数化工机械设备是用铸铁和碳钢制成的。高合金铁、高合金钢（如高硅铁、高镍铁和各类不锈钢）以及镍、铜、铝、钛、锆及其合金，也广泛应用于化工生产中。非金属材料在化工中的使用日益广泛，主要有塑料、橡胶、玻璃、陶瓷、搪瓷、不透性石墨等。塑料发展迅速，耐蚀性优良，应用最广泛；不透性石墨既耐热、耐酸，还具有高热导率，用量也较多；陶瓷、玻璃等耐酸性良好，但性脆，又不能制成大体积设备，所以其本身用途有限，但可用来搪、衬金属表面，制成耐蚀的搪瓷设备等。

随着社会的发展，人们对各类材料提出了更高的要求。化工材料除了应具有一般工程材料的性能外，还应具备优良的耐腐蚀性能等物理化学特性。在此基础上，纳米材料应运而生。纳米材料的物理、化学性质既不同于微观的原子、分子，也不同于宏观物体。当常态物质被加工到极其细微的纳米尺度时，会出现特异的表面效应、量子尺寸效应和宏观隧道效应等。因此，纳米材料可以呈现出块体材料所不具备的高强度硬度、高扩散性、高塑性、高韧性、低密度、低弹性模量、高电阻、高比热、高热膨胀系数、低热导率和强软磁等优异性能。纳米材料与相同组成的微米晶体（体相）材料相比，在化学、光学、磁性和力学等方面具有许多奇异的性能，因而成为材料科学和物理学等领域中的研究热点。目前，功能化的纳米材料已被广泛应用于能源、信息、环保、生物医学、航天工程等诸多工程领域。

### 1.2.1　基于尺寸效应的工程学特质

纳米材料的电子能级分布显著不同于大块晶体材料。在大块晶体中，电子能级准连续分布，形成一个个的晶体能带。金属晶体中电子未填满整个导带，在热扰动下金属晶体中的电子可以在导带各能级中较自由地运动，因而金属晶体表现为良好的导电性及导热性。而在纳米材料中，由于至少存在一个维度为纳米尺寸，在这一维尺度中，电子相当于被限制在一个无限深的势阱中，电子能级由准连续分布转变为分立的束缚态能级，能级间距决定了金属纳米材料是否表现出不同于大块材料的物理性质。当离散的能级间距大于热能、光子能量和静电能等的凝聚能时，纳米材料将表现出与宏观物体显著差异的特性，此即为纳米材料的尺寸效应。

**1. 催化剂**

纳米材料的比表面积大，表面原子的大比率极大地增加了其活性，独特的表面结构、电子状态和暴露面积等，使得纳米材料具有很高的催化活性。纳米材料作为新一代催化剂备受国内外重视。催化剂按用途，主要分为炼油催化剂、化工催化剂及环保催化剂三大类。纳米材料的比表面积大，表面活性中心多，为其做催化剂提供了必要的条件，国际上已将纳米材料作为第四代催化剂进行研究和开发。

合成氨方面：氨是一种重要的无机原料，在化工工程领域内有着非常重要的作用，被应用在有机氨化合物、尿素类化肥以及医药中间体等众多领域，甚至氨的生产能力也是国家之间综合工业体系的一项重要的指标内容。以氮、氢为原料合成氨的工业化生产曾是一个较难的课题，从第一次实验室研制到工业化投产，约经历了 150 年的时间[1]。中国合成氨工业自 20 世纪 20 年代起步发展，目前已成为全球最大的合成氨生产及消费国家，2020 年我国合成氨产量约 5 884 万吨[2]，约占全球产量的 1/3。未来在长途航运方面，氨能将被广泛应用。

传统煤与天然气制氨工艺主要取决于原料气制备方式，与绿氢合成氨技术相同，最终均需要得到高纯度的氢气与氨气，再经过若干段分级压缩至高压，送至合成氨工艺塔。不同的是，绿氢需要通过可再生能源电解水制氢获取，因此，绿氢合成氨主要设备将包括可再生能源电力装备、电解水制氢设备、空分装置、合成氨装置，以上相关技术装备国产化程度较高，如图 1-11 所示。

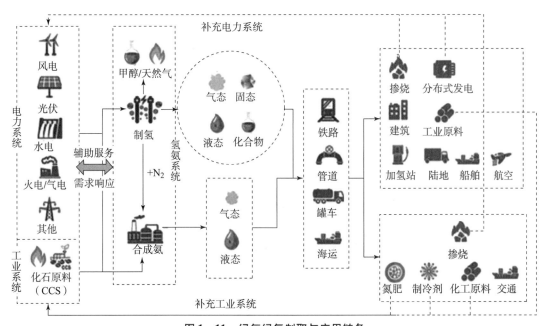

**图 1-11　绿氢绿氨制取与应用链条**

传统的合成氨催化剂于 20 世纪初由德国 BASF 公司研制开发出来。它是由磁铁矿制备的，加入少量不可还原氧化物作为促进剂，特别是 K、Ca、Al。1979 年，英国 ICI 公司首先研制成功 Fe – Co 催化剂（74 – 1 型含钴催化剂），使其活性有了一定的提高，并应用于 ICI – AMV 工艺中。我国也先后成功开发出 Fe – Co 催化剂（A201 型和 A202 型），并应用于工业生产，取得了较好的经济效益。

根据气固相反应理论，金属晶格缺陷越多，比表面积越大，活性中心越多，其催化性能就越好。所以，毋庸置疑，随着纳米微粒粒径的减小，表面积逐渐增大，吸附能力和催化性能也随之增强。由此来看，纳米微粒催化剂也应是合成氨催化剂的一个研究方向。在实验室研究中，人们利用各种方法已经研制出了纳米 $Fe_3O_4$、纳米 $Fe_2O_3$、纳米 $CuO$、纳米 $NiO$、纳米 $ZnO$、纳米 $MoO_3$ 等纳米微粒催化剂，它们是合成氨过程中制气、脱硫、变换、精炼、合成等几道工序需要用到的合成氨催化剂。纳米合成氨催化剂的选择性要比普通催化剂平均高 5 ~ 10 倍，活性高 2 ~ 7 倍，如果这些催化剂能成熟地应用于合成氨工业中，必将使它发生一场技术性的革命：系统的反应温度和压力将大幅度降低；设备的投资和占地面积将大幅度减少，工艺流程或许会变得更加简单；产量和效益将大幅上升。

污水处理方面，工业用及车用燃料油是最大的 $SO_2$ 污染源，燃料油中的含硫化合物在燃烧后会产生 $SO_2$，所以，石油炼制工业有一道脱硫工艺，以降低汽、柴油的硫含量。纳米钛酸钴（$CoTiO_3$）是一种非常好的石油脱硫催化剂。以半径为 55 ~ 70 nm 的钛酸钴的催化活体多孔硅胶或以 $Al_2O_3$ 陶瓷作为载体的催化剂，其催化效率极高，经它催化的油品中硫的含量小于 0.01%，达到国际标准。

在尾气治理方面，复合的稀土化合物的纳米级粉体是一种新型汽车尾气净化催化剂，纳米级粉体有极强的氧化还原性能。它的应用可以有效解决汽车尾气中 CO 和 $NO_x$ 的污染问题。以活性炭为载体，纳米 $Zr_{0.5}Ce_{0.5}O_x$ 粉体为催化活性体的汽车尾气净化催化剂，由于其表面存在价态的转换，因此具有极强的电子得失能力和氧化还原能性，再加上纳米材料比表面积大、空间悬键多和吸附能力强，因此，它在氧化 CO 的同时还原 $NO_x$，使它们转化为对人体无害的 $CO_2$ 和 $N_2$。纳米 Fe、Ni 和 $\gamma – Fe_2O_3$ 混合轻烧体可以代替贵金属而作为汽车尾气的催化剂，有极强的氧化还原能力，使汽油燃烧时不再产生一氧化碳和氮氧化合物。

2. 电子器件

在 20 世纪，人类社会发生了巨大变化，伴随着相对论和量子力学的提出，现代科学得到迅猛发展，包括集成电路、微电子学、光纤通信、大型计算机、航天飞机等。电子器件的发展对人类社会的进步起到了极大的推动作用。真空电子管的诞生，出现了雷达和无线电通信、无线电广播以及电视广播等。微电子集成电路的出现，制造了个人计算机和高性能计算机，从而进入了科学、生产和家庭领域，人类社会进入计算机时代。这个时代的特点是计算机和自动器应用越来越广泛，知识在迅速扩展，各种各样的信息量迅猛增长，要求处理信息的速度越来越快。这就要求集成电路的集成度越来越大，元件的尺寸越来越小。以计算机基础的芯片为例，纳米电子器件的集成度可达到 $10^{12}$ bit/$cm^2$，其中每个元件的尺寸小于 10 nm。在这种尺寸下，量子效应将占优势，引起光电集成器件的革命。目前以无机硅材料为主的集成器件被以有机/无机复合物为主的纳电子器件集成电路所取代。

降低电子电路的尺寸节省了原材料、重量和功耗。然而，目前半导体行业中通过简单的降低器件尺寸进行小型化的方法不能无限地延伸下去，因此，人们需要探索新型的器件技术和架构。这些新概念中的许多都基于对纳米管、石墨烯层、纳米线和纳米带的碳电子技术的使用。

采用不同的掺杂工艺，通过扩散作用，将 P 型半导体与 N 型半导体制作在同一块半导体（通常是硅或锗）基片上，在它们的交界面就形成空间电荷区，称为 p-n 结。p-n 结具有单向导电性，是电子技术中许多器件所利用的特性。p-n 结在现代电子学和半导体器件上扮演着重要角色。它除了在整流器、开关以及其他电子器件上被广泛应用外，p-n 结也是双极型晶体管、可控硅器件的重要构成组件。在给予适当的偏压条件或暴露在光线下时，p-n 结也可作为微波或光电器件。

纳米技术在武器装备中的重要性不言而喻。信息技术的发展使战争形态发生了根本的变化，一方面，打击手段不断智能化、精确化；另一方面，打击目标也从传统的生产设施转向信息系统。纳米武器由于具有超微型和智能化的明显优势，打击敌方的神经系统必然是纳米武器的首选目标。纳米技术在军事领域的应用主要有以下几个方面：通过先进的纳米电子设备取得持续的信息优势；研制以纳米结构电子设备为基础的、技术上更先进、经济上承受性更好的虚拟训练系统；研制性能更好的纳米自动化武器装备。在军事领域中，随着纳米技术的发展及在武器装备中的不断应用，可使武器装备等得到多方面的改进和提高。

3. 传感器

人类生产和生活过程中，需要检测多种参量，包括温度、压力、噪声、气体成分、化学污染等。而所有这一切，从信号工程的角度看，都需要通过传感器检测。传感器品种很多达近 20 000 种，例如，温度传感器、分析仪表、视觉传感器和旋转编码器等。由于纳米材料有着大的表面体积比，使其与外界接触面积极大增加，这是作为纳米传感器的基础。与相同元素构成的块体材料相比，纳米材料制成的传感器有极高的灵敏度。随着纳米科技的发展，纳米传感器的研究取得了迅速的进展，如图 1-12 所示。

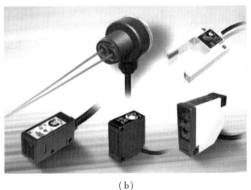

（a）　　　　　　　　　　　　　　　　（b）

**图 1-12　中央处理器（a）和传感器（b）**

用纳米材料制作的气敏元件不仅保持了粗晶材料的优点，而且改善了响应速度，增强了敏感度，还可以有效地降低元件的工作温度。传感器在军事上应用极为广泛，尤其是在探测设备方面，应用前景引人注目。纳米传感器的优点是敏感度高、形体小、能耗低、功能多等。传感器中重要的一类是化学传感器，而气体传感器又是化学传感器的重要组成部分。气体传感器通常是利用金属氧化物随周围气体组成的改变，致使电阻等发生变化来对气体进行检测和定量测定。组成气体传感器材料的微粒粒度越小，比表面积越高，传感器与周围气体的接触而发生相互作用越大,敏感度越高。用二氧化钛、二氧化锆等组成的传感器可用于氧、氮等气氛的预报。用氧化锡膜制成的气体传感器,可用作战场化学剂的报警、可燃气体泄漏报警和湿度变化预报等。

在生物医学领域,由于纳米结构有着优异的化学和物理性能,有极大的比表面积,有利于提高敏感分子的吸附能力,并提高了生化反应的速度,因此被广泛用于生物传感器表面吸附层的制作。利用纳米结构的特性,提高了生物传感器的检测性能,促发了新型的生物传感器的产生;对生物分子或细胞的检测灵敏度大幅提高,检测的反应时间显著缩短,并且可以实现高通量的实时检测分析。在纳米材料中,纳米粒子的研究较多,如将功能性纳米粒子固定在生物大分子(如多肽、蛋白质、核酸)上,可制成用于生物信号检测、信号转换和放大的传感器,其可分为声波、光学、磁学和电化学几类。其他方面,如使用纳米传感器网络能够对农作物、土壤和气候条件进行实时监控,这允许在改善农作物产量的同时,更有效地利用资源。通过应用从当前基因组研究的进展中获得的知识,可以在农作物抗旱和抗疾病方面获得重要的改善。在食品工业中,纳米传感器被置于加工链中或嵌入包装中用于监测和控制食物的质量与安全,其目的是检测由多余水分或氧气,以及微生物的存在所导致的腐败。

### 1.2.2　基于力学效应的工程学特质

众所周知,固体的力学性质强烈地依赖于位错密度、界面-体积比率及晶粒尺寸。与传统材料相比,纳米材料的力学性能有显著的变化。因为纳米材料具有大的界面,界面的原子排列是相当混乱的,原子在外力变形的条件下很容易迁移,因此表现出甚佳的韧性与一定的延展性。纳米结构固体的阻尼能力增强可能与晶粒-边界滑移或位于界面处的能量损耗机制有关,晶粒尺寸减小明显影响屈服强度和硬度。晶界结构、晶界角、晶界滑移和位错运动是决定纳米结构材料力学性质的重要因素。纳米结构材料最重要的应用之一就是超塑性——一种多晶材料经历拉伸变形而不发生断裂的能力。力学特性增强主要是由于纳米结构的完整性,这个增强可能有很多应用,如纳米力学传感器、质量传感器、微探针和纳米钳,以及宏观尺寸的聚合物材料的结构增强,形成轻重量高强度材料、柔性导电涂层和超硬切削工具,以及用于新型高效抗磨涂层等。

陶瓷材料作为材料的三大支柱之一,在日常生活及工业生产中起着举足轻重的作用。近年来,国际陶瓷市场更是一片兴旺,仅建筑陶瓷的产量每年就高达 50 亿美元,并以每年 12% ~ 15% 的速度增长。但是,它最致命的弱点是高脆性和低可靠性,从而在很多场合限制了其应用。如果使用纳米微粒烧结而成的纳米陶瓷材料,则能够具有很高的硬度和良好的韧性,其耐磨性等机械性能也可得到明显的改善。1987 年,美国科学家 Siegel 制备了纳米二氧化钛陶瓷,它将这种材料命名为纳米相材料。直到 1989 年,才正式提出了纳米结构材料概念。大量研究表明,纳米陶瓷材料具有超塑性性能。所谓超塑性,是指材料在一定的应变速率下产生较大的拉伸应变。陶瓷材料在通常情况下呈脆性,然而,由纳米超微颗粒压制而成的纳米陶瓷材料却具有良好的韧性。美国学者报道氟化钙纳米材料在室温下可以大幅度弯曲而不断裂。纳米陶瓷材料不仅能够在低温条件下能像金属材料那样可以任意弯曲而不产生裂纹,而且也能够像金属材料那样可以进行机械切削加工甚至可以做成陶瓷弹簧,如图 1-13 所示。纳米陶瓷材料的这些优良力学和机械性能,将使其在切削刀具轴承、汽车发动机部件等诸多方面得到广泛的应用,并在许多超高温、强腐蚀等苛刻的环境下起着其他材料不可替代的作用。

图 1 - 13　新型纳米陶瓷

　　纳米材料可以明显提高和改进武器装备的性能指标。纳米陶瓷能够克服传统陶瓷的脆性和不耐冲击等致命弱点，可望作为舰艇、飞机涡轮发动机部件的理想材料，以提高发动机效率、工作寿命和可靠性。纳米陶瓷也是主战坦克大功率、低散热发动机的关键材料。纳米陶瓷所具有的高断裂韧性和耐冲击性，可贴覆或装设在水面舰艇等易于遭受碰撞和打击的部位，用来提高主战坦克、复合装甲等抗弹能力。将纳米陶瓷衬管用于高射速武器，如火枪、鱼雷等，能提高武器的抗烧蚀冲击能力，延长使用寿命。用纳米材料管"编织"的纳米纤维将具有非常好的纤维弹性，不怕弯曲、穿刺、挤压，可望做成薄、轻型防弹背心。

　　另外，纳米增强轻质复合材料可以代替钢材，用于减少汽车油耗及废气的排放量。目前有几家化工公司开发出一种可以代替汽车中金属构建的纳米粒子增强轻质复合材料，这种纳米轻质复合材料的质量远较钢材轻，其强度也由于纳米粒子的加入而可以达到甚至超过钢材。据估计，在汽车中代替钢铁可以使汽油的燃烧量每年减少 15 亿升，$CO_2$ 的排放量每年至少减少 50 亿千克，对提高全球的空气质量起着重要的作用。

### 1.2.3　基于热力学效应的工程学特质

　　纳米热力学最早是由美国桑尼亚州立大学的 Chamberlin 教授在 2000 年正式使用，而纳米热力学理论则是由 Hill 教授提出的，并倡导积极参与纳米尺寸热力学的研究。他的一系列工作奠定了纳米热力学的基础，并为传统热力学的发展提供了新的契机。纳米材料因有高浓度界面及原子能级等特殊的结构，使其性质不同于常规材料和单个分子。当材料的尺寸降至纳米级别，其表面原子数将会急剧增加，使原子或分子的扩散能垒降低，这种结构特征导致其热力学性质与相应的常规材料相比有明显的差异，纳米材料的热力学性质能够极大地影响纳米材料的吸附、溶解、相变、催化、传感、自组装，以及参与化学反应的热力学、动力学、电化学等诸多性能。

　　由于纳米材料的表面能高、比表面原子数多，使这些表面原子近邻配位不全、活性大，这就使纳米微粒熔点急剧下降；纳米微粒尺寸小，表面能高，压制成块材后的界面具有高能量，在烧结中，高的界面能成为原子运动的驱动力，有利于界面中的孔洞收缩。因此，在较低的温度下烧结就能达到致密化的目的，即烧结温度降低。

纳米材料热力学对于研究功能纳米材料和纳米器件有着极其重要的应用价值。纳米材料含有大量的内界面，具有独特的结构特征，是新一代高性能材料的主导力量。纳米材料的各种热力学性质均与纳米材料的尺寸及形状有密切关系。例如，纳米材料的结合能随其尺寸的减小而减小，并且比相应的块状结构要小。其标准摩尔生成焓、标准摩尔熵和标准吉布斯自由能的变化均随粒径的减小而降低。

20世纪90年代以来，研究人员开始探索将纳米材料技术应用于强化传热领域，研究新一代高效传热冷却技术。1995年，美国 Argonne 国家实验室的 Coi 等人首次提出了一个新的概念——纳米流体，即，以一定的方式和比例在液体中添加纳米级金属或金属氧化物粒子，形成一类新的传热冷却工质[4]。Choi 和 Eastman 等人分别测试了 Cu - 水、Cu - 机油、$Al_2O_3$、$SiO_2$ - 水、$TiO_2$ - 水等纳米流体的导热系数。实验结果表明，以不到 5% 的体积比在水中添加氧化铜纳米粒子，形成的纳米流体导热系数比水提高 60% 以上。

随着电子元件的小型化、集成化的迅速发展，要求所用基片和封装材料具有良好的导热性能。AlN 基片（氮化铝）以其高的热导率、与硅相匹配的热膨胀系数和优异的机电性能受到人们的重视，成为新一代的基片（板）材料。AlN 的热导率理论值可达 319 W/(m·K)，但是由于 AlN 晶格中不可避免地固溶有 $Al_2O_3$，导致产生空位而散射声子，从而大大降低了热导率。此外，AlN 属共价键化合物，不易烧结，大大地降低了热导率。纳米粉末由于表面积和表面原子所占比例都很大，所以具有高的能量状态，在较低的温度下便有较强的烧结能力，是一种有效的烧结添加剂。在 AlN 粉体中混入 5%～10% 的 Al 纳米粉末，可改善此高导热陶瓷的烧结工艺，提高烧结体密度和导热率，如果用它作集成元件的基板，导热率将提高 10 倍左右，可解决集成元件的集成问题[3]。

例如，粒径小于 5 nm 的金粒子的熔化温度降低到约 300 ℃，比块体金的熔化温度 1 063 ℃低得多。纳米晶通常具有截面形状并且倾向于低指数结晶晶面。控制粒子的形状是可能的，例如，立方 Pt 纳米晶通过 {100} 截面键合，四面体 Pt 被 {111} 截面环绕。类棒状纳米晶也已经被合成，并且被 {100} 和 {110} 截面环绕。对于不同的结晶表面，表面原子的密度发生明显变化，可能导致热力学性质的不同。

## 1.2.4 基于光学效应的工程学特质

纳米粒子一个最重要的标志是尺寸与物理的特征量相差较大。例如，当纳米粒子的粒径与波尔半径以及电子的德布罗意波长相当时，处于表面态原子、电子与处于小粒子内部的原子、电子的行为有很大的差别，这种表面效应和量子效应对纳米粒子的光学特性具有很大的影响。

纳米材料的光学性质研究之一为其线性光学性质。纳米材料的红外吸收研究是近年来比较活跃的领域，主要集中在纳米氧化物、氮化物和纳米半导体材料上，如纳米 $Al_2O_3$、$Fe_2O_3$、$SnO_2$ 中均观察到了异常红外振动吸收，纳米晶粒构成的 Si 膜的红外吸收中观察到了红外吸收带随沉积温度增加而出现频移的现象，非晶纳米氮化硅中观察到了频移和吸收带的宽化，并且红外吸收强度强烈地依赖于退火温度等现象。纳米材料光学性质的另一个研究方面为非线性光学效应。纳米材料由于自身特性，光激发引发的吸收变化一般可分为两大部分：由光激发引起的自由电子 - 空穴对所产生的快速非线性部分；受陷阱作用的载流子的慢非线性过程。

目前，有关用纳米微粒与树脂结合用于紫外线吸收的报道很多。某些波长的紫外线对人体有害，而且加速了塑料、橡胶和油漆等老化。例如，防晒化妆品（图1-14（a））中普遍加入纳米微粒。我们知道，大气中的紫外线主要是在 $300\sim400$ nm 波段，太阳光对人体有危害的紫外线也在此波段。防晒化妆品中就是选择对这个波段有强吸收能力的纳米颗粒。研究表明，纳米 $TiO_2$、纳米 ZnO、纳米 $SiO_2$、纳米 $Al_2O_3$ 等都具有很强的散射和吸收紫外线的能力，尤其是对人体有害的中长波紫外线的吸收能力很强，效果比有机紫外吸收剂强很多，并且可透过可见光，因其无毒无味、无刺激性而广泛用于化妆品。

（a）　　　　　　　　　　　　　（b）

**图1-14　防晒化妆品（a）和远洋轮船（b）**

将纳米材料应用于涂料中可制成特殊的防紫外线产品，如汽车、轮船面漆的防老化剂及防紫外线伞等，如图1-14（b）所示。塑料制品在紫外线照射下很容易老化变脆，如果在塑料表面涂上一层含有纳米微粒的透明涂层，这种涂层对 $300\sim400$ nm 范围的紫外光有较强的吸收性能，这样就可以防止塑料老化。汽车、舰船的表面上都需涂上涂料，特别是底漆主要是以塑料为原料，这些高聚物塑料在阳光的紫外线照射下很容易老化变脆，致使涂层脱落。如果在面漆中加入能强烈吸收紫外线的纳米微粒，就可以起到保护底漆的作用。因此，研究添加纳米微粒使之具有紫外吸收功能的涂料也是十分重要的。

从可持续发展的角度考虑，纳米电子学的最显著的应用是光伏和照明的领域。纳米微粒的膜材料在灯泡工业上有很好的应用前景，高压钠灯以及各种用于拍照、摄影的碘灯都要求强照明，但是电能的69%转化为红外线，这就表明有相当多的电能转化为热能被消耗掉，仅有一部分转化为光能来照明。同时，灯管发热也会影响灯具的寿命。如何提高发光效率，增加照明度，一直是亟待解决的关键问题，纳米微粒的诞生为解决这个问题提供了一个新的途径。用纳米 $SiO_2$ 和 $TiO_2$ 微粒组成的薄膜衬在有灯丝的灯泡罩的内壁，不但透光性好，而且有很强的红外线反射能力。这种灯泡亮度与传统卤素灯相比，可以节省约15%的电能。

隐形性能是新一代武器装备的显著特点之一，隐形的优与劣不仅取决于武器装备的结构设计，更重要的是，它采用的隐形材料是否对雷达、红外线等具有良好的吸收性能。由于纳米材料的优异结构，物质的表面、界面效应和量子效应等将对武器装备的吸波性能产生重要的影响。利用纳米材料的粒径远小于红外和雷达波波长的特点，制备电磁波吸收率非常高的隐形材料，从而极大地改善飞机、坦克、导弹和舰艇的隐形性能，如图1-15所示。

图 1-15　隐身飞机

除上述特征外，纳米材料的荧光性能、纳米微粒强烈的反射红外线的功能、纳米微粒对紫外光很强的吸收能力等光学性能都有自己新的特点，不同于常规材料。利用其特征可争做光热、光电转换材料，可高效地将太阳能转换为热能、电能。此外，又可作为红外敏感元件、红外隐身材料等。

## 1.2.5　基于磁学效应的工程学特质

纳米磁性复合材料是 20 世纪 70 年代后逐步产生、发展、壮大而成为最富有生命力与广阔应用前景的新型磁性材料。作为最富生命力与广阔应用前景的新型磁性材料，纳米磁性功能复合材料与信息化、自动化、机电一体化、环保、国防及国民经济的各个领域密切相关。

磁流体作为一种重要的纳米复合材料，在很多领域得到广泛的应用。纳米尺寸粒子的磁学性质与块体的磁学性质主要的区别为：大的表面 - 体积比率导致了不同的局域环境，此环境下与邻近的原子发生磁耦合/相互作用的表面原子导致了混合体积和表面磁学性质。与块状铁磁材料不同（通常形成多磁畴），几个小铁磁粒子可能仅由一个单磁畴组成。在单粒子为一个单磁畴的情形下，发生超顺磁性，其内部粒子的磁化是随机分布的，只有在施加磁场的条件下，磁化才形成取向排列，并且一旦外场撤销，这种排列就会消失。例如，在超高密度信息存储中，磁畴的尺寸决定存储密度的极限。磁性纳米晶在彩色图像、生物过程、磁性制冷和磁流体等方面也有重要应用。

磁记录具有高密度、大容量、宽频率、无易失性以及可以进行频率变换等优点。磁性油墨印刷在很多领域都得到应用，如车票、月票、印花、银行存折、各种磁卡、身份证、支票等印品，采用磁性油墨印刷防伪标记，达到防伪的效果。纳米油墨具有比普通油墨更好的耐晒性、耐酸性和黏附性。在钞票上印有特殊符号的标志作为密码，可以利用电磁感应原理读出。钡铁氧体磁粉是一种磁记录与读写的优良介质，既可以用于纵向记录，又可以用于高密度的垂直记录。具有矩形比高、化学稳定性和温度稳定性等特点。

对用铁磁性的金属制备的纳米粒子，粒径大小对磁性的影响十分显著，随着粒径的减小，离子由多畴变为单畴粒子，并由稳定磁化过渡到超顺磁性。这是由于在小尺寸下，当各向异性能减少到与热运动能可相比拟时，磁化方向就不再固定在一个易磁化方向上，磁化方向做无规律的变化，结果导致顺磁性的出现。

金属微粉吸波材料具有居里温度高（磁性转变点，是指材料可以在铁磁性和顺磁性之间改变的温度）、温度稳定性好、在磁性材料中磁化强度最高、微波磁导率较大、介电常数较高等优点，因此，在吸波材料领域得到广泛应用。美国 F/A - 18C/D 大黄蜂（1986—1988）隐身飞机使用的就是羰基铁微粉吸波材料。多晶金属纤维磁性吸波材料的吸波机理是涡流损耗和磁滞损耗，此外，它还是一种良导体，具有较强的介电损耗吸收性能。多晶铁纤维具有独特的形状各向异性，可在很宽的频带内实现高吸收，质量比传统的金属微粉材料减小 40% ~60%。欧洲 GAMMA 公司利用多晶铁纤维吸波材料成功研制出雷达隐身涂层，实现了宽频的吸收。据报道，该技术已成功用于法国战略导弹 M51 和载人飞行器上。

已经发现包含有铁磁层和非铁磁层的交替排列的多层金属异质结构，如 Fe - Cr 和 Co - Cu，展现出巨磁阻（GMR），是指磁性材料的电阻率在外磁场作用时，较之无外磁场作用时存在巨大变化的现象。GMR 在数据存储和敏感技术中有重要应用。高灵敏度和高写密度的磁头，主要应用在硬盘上（其记忆开关速度为亚秒级至 1 GHz/1.2 s），也可应用于超高灵敏度、低探测下限的传感器。

## 1.2.6 基于电学效应的工程学特质

同一种材料，当颗粒达到纳米级时，它的电阻、电阻温度系数都会发生变化。由于晶界面上原子体积分数增大，纳米材料的电阻高于同类粗晶材料，甚至发生尺寸诱导金属 - 绝缘体转变（SIMIT）。利用纳米粒子的隧道量子效应和库仑堵塞效应制成的纳米电子器件具有超高速、超容量、超微型低能耗的特点，有可能在不久的将来全面取代目前的常规半导体器件。2001 年，用碳纳米管制成的纳米晶体管表现出很好的晶体三极管放大特性。根据低温下碳纳米管的三极管放大特性，成功研制出了室温下的单电子晶体管。随着单电子晶体管研究的深入进展，已经成功研制出由碳纳米管组成的电路。

介电特性是材料的重要性能之一，当材料处于交变电场下时，材料内部会发生极化，这种极化过程对交变电场有一个滞后响应时间，即弛豫时间。弛豫时间长，则会产生较大的介电损耗。纳米材料的微粒尺寸对介电常数和介电损耗有很大影响，介电常数与交变电场的频率也有密切关系。一般来讲，纳米材料比块体材料的介电常数要大，介电常数大的材料可以应用于制造大容量电容器，或者说在相同电容量下可减小体积，这对电子设备的小型化很有用。1995 年，美国已经用纳米钛酸钡和纳米钛酸铕研制成纳米阵列电容器。美国国家航空航天局报告中指出，纳米尺度的电容器将在电子、国防、通信中得到广泛的应用。

在电学里，导电是电子在导体内运动的表现，如果两个纳米微粒不相连，那么电子从一个微粒运动到另一个微粒就会像穿越隧道一样，若电子的隧道穿越是一个一个发生的，则在电压电流关系图上表现出台阶曲线，这就是量子隧道效应。如果两个纳米微粒的尺寸小到一定程度，它们之间的电容也会小到一定程度，以至于电子不能集体传输，只能一个个单电子传输，这种不能集体传输电子的行为称为库仑堵塞。当纳米微粒的尺寸为 1 nm 时，可以在室温下观测到量子隧道效应和库仑堵塞。利用上述效应，可研究纳米电子器件，其中单电子晶体管是重要的研究课题。由于单电子晶体管耗电极小，可以使大规模集成电路的集成度呈几个数量级地提高。单电子晶体管"库仑岛"上存在或失去一个电子的状态变化，可以作为高密度信息存储的记忆单元，为高密度信息存储开辟了一条新的道路。

对于典型的绝缘体氮化硅、二氧化硅等，当其颗粒尺寸小到 15 ~20 nm 时，电阻却大大下降，使它们具有导电性能。对用金属与非金属复合成的纳米颗粒膜材料，改变组成比例可使膜的导电性质从金属导电型转变为绝缘体；具有半导体特性的纳米氧化物粒子在室温下具有比常规的氧化物高的导电性，因而能起到静电屏蔽作用。纳米静电屏蔽材料用于家用电器和其他电器的静电屏蔽具有良好的作用。一般的电器外壳都是由树脂加炭黑的涂料喷涂而形成的一个光滑表面，由于炭黑有导电作用，因而表面的涂层就有静电屏蔽作用。为了改善静电屏蔽涂料的性能，日本松下公司已研制成功具有良好静电屏蔽的纳米涂料，所应用的纳米微粒有 $Fe_2O_3$、$TiO_2$、$Cr_2O_3$ 和 ZnO 等。这些具有半导体特性的纳米氧化物粒子在室温下具有比常规的氧化物高的导电性，因而能起到静电屏蔽作用。

　　柔性电子是将无机/有机器件附着于柔性基底上，形成电路的技术。相对于传统硅电子，柔性电子是指可以弯曲、折叠、扭曲、压缩、拉伸，甚至变形成任意形状但仍保持高效光电性能、可靠性和集成度的薄膜电子器件。对于现代印刷工艺而言，导电材料多选用导电纳米油墨，包括纳米颗粒和纳米线等。金属的纳米粒子除了具有良好的导电性外，还可以烧结成薄膜或导线。以 ZnO 和 ZnS 为代表的无机半导体材料由于其出色的压电特性，在可穿戴柔性电子传感器领域显示出了广阔的应用前景。柔性可穿戴电子传感器常用的碳材料有碳纳米管和石墨烯等。碳纳米管具有结晶度高、导电性好、比表面积大、微孔大小可通过合成工艺加以控制、比表面利用率可达 100% 的特点。柔性电子显示器是在柔性电子技术平台上研发出来的全新产品，是由柔软材料制成，可变形、可弯曲的显示装置。目前可实现柔性显示模式（电子纸技术、LCD、OLED 等）制作在柔性基板上的显示器件，比如可书写的电子书、U 盘容量显示等，如图 1-16 所示。柔性储能是将有机/无机材料电子器件制作在柔性/可延性塑料或薄金属基板上的新兴储能技术，以其独特的柔性/延展性以及高效、低成本制造工艺，在信息、能源、医疗、国防等领域具有广泛应用前景，现已成功应用于柔性电子显示器、有机发光二极管 OLED、印刷 RFID、薄膜太阳能电池板、电子用表面粘贴等。柔性医疗电子的基本特征是将各种电子元器件集成在柔性基板之上，从而形成皮肤状的柔性电路板，像皮肤一样具有很高的柔韧性和弹性。

可显示条码

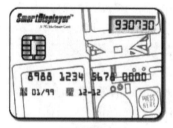

可显示智能卡

可显示压力

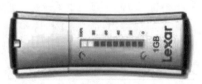

U盘容量显示

**图 1-16　柔性电子显示器件**

## 知识拓展

HB 工艺的原理是以纯净的 $H_2$ 和 $N_2$ 为原料气，在催化剂的作用下，以 $H_2$ 热还原 $N_2$ 生成氨气，反应温度为 $400 \sim 600 \, ℃$，反应压力为 $20 \sim 40 \, MPa$。

$$N_2 + 3H_2 \longrightarrow 2NH_3, \quad \Delta H_{298 \, K} = -92.2 \, kJ \cdot mol^{-1}$$

该反应所需的严苛反应条件与活化反应物和提高氨产率相关的动力学及热力学挑战有关。为了提高反应速率，保持催化剂的活性，合成氨反应通常在 $400 \sim 600 \, ℃$ 进行。但是由于热力学的制约，在高温下，标准平衡常数会下降到 $10^{-5}$。反应中气体的分子数减少，采用高压（$20 \sim 40 \, MPa$）可以使平衡向右移动，提高转化率。即便如此，合成氨的单程转化率也只能达到 $10\% \sim 15\%$。

### 科学视野

鲍哲南（图 1-17），美国国籍，柔性电子学家。1970 年 11 月出生于中国江苏省南京市。现任美国斯坦福大学化学工程系主任，K. K. Lee 特聘教授、化学系和材料科学工程系客座教授。2016 年，鲍哲南教授创立斯坦福大学可穿戴电子中心并任主任，同年当选为美国国家工程院院士，2017 年当选为美国国家发明家学会会士，2021 年当选为中国科学院外籍院士、美国艺术与科学院院士。

鲍哲南教授是有机电子材料和器件领域的国际著名学者，是国际同行公认的印刷有机电子和仿生有机电子的开创者和领导者。她的研究成果为下一代基于有机光电材料的柔性电子技术提供了重要的原理和技术支撑。她发表了 700 多篇研究论文，获授权 130 多项美国专利，其谷歌学术的 $H$ 指

**图 1-17　鲍哲南**

数 >180。她开创了有机电子材料的分子设计概念，使柔性电子电路和显示器件成为可能。在过去的十几年中，她开发了以皮肤为灵感的有机电子材料，为医疗设备、能源储存和环境应用方面带来了前所未有的性能或功能。鲍哲南教授受人类皮肤敏感和可拉伸特质的启发，在世界上首次设计出类皮肤触感有机电子器件，代表性工作分别发表在《自然·材料》和《自然·纳米科技》上。这一研究成果被《发现》杂志评为 2010 年度 Top100 最重要发现。之后，她又在新型有机电子材料的制备方面取得了重大突破，这一成果打破了对传统光电材料的认识观念，实现了有机电子材料在不丧失电学性能的同时还能够像皮肤一样柔软。此外，她还在人机结合领域做出了开创性工作，2015 年发表在《科学》上，首次了实现人造电子皮肤与大脑的链接，为未来智能电子器件的开发奠定了技术基础。鉴于她在开发人造皮肤领域作出的卓越贡献，2017 年鲍哲南教授获得了联合国教科文组织"世界杰出女科学家奖"。

# 1.3 纳米材料化学与工程与其他学科的交叉

纵观近现代科技发展史，具有颠覆性意义的重大理论突破和技术发明大多来源于多学科的交叉融合。纳米材料与技术本身具有多学科交叉属性，整合聚集材料科学与工程、化学、物理学、电子科学与工程、计算机科学与技术等学科的优势资源，开展纳米材料与技术交叉学科的建设，不但有利于学科发展和科研工作，而且对于社会文明进步具有重要意义。人类在宏观和微观理论充分完善之后，在介观尺度上有许多新现象、新规律有待发现，这也是新技术发展的源头。纳米科技也将促进传统科技"旧貌换新颜"。它的巨大影响还在于使纳米尺度上的多学科交叉展现了巨大的生命力，迅速形成一个具有广泛学科内容和潜在应用前景的研究领域。该领域可大致包括纳米材料学、纳米化学、纳米计量学、纳米电子学、纳米生物学、纳米机械学、纳米力学等新生学科。

现如今，越来越多的领域具有鲜明学科交叉的特点。例如，纳米材料化学与工程学科的交叉。从本质上讲，纳米尺度是一个包含了几十个至数百个化学键的空间范畴，而研究和处理化学键是化学家的职责。从另一个方面来说，纳米工程又是一个具有明确应用背景的先进制造领域。因此，结合物理化学和传统的机械学，创立化学纳米工程学这一交叉学科，有望在纳米机械过程的物理化学、纳米加工工艺和纳米工程仿真等领域作出原始创新性成果。纳米材料化学与其他学科交叉的建立，是其向纳米尺寸拓展的过程。新兴交叉学科的产生表明，相对于产品、工具或工艺的创新，学科发展上的创新才是社会发展的原动力所在。

## 1.3.1 纳米化学与工程和能源化学、能源化工的交叉

随着世界人口的激增，人类社会对能源的消耗不断增加。据估计，到 2200 年，煤、石油和天然气等资源都将耗尽。我国是世界上最大的能源消费国和温室气体排放国，2020 年 9 月，习近平总书记宣布"中国二氧化碳排放力争于 2030 年前达到峰值，努力争取 2060 年前实现碳中和"，因此，需要大力发展碳中和技术体系和碳中和产业，积极推进能源革命。绝大多数的能源利用实质上是能量和物质不同形式之间的化学、化工转化过程，而能源和化学物质之间的转化是通过化学反应直接或间接实现的。能源化学的核心内涵是利用化学的原理和方法，研究能量获取、储存及转换过程的基本规律，为发展新的能源技术奠定基础。纳米化学与能源化学交叠形成了纳米能源化学子学科，许多新能源技术以及传统能源的高效利用，都与纳米化学与工程有深层次交叠，并在不断发展和贡献。

纳米材料可作为催化剂，改变反应所需的能垒或改变反应的方向，可极大提高化学反应的速率和选择性，在光催化产氢、产氧、有机合成、二氧化碳还原、太阳能电池、化学储能等方面发挥重要作用。

随着科技的发展，纳米技术越来越多地应用在新能源电池中。由于使用纳米材料的新能源电池表现出不同于普通电池的优异性能，因此越来越多的研究人员开始关注纳米技术在新能源电池领域的应用。锂离子电池具有非常明显的能量密度和循环寿命上的优势，如图 1－18 所示。在下一代锂离子电池研究中，硅（Si）是锂电池极具吸引力的负极材料，因为它具有较低的放电电位和已知的最高理论充电比容量（4 200 mAh/g），是现有的商业化石墨负极 10 倍以上，同时也远高于各种氮化物和氧化物材料[6]。在这个能源短缺的时代，硅负极

锂离子电池技术前景诱人。但是硅负极的工业化应用被局限，缘于体相硅颗粒至少存在以下两大问题，影响电池中电学传导，并造成容量衰减，最终导致电池失效，大大缩短了电池的使用寿命：①充放电过程中体积膨胀高达 420%，容易导致颗粒和电极的破裂；②充放电过程中发生副反应，形成不稳定、不导电的固体电解质界面 SEI 膜。通过一系列纳米结构设计，如硅纳米线和纳米球等，可实现硅负极充电比容量达到理论比容量。可充电锂离子电池的研究是当今世界科技前沿，属于国家重大战略需求，具有广阔的产业前景，尤其在新能源汽车、消费电子、智能电网等方向，总体产量和市场规模得到快速提升。

**图 1-18　锂离子电池及其应用**

国外的公司使用纳米技术开发出了新型利用有机材料制成的电池，这种电池的放电效果较好，可以实现比传统锂电池更快的充放电速度。例如，StoreDot 公司使用纳米技术开发出新型有机材料制成的电池，可以实现比传统锂电池更快的充放电速度。该公司称他们的技术可以让困扰传统锂电池的电阻问题得到极大改善，通过分子等级的纳米技术，该公司能制作电阻几乎接近于零的电极。其充电技术基于纳米技术研发而成，利用该公司称为"纳米点"的分子把多肽转化成储能纳米管，可一次性储存和放出大量电量。通过这些纳米点，手机在数分钟内即可充满电，而如果是电动车的话，7 000 个纳米点就能为一辆电动车提供足够的动力。

空气电池同样是化学电池的一种，其构造和干电池较为类似，只不过其氧化剂是空气中的氧气。空气电池一般是以氧气作为正极的活性物质，而负极则为各种金属，如锌、铝等。空气电池的充电过程只需要对金属介质进行更换，就能在短时间内完成充电过程，一般只需要数分钟。而其放电过程则能实现大电流持续放电，同时，自放电率接近零。另外，空气电池还具有比能量大、性能稳定、安全性强等优势，也存在对空气湿度与二氧化碳等影响因素极为敏感的问题。铝空气电池在新能源汽车领域有着极为广阔的应用前景，不过目前还存在不小的技术"瓶颈"，需要在未来不断进行创新研发，从而提高续航能力、循环使用寿命以及降低产品重量、生产成本等，更好地适应未来行业发展。铝空气电池在工作时会通过铝和空气中的氧气发生化学反应并放电，并能依靠其极高的比能量为新能源汽车提供更大的续航里程。实际上，即便在目前铝空气电池受技术限制较为严重，但其应用于新能源汽车中能提供的续航里程依旧高于锂电池，可见其未来发展前景之巨大[7]。国外不少企业已经在紧锣密鼓地推进铝空气电池在新能源汽车上的应用试验，譬如美国铝业公司和以色列 Phinergy 公司、印度石油公司与以色列 Phinergy 公司等就曾分别宣布合作开发铝空气电池。我国则早在20 世纪 90 年代就已经开发出了以铝、空气、海水等为能源的空气电池，并在新能源汽车研发进程中积极探索铝空气电池的应用路径，大力布局相应的产业链，诸如云铝集团、空天科技均是其中的代表性公司。

### 1.3.2 纳米化学与工程和生物医学、生命科学的交叉

从生命的起源，DNA 的双螺旋结构开始，就与更纳米、微米尺寸密不可分，所以，纳米材料、纳米化学从诞生就与生命医学和生命科学紧密结合。随着纳米化学的发展，逐渐交叉和延伸出了纳米生物学（Nanobiology）、纳米医学（Nanomedicine）交叉学科，而且在不断发挥作用。纳米生物学是从微观的角度来观察生命现象、并以对分子的操纵和改性为目标的；纳米医学是将纳米科学与技术的原理和方法应用于医学，主要包括：①应用纳米科学技术发展更加灵敏和快速的医学诊断技术和更加有效的治疗方法；②利用纳米技术在更微观的层面上理解生命活动的过程和机理。这些新兴学科与纳米化学、纳米技术以及纳米化学工程不断交叉。如纳米化学技术在制药领域、生物检测方面、中药方面和基因转移中的应用，化学合成的磁性纳米颗粒在生命科学中的应用和生物分子在纳米组装方面的应用等。而且纳米化学可以为细胞生物学和遗传学提供其基本分子过程、提供纳米探针用于生物医学研究中的各种生物大分子的鉴别、提供创新的筛查和诊断方法。另外，新药物的发现和开发包括一系列所需的技术——生物靶标分子结构的鉴定、搜寻能够与靶标结合的先导化合物以及通过优化先导化合物来发展候选药物。纳米化学与工程都将发挥巨大的作用。2020 年 9 月 11 日，习近平总书记主持召开科学家座谈会，提出"坚持面向世界科技前沿、面向经济主战场、面向国家重大需求、面向人民生命健康，不断向科学技术广度和深度进军"，其中，"面向生命健康"成为一个新的面向，纳米化学与工程与生物医学的交叉，将为人类的生命健康贡献科学与技术。

在生物兼容物质中应用新型纳米材料，有利于最大限度强化材料生物的融合度，并且可以将生物中含有的毒性有效减少，提高生物的传导性，助力材料生物得以高效率、高质量地符合生物组织过程中的需求，实现生物相关规定提出的标准。新型纳米材料在生物兼容物质开发过程中，生成纳米无机金属材料等无毒、无副作用的纳米材料，能够更好地与人体组织兼容，促进身体有关组织健康生长。并且，新型纳米材料带有独特活性元素，应用于人体细胞时，能够净化人体血液中的毒素，引导其排出人体体外，有助于提高人体的免疫力、抵抗力，减少人类患病频率。另外，当前科研学者利用纳米技术研制出的新型纳米材料，包括新型骨骼亚结构纳米材料，在生物医学工程中，已经逐渐应用于临床患者治疗中，将传统的合金材料取代，并且，科研学者研制的其他新型纳米材料也在生物医学工程中具有相对广阔的应用空间。如图 1-19 所示。

当代生物医学材料产业仍是常规材料居主导地位。2000 年全球医疗器械市场产值已达1 650 亿美元，其中生物医学材料及制品约占 40% ~ 50%。20 世纪 90 年代医疗器械平均年增长率为 11% 左右，其中发展中国家增长最快。生物医学材料按材料结构分，不外乎有机材料和无机材料。而有机材料中大多数是高分子材料。无机材料主要是骨材料中的羟基磷灰石和微量元素。生物医学材料的发展方向是人工合成活性材料，即组织工程材料。在组织工

 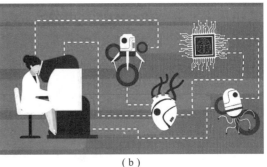

（a）　　　　　　　　　　　　　　　　　　（b）

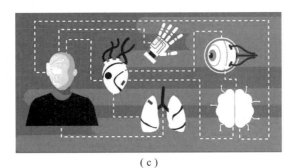

（c）

**图 1-19　医学仿生骨骼和器官**

（a）仿生设计；（b）显微外科；（c）人造器官

程材料的合成与制备中，纳米技术可以达到这个目的。纳米颗粒具有稳定的物理化学性质，较高的物理强度，较好的扩散和渗透能力、吸附能力和化学活性，以及良好的生物降解性等特点，使得纳米生物材料在医学领域得到了广泛的应用。近年来，纳米材料在生物领域的研究取得了重要的进展。例如，多孔氮化石墨烯、纳米金和二氧化钛纳米晶等都在组织工程和再生医学领域都有独特应用。其他的像二维拓扑结构的 MOF 纳米片，其具有类过氧化氢酶的生物催化活性，并在此基础上建立一种高灵敏度和高选择性肝素检测生物传感器。

新型纳米材料的具有作成纳米制剂，使其具有缓控释效的作用，将纳米药物动力学形成质变。例如，相关科研学生将模型药物制定为环孢素 A，借助硬脂酸形成纳米球，将其与市面销售的 CYA 微乳型口服液参照对比，能够测算出 CYA - SA - NP 在大鼠体内的利用率近似达到 80%，延长达峰时期，得到较为明显的实验成效。在药理学领域中，科研人员可以通过纳米传感器获得人体活细胞生理运动趋势，其原理是将纳米传感器的尖端直径保证能够进入活细胞且不阻碍细胞组织正常、健康的生理成长，以此得到人类机体中多个功能组织生命状态，有利于深度探知生理特征以及病理发展，展现出更加精确、清晰的细胞水平模型，为生物药学领域提供更多的纳米药物材料，促进生物药学发展。

新型纳米材料粒子能够引导药物在人体内更有效、便捷地传输，其原理是以多层具有纳米粒子包括的药物传输入人类身体之后，其中的纳米元素能够自行在人体内寻找、供给体中癌细胞物质，或者主动修补存在损伤的软组织结构[7,8]。在生物医学工程中，应用新型纳米检测设备，仅针对人类少量血液实施检测、分析活动，即可通过血液中的蛋白质以及 DNA

分析、鉴别多种疾病。利用纳米材料的独特性质，对纳米颗粒加以修饰，使其产生一些具有靶向、可控、易于探测的药物信息载体，为人体的一些疾病诊断带来科学、有效的纳米技术手段，引领生物医药研究开拓了崭新的领域[9]。在利用 DNA 纳米技术过程中，可以实现大分子层面的物质组装，从而可以表达出较强的相互补充和转化特性。在物理、化学、生物技术相关领域中，纳米尺寸的胶状颗粒都有着特殊的性质，因而，在化学传感器、色谱激发设备等生物医学领域的电子设备上具有一定价值体现。例如，英国生物学家们通过在直径高达 12 nm 的金粒子中连上了 2 段寡核苷酸链，并连接兼有了与其互补的"黏附末端"双链寡核苷酸，形成可以通过人类肉眼观测的金粒子聚合物，以便进行纳米粒子的装配工作。

天然骨是层状纳米羟基磷灰石与胶原蛋白的杂化材料，人工骨材料的制备原料是片状的纳米级羟基磷灰石和胶原，而仿造人工骨的合成是把纳米级羟基磷石灰与胶原蛋白进行纳米材料的复合或组装。例如，目前进行的骨科材料研究，采用纳米级羟基磷灰石进行模压制，可以得到与人骨形状一样的仿人骨。但真正的组织工程材料活性人工骨是纳米羟基磷灰石与胶原蛋白和生长因子的纳米组装材料。如磷酸钙骨水泥（CPC）是一种自固化非陶瓷羟基磷石灰人造骨材料，是由固相磷酸钙盐（磷酸三钙、磷酸四钙）在液相（稀酸、水、血清）发生水化凝固，并在 37 ℃下硬化，最终形成羟基磷石灰（HAP）。其具有良好的生物相容性，在植入体内后不位移、不渗漏，是一种外来硬组织修复的新型材料。

皮肤是人体最大的器官，人工皮肤的研究进行了很多年，活性人工皮肤也有人研究出来，但真正能有人体皮肤全部生物功能的材料还没出现，纳米技术可以制备分子组装的材料，结合生长因子和胶原蛋白制备的分子组装材料很可能会解决上述问题。天然生物材料在分子水平上达到自组装，因此，利用纳米技术可以仿天然生物材料的结构和特点来合成与制备纳米仿生材料，如人工肝、人工肾和人工胰等。

荧光纳米探针是荧光纳米生物检测体系的核心部分，与有机荧光探针相比，无机纳米荧光探针具有荧光性能稳定、不易发生光漂白、斯托克斯位移较大和荧光谱峰狭窄对称等优点。荧光纳米探针在分子生物学、免疫生物学、临床医学等生物医学领域显示出越来越诱人的应用前景。在临床医学诊断中，由于大多数生物分子本身无荧光或荧光较弱，检测灵敏度较差，利用强荧光探针对待测物进行标记，使检出限大大降低。在医学影像学中，荧光纳米探针可进行活体标记监测细胞或组织成像。在军事医学中，荧光纳米探针能对生物毒素及时、快速检测，是防御生物武器的有效措施。荧光纳米探针已应用于检测多种细菌、病毒及其毒素，还可以用来测量乙酸、乳酸、尿素、抗生素和谷氨酸等各种氨基酸及其致癌和癌变物质。纳米材料主要包括半导体量子点、金属团簇、碳量子点、硅量子点和石墨烯等，已被广泛用于荧光纳米生物检测体系的构建。

现阶段，在生物医学工程领域中，能够探测新型纳米材料的显微镜已经实现整体升级。例如，光子色谱显微镜、激光多普勒风速表、引物显微镜等，可以通过应用新型纳米材料技术针对生物体各项体征开展探索、分析、研究等多个科研工作活动活动。当今，已经有部分光学技术在骨强度测量、眼球径长测量等方面得到广泛应用。另外，也有与光介导法相似的测量血压的技术。通过对单一细胞电流学的研究，能够把各个类型的细胞分离开，促使活细胞和死细胞完全分离，这对于临床上肿瘤细胞的诊治发挥着非常重要的作用。

### 1.3.3　纳米化学与工程和材料科学与工程的交叉

1994 年，在波士顿召开的美国材料研究学会（MRS）秋季会议上正式提出了纳米材料工程的概念。至此，纳米材料科学与工程成为材料科学与工程学科的一个完整的分支学科。其中，材料物理与化学作为材料科学的二级学科，涌现出了强劲的纳米材料化学子学科，以及当前的纳米材料无机化学、纳米材料物理化学、纳米材料有机与高分子化学、纳米材料超分子化学和纳米材料生物化学等。21 世纪以来，石墨烯、碳纤维、轻型合金、富勒烯、碳纳米管、超导材料、半导体材料（集成电路、LED、太阳能光伏等）、功能薄膜（光学薄膜、光伏薄膜、锂电池隔膜、水处理渗透膜、高阻隔包装膜等）、智能材料、生物材料（如人工眼角膜、心脏支架、心脏起搏器、人工硬脑膜等）、特种玻璃（如光伏玻璃等）成为未来十大最具潜力新材料。而这些新材料大部分需要纳米化学合成、组装，形成新功能，然后利用纳米化学工程来推进应用技术研究。

纳米碳纤维具有较高的长径比、完善的石墨化结构、高强度、高弹性、高的热传导性及导电性等，在提高复合材料力学性能方面已显示出巨大的潜力，因此，其中一个重要用途是作为改进力学性能的增强剂，应用在聚合物基复合材料领域可以提高基体的拉伸强度、冲击强度、模量和导电导热性，并且纳米碳纤维/聚合物基复合材料有望在纤维含量很低的情况下达到甚至超过传统纤维复合增强材料[10,11]。20 世纪 50 年代初，美国 Wright – Patterson 空军基地以黏胶纤维为原料，试制碳纤维成功，产品作火箭喷管和鼻锥的烧蚀材料，效果很好。1956 年，美国联合碳化物公司试制高模量黏胶基碳纤维成功，商品名为 "Thornel – 25"，并投放市场，同时开发了应力石墨化的技术，提高了碳纤维的强度与模量。20 世纪 90 年代初，高性能及超高性能碳纤维已问世，一些特种碳纤维，如抗氧化碳纤维（以提高复合材料的使用温度）、低纤度碳纤维（用作 0.035 mm 超薄型预浸带）、高导热低电阻碳纤维（以满足屏蔽电磁、射频干扰，并可散发多余的热能）、低热膨胀系数碳纤维（用于卫星天线系统、反射镜等）、中空碳纤维（用于飞机制造工业，提高复合材料的冲击韧性，并用于核反应堆中的高温过滤介质、分离生物分子血清和血浆用的介质等）和活性碳纤维，都具有广阔的应用前景。如图 1 – 20 所示。

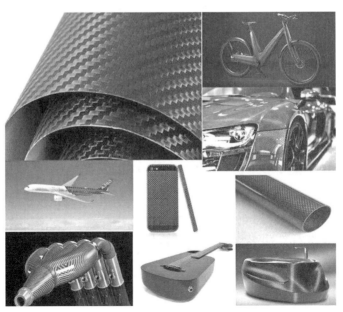

图 1 –20　碳纤维及其应用

富勒烯能够采用聚合型而使吸附剂具有较好的气体储存能力，可用作吸附剂。在过去的20年，人们已经使用气－固吸附作用，并且发展了气体储存技术。由于缺少具有较高性能的吸附剂材料，所以延迟了吸附剂基气体储存技术的商用化进程。适于气体储存应用领域的材料，通常使用直径小于2 nm的微孔或2~50 nm直径的介孔纳米材料。随着压力增加，可吸附更多的气体分子，当气体压力降低时，被吸附的分子将离开孔的表面。气体的吸附和脱附是一个可逆过程。利用两个平衡吸附容量的标准和动态吸附/解吸性质，能够评价吸附剂的气体储存性能。通过重量吸附法和体积吸附容量来表征平衡吸附容量。动态吸附性质即为动态吸附/解吸速率、吸附/解吸循环性能和吸附/解吸滞后作用。具有高表面积的活性炭和沸石是研究最多的气体吸附剂。活性炭的表面积为100~4 000 m²/g。利用碳质材料如煤沥青、椰子壳和石油废弃物可以制备活性炭。活性炭的体积密度为0.1~0.7 g/cm³。沸石是多孔晶体硅酸铝。沸石的骨架由$SiO_4$聚集体和$AlO_4$四面体分子结构组成，其以不同的排列方式，通过共氧原子结合，形成含有纳米尺度孔的晶体晶格。该孔分子能够吸附气体分子。沸石的体积密度较高，为0.5~1.5 g/cm³。沸石的重量吸附容量较低，其吸附/解吸容量没有活性炭的高。它们表现出较强的解吸滞后现象。

富勒烯能够制备优秀的催化剂。位于德国柏林的弗里茨哈伯研究所的技术专家们，已经利用巴基－洋葱球将苯乙烷转变为苯乙烯，其产率为62%。这比现有流程的最大产率50%提高了一些。苯乙烷转变为苯乙烯的转化是十大顶级工业化学过程之一。斯坦福国际研究所已经利用富勒烯研发了催化剂，以得到芳香族环烃更有效的加氢/脱氢作用，提高重油的品位，通过热解或重整过程将甲烷转变为更多的碳氢化合物。

### 1.3.4　纳米化学与工程和农学与食品科学的交叉

纳米技术在农业上应用十分广泛，特别是在食品加工及传统的农业改造方面[12,13]。纳米材料固化酶用在食品的加工、酿造业及沼气发酵方面，可以大大提高生产效率。采用纳米膜技术，可以分离食品中多种营养和功能性物质。利用纳米加工、粉碎技术粉碎的磷矿石，可以直接用于农作物，能节省大量制造磷肥用的硫酸。动物杂碎骨、珍珠、蚕丝、茶叶等农副产品都可用纳米加工技术粉碎，可生产食品、化妆品、硫黄等物质。经纳米加工技术粉碎至1 μm以下的粒度，加上适当的助剂，就可成为很好的杀菌剂，甚至可以把一些固体农药直接加工成纳米农药。这种纳米农药，易进入害虫的呼吸系统、消化系统及表皮内发挥作用。利用纳米技术中的光催化技术，可以消除蔬菜和水果中表面的农药及污染，还可以利用光、水和氧气等生产杀菌农药。因为光催化技术可使水、氧气等成为具有极强氧化还原能力的物质，可以杀灭细菌、真菌和病毒，这种农药大量使用于绿色和有机食品生产。纳米技术还可将纤维素粉碎成单糖、葡萄糖和纤维二糖等，使地球上丰富的有机物成为人、畜可以利用的营养物质和化工原料。利用纳米技术，只要操纵DNA链上少数几种核苷酸甚至改变几个原子的排列，就可以培养出新品种甚至完全新的物种。纳米技术也可为光合作用、生物固氮、生物制氢等具有重大意义的生物反应人工模拟提供可能。因为纳米材料粉末极细，表面积大，表面活性中心数目多，催化能力强，为光解水及二氧化碳和水合成有机物等提供有效催化手段。利用纳米材料可以制成防紫外线、转光和有色农用膜，而且也能生产可分解地膜等。如图1-21所示。

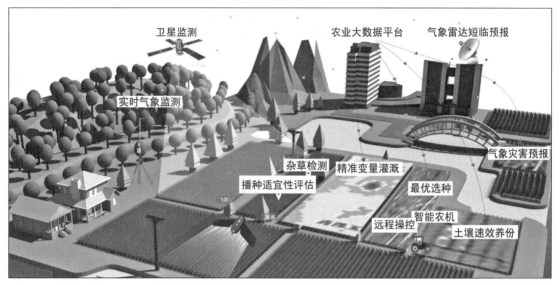

图 1-21　纳米技术在农业中的应用

　　Pasteur 在发明巴氏杀菌工艺时，将食品生产加工精度引到微米水平，完成了食品工业的第一次革命。Watson 和 Crick 发现脱氧核糖核酸（deoxyribonucleicacid，DNA），并构想出 2.5 nm 水平的 DNA 结构模型时，将人类的研究视角缩减至纳米水平，打开了通往生物技术、农业和食品生产纳米世界之门，食品工业随之完成了第二次革命，而真正标志食品工业纳米时代到来的是碳纳米管——巴基球富勒烯（$C_{60}$）的发现，将食品生产水平拓展到 1 nm 的水平[14]。随着科技的发展，纳米技术在食品工业中的潜力逐渐凸显。在食品工业中，纳米颗粒可以被用来改善功能性食品中生物活性化合物的性质，例如溶解度和吸收度，而纳米封装可以被用于保护香料、添加剂和营养物质。纳米传感器被置于加工链中或嵌入包装中用于监测和控制食物的质量与安全，其目的是检测由于多余水分或氧气，以及微生物的存在所导致的腐败。多层聚合物纳米复合屏障可以被用在生物可降解包装材料中，并且可以额外包含银或二氧化钛纳米颗粒，以提供额外的抗菌保护。包装材料可以从天然生物可降解聚合物制得，包括脱乙酰壳多糖、纤维素、胶原蛋白和玉米蛋白，其中还可以掺入纳米黏土作为气体屏障。纳米纤维素（也称为微纤化纤维素）是从各种植物（例如木材、草和纤维蔬菜）和微生物来源通过对纸浆（纤维素纤维）进行机械和/或化学处理衍生得到的。纳米纤维素的纤丝直径在 5~60 nm，长度可达几微米。纳米晶体纤维素是通过酸水解产生的，具有更短的、更坚硬的纤维。这两种形式纤维素的用途主要归因于其纤丝之间存在的较强的分子间键合，该性质能够在若干应用中提高结构的强度和刚度，包括塑料复合材料和纸张。资源使用相关的研究提供的一些证据表明，当利用纳米纤维素制造产品时，对于能源和材料的要求更低。许多蔬菜的废料流，例如糖用甜菜纤维，都是纳米纤维素的潜在来源。

## 1.3.5　纳米化学与工程与土木科学的交叉

　　建筑业是最早认识到纳米技术可能带来的巨大收益的行业之一[15]。各种纳米颗粒材料被广泛地用于涂层、涂料、黏合剂、密封剂和复合材料，例如 $TiO_2$、$SiO_2$ 和 $CaCO_3$。其他应用包括纳米结构钢筋、自洁和防涂鸦涂层，以及廉价的柔性塑料太阳电池板。在建筑领域中的很多领域都有着许多生态创新纳米技术，例如绝缘和承载材料、建筑涂层、气候控制和照明系统、空气净化以及可再生能源系统。这些技术对耐用性、可回收性、能源和资源效率、室内和室外空气质量等诸多方面赋予了相当大的环境上的优势。由于混凝土是最常见的建筑材料，对于它的可持续利用为资源消耗和环境污染提出了具体的挑战。这包括燃烧导致的二氧化碳的排放，燃烧为生产过程中的窑和石灰石的分解提供热量，石灰石是水泥的主要成分。纳米颗粒添加剂能够被用来提升水泥的力学和热性能，可以通过提高水泥的耐用性和延长其使用寿命使其更具可持续性。气凝胶通常由二氧化硅制得，具有已知的最高的绝缘等级。它们为建筑的供热节省了大量的能量。然而，它们造价昂贵，并且对机械和环境应力的抵抗能力很差。为了解决这些问题，使用有机材料的创新方法正在被开发中，这些方法将通过使用需要更少能量和化学品的制造过程中产生的更耐用的材料对可持续性做出贡献。

　　功能涂层领域是商业化开发或研究中最活跃的，这些纳米材料的使用已经成为建筑业和建筑环境中很多当前或潜在应用的基础，如图 1 - 22 所示。根据最近的一份 Freedonia 报告，建筑业中的涂层预计会广泛地应用纳米材料。把一定的纳米粒子或纳米层并入涂层或涂料和薄膜里，能够增强性能，包括透明性、光反应性、抗菌属性、自清洁、抗划伤、抗腐蚀性、紫外线阻挡、颜色持久性和改进的传热性能。当前，大量的产品已经被开发出来且在建筑业和建筑环境中实现商业化应用。例如，基于 $TiO_2$ 纳米粒子的光催化性，从自清洁玻璃和水泥到墙壁涂层、屋顶瓦、建筑物表面和道路路面等，自清洁涂层或涂料已经应用到众多产品中。当紫外线（可见光）照射时，$TiO_2$ 纳米粒子激活表面能够通过生产自由基来分解尘土和空气污染物。因此，除了自清洁外，这样的涂层或涂料也能改善室内或室外的空气质量。在涂料或涂层的发展中，$SiO_2$、$Al_2O_3$、$ZnO$ 和 $Ag$ 纳米粒子也已经被用于增强其他功能（如增强耐用性、抗划伤、抗菌性和抑菌性）。自清洁也能通过创造一种超疏水表面，即模仿荷叶的自清洁功能来实现。BASF 已经开发出一种用于木材表面的莲花喷雾剂，其中包含硅颗粒（或者铝纳米粒子）、疏水聚合物和气体推进剂的混合物，可提供比蜡涂层高 20 倍的防

**图 1 - 22　纳米材料应用于摩天大厦**

水性能。类似用于建筑物的产品如荷花效应表面涂料和抗涂鸦涂层也已被开发出来。在绝缘、太阳能电池以及用于高效节能的建筑物、传感器和智能建筑物的灵巧且反应敏捷的涂层等领域也有许多有前景的研究。例如智能窗户，可通过电致变色涂层、热变色涂层和光致变色涂层智能地控制光和热流入建筑物，这在节约供暖或制冷和光照等能源方面提供了巨大潜力。

欧盟（EU）的建筑物造成了 40% 的能源消耗和 36% 的 $CO_2$ 排放，改善建筑物的能源性能是抗击气候变化和提高能源安全的一种费用低廉的方法。在住宅建筑中，需要使用的能源包括生活热水、暖气、空气流通、光照和制冷，其中，热损耗与玻璃表面的外部覆层有密切联系。通过创新的绝缘材料、智能窗户、创新的照明和能源系统，纳米技术的巨大潜力可以应对很多挑战。例如，在当前的欧洲建筑中增加热绝缘材料，能够削减当前建筑物能源消耗中 42% 的碳排放量（3 亿 5 千万吨）。最近一个与建筑物能效有关的研究计划已经可行，包括与纳米技术有关的高性能能效绝缘系统。

纳米技术能够开发具有惊人属性的新型绝缘材料。气凝胶就是这样一个例子，它是一种密度极低的固体，含 95% 的纳米孔。气凝胶是很好的热绝缘材料，因为这种材料几乎使三种热传递方法（即对流、导热和辐射）变得无效。因此，气凝胶能够用于生产几乎半透明的绝缘板，并且 9 mm 厚的气凝胶等同于 50 mm 的矿物棉的热传递性能。

纳米技术绝缘涂层或涂料代表着另外一种有前景的建筑绝缘材料。例如 Nansulate ®以纳米复合材料（hydro – NM – oxide）为基础开发出了一系列涂料产品。多功能透明涂层比如涂料能用在不同的表面（内部或外部墙壁、窗户、管道、屋顶等）提供一种有效且低廉的方式来提高现有的建筑物以及新建筑物的能源效率。测试结果表明，Nansulate ®应用到住宅建筑物上平均可节约 46% 的能源（Nansulate，2010）。这类涂层或涂料的一个明显且重要的优点是它们很容易安装到当前建筑物中，其中建筑物整修的一个主要问题是缺乏传统隔热材料的空间。

真空隔热板（VIP）的发明最初是用于冰箱，现在应用在建筑上吸引了较多关注，它们的隔热性能比传统隔热材料高 5 ~ 10 倍。用于建筑物中，就能建造出薄且高度隔热的墙壁、屋顶和地板。

纳米技术也改善了建筑工程的能源供给和照明。在燃料电池技术方面，纳米结构的催化剂和薄膜能提高效率。在 PV 领域，基于染敏 $TiO_2$ 纳米粒子的染敏太阳能电池在建筑上提供了新的设计。在照明工程领域，基于无机或有机半导体材料的高效节能的发光二极管（LED）也已经表现出较好的发展势头。

## 知识拓展

　　木材是一种公认的环保结构材料，具有低密度、较高力学强度的特点，被广泛应用于建筑等工程领域。然而，其成型加工性较差，难以如金属、塑料那样被加工成具有复杂几何形状的结构；同时，其力学强度仍然难以比拟金属材料。这些大大限制了木材在汽车、飞机、航天等工程领域的应用。

例如，美国马里兰大学 Liangbing Hu 研究团队通过结合化学处理和"水冲击"（water – shock）处理对木材细胞壁进行褶皱工程改性，构筑一种具有选择性打开管胞的褶皱细胞壁结构。这种褶皱细胞壁结构赋予木材优异的可弯折性以及模压加工成型性，同时，在空气中干燥后剧烈收缩致密化，大大增强木材的力学强度。该研究打破了木材不易在强化的同时具有良好加工成型性的限制，使其兼顾优异的力学性能及"类金属/塑料"的良好加工成型性，极大地拓展了木材的应用范围，特别是在对强度和复杂形状成型性都有较高要求的工程领域有很好的应用前景。相关成果以"Lightweight, strong, moldable wood via cell wall engineering as a sustainable structural material"为题在线发表于 *Science* 上。

# 本章思考题

1. 如何理解纳米材料化学与工程的前景与安全性的"双刃剑"作用？
2. 简述纳米材料化学与工程在碳中和战略中的作用。
3. 纳米材料化学的工程学特质有哪些？
4. 简述纳米材料的光学和磁学性质与块体材料的区别。
5. 举例说明纳米材料化学与其他学科的交叉延伸。
6. 在能源化工领域纳米材料的具体应用有哪些？

# 参 考 文 献

［1］顾宗勤，苏建英．氮肥甲醇产业应勇担减碳重任［J］．中国石油和化工产业观察，2021（8）：30 – 31.

［2］李育磊，刘玮，董斌琦，夏定国．双碳目标下中国绿氢合成氨发展基础与路线［J］．储能科学与技术，2022（11）：2892 – 2899.

［3］Choi U S. Enhancing Thermal Conductivity of Fluids with Nanoparticles, Developments and applications of non – Newtonianflows［J］. Appl. Phys, 1995（66）：99 – 103.

［4］李星国，张同俊，赵兴中．超微粉（AlN + Al）的添加对 AlN 的烧结到导热的影响［J］．航空材料学报，1995（6）：8 – 13.

［5］赵年伟，王伟．纳米材料和技术在玻璃行业的应用［J］．玻璃，2002（2）：36 – 37.

［6］崔屹．纳米技术在能源、环境和织物领域的应用［J］．光学与光电技术，2020（18）：6.

［7］张晓金，原续波，胡云霞．用于癌症治疗的纳米磁性载体研究进展［J］．北京生物医学工程，2003（12）：295 – 298.

［8］陈良冬，李雁，袁宏银，庞代．量子点在肿瘤研究中的应用［J］．癌症，2006（25）：651 – 656.

［9］王皆佳，缪智伟，赵彤．新能源汽车动力电池及其应用分析［J］．电子元器件与信息技

术，2021（5）：32 – 33.

[10] 徐华，宋涛. 磁性药物靶向治疗的进展［J］. 国外医学生物医学工程分册，2004（2）：61 – 66.

[11] Al – Saleh M，Sundaraj U. Review of the mechanical properties of carbon nanofiber/polymer composites ［J］. Composites Part A：Appl Sci Manuf，2011（42）：2126.

[12] Maensiri S，Laokul P，Klinkaewnarong J. Carbon nanofiber – reinforced alumina nanocomposites：Fabrication and mechanical properties ［J］. Mater Sci Eng A，2007（447）：44.

[13] 刘键，张阳德，张志明. 纳米生物技术促进蔬菜作物增产应用研究［J］. 湖北农业科学，2009（48）：123 – 127.

[14] 乔俊，赵建国，解谦. 纳米碳材料对作物生长影响的研究进展［J］. 农业工程学报，2017（33）：162 – 170.

[15] 关荣发，钱博，叶兴乾. 纳米技术在食品科学中的最新研究［J］. 食品科学，2006（27）：270 – 273.

# 第 2 章

# 纳米材料的基本效应与物化性质

## 本章重点及难点

（1）理解纳米材料的四大基本效应及拓展效应。

（2）理解纳米材料特定结构的特殊光、电特性及原理及应用。

（3）了解量子点、量子线、量子阱态密度与能量的关系。

（4）理解并掌握团簇、量子点、纳米晶的概念；了解团簇化合物的结构特性及应用；理解并掌握量子点的特性；了解零维纳米结构的特殊光、电性质。

## 2.1　纳米材料基本效应

### 2.1.1　纳米材料的小尺寸效应

由于颗粒尺寸变小所引起的宏观物理性质的变化称为小尺寸效应。随着颗粒尺寸的减小，在一定条件下会引起颗粒性质的质变。纳米粒子体积小，所包含的原子数很少，相应的质量极小，因此，许多现象不能用通常的有无限个原子的块状物质的性质加以说明。

具体而言，当颗粒尺寸与光波波长、德布罗意波长（其数值为 $h/p$，$h$ 为普朗克常数，$p$ 为动量）相当或者更小的时候，晶体周期性的边界条件将被破坏，颗粒表面层附近的原子密度减少，导致声、光、电、磁、热、力学等特性呈现新的物理性质的变化，称为小尺寸效应。如纳米粒子的熔点可远低于块状本体；利用等离子共振频移随颗粒尺寸变化的性质，可以通过改变颗粒尺寸，控制吸收边的位移，构造具有一定频宽的微波吸收纳米材料，用于电磁波屏蔽、隐形飞机等。

对纳米颗粒而言，尺寸变小，从而产生一系列新奇的性质。由于小尺寸效应使其具有常规大块材料不具备的光学特性、热学特性、磁学特性等。通常使材料熔点降低，烧结温度也显著下降，从而为粉末冶金工业提供了新工艺。另外，光学非线性、光吸收、光反射、光传输过程中的能量损耗等都与纳米微粒尺寸有很强的依赖关系。例如，当黄金被细分到小于光波波长的尺寸时，即失去了原有的富贵光泽而呈黑色。尺寸越小，颜色越黑，银白色的铂（白金）变成铂黑。金属铬变成铬黑。金纳米颗粒尺寸与其熔点的关系如图 2 - 1 所示。银的常规熔点为 670 ℃，而超微银颗粒的熔点可低于 100 ℃。小尺寸的超微颗粒磁性与大块材料显著不同，大块的纯铁矫顽力约为 80 A/m，而当颗粒尺寸减小到 20 nm 以下时，其矫顽力可增加 1 000 倍，若进一步减小其尺寸，大约小于 6 nm 时，其矫顽力反而降低到零，呈现出超顺磁性。

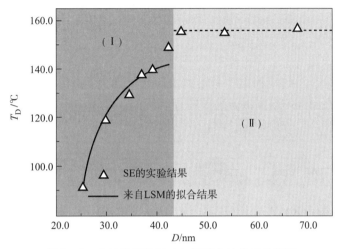

图 2 - 1　金纳米颗粒尺寸与其熔点的关系曲线图

在烧结温度降低的应用实例方面，如超细银粉制成的导电浆料可以进行低温烧结，此时元件的基片不必采用耐高温的陶瓷材料，甚至可用塑料；采用超细银粉浆料，可使膜厚均匀，覆盖面积大，既省料，又具有高质量。在钨颗粒中附加 0.1% ~ 0.5% 重量比的超微镍颗粒后，可使烧结温度从 3 000 ℃ 降低到 1 200 ~ 1 300 ℃，以致可在较低的温度下烧制成大功率半导体管的基片。

利用这些特殊的性质，通过调控微颗粒的尺寸大小可以改变传统金属冶炼和陶瓷工艺；借助金属超微颗粒对光的反射率很低的特性（通常可低于 1%，大约几微米的厚度就能完全消光），可以作为高效率的光热、光电等转换材料，高效率地将太阳能转变为热能、电能，也可以应用于红外敏感元件、红外隐身技术等。利用磁性超微颗粒具有高矫顽力的特性，已做成高存储密度的磁记录磁粉，大量应用于磁带、磁盘、磁卡以及磁性钥匙等。利用超顺磁性，人们已将磁性超微颗粒制成用途广泛的磁性液体。此外，可通过改变晶粒尺寸来控制吸收边的位移，从而制造出具有一定频宽的微波吸收纳米材料；光学非线性、光吸收、光反射、光传输过程中的能量损耗等都与纳米微粒的尺寸有很强的依赖关系。

## 2.1.2　纳米材料的表面/界面效应

表面效应又称界面效应，它是指纳米粒子的表面原子数与总原子数之比随粒径减小而急剧增大后所引起的性质上的变化。纳米粒子尺寸小，表面能高，位于表面的原子占相当大的比例。随着粒径的减小，表面原子百分数迅速增加。如当纳米粒子的粒径为 10 nm 时，表面原子数为完整晶粒原子总数的 20%；而粒径降到 1 nm 时，表面原子数比例达到 90% 以上，原子几乎全部集中到纳米粒子的表面。

具体而言，当纳米微粒的尺寸与光的波长、电子德布罗意波长、超导相干波长和透射深度等物理特征尺寸相当或更小时，其周期性边界条件将被破坏，它本身和由它构成的纳米固体的声、光、热、电、磁和热力学等物理性质，体现出传统固体所不具备的许多特殊性质。其中造成这一现象的重要因素是小尺寸效应和表面、界面效应。

这样大的比表面积，使处于表面的原子数越来越多，同时，表面能迅速增加，如图 2 - 2 所示。纳米微粒的表面原子所处环境与内部原子不同，它周围缺少相邻的原子，存在许多悬空键，具有不饱和性，易与其他原子相结合而稳定。因此，纳米晶粒尺寸减小的结果导致了其表面积、表面能及表面结合能都迅速增大，进而使纳米晶粒表现出很高的化学活性；并且表面原子的活性也会引起表面电子自旋构象电子能谱的变化，从而使纳米粒子具有低密度、低流动速率、高吸气体、高混合性等特点。例如，金属纳米粒子暴露在空气中会燃烧，无机纳米粒子暴露在空气中会吸附气体，并与气体进行反应。

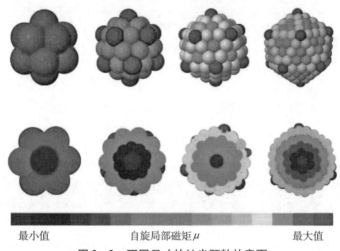

最小值　　　　　　　　自旋局部磁矩 $\mu$　　　　　　　　最大值

**图 2 - 2　不同尺寸的纳米颗粒的表面**

假设为球形颗粒，进行计算：

球形颗粒表面积：

$$S = 4\pi r^2 = \pi D^2 \ (r \text{ 为半径；} D \text{ 为直径})$$

球形颗粒体积：

$$V = 4/3 \pi r^3$$

颗粒比表面积（颗粒表面积与体积之比）：

$$S/V = 6/D$$

球形颗粒的表面积与直径的平方成正比，其体积与直径的立方成正比，故表面积和体积的比与直径成反比，颗粒直径越小，这个比值就越大。

随着颗粒直径的变小，比表面积将会显著地增加，颗粒表面原子数相对增多，从而使这些表面原子具有很高的活性且极不稳定，致使颗粒表现出不一样的特性，这就是表面效应，见表 2 - 1。随着纳米材料粒径的减小，表面原子数迅速增加。例如，当粒径为 10 nm 时，表面原子数为完整晶粒原子总数的 40%；而粒径为 1 nm 时，其表面原子百分数增大到 99%；此时组成该纳米晶粒的所有约 30 个原子几乎全部分布在表面。尺寸越小，表面能越高，位于表面的原子占相当大的比例，这是由于颗粒变小时，比表面积急剧变大所致。

表 2 - 1　纳米颗粒尺寸与表面原子数的关系

| 粒径/nm | 包含的原子数 | 表面原子比例/% | 表面能/(J·mol⁻¹) | 表面能量/总能量 |
|---|---|---|---|---|
| 10 | 30 000 | 20 | $4.08 \times 10^4$ | 7.6 |
| 5 | 4 000 | 40 | $8.16 \times 10^4$ | 14.3 |
| 2 | 250 | 80 | $2.04 \times 10^5$ | 35.3 |
| 1 | 30 | 99 | $9.23 \times 10^5$ | 82.2 |

由于表面原子周围缺少相邻的原子：有许多悬空键（图 2 - 3），具有不饱和性，易与其他原子相结合而稳定下来，故表现出很高的化学活性。随着粒径的减小，纳米材料的表面积、表面能及表面结合能都迅速增大。导致纳米粒子表面原子运输和构型发生变化，并引起表面电子自旋构象和电子能谱发生变化。

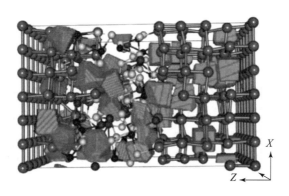

| 原子位置 | 稳定连接 | 实际连接 |
|---|---|---|
| 顶角 | 6 | 3 |
| 边上 | 6 | 4 |
| 面上 | 6 | 5 |
| 内部 | 6 | 6 |

图 2 - 3　晶胞原子位置与连接键的关系[3]

利用纳米材料的表面/界面效应，可以通过纳米材料的制备与调控来提升材料性质，从而提高纳米材料在催化、吸波、杀菌剂等领域的利用效率，同时开发纳米材料的新用途。

### 2.1.3　量子尺寸效应

在大块块晶体中，电子能级准连续分布，形成一个个的晶体能带。当粒子尺寸下降到某一数值时，费米能级附近的电子能级由准连续变为离散能级，即出现能级分裂或者能隙变宽的现象，称为量子尺寸效应。在纳米材料中，由于至少存在一个维度为纳米尺寸，在这一维度中，电子相当于被限制在一个无限深的势阱中，电子能级由准连续分布能级转变为分立的束缚态能级。

金属费米能级附近电子能级在高温或宏观尺寸寸情况下一般是连续的，金属晶体中电子未填满整个导带，在热扰动下，金属晶体中电子可以在导带各能级中较自由地运动，因而金属晶体表现为良好的导电及导热性。但当粒子尺寸下降到某一纳米值时，金属费米能级附近的电子能级由准连续变为离散能级的现象，此即为金属纳米微粒的量子尺寸效应。对半导体材料而言，在尺寸小于 100 nm 的纳米尺度范围内，半导体纳米微粒随着其粒径的减小也会呈现量子化效应，显现出与常规块体不同的光学和电学性质。常规大块半导体的能级是连续的能级，当颗粒减小时，半导体的载流子被限制在一个小尺寸的势阱中，在此条件下，导带和价带过渡为分立的能级，使半导体中的能隙变宽、吸收光谱阈值向短波方向移动，此即为半导体纳米微粒的量子尺寸效应。与金属导体相比，半导体纳米颗粒组成的固体禁带宽度较大，受量子尺寸效应的影响非常明显。

1. 久保（Kubo）理论：金属的离散能级

20 世纪 60 年代，日本学者久保（Kubo）与其合作者针对金属超微粒子费米面附近电子能级状态分布提出了久保理论，对小颗粒的大集合体的电子能态作了两点主要假设。

①简并费米液体假设：把超微粒子靠近费米面附近的电子状态看作受尺寸限制的简单电子气，并进一步假设它们的能级为准粒子态的不连续能级，而准粒子之间交互作用可忽略不计。

②超微粒子电中性假设：对于一个超微粒子，取走或放入一个电子都是十分困难的。

针对低温下电子能级是离散的，且这种离散对材料热力学性质起很大的作用，例如，超微粒子的比热容、磁化率明显区别于大块材料，久保及其合作者采用电子模型求得金属纳米晶粒的能级间距 $\delta$ 为：

$$\delta = 4E_F/(3N) \propto V^{-1} \qquad (2-1)$$

式中，$N$ 为纳米晶中价电子的总数；$V$ 为纳米粒子的体积；$E_F$ 为块体材料的费米能级；$\delta$ 为电子量子化能级平均间距。由式（2-1）看出，当粒子为球形时，$\delta \propto d^{-3}$，即随着粒子直径的减少，能级间隔增大。

能带理论表明，金属费米能级附近电子能级一般是连续的，这一点在高温或宏观尺寸情况下成立。宏观物质包含无限个原子（即价电子数 $N \to \infty$），由式（2-1）可得能级间距 $\delta \to 0$，即对大粒子或宏观物体，能级间距几乎为零。而纳米粒子，所包含原子数有限，$N$ 值很小，这就导致 $\delta$ 有一定的值，即能级间距发生分裂。当能级间距大于热能（$K_B T$）、磁能（$\mu_0 \mu_B H$）、静电能（$edE$）、光子能量（$h\nu$）或超导态的凝聚能时，必须要考虑量子尺寸效应。

量子尺寸效应导致微粒的磁、光、声、电、热以及超导电性与同一物质宏观状态的原有性质有显著差异，即出现反常现象。纳米金属微粒在低温时，由于量子尺寸效应，呈现绝缘性。通常，金属纳米晶体中尺寸诱导的金属-绝缘体的转变，发生在直径 1~2 nm 或 30~100 个原子的范围内。例如：CdS 纳米晶体在尺寸小至 3.1 nm 时，其能级间距为 2.9 eV，而且随着尺寸的减小而增大。

**2. 半导体纳米晶的量子尺寸效应**

在著名的 Brus 公式中，将半导体纳米晶能带与尺寸的关系阐述如下（其中，式（2-2）展示了大晶粒半导体的禁带宽度的计算公式；式（2-3）为量子尺寸效应产生的蓝移能的表达式）：

$$E(r) = E_g(r = \infty) + \frac{h^2\pi^2}{2\mu r^2} - 1.786\frac{e^2}{\varepsilon r} - 0.248E_{Ry} \tag{2-2}$$

$$\mu = \left(\frac{1}{m_e} + \frac{1}{m_h}\right)^{-1} \tag{2-3}$$

式中，$E(r)$ 为纳米微粒的吸收带隙；$E_g$（$r$ 为无穷大）为体相的带隙；$r$ 为粒子半径；$h$ 为普朗克常数；$\mu$ 为电子和空穴的折合质量。其中，$m_e$、$m_h$ 分别为电子和空穴的有效质量；$E_{Ry}$ 为有效的里德伯能量。

由式（2-2）中的 Brus 公式可以看出：量子尺寸效应产生的蓝移能；当粒子尺寸下降到某一数值时，费米能级附近的电子能级由准连续变为离散能级或者能隙变宽的现象，而且粒子尺寸越小，能级间距越大（图 2-4）。当能级的变化程度大于热能、光能、电磁能的变化时，导致了纳米微粒磁、光、声、热、电及超导特性与常规材料有显著的不同。例如：①导电的金属在纳米颗粒时可以变成绝缘体；②磁距的大小与颗粒中电子是奇数还是偶数有关；③同大块材料相比，纳米微粒的吸收带普遍存在"蓝移"现象，即吸收带向短波方向移动。

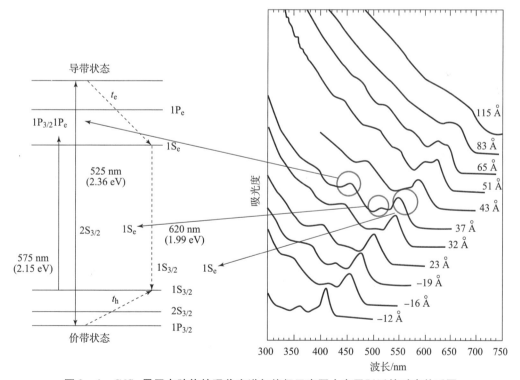

**图 2-4　CdSe 量子点胶体的吸收光谱与能级示意图中电子跃迁的对应关系图**

### 2.1.4　宏观量子隧道效应

当微观粒子的总能量小于势垒高度时，该粒子仍能穿越这一势垒的现象被定义为隧道效应。这一现象早期曾用来解释超细镍微粒在低温继续保持超顺磁性。例如，超导宏观量子隧道效应（超导约瑟夫逊效应：1962 年，22 岁的约瑟夫逊预言 Cooper 电子对有隧道效应）等。近年来，人们发现一些宏观量，如微粒的磁化强度、量子相干器件中的磁通量等也具有隧道效应，称为宏观量子隧道效应。例如，人们发现 Fe－Ni 薄膜中畴壁运动速度在低于某一临界温度时基本上与温度无关。于是，有人提出量子力学的零点振动可以在低温起着类似热起伏的效应，从而使零温度附近微颗粒磁化矢量的重取向，保持有限的弛豫时间，即在绝对零度仍然存在非零的磁化反转率。相似的观点解释高磁晶各向异性单晶体在低温产生阶梯式的反转磁化模式，以及量子干涉器件中的一些效应。

从量子力学的观点来看，电子具有波动性，其运动用波函数描述，而波函数遵循薛定谔方程，从薛定谔方程的解就可以知道电子在各个区域出现的概率密度，从而能进一步得出电子穿过势垒的概率。隧道效应是由微观粒子的波动性引起的，粒子运动遇到一个高于粒子能量的势垒，按照经典力学，粒子是不可能越过势垒的；按照量子力学可以解出除了在势垒处的反射外，还有透过势垒的波函数，这表明在势垒的另一边，粒子具有一定的概率，粒子贯穿势垒。其定义为：在两块金属（或半导体、超导体）之间夹一层厚度约为 0.1 nm 的极薄绝缘层，绝缘层就像一个壁垒（我们将它称为势垒），当两端施加势能形成能垒的时候，导体中部分微粒子在动能小于势能的条件下，可以从绝缘层一侧通过势垒到达另一侧的物理现象称为隧道效应。

宏观量子隧道效应的研究对基础研究及应用研究都有着重要意义，它限定了磁带、磁盘进行信息存储的时间极限。量子尺寸效应、隧道效应将会是未来微电子器件的基础，或者它们确立了现存微电子器件进一步微型化的极限。当微电子器件进一步细微化时，必须要考虑上述量子效应。目前研制的量子共振隧穿晶体管就是利用量子效应制成的新一代器件。如图 2－5 所示。

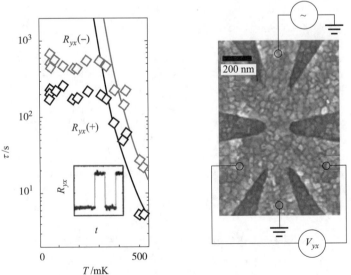

**图 2－5　拓扑铁磁体的宏观量子隧穿示意图**

**知识拓展**

量子隧道效应应用举例之扫描隧道显微镜（STM）：扫描隧道显微镜是利用电子隧穿效应制作而成的，其基本原理为当两电极相距很近时，在其间加上微小电压，则探针所在的位置便有隧穿电流产生。利用探针与样品表面的间距和隧穿电流有十分灵敏的关系，当探针以设定的高度扫描样品表面时，样品表面的形貌导致探针和样品表面的间距变化，隧穿电流值也随之改变。借助探针在样品表面上来回扫描，记录每个位置点上的隧穿电流值，便可得知样品表面原子排列情况。

## 2.1.5　量子限域效应

半导体纳米微粒的粒径 $r < \alpha_B$（$\alpha_B$ 为激子玻尔半径）时，电子的平均自由程受小粒径的限制，局限在很小的范围，空穴很容易与它形成激子，引起电子和空穴波函数的重叠，容易产生激子吸收带。因此，空穴约束电子形成激子的概率比常规材料高得多，导致纳米材料激子的浓度较高。颗粒尺寸越小，形成激子的概率越大，激子浓度就越高。这种效应称为量子限域效应。纳米半导体微粒增强的量子限域效应使它的光学性能不同于常规半导体。

纳米材料界面中的空穴浓度比常规材料高得多。纳米材料的颗粒尺寸越小，电子运动的平均自由程越短，空穴约束电子形成激子的概率越高，激子浓度越高。这种量子限域效应，使能隙中靠近导带底形成一些激子能级，产生激子发光带。激子发光带的强度随颗粒尺寸的减小而增加，如图 2-6 所示。

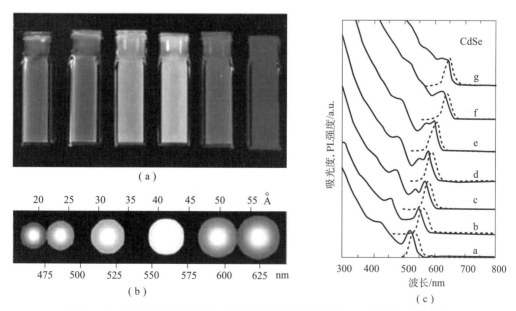

图 2-6　CdSe 量子点不同尺寸的胶体吸收光谱及量子尺寸效应产生的荧光

随着纳米晶粒粒径的不断减小和比表面积不断增加,其表面状态的改变将会引起微粒性质的显著变化。例如,当在半导体纳米材料表面修饰一层某种介电常数较小的介质时,相对于裸露于半导体纳米材料周围的其他介质而言,被包覆的纳米材料中电荷载体的电力线更易穿过这层包覆膜,从而导致它与裸露纳米材料的光学性质相比发生了较大的变化,这就是介电限域效应。当纳米材料与介质的介电常数值相差较大时,将产生明显的介电限域效应。纳米材料与介质的介电常数相差越大,介电限域效应就越明显,在光学性质上就表现出明显的红移现象。介电限域效应越明显,吸收光谱红移也就越大。

## 知识拓展

1. 激子玻尔半径 $\alpha_B$

利用激子玻尔半径可以大致判断一个晶体是半导体量子点,还是简单的块体半导体。公式如下:

$$\alpha_B = \varepsilon \hbar^2 / (\mu e^2) = \varepsilon m_0 / (\mu \times 0.053) \text{ nm}$$

$$\mu = \left( \frac{1}{m_e} + \frac{1}{m_h} \right)^{-1}$$

式中,$\mu$ 为电子空穴对的约化质量/折合质量;$\varepsilon$ 是材料的介电常数。

2. 半导体 (3D) 电子的态密度

态密度 (DoS) 是指单位体积实空间中,每能量间隔 $dE$ 中每种自旋取向的态的数量。每一个量子态可被自旋向上和向下的两个电子所占据。

3. 电子被限制在有限空间中,导致能级量子化及非零最低能级

$n$ 为量子态的量子数,形成一系列分立的电子能级 $E_1$、$E_2$、$E_3$、…。

4. 量子阱

定义:由带隙宽度不同的两种薄层材料交替生长在一起,窄带隙薄层被包夹在宽带隙材料中间的一种微结构。其中,窄带隙势阱层的厚度小于电子的德布罗意波长,电子的能级变成分立的量子化能级,该微结构为量子阱。

特点:量子阱中电子(或空穴)沿外延生长方向的运动受到限制,形成一系列分立的量子能级,电子(空穴)的波函数主要局域在量子阱中(量子限制效应)。

制备:将一种材料夹在两种材料(通常是宽禁带材料)之间而形成。比如两层砷化铝之间夹着砷化镓。一般这种材料可以通过 MBE(分子束外延)或者 MOCVD(化学气相沉积)的方法来制备。

5. 量子线

定义:能使电子在空间两个方向(如 $x$、$y$ 方向)上的运动均受到约束,只能沿长度方向($z$ 方向)自由运动的低维结构材料。

举例:碳纳米管被视作最具有可行性的量子线。实验已表明单个碳纳米管可作为量子线,甚至可以制成室温型三极管和场致发光器件。

## 2.1.6　库仑阻塞（堵塞）效应

库仑堵塞效应是电子在纳米尺度的导电物质间移动时出现的一种极其重要的物理现象。当一个物理体系的尺寸达到纳米量级时，电容也会小到一定程度，以至于该体系的充电和放电过程是不连续（即量子化）的，此时充入一个电子所需的能量称为库仑堵塞能（它是电子在进入或离开该体系时前一个电子对后一个电子的库仑排斥能），所以，在对一个纳米体系进行充、放电的过程中，电子不能连续地集体传输，而只能一个一个单电子地传输，通常把这种在纳米体系中电子的单个输运的特性称为库仑堵塞效应。

充入一个电子所需的能量称为库仑堵塞能，即前一个电子对后一个电子的库仑排斥能：

$$E_C = \frac{e^2}{C}$$

式中，$e$ 为一个电子的电荷；$C$ 为小体系的电容。

$E_C$ 在室温时与热能相比非常小，当导体尺度极小时，$C$ 变得很小，能量 $E_C$ 就会变得很大；尤其在低温时，热能也很小，库仑阻塞能 $E_C > k_B T$（热扰动能），就可以观察到单电子输运行为使充放电过程不连续。量子点中单个电子进出所产生的单位电子电荷的变化使量子点的电势和能量状态发生很大改变，进而将阻止随后其他电子进出该量子点、使量子点中的电荷量呈"量子化"的台阶状变化，这种因库仑力导致对电子传导的阻碍现象就是库仑堵塞效应。

可以理解为：如果有一个足够小的岛，这个岛里原来有一个电子，当另一个电子进到这个岛里时，随着新来电子与原来电子的相互靠近，由于排斥力的增强和系统能量的升高，原来的电子将会阻止新来电子的进入，只有当外加电场使系统释放出原来这个电子后，新来的电子才能进来的效应。此时纳米材料的 $I-V$ 曲线不再是直线关系，而是锯齿形状的台阶、零电流间隙和电流平台。在满足适当条件的情况下，如果纳米颗粒小体系在低温下，库仑堵塞能 $e^2/(2C) > k_B T$（热扰动能），就可观察到单电子输运行为使充、放电过程不连续的现象，就可开发作为单电子开关、单电子数字存储器等器件应用。当纳米微粒的尺寸为 1 nm 时，可以在室温下观察到量子隧道贯穿效应（简称隧穿效应）和库仑堵塞效应，当纳米微粒的尺寸在十几纳米范围时，要观察这些现象，必须在极低温度下，例如 –196 ℃ 以下。利用量子隧穿效应和库仑堵塞，就可研究纳米电子器件，其中单电子晶体管是重要的研究课题。

# 2.2　纳米材料的物理化学特性

## 2.2.1　纳米微粒的物理特性

小尺寸效应、表面/界面效应、量子尺寸效应以及宏观量子隧道效应使纳米微粒呈现许多奇异的物理、化学性质。

### 2.2.1.1　热学特性

1. 纳米材料的熔点

固态物质在大尺寸时，熔点是固定的。对于纳米微粒，由于小尺寸效应，表面原子数多，这些表面原子近邻配位不全，活性大，体积远小于大块材料，因此，纳米微粒熔化时所需增加的内能小得多，使纳米微粒的熔点急剧下降。例如，大块的 CdS 熔点是 1 678 K，而尺寸缩小到 2 nm 时，约为 910 K，1.5 nm 时，约为 600 K；大块的铜单质熔点为 1 358 K，而尺寸缩小到 20 nm 时，熔点约为 312 K；金的常规熔点为 1 337 K，当颗粒尺寸减小到 10 nm 尺寸时，熔点开始急剧下降，2 nm 尺寸时的熔点仅为 600 K 左右。

**2. 烧结温度**

纳米微粒尺寸小，表面能高，压制成块材后的界面具有高能量，在烧结中，高活性的界面成为原子运动的驱动力，有利于界面中孔洞的收缩、空位团的湮没。因此，在较低的温度下烧结就能达到致密化的目的。如：$Al_2O_3$ 常规烧结温度为 2 073 ~ 2 173 K，而纳米 $Al_2O_3$ 可在 1 423 ~ 1 723 K 温度下烧结；常规 $Si_3N_4$ 烧结温度为 2 273 K，而纳米级的烧结温度为 673 ~ 773 K。

**3. 晶化温度**

纳米微粒开始长大的温度随着粒径的减小而降低。如 CdS 量子点在液相有机前驱体裂解法制备时，生成温度在 250 ~ 300 ℃；而离子交换反应制备 CdS 量子点时，晶化温度在室温即可。

### 2.2.1.2　光学特性

纳米颗粒的量子尺寸效应、介电限域效应，以及大的比表面效应、界面原子排列以及键组态的较大无规则性等对纳米微粒的光学性能有很大影响。

**1. 宽频带强吸收**

纳米氮化硅、碳化硅以及 $Al_2O_3$ 粉末对红外都有一个宽带吸收谱，这是因为纳米微粒大的比表面导致了平均配位数下降，不饱和键和悬键增多，没有一个单一的、择优的键振动模式，而是存在一个较宽的键振动模式的分布，在红外光场作用下对红外吸收的频率也就存在一个较宽的分布，导致纳米微粒红外吸收带的宽化。

**2. 吸收光谱的蓝移现象**

当粒子尺寸下降到某一数值时，费米能级附近的电子能级由准连续变为离散能级或者能隙变宽的现象，即为吸收光谱的蓝移现象。粒子尺寸越小，能级间距越大。当能级的变化程度大于热能、光能、电磁能的变化时，导致了纳米微粒磁、光、声、热、电及超导特性与常规材料有显著的不同。与大块材料相比，量子尺寸效应导致能隙增大，纳米微粒的吸收带普遍存在"蓝移"现象，即吸收带向短波方向移动。同时，由于电子和空穴的运动受限，它们之间波函数重叠增大，激子态振子强度增大，导致激子吸收增强，因此很容易看到激子吸收峰。

**3. 纳米材料的发光**

相比于大块的材料，当纳米微粒的尺寸足够小时，可以在一定波长的光激发下发光。例如，通常发光效应很低的 Si、Ge 间接带隙半导体材料，当晶粒尺寸减小到 <5 nm 时，可观察到很强的可见光发射（激子的量子限域效应，直接光跃迁）。$Al_2O_3$、$Fe_2O_3$、$SnO_2$、$TiO_2$ 等，当其晶粒尺寸减小到纳米量级时，也同样观察到常规材料中根本没有的发光现象。

1）纳米材料的线性发光

受光激发后的电子 - 空穴对（激子）中，电子与空穴复合的途径有三种，产生三种可能的发光机制（图 2 - 7）：

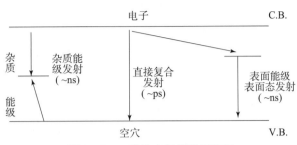

图 2 - 7　三种发光机制的示意图

①电子和空穴直接复合，为激子态发光。由于量子尺寸效应，发射波长随着尺寸减小而向高能方向移动。

②通过表面缺陷态间接复合发光。表面的许多悬挂键、吸附类等，形成许多表面缺陷态。微粒受光激发后，光生载流子以极快的速度受限于表面态，产生表面态发光。因此，微粒表面越完好，表面对载流子的陷获能力减弱，表面态发光就越弱。

③通过杂质能级复合发光。

这三种情况互相竞争，要想有效地产生激子态发光，就要设法制备表面完好的纳米微粒，或者通过表面修饰来减少表面缺陷，使电子和空穴有效地直接辐射复合，比如核壳结构；要想获得稳定的掺杂发光，就要获得稳定的取代位的深度掺杂原子。

2）纳米材料的非线性光学性质

光学非线性是指在强光场的作用下介质的极化强度中出现与外加光波电磁场的二次、三次以及高次方成比例的项，即吸收系数和光强之间出现了非线性关系。小尺寸效应、量子尺寸效应、量子限域效应等是引起光学非线性的主要原因。如果激发光的能量低于激子共振吸收能量，则不会有光学非线性效应发生。

当激发光能量大于激子共振吸收能量时，能隙中靠近导带的激子能级很可能被激子所占据，处于高激发态，这些激子不稳定，在落入低能态的过程中，由于声子与激子的交互作用，损失一部分能量，是引起纳米材料光学非线性的主要原因。而且在纳米微粒中的激子浓度一般比常规材料的大，小尺寸限域和量子限域显著，因而纳米材料很容易产生光学非线性。

（1）金属纳米晶的表面等离子体光子学

在光电场作用下，纳米 Ag、Au 粒子表面的自由电子的疏密振动会产生等离子体激元，当电磁场的频率和金属表面的电子振动共振时，引起局域表面等离子体共振散射效应。SPR 散射效应的频率和宽度强烈地依赖于金属粒子的尺寸、形状、聚集状态、金属本身的介电常数、金属粒子周围的介质。特别是，由于胶体粒子的形貌不同，使表面产生不同性质的 LSPR 效应，从而呈现明显不同的散射颜色。例如，金属 Ag、Au、Cu 的 SPR 散射效应在可见光区，因此，呈现出丰富的颜色。如图 2 - 8 所示，随着尺寸增加，Au 纳米粒子吸收光谱会发生红移。

（2）量子限制斯塔克效应

简单来说，外加电场对能级及相应光谱的影响称为斯托克效应，易在异质结纳米结构和

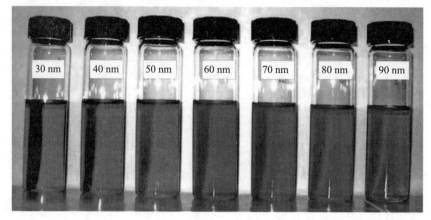

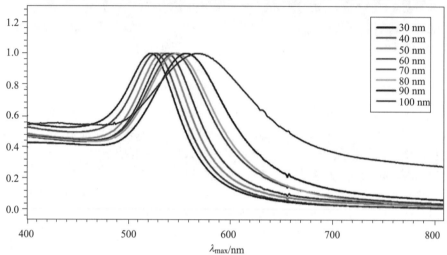

**图2-8 水溶液中不同粒径的金纳米颗粒的颜色及紫外-可见光谱[7]（见彩插）**

量子阱中观察到。在量子受限材料中，外电场作用下的电子、空穴朝着相反的方向移动，激子波函数的空间重叠程度减小，导致激子复合寿命增加和激子带间跃迁的概率降低；同时，电子-空穴之间的库仑相互作用产生一个与外加电场方向相反的内建电场，在内外电场共同作用下，导带和价带发生偏移，激子发射峰和吸收峰能量降低。峰位红移和激子复合寿命的增加是由电子-空穴对在外加电场作用下的极化引起的。

（3）纳米材料的光伏特性

纳米量子点具有很强的量子限域效应，因而能够以很高的效率俘获光子而产生电子-空穴对。但量子点的量子限域效应也给光伏效应带来这样的问题：被激发的电子在量子点中仍然是受限的，难以形成光电流。产生光伏效应必须有内建电势分布，即具有类似于 p-n 结那样的电势场将电子和空穴分开并向相反的方向迁移。因此，可以两种纳米材料形成异质结，进而形成界面势。针对纳米材料的光伏特性的应用，目前研究较多的是纳米硅薄膜太阳电池、量子点及量子点敏化太阳能电池、钙钛矿太阳能电池等。其中，有机-无机卤化物钙钛矿太阳能电池因其高的光吸收系数、长扩散长度、低激子复合率和高转换效率而受到研究者的广泛关注，最近几年钙钛矿太阳能电池发展迅速，其光电转化效率已突破了25%。

**知识拓展**

（1）隐身纳米材料——表面涂抹多种纳米尺寸的红外、微波隐身材料，具有对雷达电磁波优异的宽频带微波吸收能力和散射能力。

由于纳米微粒尺寸远小于红外及雷达波波长，因此，纳米粒子材料对这种波的透过率比常规材料要强得多，这就大大减小了波的反射率，使得红外探测器和雷达接收到的反射信号变得很微弱，从而达到隐身的目的。纳米微粒材料的比表面积比常规材料大了 3～4 个数量级，对电磁波的吸收率也比常规材料大得多，这就使得红外探测器及雷达得到的反射信号强度大大降低。金属、金属氧化物和某些非金属材料的纳米级超细粉在细化过程中，处于表面的原子数越来越多，增加了纳米粒子的活性。在微波场的辐射下，原子和电子运动加剧，促使磁化，使电子能转化为热能，从而增加了对电磁波的吸收。

（2）p-n 结上光致电子和空穴对的分离过程。

在光不断的照射下，越来越多的电子和空穴产生出来，电子被拉向 n 区域，费米能级向上移动；而空穴则被拉向 p 区域，费米能级向下移动，最终当电子和空穴对的产生和复合的速率相同时，达到平衡状态。平衡状态时，p-n 结两边的费米能级差就决定了光电压的大小。

### 2.2.1.3　电学特性

#### 1. 纳米材料的电导

纳米晶材料中含有大量的晶界，且晶界的体积分数随晶粒尺寸的减小而大幅度上升，使得纳米材料的电导具有尺寸效应，特别是晶粒小于某一临界尺寸时，量子限制将使电导量子化。因此，纳米材料的电导将显示出许多不同于普通粗晶材料电导的性能，例如，纳米晶金属块体材料的电导随着晶粒度的减小而减小；电阻的温度系数也随着晶粒的减小而减小，甚至出现负的电阻温度系数。

尽管有些纳米材料的电阻很小，但是其电导温度曲线的斜率比体相材料的要大，改变化合物中具有电导的组分就可以使电导发生数量级的改变，如纳米氧化物 $LaFeO_3$、$LaCoO_3$ 和 $La_{1-x}Sr_xFe_{1-y}Co_yO_3$ 电导受组成的影响很大。对掺 1% Pt 的纳米 $TiO_2$ 的电导研究发现，电导呈现强烈的非线性和可逆性，这种异常行为是由于 Pt 掺杂在 $TiO_2$ 能隙中而附加了 Pt 的杂质能级所致。

#### 2. 纳米材料的介电性能

通过对不同粒径的纳米非晶氮化硅、纳米 $\alpha-Al_2O_3$、纳米 $TiO_2$ 和纳米晶体 Si 块材的介电行为的研究发现：①纳米材料的介电常数和介电损耗与颗粒尺寸有很强的依赖关系；②纳米材料的电场频率对介电行为有极强的影响，并显示出比常规粗晶材料强的介电性；③纳米材料有高的介电常数是由界面极化（空间电荷极化）、转向极化和松弛极化对介电常数的贡献比常规材料高得多引起的。

#### 3. 纳米材料的电阻

纳米材料的电阻高于常规材料，主要原因是纳米材料中存在大量的晶界，几乎使大量的电子运动局限在较小颗粒范围。晶界原子排列越混乱，晶界厚度越大，对电子的散射能力就越强，界面这种高能垒使电阻升高。

#### 2.2.1.4 磁学性能

当晶粒尺寸进入纳米范围，磁性材料的磁学性能具有明显的尺寸效应，使得纳米材料具有许多粗晶或微米晶材料所不具备的磁学特性。纳米微粒的磁学性能包括其矫顽力（$H_c$）、居里温度（$T_c$）、饱和磁化强度（$M_s$）、巨磁电阻效应（GMR）、超顺磁性等。

1. 矫顽力（$H_c$）

矫顽力也称为矫顽性或保磁力，是磁性材料的特性之一，是指在磁性材料已经磁化到磁饱和后，要使其磁化强度减到零所需要的磁场强度。矫顽力代表磁性材料抵抗退磁的能力。矫顽力的大小受晶粒尺寸变化的影响最为剧烈。对于球形晶粒，矫顽力随着晶粒尺寸的减小而增加，达到最大值后，随着晶粒尺寸进一步减小，矫顽力反而下降。矫顽力最大的尺寸相当于单畴（single domain）的尺寸。当晶粒尺寸大于单畴尺寸时，矫顽力 $H_c$ 与平均晶粒尺寸的关系是：

$$H_c = C/D$$

式中，$C$ 为与材料有关的常数；$D$ 为晶粒尺寸。

2. 居里温度（$T_c$）

居里点也称居里温度或磁性转变点，是指材料可以在铁磁体和顺磁体之间改变的温度，即铁电体从铁电相转变成顺电相的相变温度。纳米材料的居里温度 $T_c$ 随纳米粒子或薄膜尺度的减小而下降。这是因为小尺寸效应和表面效应使得纳米微粒表面原子缺乏交换作用，尺度小还可能导致原子间距变小，这都使交换积分下降，从而导致居里温度 $T_c$ 的下降。

3. 饱和磁化强度（$M_s$）

当尺寸降到 20 nm 以下时，由于位于表面或界面的原子占据相当大的比例，而表面原子的原子结构和对称性不同于内部的原子，强烈地降低了饱和磁化强度（$M_s$）。纳米微粒的磁化率（$x$）与温度及颗粒中电子数 $N$ 的奇偶性相关。统计理论表明，$N$ 为奇数时，磁化率服从居里－外斯定律，磁化率与 $T$ 成反比；$N$ 为偶数时，微粒的磁化率随温度上升而上升。

4. 巨磁电阻效应（GMR）

由磁场引起材料电阻变化的现象称为磁阻效应（Magnetoresistance，MR）。

$$MR = \frac{\Delta R}{R(0)} = \frac{R(H) - R(0)}{R(0)}$$

MR 为磁场强度为 $H$ 时的电阻 $R(H)$ 和零磁场时的电阻 $R(0)$ 之差 $\Delta R$ 与零磁场时的电阻值 $R(0)$ 之比。

Fe、Cr 交替沉积而形成的纳米多层膜中，发现了超过 50% 的 MR，这种现象称为巨磁阻效应（Giant Magntoresistance，GMR）。1993 年，Helmolt 等在类钙铁矿结构的稀土 Mn 氧化物中观察到 MR 可达 $10^3 \sim 10^6$ 的超巨磁阻效应，又称庞磁阻效应。

5. 超顺磁性

当微粒体积足够小时，热运动能会影响微粒自发磁化方向，使之不再固定在一个易磁化方向上，从而导致超顺磁性的出现。超顺磁性可定义为：当一任意场发生变化后，磁性材料的磁化强度经过时间 $t$ 之后达到平衡态的现象。处于超顺磁性状态的材料具有两个特点：无磁滞回线；矫顽力等于零。超顺磁性是磁有序纳米材料小尺寸效应的典型表现。尺寸是该材料是否具有超顺磁性状态的决定因素，不同种类的纳米磁性微粒显现超顺磁性的临界尺寸是不一样的。例如，不同种类物质在室温下呈现出超顺磁性的尺寸是：球形铁 12 nm，椭球铁 3 nm，六角密积钴 4 nm，面心立方钴 14 nm。

#### 2.2.1.5　力学特性

1996—1998 年，Coch 等人总结出四条纳米材料与常规晶粒材料不同的结果：纳米材料的弹性模量较常规晶体材料降低了 30% ~50%；纳米纯金属的硬度或强度是大晶粒（1 μm）金属的 2~7 倍；纳米材料可具有负的 Hall - Petch 关系，即随着晶粒尺寸减小，材料的强度降低；在较低的温度下，如室温附近脆性的陶瓷或金属间化合物在具有纳米晶时，具有塑性或是超塑性。前期关于纳米材料的弹性模量大幅降低的实验依据，主要是纳米 Pd、$CaF_2$ 块体的弹性模量大幅降低。20 世纪 90 年代后期的研究工作表明，纳米材料的弹性模量降低了 30% ~50% 的结论是不能成立的。这是因为前期制备的样品具有高的孔隙度和低的密度及制样过程中所产生的缺陷，从而造成弹性模量不正常降低。

弹性模量是反映材料内原子、离子键合强度的重要参量。纳米材料的弹性模量低于常规晶粒材料的弹性模量，这是因为在纳米材料中存在大量晶界，晶界处的原子排列不规则并且疏松，且原子间距较大，键合强度较低。因此，弹性模量受晶粒大小影响，晶粒越细，弹性模量下降越大。

对于普通多晶材料来说，其硬度变化规律通常服从 Hall - Petch 关系。Hall - Petch 关系式：

$$H = H_0 + kd^{-1/2}$$

式中，$H_0$ 为位错运动的摩擦阻力；$k$ 为正常数；$d$ 为平均晶粒尺寸。

但多数测量表明，纳米材料的强度在晶粒很小时远低于 Hall - Petch 公式的评算值。从实际实验结果出发可知，纳米结构材料硬度变化的总趋势是硬度随着粒径的减小而增加，硬度和晶粒尺寸的关系有三种不同规律：一是随着晶粒尺寸的减小，材料的硬度升高，服从正 Hall - Petch 关系（$k>0$），$TiO_2$ 符合此规律；二是随着晶粒尺寸的减小，材料的硬度降低，服从反 Hall - Petch 关系（$k<0$），多晶材料未出现过，纳米的 Pd 晶体遵循反 Hall - Petch 关系；三是随着晶粒尺寸的减小，材料的硬度先升高后降低，符合正 - 反混合 Hall - Petch 关系，纳米 Cu、Ni - P 等均服从混合关系。对于纳米材料而言，导致这种负的 Hall - Petch 关系出现的原因，除了试样制备和处理方式的不同以及实验测量方式的影响外，也有可能是由于变形机制。例如，在纳米晶界存在大量的旋错，晶粒越细，旋错越多。旋错的运动会导致晶界的软化，甚至使晶粒发生滑动或旋转，使纳米晶材料的整体延展性增加，因而使 $k$ 值变为负值。

材料在特定条件下可产生非常大的塑性变形而不断裂的特性称为超塑性。对于纳米材料而言，在较低温度下，如室温附近，脆性的陶瓷或金属间化合物在具有纳米晶时，由于扩散相变机制而具有塑性或超塑性。在拉应力作用下，与同成分的粗晶金属相比，纳米金属的塑、韧性大幅下降；在压应力下，纳米晶金属表现出很高的塑性和韧性。下面是几种利用纳米材料特殊的力学性质进行研究的例子。

#### 1. 纳米陶瓷的韧性和强度

普通陶瓷在常规状态下呈脆性，但是由纳米微粒压制成的纳米块体陶瓷材料的强度和韧性显著提高。这是因为纳米材料具有较大的界面，界面的原子排列是相当混乱的，原子在外力变形的条件下很容易迁移，因此表现出甚佳的韧性与延展性。美国阿贡实验室的 Siegel 相继以纳米粒子制成了纳米块体材料，研究发现，纳米 $TiO_2$ 陶瓷在室温下表现出良好的韧性，在 180 ℃时弯曲而不产生裂纹。这一突破性进展，使那些为陶瓷增韧奋斗了半个世纪的材料学家看到了希望。

2. 铜晶粒的超塑延展性

中国科学院金属物理研究所研究员卢柯等人在世界上首次直接观察到晶粒尺寸为 30 nm 的铜在室温下能延伸了 50 多倍（图 2 – 9），这种超塑延展性对传统的金属材料变形机制提出了挑战，也必将对金属材料的精细加工、微机械的制造工艺产生重大影响。

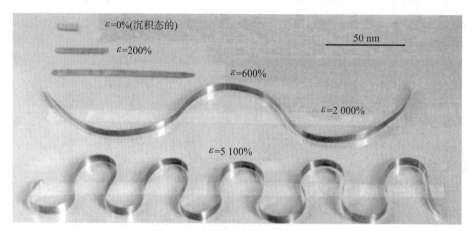

图 2 – 9　不同尺寸下铜的延展性

3. 3D 打印高强度铝合金

金属 3D 打印在工业界应用广泛，包括航空航天、生物医药以及汽车等一系列领域。通过金属的增材制造，增强了设计的自由度和制造的灵活性，可以实现复杂形貌和定制化生产，从而缩短产品上市时间。但目前仅有少数金属合金可以真正实现 3D 打印，超过 5 000 多种合金由于打印过程中的熔融和固化动力学问题，容易形成具有柱状晶和周期性裂缝的微结构，不适合 3D 打印。Tresa M. Pollock 等人受传统熔铸工启发，报道了一种基于纳米成核剂实现 3D 打印铝合金的普适性金属 3D 打印技术。在打印材料中引入纳米颗粒成核剂进行表面修饰，抑制 3D 打印中的热撕裂行为，控制金属固化方式，得到等轴结晶（相同的长宽高），可以在急剧的热梯度条件下实现等轴晶体的生长。

## 2.2.2　纳米材料的化学特性

纳米材料的表面/界面效应的产生是因为纳米材料表面原子数增多，原子配位不足，存在许多悬空键，具有不饱和性以及高的表面能，使得这些表面原子具有高的活性、极不稳定，很容易与其他原子结合。纳米材料表面的化学性质因为受到电子效应和表面效应的影响而与块状材料有很大区别，包括吸附、氧化、还原和催化等方面，产生这些巨大区别的关键原因有二：①纳米材料的巨大表面积致使许多原子处于表面，极大地增加了表面 – 气体、表面 – 液体甚至表面 – 固体反应原子的接触机会；②表面活性增加的另外一个原因是晶体形状的变化，晶体表面的边、角、棱的量越来越多；随着晶体尺寸的减小，阴离子/阳离子空位变得越来越突出，表面的键合形式也发生变化，进而影响其表面能量。

#### 2.2.2.1　纳米催化剂

从目前研究来看，纳米粒子对催化氧化、还原、聚合、裂解、异构等反应都具有很高的活性和选择性，对光解水制氢和一些有机合成反应也有明显的光催化活性。国际上已把纳米材料催化剂称为第四代催化剂。如日本学者林丰治将超细镍粒子 Ni – UFP（30 nm）与 Baney – Ni 催化环辛二烯加氢生成环辛烯的反应进行了比较，发现前者比后者活性高 2 倍以上，选择性高 5 倍以上。

**1. 纳米贵金属催化剂**

金属表面原子是周期性排列的端点，至少有一个不饱和配位，即悬挂键，这使得金属具有较强的活化反应分子的能力。同时，金属表面原子位置基本固定，在能量上处于亚稳态，表明金属催化剂活化反应物分子的能力强，但选择性差。金属原子之间的化学键具有非定域性，因而金属表面原子之间存在凝聚作用。这要求金属催化剂往往是结构敏感性催化剂。金属原子显示催化活性时，以"相"的形式表现。如金属单晶催化剂，不同晶面催化活性明显不同。表 2 – 2 是一些常见的纳米贵金属催化剂及其应用。

表 2 – 2　一些常见的纳米贵金属催化剂及其应用

| 族 | 金属元素 | 应用 |
|---|---|---|
| Ⅰ B | Ag | 二烯烃、炔烃选择性加氢制单烯烃；乙烯选择性氧化制备环氧乙烷；甲烷氨氧化制氢氰酸；芳烃的烷基化；甲醇选择性氧化制甲醛 |
| Ⅰ B | Au | CO 低温氧化；烃类的燃烧；烃类的选择性氧化 |
| Ⅷ | Pd | 烯烃、芳烃、醛、酮的选择性加氢；烃类的催化氧化；不饱和硝基化合物的选择性加氢；甲醇合成；环烷烃、环烯烃的脱氢；植物油的加氢精制 |
| Ⅷ | Pt | 烯烃、二烯烃、炔烃的选择性加氢；汽车尾气催化净化处理；环烷烃、环烯烃的脱氢；$SO_2$ 的催化氧化；烃类的深度氧化及燃烧；醛、酮的脱羧基化 |
| Ⅷ | Rh | 烯烃的选择性加氢反应；汽车尾气催化净化处理；加氢甲酰化反应等 |
| Ⅷ | Ru | 乙烯选择性氧化制环氧乙烷；有机羧酸选择性加氢；烃类催化重整反应；制醇 |

**2. 纳米过渡金属催化剂**

过渡金属颗粒粒径达到纳米尺寸时，会具有特殊的电子布局、较高的表面能和较大的比表面积，从而使得它在催化反应中呈现出较好的催化效果。纳米过渡金属催化剂种类较多，目前常见的见表 2 – 3。

表 2 – 3　常见的纳米过渡金属催化剂及其应用

| 类别 | 应用 |
|---|---|
| 铁系催化剂 | 合成氨、碳纳米管等 |
| 镍基催化剂 | 轻烃造气等 |

续表

| 类别 | 应用 |
|------|------|
| 钴系催化剂 | 燃料油品加氢精制等 |
| 铜系催化剂 | 甲醇合成等 |

但由于金属原子配位不饱和，致使表面张力增大，从而在苛刻的催化反应环境下，极容易团聚而失去活性，因此，纳米粒子的热力学稳定性很差。此外，催化反应完成后，催化剂与产品不容易进行分离回收。因此，研制结构更为规整、性能更加优越、稳定性更好的新型复合过渡金属催化剂是催化化学家的研究热点。

### 2.2.2.2 光催化

#### 1. 光催化原理

光催化是指半导体材料的化学结构在光的作用下被激发进行电子跃迁，光带来的能量被触发到化学反应中，污染物在光催化剂表面利用这些能量发生化学反应，使污染物发生降解或者分解为无毒无害的 $CO_2$ 和 $H_2O$ 的过程。具体来说，半导体的光催化分解水过程以半导体为催化剂，在照射下，价带电子跃迁到导带，价带的空穴把周围的氧气和水分子激发成极具氧化活性的 $\cdot OH$ 以及 $\cdot O^{2-}$ 自由基，它几乎可分解大部分对人体或环境有害的有机物质及部分无机物，完成有机物质的降解。

#### 2. 半导体光催化分解水效应

在光照射下，半导体粒子吸收光子，产生光生电子 – 空穴对。半导体具有导带、价带以及适当的间隔分离的带隙的能带结构，当具有带隙以上的能量的光照射时，价带的电子被激发到导带，在价带产生光生空穴，而在导带上生成光生电子。这些光生空穴和电子与电解水同样会发生氧化、还原反应，即水被空穴氧化成 $O_2$，而被电子还原成 $H_2$。图 2 – 10 所示为光催化剂全水分解的反应机理，展示了半导体材料光分解水的具体过程。

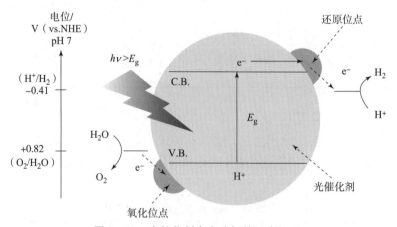

图 2 – 10　光催化剂全水分解的反应机理

要使水完全分解，热力学要求半导体的导带的底部比 $H_2O/H_2$ 的氧化还原电势（相对氢的标准电极电位为 0）更负，价带的上限比 $O_2/H_2O$ 的氧化还原电势（相对氢的标准电极电位为 +1.23 V）更正，即导带和价带的位置能将水的还原以及氧化电位夹在中间。理论上

半导体带隙宽度 $E_g$ 大于 1.3 eV 能进行光解水。由于存在过电位，最适合的带隙宽度为 1.8 eV。为了判断半导体的光催化分解水的能力，图 2-11 展示了半导体能带结构与水分解氧化还原电势的关系。

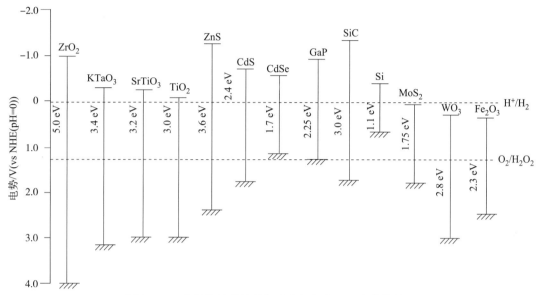

**图 2-11　半导体能带结构与水分解氧化还原电势的关系**

常见的半导体材料有 $TiO_2$、$ZnO$、$Nb_2O_5$、$WO_3$、$SnO_2$、$ZrO_2$ 等，以及 $CdS$、$ZnS$ 等硫化物，其中，$TiO_2$ 因具有强大的氧化还原能力、化学稳定性高且无毒，使用最广泛。1972 年的 Honda-Fujishima 效应，首次发现利用 $TiO_2$ 作为光电极在紫外灯照射下可以将水电解为 $H_2$ 和 $O_2$。此发现带动了来自不同国家的科研人员研究 $TiO_2$ 等有关半导体材料光催化剂。在此科研基础上，科研工作者对光催化技术的反应机理和适用的方面都有了更加深入的探究。纳米 $TiO_2$ 表面的光降解反应主要是：

$$TiO_2 + h\nu \rightarrow e_{cb}^- + h_{vb}^+$$
$$h_{vb}^+ + H_2O \rightarrow \cdot OH + H^+$$
$$h_{vb}^+ + OH^- \rightarrow \cdot OH$$
$$O_2 + e^- \rightarrow \cdot O_2^-, \quad \cdot O_2^- + H^+ \rightarrow HO_2 \cdot$$
$$2HO_2 \cdot \rightarrow O_2 + H_2O_2$$
$$H_2O_2 + O_2^- \rightarrow \cdot OH + OH^- + O_2$$

羟基自由基（$\cdot OH$）是光催化反应的一种主要活性物质，对光催化氧化起决定作用，吸附于催化剂表面的氧及水合悬浮液中的 $OH^-$、$H_2O$ 等均可产生该物质。

**3. 光降解反应的应用**

半导体的光催化作用在环保领域的净化气相和水中有机污染物方面获得了广泛的应用。染料、表面活性剂、有机氯化物、农药、油类、氰化物等都能有效地进行光催化反应、脱色、去毒、矿化为无机小分子物质，对环境的保护做出巨大贡献。

# 2.3　纳米材料分类及光、电特性

从广义上讲，纳米材料是指在三维空间中至少有一维处于纳米尺度范围或由它们作为基本单元构成的材料。以纳米颗粒为单元沿着一维方向排列形成纳米丝，在二维空间排列形成纳米薄膜，在三维空间可以堆积成纳米块体。经人工的控制和加工，纳米微粒在一维、二维和三维空间有序排列，可以形成不同维数的阵列体系。根据纳米尺度在空间的表达特征，纳米材料可以分为零维、一维、二维和三维这四类。

## 2.3.1　零维纳米材料（团簇、量子点、纳米晶）

零维纳米材料是指在空间三维尺度均在纳米尺度（1~100 nm）的材料。零维纳米结构单元的种类和称谓多种多样，常见的有纳米粒子（Nano – particle）、超细粒子（Ultrafine Particle）、超细粉（Ultrafine Powder）、烟粒子（Smoke Particle）、量子点（Quantum Dot）、原子团簇（Atomic Cluster）及纳米团簇（Nano – duster）等，它们之间的不同之处在于各自的尺寸范围稍有区别。本书主要选取团簇、量子点和纳米晶三种结构单元，并对其光、电特性进行了描述。

### 1. 团簇（Cluster）

原子或分子团簇，简称团簇（clusters）或微团簇（microclusters），是由几个乃至上千个原子、分子或离子通过物理和化学结合力组成相对稳定的聚集体，其物理和化学性质随着所含的原子数目不同而变化。团簇的空间尺寸范围一般在1~100 nm之间，其许多性质既不同于单个原子或分子，也不同于固体和液体，也不能用两者性质做简单线性外延和内插来得到。因此，人们把团簇看成是介于原子、分子与宏观物质之间的物质结构的新层次，是各种物质由原子、分子向大块物质转变的过渡状态。也可以说，团簇代表着凝聚态物质的初始状态。

原子团簇不同于有特定大小和形状的分子，也不同于以弱的分子间作用力结合起来的分子团簇，或周期性很强的晶体，其形状可以是多种多样的。原子团簇结构上一般以化学键紧密结合（除惰性气体外），形态有球状、骨架状、四面体状、葱状及球壳结构等。除了惰性气体外，它们都是以化学键紧密结合的聚集体。根据原子种类数目，原子团簇可分为一元原子团簇（含金属、非金属团簇）、二元原子团簇及多元原子团簇。其中，金属团簇是由几个（3个以上）到千百个金属原子，以 M—M′（M′、M 为金属原子，或 S、P、Si、C、O、N 等非金属原子）键组合而形成的原子集团，以这些集团分子与适当的电子给予体或接受体配位，形成稳定的配合物。金属团簇的常见配体有硫、磷、卤素等原子，以及烷基、CO、氧化氮、膦、烯、炔、双烯、异腈基和腈化物等。如 $Os_3(CO)_{12}$、$Fe_3(CO)_9$、$Ir_4(CO)_{12}$、$Au_6(PR_3)_6^{2+}$、$Rh_7(CO)_{16}^{3-}$、$Sn_9^{4-}$、$Pt_9(CO)_{18}^{2-}$、$Ag_{154}Se_{77}(dppxy)_{18}$ 等。金属团簇的一般特征有：①与金属表面有相似性。它的催化活性部位相当于金属结晶表面参与反应时的活性中心，即晶体的顶角、棱角、边，以及局部缺陷的原子团。②与金属中 M—M 键有类似性。原子簇中过渡金属原子数越多，原子簇越接近于晶体。经典的金属团簇立体结构如图 2 – 12 所示。

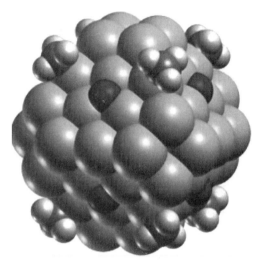

图 2-12　经典的金属团簇立体结构

团簇由于其独特的电子结构，使得它们呈现出独特的光、电性质，主要包括：

（1）光学性质

①吸收光谱的蓝移现象：与大块材料相比，量子尺寸效应导致能隙增大，纳米微粒的吸收带普遍存在"蓝移"现象，即吸收带向短波方向移动。同时，由于电子和空穴的运动受限，它们之间波函数重叠增大，激子态振子强度增大，导致激子吸收增强，因此很容易看到激子吸收峰。

②非线性光学性质：金属纳米团簇的非线性光学性质包括双光子吸收（TPA）、双光子荧光（TPF）和二次/三次谐波产生（SHG/THG）。

由于这些性质，金属纳米团簇成为在高分辨多光子成像和光学限制应用领域中有希望的候选者，并且团簇的光学性质与其尺寸直接相关。因此，通过调控金属团簇的尺寸，可以对其光学性质进行可控的调节。

（2）电学性质

如 $C_{60}$ 掺杂及掺包原子的导电性和超导性、碳管和碳葱的导电性等。

## 知识拓展

团簇举例：从金属簇合物到高孔隙率单晶 - 金属有机骨架材料（MOF），以金属基团作为基本结构单元，以有机分子为连接分子，形成高孔隙率单晶，在催化、药物释放、分离和能量存储中具有潜在的应用价值。金属有机框架具有较高的比表面积，最大可达 10 400 $m^2/g$，是晶体材料有史以来的最低密度。

### 2. 量子点（Quantum Dots）

量子点是在纳米尺度上的原子和分子的集合体，由少量原子组成，能把导带电子、价带空穴及激子在三个空间方向上束缚住，从而导致量子限域效应的准零维半导体纳米结构。量子点的电子运动在三维空间都受到了限制，因此有时被称为"人造原子"。量子点一般为球形或类球形，是由半导体材料（通常由ⅡB~ⅥB或ⅢB~ⅤB元素组成）制成的，直径通常在10~20 nm的纳米粒子。

当半导体量子点的半径与其相应体材料的激子波尔半径相当或者更小时，其内部电子和空穴受量子限域效应的影响，使其能带结构由准连续逐渐演变成分立能级，表现出很多不同于体材料的新颖的物理和化学性质。

（1）光学特性

①与其他半导体材料相比，量子点的电子态密度分布更集中，激子束缚能更大，激子共振更强烈，光与物质相互作用更有效。因此，半导体量子点可以广泛应用于激光器、探测器、光学调制器等光电子器件的开发。

②具有巨大的吸收－消光系数和高荧光量子产率，使单量子点的发射可在荧光显微镜下肉眼辨别。此外，半导体量子点还具有光化学稳定性。这些特性使得新一代的生物学荧光成像实验成为可能，使研究人员能够在分子水平上揭示生物功能。

③量子点的光伏特性：纳米量子点具有很强的量子限域效应，因而能够以很高的效率俘获光子而产生电子－空穴对。但量子点的量子限域效应也给光伏效应带来这样的问题：被激发的电子在量子点中仍然是受限的，难以形成光电流。产生光伏效应必须有内建电势分布，即具有类似于p－n结那样的电势场将电子和空穴分开并向相反的方向迁移。因此，可以两种纳米材料形成异质结，进而形成界面势。目前，已有许多针对量子点及量子点敏化太阳能电池等纳米材料的光伏特性的研究。

（2）电学特性

在低维结构中，量子点除量子受限外，还存在介电受限效应。量子点介电受限包含量子点的介电常量与基体的介电常量不同引起的表面极化效应，以及由于量子点的介电常量随其尺寸变化而引起的量子点介电常量的尺度效应。近年来，量子点已被广泛应用于太阳能电池、有机小分子传感器、无机离子传感器、生物大分子传感器、生物体内外成像、光电探测器、环境中重金属离子检测及食品安全检测等领域，成为连接纳米技术、纳米生物技术和纳米医学领域的桥梁。

### 知识拓展

①胶体量子点：在全部的量子点材料中，胶体量子点是最大的一类，其采用化学合成的方法，使金属的有机或无机物形成量子点，分散于溶剂中。

②以CdSe为核心结构的量子点：目前发展时间长、比较成熟的材料是以CdSe为核心的核壳类量子点，具有较窄的发光半峰宽（FWHM < 30 nm），较高的量子产率（>90%），良好的蓝光吸收，较好的对空气以及光照稳定性。目前很多量子点产品使用的都是该类量子点。

3. 纳米晶

纳米晶是指具有一定形貌的尺寸在10~100 nm区间的纳米晶体，主要包括金属纳米晶、氧化物纳米晶和半导体纳米晶三类。纳米晶的形貌控制原理是利用开始较快的反应速率形成尺寸较为均一的晶种（seeds），利用较温和的还原剂或较慢的还原剂使小粒子缓慢生长。采用表面活性剂、高分子等作为结构导向剂，利用有机分子在不同晶面的不同吸附状态，实现对纳米晶生长过程的动力学调控，达到调节各晶面的生长速度、控制纳米晶体沿着某一方向定向生长的目的。

由于纳米晶材料组成和结构的特殊性，纳米晶具有独特的光、电特性。

（1）光学特性

①对于半导体纳米晶，当颗粒粒度小于其相应的波尔激子半径时，由于电荷的局域化，产生显著的量子限域效应，宏观表现为带隙展宽、吸收蓝移、粒度依赖的光学性质等。

②对于金属纳米晶，如 Ag、Au 纳米晶等，在不同的形貌下具有不同的光散射效应（图 2 - 13）：在光电场作用下，纳米 Ag、Au 粒子表面的自由电子的疏密振动会产生等离子体激元，当电磁场的频率和金属表面的电子振动共振时，引起表面等离子体共振（SPR）散射效应，而且金属 Ag、Au、Cu 的 SPR 散射效应在可见光区，因此会呈现丰富的颜色。

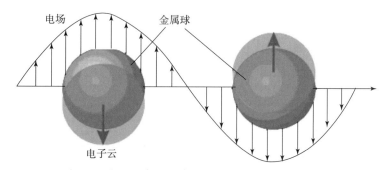

图 2 - 13　金属纳米晶的等离子体共振（SPR）散射效应

③对于金属氧化物纳米晶，如氧化铟锡（ITO）纳米晶、掺铝氧化锌（AZO）纳米晶等，具有局域表面等离子体共振（LSPR）效应，表现出了更优的性能及光谱选择性，是新型的电致变色纳米材料，正日益成为新的研究热点。

（2）电学特性

纳米晶材料中含有大量的晶界，且晶界的体积分数随晶粒尺寸的减小而大幅度上升，使得纳米材料的电导具有尺寸效应，特别是晶粒小于某一临界尺寸时，量子限制将使电导量子化。因此，纳米材料的电导将显示出许多不同于普通粗晶材料电导的性能，例如，纳米晶金属块体材料的电导随着晶粒度的减小而减小。

发展至今，纳米晶在光电器件、生物标记、太阳能电池、光催化等许多领域均得到了广泛的应用。在太阳能电池中，纳米晶可以增加光吸收效率，从而提高电池的效率。在 LED 灯中，纳米晶可以改变光的颜色，从而实现彩色显示。另外，纳米晶还可以用于生物医学。例如，在癌症治疗中，半导体纳米晶可以用作荧光探针，帮助医生定位肿瘤细胞。此外，纳米晶还可以用于制造药物递送系统，将药物精确地输送到病变组织中。

📚 **知识拓展**

---

（1）单分散纳米晶的组装、从纳米晶到宏观的晶体、Bottom Up 生长。

（2）金属氧化物纳米晶控制合成及应用。

---

### 2.3.2　一维纳米材料（纳米线、纳米管、纳米带）

一维纳米材料是指径向尺寸为 1～100 nm，长径比可以从十几到上千上万，空心或实心的一类材料，包括纳米线、纳米管、纳米带、纳米同轴电缆等。自 1991 年以来，以碳纳米管为代表的一维纳米材料因其特殊的一维纳米结构，呈现出一系列新颖的力、声、热、光、电、磁等特性，在未来纳米器件领域中具有广阔的应用前景，受到不同科技领域众多科学家们的极大关注。从基础研究的角度看，一维纳米材料是研究电子传输行为，光学、磁学等物理性质，以及尺寸、维度间关系的理想体系；从应用前景上看，一维纳米材料特定的几何形态将在构筑纳米电子、光学器件方面充当重要的角色。

一维纳米材料在介观领域和纳米器件研制等方面已经有了广泛的应用。它可用作扫描隧道显微镜（STM）的针尖、纳米器件和超大集成电路中的连线、光导纤维、微电子学方面的微型钻头以及复合材料的增强剂。本节将分别介绍纳米线、纳米管、纳米带等材料及其光、电性质。

#### 1. 纳米线

纳米线是一维实心的纳米材料，是指在二维方向上为纳米尺度，长度比上述二维方向上的尺度大得多，甚至为宏观量的新型纳米材料。根据长径比，可以简单地分为纳米棒和纳米线（丝）。纳米棒与纳米线之间并没有一个统一的标准，一般纳米线（丝）是指长度与直径的比大于 1 μm，形貌表现为直的或弯曲的一维实心纳米材料，常见的有银纳米线（图 2-14）、铜纳米线和碳化硅纳米线等。纳米棒是指长度与直径的比小于 1 μm，纵向形态较直的一维圆柱状实心纳米材料，常见的有 ZnO 纳米棒。

5 μm

图 2-14　银纳米线（丝）的扫描电镜图像

目前关于金属和半导体的纳米线报道较多，比如晶态银纳米线、单晶硅纳米线，以及可以图案化阵列生长的 ZnO 纳米线等，均得到了研究人员的强烈关注和研究，并且得到了广泛的应用。有关陶瓷纳米线的报道虽然相对较少，但也有新的研究成果不断涌现，例如有研究人员制备出了直径为 50～300 nm，长度大于 10 μm 的氧化锆纳米线，并且有望在催化、涂料、氧传感器、陶瓷增韧、固体氧化物燃料电池等诸多领域得到广泛应用。

纳米线与同种元素成分的块体材料相比，不仅在原子结构上有差异，而且在电子结构上也有显著特点，使其具有一些特殊的性质。如纳米线具有量子尺寸效应和量子限域效应等基本效应，还具有热稳定性，并且力学性质也很优异，一般来说，单晶一维纳米材料的强度明显要比其同类较大尺度材料的强度大很多，这归因于单位长度缺陷的减少。除此之外，纳米线还具有一些特殊的光、电特性：

（1）光学特性

①纳米线取向、尺度大小与电子态密切相关，因而，由于量子尺寸效应，纳米线的发光峰位会向高能方向移动，即蓝移。

②纳米线（单晶氧化锌纳米线）由于其直径均匀、低表面粗糙度、低吸收可见光波长，以及周围材料折射率大、折射率高，在紫外可见光区域表现出有趣的亚波长各向异性。

（2）电学特性

①纳米线的导电性预期将远远小于体材料。其原因是当纳米线的横截面尺寸小于体材料的平均自由程的时候，载流子在边界上的散射效应将会突显出来。电阻率将会受到边界效应的严重影响。纳米线的表面原子并不像在体材料中的原子一样能够被充分地键合，这些没有被充分键合的表面原子则常常成为纳米线中缺陷的来源，从而使得电子不能顺利地通过，使得纳米线的导电能力低于体材料。

②在纳米线中，电子横向受到量子束缚，能级不连续，这种量子束缚的特性在一些纳米线中表现为非连续的电阻值。

③ZnO 纳米线具有压电效应，可以应用于传感、信号处理以及通信等领域。

一维纳米线是研究电子传输行为、光学特性和力学机械能等物理性质的尺寸与维度效应的理想系统。由于纳米线特殊的光、电特性，它们在构筑纳米电子和光电子器件等集成电路与功能性元件以及现代光学技术的进程中充当非常重要的角色，比如可作为扫描隧道显微镜（STM）的针尖、纳米器件和超大规模集成电路（ULSIC）中的连线、光导纤维、微电子学方面的微型钻头，以及复合材料的增强剂、纳米激光器、纳米级的单电子量子计算机的存储元件、灵敏的气敏元件等。

## 知识拓展

（1）一维纳米线是连接纳米和微米的独特纳米尺度构建块。

（2）纳米线应用实例：

①ZnO 纳米线阵列作为室温紫外纳米激光器。

②柔性光电探测器。

③半导体纳米线组装成的发光二极管模型。

④半导体纳米线传感器，这些传感器尺寸小，灵敏度高。

2. 纳米管

作为一维纳米材料的典型代表，碳纳米管（又称巴基管）是随着 $C_{60}$ 研究的不断深入而被发现的，在 1991 年由日本电气公司（NEC）高级研究员、名城大学教授 Sumio Iijima（饭岛澄男）利用透射电镜首次观察到（图 2 – 15、图 2 – 16）。碳纳米管、碳纳米纤维等碳纳米材料是近年来国际科学的前沿研究领域之一。

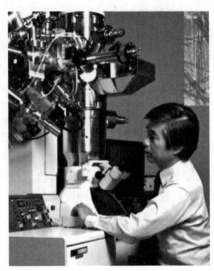

图 2-15　诺贝尔奖提名者饭岛澄男

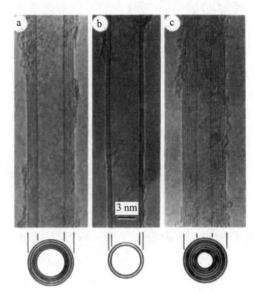

图 2-16　碳纳米管的电子显微图片[14]

碳纳米管是由石墨片卷曲而成的无缝管状结构，若端口封闭，一般是用半个富勒烯封顶。碳纳米管的直径在 0.4 nm 至几十纳米之间，长度一般是几十纳米到数微米，甚至毫米级以上。碳纳米管一般包括：①单壁碳纳米管（single - walled carbon nanotubes，SWNTs）：含有一层石墨烯片层。直径一般为 1～6 nm，最小直径大约为 0.4 nm。因为其最小直径与富勒烯分子类似，所以碳纳米管也被称为富勒管或巴基管（Bucky tube）。②多壁碳纳米管（multi - walled carbon nanotubes，MWNTs）：含有多于一层的石墨烯片层。层间距约为 0.34 nm，直径为几个纳米到几十纳米。如图 2-17 所示。

| (a) | (b) |

图 2-17　单壁碳纳米管（a）和多壁碳纳米管（b）[15]

碳纳米管由于其独特的结构，而具有十分奇特的现象和特性，在此特别说明一下光、电特性。

（1）光学特性

①光学偏振性：碳纳米管对光吸收具有强烈的方向选择性，偏振方向平行管轴方向时吸收最强，偏振方向垂直于管轴方向时吸收最弱。根据能带折叠模型，偏振方向平行于管轴时，允许价带到导带的直接光跃迁；而偏振方向垂直于管轴时，间接光跃迁受到去偏极效应强烈的抑制。定向碳纳米管对光子偏振方向选择性吸收，使其可成为昂贵紫外偏振晶体很好的替代品。

②碳纳米管在红外激光激发下可发射出强烈的可见光，具有卓越的发光特性。碳纳米管

的光致发光和电致发光使其可成为一种新型的节能发光材料。

（2）电学特性

碳纳米管由于管内流动的电子受到量子限域所限，电子在碳纳米管中通常只能在同一层石墨片中沿着碳纳米管的轴向运动，沿径向的运动将受到很大限制。实验研究表明，不同类型的碳纳米管，导电性能也不相同。随着半导体性碳纳米管的直径增加，带隙变窄，在大直径情况下，带隙为零，呈现金属的性质。这些十分特殊的电学性能，使碳纳米管在未来的纳米电子学中将得到广泛的应用。例如，金属性碳纳米管可以用作纳米集成电路中的连接线，而半导体性碳纳米管则可以用来制作纳米电子开关和其他纳米量子器件。

3. 纳米带

2001 年，美国亚特兰大佐治理工学院王中林教授等在世界上首次发现并合成半导体氧化物纳米带状结构，这是纳米材料合成领域的又一重大突破。王中林等利用高温固体气相法，成功合成了氧化锌、氧化锡、氧化铟、氧化镉和氧化镓等宽带半导体体系的带状结构。这些带状结构纯度高、产量大、结构完美、表面干净，并且部无缺陷、无位错，是理想的单晶线形薄片结构。

纳米带是具有长方形截面，厚度在纳米量级，宽度可达几百纳米，宽厚比较大，非常薄的长条形纳米结构，既不同于纳米管的中空结构，又不同于纳米丝的实心圆柱状结构。这种纳米结构是研究输运现象在功能性氧化物中以及建立在单根纳米带上的元器件中的尺度限制效应的非常理想的系统。

纳米带与碳纳米管以及硅和复合半导体线状结构相比，是迄今唯一被发现具有结构可控且无缺陷的宽带半导体准一维带状结构，这种结构使其具有特殊的光、电性能及应用。

（1）光学特性

①氧化锡纳米带对红外线辐射有响应，所以它可应用在能自动调整透明光度和导热性的"智能"窗户上。

②吸收光谱的蓝移现象：与大块材料相比，量子尺寸效应导致能隙增大，纳米微粒的吸收带普遍存在"蓝移"现象，即吸收带向短波方向移动。同时，由于电子和空穴的运动受限，它们之间波函数重叠增大，激子态振子强度增大，导致激子吸收增强，因此很容易看到激子吸收峰。

（2）电学特性

①高的电导率：铟氧化物纳米带是重要的透明导体氧化物（TCO）的材料，由于其具有高的电导率并且是透明的，因此，在光电子和平板显示等领域具有广阔的应用前景。

②纳米带大的比表面体积，使其电学性质对表面吸附非常敏感，外界环境（温度、光、湿度）等因素的改变会迅速引起界面离子、电子输运的变化，其电阻会发生显著变化，因此，纳米带可做成传感器，并且具有响应速度快、灵敏度高、选择性比较优良的特点。

纳米带的特殊结构使其成为用于研究一维功能材料和智能材料中光、电、热输运过程的理想体系，可以使科学家用单根氧化物纳米带做成纳米尺寸的气相、液相传感器和敏感器或纳米功能及智能光电元件，为纳米光电学打下了坚实的基础。

## 2.3.3　二维纳米材料（纳米片）

二维纳米材料，是在一个维度上尺寸限定在 1～100 nm，而在其他两个维度上可无限延伸的材料，如纳米薄膜、超晶格、量子阱等。二维层状半导体材料是近年兴起的一类新兴材料，通常其层内以较强的共价键或者离子键结合而成，而层间则是依靠较弱的范德华力堆叠在一起。石墨烯是一种非常重要的二维纳米材料，其独特的结构使它具有优异的电学、力学、热学和光学等特性，这些优异的物理性质使石墨烯在射频晶体管、超灵敏传感器、柔性透明导电薄膜、超强和高导复合材料、高性能锂离子电池和超级电容器等方面展现出巨大的应用潜力。除此之外，还有类石墨烯的氧化钛（$TiO_2$）、氧化锌（$ZnO$）、氧化钴（$Co_3O_4$）、氧化钨（$WO_3$）、氧化铁（$Fe_3O_4$）和氧化锰（$MnO_2$）的二维纳米片以及二维超薄纳米片也在不断发展。二维层状半导体材料有着原子级厚度的几何结构，并且由于尺寸效应、量子效应的影响，此类材料往往表现出独特的电学、光学性质。

1. 光学特性

①蓝移和宽化：用胶体化学法制备的纳米 $TiO_2/SnO_2$ 超颗粒及其复合 LB 膜具有特殊的紫外 – 可见光吸收光谱，例如 $TiO_2/SnO_2$ 超颗粒具有量子尺寸效应，使吸收光谱发生"蓝移"。纳米颗粒膜一般都可以观察到光吸收带边的蓝移和宽化现象，并且可能发生在一定波长光的照射下，吸收带强度发生变化的现象。

②光的非线性光学性质：一般来说，多层膜的每层膜厚度可与激子玻尔半径相比拟或小于激子玻尔半径时，在光的照射下，吸收谱上会出现激子吸收峰，这种现象也属于光学效应。在强光场的作用下，介质的极化强度中就会出现与外加电磁场的二次、三次乃至更高次方成比例的项，即为光学非线性效应。对于纳米材料，小尺寸效应、宏观量子尺寸效应、量子限域和激子是引起光学非线性的主要原因。

③金颗粒膜从可见光到红外光的范围内，光的吸收效率对波长的依赖性甚小，从而可作为红外线传感元件。另外，铬 – 三氧化二铬颗粒膜对太阳光有强烈的吸收作用，可以有效地将太阳能转变为热能。

2. 电学特性

①二维层状半导体材料表面非常光滑，没有化学悬键，这个特征使载流子免于表面粗糙度及陷阱态的影响，从而能够获得较高的载流子迁移率。

②二维纳米材料的导电性与材料颗粒的临界尺寸有关，当材料颗粒大于临界尺寸时，将遵守常规电阻与温度的关系，当材料颗粒小于临界尺寸时，它可能失掉材料原本的电性能。

除了上述光、电特性以外，二维纳米材料还具有许多优异的性质，比如具有超薄的厚度，甚至达到原子级，并且有助于器件在纵向的高密度集成。另外，二维纳米材料与柔性基底具有很好的兼容性，有望成为理想的柔性器件材料。总之，二维纳米材料在柔性透明电子器件、纳米电子器件（如晶体管、二极管等）以及光电器件等领域具有很大的应用前景。

### 2.3.4  三维纳米材料（纳米固体）

三维纳米材料是指由尺寸为 $1 \sim 100$ nm 的粒子为主体形成的块体（nanostructured bulk）材料，又称纳米固体。纳米固体材料具有以下不同分类：

①纳米固体按照小颗粒结构状态，可分为长程有序的纳米晶体材料（又称纳米微晶材料）、短程有序的纳米非晶材料和只有取向有序的纳米准晶材料。

②按照小颗粒键的形式，可以把纳米材料划分为纳米金属材料、纳米离子晶体材料（如 $CaF_2$ 等）、纳米半导体材料及纳米陶瓷材料。

③根据纳米微粒相数分类，将纳米材料是由单相微粒构成的固体称为纳米单相材料，将每个纳米微粒本身由两相构成（一种相弥散于另一种相中）的纳米材料称为纳米复相材料。

与常规材料相比，纳米固体材料的结构发生了很大变化，颗粒组元细小到纳米数量级，界面组元大幅度增加，可使材料的强度、韧性和超塑性等力学性能大为提高，并对材料的热学、光学、磁学、电学等性能产生重要的影响。

### 1. 光学特性

材料的光学性能与其内部的微观结构，特别是电子态、缺陷态和能级态结构有关。纳米材料在结构上与常规材料有很大差别，突出表现在小尺寸颗粒和庞大体积分数的界面，界面原子排列和键的组态的无规则性较大，使纳米材料的光学性能出现一些与常规材料不同的新现象。

（1）蓝移和宽化

①小尺寸效应和量子尺寸效应导致蓝移：纳米材料颗粒组元尺寸很小，表面张力较大，颗粒内部发生畸变，使平均键长变短，导致键振动频率升高，从而引起蓝移。量子尺寸效应导致能级间距加宽，使吸收带在纳米态下较之常规材料出现在更高波数范围。

②尺寸分布效应和界面效应导致宽化：纳米材料在制备过程中颗粒均匀，粒径分布窄，但很难使粒径完全一致。由于颗粒大小有一个分布，使各个颗粒表面张力有差别、晶格畸变程度不同，因此引起键长有一个分布，使红外吸收带宽化。

（2）荧光现象

用紫外光激发掺 Cr 和 Fe 的纳米相 $Al_2O_3$ 时，在可见光范围观察到新的荧光现象，并且在可见光范围的荧光现象内有很好的热稳定性。

（3）光致发光

由于纳米固体的量子缺陷效应以及纳米固体能形成一些缺陷能级，使纳米固体与常规材料发光谱有很大区别。比如退火温度低于 673 K 时，纳米非晶氮化硅块体在紫外光到可见光范围的发光现象与常现非晶氮化硅不同，出现 6 个分立的发光带。

### 2. 电学特性

由于纳米材料中存在庞大体积分数的界面，使平移周期在一定范围内遭到严重破坏，颗粒越小，电子平均自由程越短，偏离理想周期场越严重。因此，纳米材料的电学性能（如电导、介电性、压电性等）与常规材料存在明显的差别。

（1）电阻和电导

纳米晶 Pd 的比电阻比常规材料的高，比电阻随晶粒尺寸的减小而增大，随温度的升高而升高。纳米材料中大量界面的存在，使大量电子的运动局限在小晶粒范围。晶界原子排列越混乱，晶界厚度越大，对电子散射能力就越强，界面边种高能垒是使电阻升高的主要原因。但是，当温度上升到一定程度时，对电导起重要作用的庞大界面中原子排列趋向于有序变化，对电子散射作用减弱，电导上升。另外，纳米非晶氮化硅能隙中存在许多附加能级（缺陷能级），有利于价电子进入导带成为导电电子，使电导上升。

（2）介电性质

纳米材料表示出比常规粗晶材料高的介电性。另外，纳米材料在低频范围介电常数增强效应与颗粒组元的尺寸有很大关系，即随着粒径的增加，介电常数先增加后减小，在某一临界尺寸出现极大值。这是由于随颗粒尺寸的增加，晶内组元对介电性能的贡献越来越大，界面组元的贡献越来越小，电子松弛极化的贡献越来越大，而离子松弛极化的贡献越来越小，这必然导致在某一临界尺寸出现介电常数极大值。

（3）压电效应

压电效应是某些晶体受到机械作用（应力或应变），在其两端出现符号相反的束缚电荷的现象。研究表明，未经退火和烧结的纳米晶氮化硅块体具有强的压电效应，而常规非晶氮化硅不具有压电效应。

由于纳米固体材料的独特光、电特性以及其他特性，使纳米固体材料在现代通信和光传输、导电材料、超导材料、电介质材料、电容器材料以及压电材料等领域均有很大的应用前景。

# 本章思考题

1. 为何纳米材料的小尺寸效应又称为体积效应、纳米材料的表面效应又称为界面效应？
2. 量子尺寸效应、宏观量子限域效应与量子限域效应三者的适应对象有何不同？
3. 不同尺寸不同形貌的金为什么显示不同的颜色？
4. 相比于大块固体，纳米颗粒的熔点有何不同之处？请简要举例与分析。
5. 纳米隐身材料的原理是什么？可以应用在哪些方面？
6. 简述一维、二维纳米材料的结构特点和用途。
7. 从光学特性、电学特性来阐述碳纳米管的性质，它有哪些主要的应用前景？

# 参 考 文 献

［1］ Zhang J，Zheng Y，Zhao D，et al. Ellipsometric Study on Size – Dependent Melting Point of Nanometer – Sized Indium Particles ［J］. The Journal of Physical Chemistry C，2016，120 （19）：10686 – 10690.

［2］ Eone J R，Bengone O M，Goyhenex C. Unraveling Finite Size Effects on Magnetic Properties of Cobalt Nanoparticles ［J］. The Journal of Physical Chemistry C，2019，123 （7）.

［3］ Tae Hoon Lee，Elliott S R. The Relation between Chemical Bonding and Ultrafast Crystal Growth ［J］. Advanced Materials，2017，29 （24）：1700814.

［4］ 徐云龙，赵崇军，钱秀珍. 纳米材料学概论 ［M］. 上海：华东理工大学出版社，2008.

［5］ Fijalkowski K M，Liu N，Mandal P，et al. Macroscopic Quantum Tunneling of a Topological Ferromagnet ［J］. Adv. Sci，2023：2303165.

［6］ 张志，崔作林. 纳米技术与纳米材料 ［M］. 北京：国防工业出版社，2000.

［7］ Peter N Njoki，I – Im S Lim，Derrick Mott，et al. Size Correlation of Optical and Spectroscopic

Properties for Gold Nanoparticles［J］. Journal of Physical Chemistry C，2008，111（40）：14664 - 14669.

［8］ Lu L，et al. Superplastic Extensibility of Nanocrystalline Copper at Room Temperature［J］. Science，2000（287）：1463 - 1466.

［9］ 杨玉蓉，张坤. 光催化剂分解水制氢性能研究［J］. 黑河学院学报，2021，12（5）：180 - 181.

［10］ 谢英鹏，王国胜，张恩磊，等. 半导体光解水制氢研究：现状、挑战及展望［J］. 无机化学学报，2017，33（2）：177 - 209.

［11］ TUM Viki. Fachgebiet Theoretische Chemie［EB/OL］.（2020 - 02 - 04）［2023 - 07 - 17］. https：∥wiki. tum. de/display/theochem2/Fachgebiet + Theoretische + Chemie.

［12］ 李金华，张思楠，翟英娇，等. $MoS_2$ 及其金属复合表面增强拉曼散射基底的发展及应用［J］. 物理学报，2019，68（13）：134203 - 1 - 134203 - 12.

［13］ 陈旭成，赵爱武，高倩，等. 波纹状银纳米线的制备及其 SERS 性能研究［J］. 化学学报，2014，72（04）：467 - 472.

［14］ Sumio Iijima. Helical microtubules of graphitic carbon［J］. Nature，1991，354（6348）：56 - 58.

［15］ Fahad A A，A G A. Fabrication of Conductive Fabrics Based on SWCNTs，MWCNTs and Graphene and Their Applications：A Review［J］. Polymers，2022（14）：24.

# 第3章
# 纳米材料合成

## 本章重点及难点

（1）掌握纳米材料基于 Lamer 模型的生长机理。

（2）了解纳米材料液相合成的常见方法。

（3）理解纳米材料气相合成的原理和特点。

（4）了解纳米材料固相合成的策略与方法。

（5）了解二维材料和多孔材料的典型合成过程。

　　纳米材料的性能受其结构的维数、尺度和拓扑形貌等多重因素的影响。自纳米科学和技术诞生起，如何实现纳米结构的精准合成与调控始终是纳米科学发展中的关键问题。至今，科学家已发展了多种液相、固相和气相方法来合成尺寸可调、形貌可控的纳米材料，本章将学习上述合成的基本原理与典型示例。

### 科学史话

　　有证据表明，古代人类在无意间合成并使用了多种纳米材料。我国古代劳动人民将桐油或优质松油置于密闭容器中不完全燃烧气化，冷凝成烟后拌以牛皮胶等黏结剂和其他添加剂制成墨。东晋书法家王羲之研墨，研得越细，写得越好，即使历经千年，用它所写书的文字依旧清晰可见。制墨的烟中含有大量纳米碳（无定形碳、富勒烯、石墨等），而这种制备纳米碳的方法与 1991 年日本科学家饭岛澄男（Sumio Iijima）发现碳纳米管的制备方法有异曲同工之妙；我国古代将铜镜表面通过一定处理形成一氧化锡或二氧化锡晶状纳米薄膜，其对酸碱惰性，铜与空气中的水和二氧化碳反应生成铜绿而被锈蚀；另外，古希腊和古罗马人就已经使用氧化铅混合了氧化铝和氢氧化钙并加入少量的水形成一种膏状"纳米"染料来染头发和羊毛。直到 2006 年，法国国家科学研究中心和欧莱雅研究院、美国阿贡国家实验室和国家航空研究办公室的科学家们发现，这种染料的颜色来自聚集在微纤维以及微纤维之间的表皮层和皮质层内的 5 nm 大小硫化铅纳米晶体。这些纳米材料的合成显然是无心之作，而当代的纳米合成则是建立在坚实科学基础上有意为之的。

## 3.1　纳米材料的液相合成

　　纳米晶具有独特的物理化学性质，其尺寸、结构、组分、形貌等因素对其性质有重要影响。纳米晶的合成方法对上述因素具有决定性作用，从而影响着纳米技术的发展。1857 年，英国科学家迈克尔·法拉第（Michael Faraday）通过白磷还原氯金酸溶液，发现溶液颜色变红并归因于金纳米晶的生成，这是科学史上首次报道胶体纳米晶的合成。随后，德国科学家威廉·奥斯特瓦尔德（Friedrich Wilhelm Ostwald）提出了奥斯特瓦尔德熟化（Ostwald Ripening）机制，是描述不同尺寸纳米晶颗粒行为的重要准则，已被广泛应用在纳米粒子的制备中。在生长机理方面，Becker 和 Döring 提出的经典成核理论，以及胶体向纳米晶转化的 Lamer 模型，至今仍为研究纳米晶生长过程的基本模型。

　　纳米晶的液相合成以氧化还原反应为主，其组分和形貌受到阳离子、阴离子、还原剂、表面活性剂和溶剂等多重因素的影响。发展到今天，液相合成可以制备包括金属纳米晶、半导体纳米晶、碳材料等多种纳米材料，形貌涉及零维量子点、一维纳米线和二维纳米片等。其中，零维贵金属纳米晶的合成模型构建较为成熟且最为简单，其在液相体系中的生长过程一般可以概括为两个不同的阶段：①成核：指金属盐溶液前驱体通过还原反应得到低氧化态的金属原子或簇合物作为晶核；②生长：金属盐前驱体被不断还原，并依附于晶核表面生长，最终形成纳米晶。本部分将主要以零维贵金属纳米晶的合成为例，介绍化学纳米晶体的液相生长过程与生长机理。

## 3.1.1　液相合成纳米材料的生长机制

1. 基于 Lamer 模型的生长机理

20 世纪 50 年代，Lamer 等人根据各种油气凝胶及疏水凝胶等胶体纳米晶的生长和单分散性调节提出的纳米晶生长模型，称为 Lamer 模型。其被认为是纳米晶合成领域的重要准则，可分为三个阶段（图 3 - 1）：

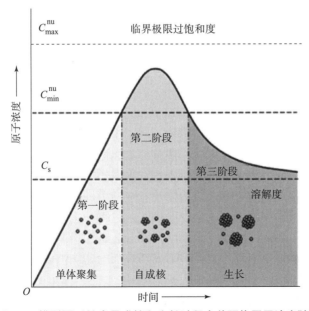

图 3 - 1　Lamer 模型图（纳米晶成核和生长过程中前驱体原子浓度随时间变化图）

（1）单体聚集

随着反应物溶液浓度提高带来的反应物和沉淀物的浓度提高，单体浓度逐渐超过饱和浓度（$C_s$）而达到临界成核浓度，当 $C_s$ < 单体浓度 < 最小成核浓度（$C_{min}^{nu}$）时，反应体系内并不存在晶核，无明显的颗粒析出，形成分子聚集体，导致吉布斯自由能升高，而聚集体形成后，会重新分散为分子状态，此阶段无晶核产生。

（2）自成核

当单体浓度逐渐提高至超过最小成核浓度（$C_{min}^{nu}$）甚至临界成核浓度（$C_{crit}$）时，晶核快速大量生成，并开始晶核生长过程。由于晶核的形成和生长均需要消耗单体分子，液相中单体分子浓度下降，最终成核终止，进入下一阶段。

（3）生长

晶核的形成及生长导致单体浓度降低，低浓度单体扩散至晶核表面继续晶体生长。晶体生长同样消耗单体分子，导致单体浓度进一步降低。此时不再添加单体或添加的单体浓度不足以达到晶体生长消耗的单体浓度，就不会形成新的晶核，仅持续晶体生长过程。纳米晶最初的尺寸分布很大程度上取决于成核和生长所用的时间，成核过程相对于生长过程越短，纳米晶就越均匀。纳米晶的生长速率取决于单体的扩散速率和反应速率。

2. 热力学特性

根据经典成核理论，成核过程涉及的自由能变化（$\Delta G_{homo}$）可归纳为两项：体积项和表面项。$\Delta G_{homo}$ 取决于二者的加和（式（3-1）），其中，$r$ 为晶核半径；$\Delta G_v$ 为晶核变化单位体积对应自由能的变化量；$\gamma_{\alpha m}$ 为晶核变化单位表面积对应自由能的变化量。$\Delta G_v$ 由过饱和度 $S$、晶核的摩尔体积 $v$ 和体系温度 $T$ 决定。纳米晶成核的限制来源于两个相互竞争的因素：新相的形成和液相界面能。成核过程中，体相自由能减小，表面自由能增加。

$$\Delta G_{homo} = \frac{4}{3}\pi r^3 \Delta G_v + 4\pi r^2 \gamma_{\alpha m} \qquad (3-1)$$

$$\Delta G_v = \frac{-k_B T \ln S}{v} \qquad (3-2)$$

当晶核达到热力学稳定状态，即 $\mathrm{d}(\Delta G_{homo})/\mathrm{d}r = 0$ 时，求解得到的晶核半径 $r$ 为临界半径 $r^*$。

$$\Delta G_{homo}^* = \frac{16\pi \gamma_{\alpha m}^3}{3\Delta G_v^2} \qquad (3-3)$$

在上述原理基础上，纳米晶生长可进一步分为均相成核和异相成核两种（图3-2）。通过调节反应体系浓度、温度、表面活性剂种类等实现成核过程的，称为均相成核；而通过向一相中添加新的一相实现成核过程的，称为非均相成核，即异相成核。

均相成核：晶核尺寸小于临界值（$r < r^*$）时，表面自由能占优势，晶核自由能发生净正变化，因此，晶核易于解离或溶解。当晶核尺寸超过此临界尺寸（$r > r^*$）时，体相自由能占主导地位，因为体相自由能项可以克服形成新表面的高能消耗，体相自由能将随着晶核尺寸的增加而减小，趋于稳定，实现晶核生长。

异相成核：异相成核可以将单体（前驱体）以低于过饱和的浓度加入预先形成的纳米晶体（即晶种）中。在此过程中，单体直接在晶种表面进行相变，这就是所谓的异相成核。对这一过程进行建模需要额外的两个表面能贡献：基底-介质表面能（$\gamma_{\beta m}$）和核-基底表

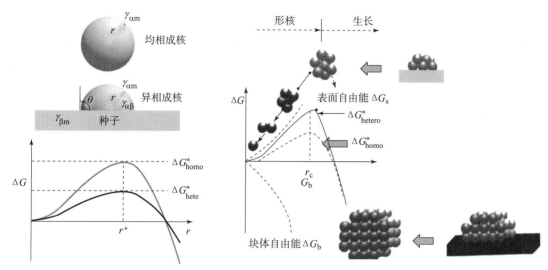

图 3 - 2　晶体成核（均相和异相成核）和生长过程自由能图

面能（$\gamma_{\alpha\beta}$）。异相成核的能垒小于均相成核的能垒，反应更容易进行。

从 Lamer 生长模型可以看出，为得到单分散纳米晶，需要尽量缩短晶体生长过程的单体聚集和成核阶段，进而实现成核与生长阶段的分离，使剩余的前驱体在有限的晶核表面生长，有效控制产物的尺寸大小。这种通过单晶核迅速生成来阻止生长过程中新晶核的生成现象，常被形象地称为爆发性成核，通常发生在均相成核过程中。热注入法是爆发性成核最有效的方法，其思路在于将体系温度预先提升至较高的温度下，快速注入金属前驱体并使其在高温下直接快速成核生长，避免了缓慢加热到该温度过程中成核与生长的不可控性，实现了较好的成核和生长过程分离。热注入反应中，温度、惰性气体保护、杂质前驱体的引入和单体浓度等都会影响最终产物的组分和形貌，为单分散纳米晶的制备与调控提供了更多的可能性。

3. 奥斯瓦尔德熟化

液相合成纳米晶过程中，晶体形貌主要受两个因素影响：晶体表面能和生长动力学。晶体表面能占主导地位时，形貌趋于表面能最小化；生长动力学占主导地位时，形貌由晶面生长速率决定。因此，晶体生长往往存在多样性，产物形貌、尺寸均不统一。根据 Lamer 模型，成核过程中会产生许多大小不同的晶核，当晶核半径小于临界半径时，表面能占主导地位，不同尺寸的晶核竞争生长，在此过程中，尺寸较小的晶核趋于溶解，用于较大晶核的生长。随着反应时间增长，晶核尺寸增大，数量减少的过程，称为奥斯瓦尔德熟化（Ostwald Ripening，OR）。通过控制该熟化过程，能够实现晶体尺寸、形貌调控，得到一系列理想的纳米产物。在调控过程中，为了实现单分散性纳米晶的生长，一方面要控制晶体的生长速率，使大颗粒的长大速率小于小颗粒的长大速率；另一方面还要加入合适的表面活性剂或螯合剂来提高稳定性，抑制生长过程中的团聚和二次成核现象（如图 3 - 3 所示，Ag 纳米晶合成过程中，前驱体的滴加速率影响其成核与生长过程）。

4. 取向连生

经典成核理论中，基础单元为原子、离子或分子。与经典成核理论不同，非经典成核理

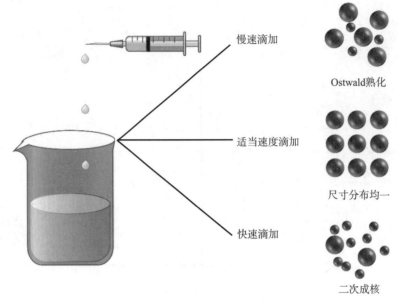

慢速滴加

Ostwald熟化

适当速度滴加

尺寸分布均一

快速滴加

二次成核

图 3-3 不同试剂添加速率下 Ag 纳米晶尺寸调控机制

论认为晶体生长是由于粒子重排或转移,形成粒子聚集体,从而实现晶体生长,也就是晶体聚集生长。取向连生(Oriented Attachment, OA)是晶体聚集生长的典型机制,由 Penn 和 Banfield 在用水热法合成 TiO$_2$ 纳米晶时提出。也有译为定向附着、取向连接、定向连接、定向黏附等。

不同于传统热力学和动力学生长模型,取向连生机制是以晶核尺寸量级的纳米晶作为生长基元,通过相同晶面间的连接生长得到更大维度的晶体(图 3-4)。利用相同的晶体学定向和共面粒子的对接自组装聚集连接,或通过旋转对接,使表面能降低,降低体系总能量,促进晶体生长。取向连生机制不仅存在于零维纳米晶到一维纳米晶,零维到零维、一维到一维、一维到二维、一维到二维和三维,以及零维到二维和三维均可发生,并且 OA 和 OR 往往在一定条件下同时发生。

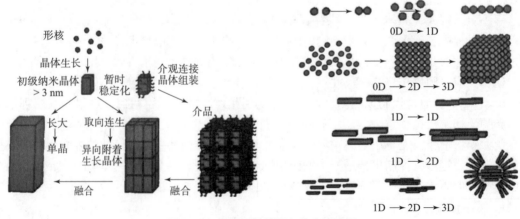

图 3-4 纳米颗粒的取向连生示意图

5. 稳定剂

纳米晶由于粒径小，表面原子占比高，具有高比表面积和表面活性，这些性质有利于纳米晶应用的同时，也导致了材料的不稳定性。较高的表面能使得纳米晶易团聚，从而降低纳米晶活性，阻碍其应用和发展。因此，在纳米晶合成过程中，需要同时调节纳米晶尺寸、形貌和表面活性。例如，制备纳米粒子时，在控制颗粒生长的同时，还需阻止颗粒之间的团聚，实验中常加入一些稳定剂（stabilization agent）。常见的稳定剂包括高分子、表面活性剂、有机溶剂以及无机阴离子等。

稳定剂可通过静电作用或者其他物理/化学作用吸附在纳米粒子表面，使粒子之间相互排斥，不易团聚（图 3-5）。同时，稳定剂还能够改善粒子表面润湿性，增强纳米粒子与其他物质的相容性，可控地使其在有机相或水相溶剂中分散。以表面活性剂（Surfactant）为例，其分子结构具有两亲性：一端为亲水基团，另一端为疏水基团。亲水基团常为极性基团，如羧酸、磺酸、硫酸、氨基或胺基及其盐，羟基、酰胺基、醚键等也可作为极性亲水基团；而疏水基团常为非极性烃链，如 8 个碳原子以上烃链，这使表面活性剂具有既亲水又亲油的双亲性质。当表面活性剂用于水溶液中纳米粒子稳定剂时，其非极性亲油基团吸附在粒子表面，防止粒子团聚；极性亲水基团与水相溶，实现在水中分散的效果。反之，在油相中稳定纳米粒子时，亲水基团与粒子表面结合，亲油基团与溶剂作用，实现纳米粒子在油相溶剂中的稳定分散。Chen 等人制备出粒径超小的表面未包覆和包覆 Ag 胶体纳米颗粒，发现表面包覆可增加 Ag 胶体纳米颗粒的稳定性，长链分子在 Ag 胶体纳米颗粒表面形成更加紧密的双电层结构表面，并且不同的表面活性剂具有不同强度的稳定作用。

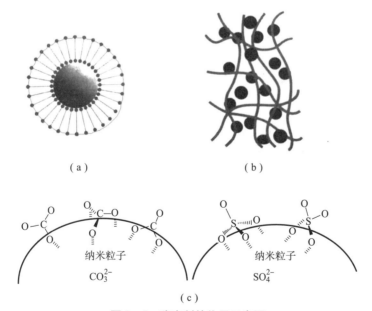

（a）　　　　　　　　　　（b）

（c）

**图 3-5　稳定剂的作用示意图**

（a）表面活性剂分子稳定纳米粒子的示意图；（b）高分子稳定、分散纳米粒子的示意图；
（c）无机阴离子稳定纳米粒子的示意图

液相纳米颗粒常用的稳定剂，目前主要以膦配体和硫醇配体为主，见表 3-1。

### 表 3 - 1　液相纳米合成的常用高分子稳定剂

#### （a）硫醇用于纳米晶粒的制备

| 纳米晶粒 | 粒径/nm | 稳定剂 |
|---|---|---|
| ZnO | — | 辛硫醇，十二硫醇 |
| Ru | 2～3 | RSH（R：辛基，十二烷基，十六烷基） |
| Ru | 1.6～6 | 十二硫醇 |
| Pd | 1～5 | 十六硫醇 |
| Pd | 1.8～6.0 | RSH（R：$C_4$～$C_{16}$正烷基） |
| $Cd_{32}S_{14}(SC_6H_5)_{36}(DMF)_4$ | | 硫酚 |
| Au | 2 | RSH（R：丁基，癸基，十二烷基，十八烷基） |
| Au | 1～3 | 十二硫醇 |
| Au/Ag（核-壳） | — | RSH（R：丁基，癸基，十二烷基，十八烷基） |
| Au/Pt（核-壳） | 3.5 | RSH（R：丁基，癸基，十二烷基，十八烷基） |

#### （b）有机膦用于纳米晶的制备

| 纳米晶粒 | 粒径/nm | 稳定剂 |
|---|---|---|
| $Cu_{146}Se_{73}(PPh_3)_{30}$ | — | 三苯基膦 |
| CdS | 3～4 | 三丁基膦 |
| CdS | 1.2～11.5 | 三辛基膦 |
| CdSe | 1.2～11.5 | 三辛基膦 |
| CdTe | 1.2～11.5 | 三辛基膦 |
| CdTe/CdS | — | 三丁基膦 |

#### （c）高分子用于纳米晶粒的制备

| 纳米晶粒 | 粒径/nm | 稳定剂 | 纳米晶粒 | 粒径/nm | 稳定剂 |
|---|---|---|---|---|---|
| FeOOH | — | 海藻酸 | $Co_3O_4$ | 2 | PVP |
| $\gamma$-$Fe_2O_3$ | — | 海藻酸 | $Co_{3.2}Pt$ | — | PVP |
| $Fe_3O_4$ | 10 | 聚乙烯醇（PVA） | Ni | 3～5，20～30（团聚） | PVP |
| $Fe_3O_4$ | 6，12 | 聚乙二醇（PEG），聚环氧乙烷（PEO） | ZnO | 3.7 | PVP |
| $Fe_3O_4$ | 5.7 | 聚甲基丙烯酸，聚羟甲基丙烯酸 | ZnO | 2.6，2.8，3.6，4.0 | PVP |
| $Fe_3O_4$ | 5.7 | 聚甲基丙烯酸酯，聚羟甲基丙烯酸酯 | Ru | 1.7 | 醋酸纤维素 |
| $Fe_3O_4$ | 6，12 | 淀粉，葡萄糖 | Pd | 2.5 | PVP |

| 纳米晶粒 | 粒径/nm | 稳定剂 | 纳米晶粒 | 粒径/nm | 稳定剂 |
|---|---|---|---|---|---|
| Co | 5 | 聚苯醚 | Pd – Ni | — | PVP |
| Co | 1.4，1.6 | 聚乙烯及吡咯烷酮（PVP） | CdTe | — | 海藻酸 |
| Co | 4.2 | 聚苯醚 | $Cd_xHg_{1-x}Te$ | — | 海藻酸 |
| Co – CoO | 7.5 | 聚苯醚 | Pt | 1.6 | PVP |
| CoO | — | PVP | Pt – Ru | — | PVP |
| $CoPt_{0.9}$ | 1 | PVP | HgTe | — | 海藻酸 |
| $CoPt_{2.7}$ | 1.5 | PVP | | | |

## 3.1.2 纳米材料的液相合成方法

### 1. 液相沉淀法

液相沉淀法是合成纳米晶的重要方法，是指向含一种或多种粒子的溶液中加入适当的沉淀剂，制备纳米粒子的前驱体沉淀物，经过一些后处理手段得到最终纳米粒子。包括直接沉淀、均匀沉淀、共沉淀、有机相沉淀、沉淀转化等策略。生成的纳米粒子尺寸通常取决于沉淀物溶解度，溶解度越小，纳米粒子尺寸越小，并且溶液中通常需加入稳定剂，否则，产物团聚明显。

例如：

$$Cd^{2+} + S^{2-} = CdS \downarrow$$

沉淀转化是利用 $K_{sp}$ 的差异，依据化合物溶解度的不同，改变转化剂的浓度、转化温度等制备产物。

例如：

$$Na_2SiO_3 + Cd(NO_3)_2 = CdSiO_3 \downarrow + 2NaNO_3$$
$$CdSiO_3 + Na_2S = CdS \downarrow + Na_2SiO_3$$

总反应是：

$$Cd(NO_3)_2 + Na_2S = CdS \downarrow + 2NaNO_3$$

通过多步反应的动力学调控，虽然总反应相同，但其动力学已经完全不同于 $CdNO_3$ 溶液和 $Na_2S$ 溶液的直接反应。

### 2. 液相沉积（chemical bath deposition，CBD）

化学液相沉积基本原理是通过添加去离子水、硼酸或者金属铝，使金属氟化物缓慢水解。其中，水直接促使生成氧化物，硼酸和铝作为氟离子的捕获剂，促进水解，从而使金属氧化物沉积在基体表面。该方法是专为制备氧化物薄膜而发展起来的液相外延技术，当前，已可以采用化学液相沉积的有 Ti、Sn、Zr、V、Cd、Zn、Ni、Fe、Al 等金属的氧化物。通过循环流动的热水加热，恒温反应体系，反应池中水溶液组成为前驱体 – 金属盐以及其他助剂，助剂用于调控薄膜的生长（图 3 – 6）。不同于常规的液相沉淀，CBD 法制备的薄膜光滑、均匀吸附牢固，两侧同时生长。

### 3. 乳液法

乳液是由两种互不相溶的液体在表面活性剂作用下形成的分散体系，热力学稳定且具有各向同性。乳液结构通常可分为以下几种类型：

①油/水型（O/W），即水包油，分散相为油，分散介质为水。

②水/油型（W/O），即油包水，分散相为水，分散介质为油。

③多重乳状液（即 W/O/W 或 O/W/O 等）。

不同乳状液结构如图3-7所示。

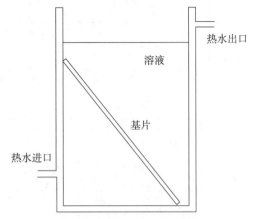

图3-6 液相沉积法合成纳米材料示意图

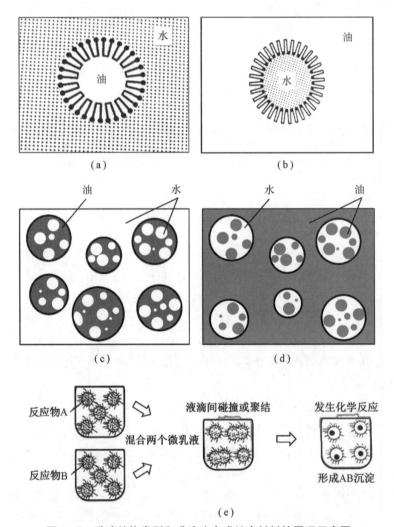

（a）                 （b）

（c）                 （d）

（e）

图3-7 乳液结构类型和乳液法合成纳米材料的原理示意图

（a）水包油（O/W）型；（b）油包水（W/O）型；（c）W/O/W型；（d）O/W/O型；（e）混合两个微乳液

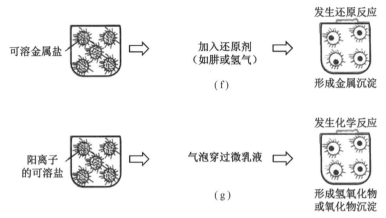

**图 3 - 7　乳液结构类型和乳液法合成纳米材料的原理示意图（续）**

（f）向微乳液中加入还原剂；（g）将气体通入微乳液中

乳液中微小的"水池"被表面活性剂和助表面活性剂组成的单分子层包围，形成微乳颗粒，微小的"水池"尺寸小且彼此分离，形成"微反应器"，成核、生长、聚结等过程局限在一个微小的液滴内，由于颗粒之间的团聚受到限制，从而制得纳米颗粒。比如，取两个相同的 W/O 型微乳液，并将试剂 A 和 B 分别溶解在两个微乳液的水相中，在混合时，由于水滴的碰撞与聚结，试剂 A 和 B 穿过微乳液界面膜相互接触并形成 AB 沉淀，这种沉淀局限在微乳液滴水核的内部，形成最终纳米粒子，并且形成的颗粒的形状和大小反映液滴的内部情况。这种方法也称为软模板法。

自 Boutonnet 等首次用乳液法制备出多种贵金属单分散纳米颗粒以来，乳液法合成纳米粒子的方法不断改进，现已可用于制备多种纳米粒子，如金属纳米颗粒、半导体纳米颗粒、磁性颗粒等。而所得纳米粒子结构也可以通过改变反应条件来控制。首先，乳液中的胶团根据表面活性剂的结构特点及表面活性剂的浓度，结构形状可呈球形、棒状、六边形、层状等。采用表面活性剂、高分子等作为结构导向剂，能够形成不同形貌的胶团。另外，晶体生长中存在表面晶面淘汰机制，表面活性剂的种类及浓度能可控地改变不同晶面原来的表面能，从而选择性地保护某些晶面，控制晶体沿特定晶面生长。

在乳液合成法中，可以通过开始较快的反应速率形成尺寸较为均一的晶种（seeds），同时，利用较温和的还原剂或较慢的还原剂使小粒子缓慢生长，生长过程中，有机分子在不同晶面的不同吸附状态，实现对纳米晶生长过程的动力学调控，达到调节各晶面的生长速度、控制纳米晶体沿着某一方向定向生长的目的。

### 4. 溶胶 - 凝胶法（Sol - gel method）

1861 年，英国科学家 T. Graham 提出胶体、溶胶（Sol）、凝胶（Gel）等概念。其是指一种均匀混合物，是介于溶液与浊液之间的介稳体，而其保持稳定的主要原因是胶粒带有相同电荷，同性相斥，粒子不易聚集。在胶体中含有两种不同状态的物质，一种是分散相，另一种是连续相。分散相的一部分是由微小的粒子或液滴所组成，分散相粒子直径在 1 ~ 1 000 nm，且几乎遍布在整个连续相中，是一种高度分散的多相不均匀体系。胶体不一定都是胶状物，也不一定是液体，但胶体一定具有丁达尔效应。胶体可以有多种分类方式，见表 3 - 2。根据分散剂不同，可以分为气溶胶、液溶胶、固溶胶；按分散质不同，可以分为粒子胶体、分子胶体；还可以按分散质和分散介质的性质来分类。纳米化学是传统胶体化学的发展，其生长理论也继承了胶体理论、传统晶体生长理论等。

表 3－2　非均相分散体系按照聚集状态的分类

| 分散介质 | 分散相 | 名称 | 实例 |
|---|---|---|---|
| 液 | 固<br>液<br>气 | 溶胶、悬浊液、软膏<br>乳状液<br>泡沫 | 金溶胶、碘化银溶胶、牙膏<br>牛奶、人造黄油、油水乳状液<br>肥皂泡沫、奶酪 |
| 气 | 固<br>液 | 气溶胶 | 烟、尘雾 |
| 固 | 固<br>液<br>气 | 固态悬状液<br>固态乳状液<br>固态泡沫 | 用金着色的红玻璃、照片胶片<br>珍珠、黑磷<br>泡沫塑料 |

19 世纪，Ebelman 发现正硅酸乙酯水解形成了玻璃状二氧化硅，引起了科学家们的注意，凝胶法开始逐步发展。20 世纪后，溶胶－凝胶法被用于制备多种材料，如 W. Geffcken 于 20 世纪 30 年代利用金属醇盐制备氧化物薄膜；20 世纪 70 年代，Dislich 和 Yoldas 等分别制备了多组分玻璃和整块陶瓷及透明氧化铝膜；80 年代后，已广泛用于玻璃、氧化物涂层、功能陶瓷材料、符合氧化物陶瓷材料等的制备。至今，溶胶－凝胶法已发展用于制备纳米粒子。其基本原理是将金属醇盐或无机盐水解直接形成溶胶，然后使溶质聚合凝胶化，凝胶干燥、煅烧后去除有机组分，得到最终的无机材料（图 3－8）。主要包括以下过程：

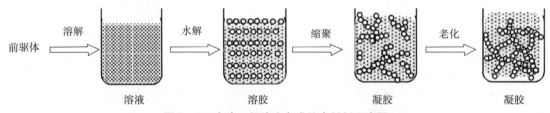

图 3－8　溶胶－凝胶法合成纳米材料示意图

溶胶制备：溶胶是具有液体特征的胶体体系，分散粒子是固体或大分子，粒子大小为 1～1 000 nm。溶胶制备主要有两种方法：一种是将部分或者全部组分先沉淀出来，再解凝，使沉淀颗粒分散，得到胶体；另一种是由溶液出发，通过控制沉淀过程，直接形成微小颗粒，得到胶体溶液。

溶胶－凝胶转化：凝胶是具有固体特征的胶体体系，被分散的物质形成连续的网状骨架，骨架空隙中充有液体或气体，凝胶中分散相含量很低，一般为 1%～3%。相对于凝胶而言，溶胶中含有大量的水，凝胶化过程需要去除溶胶中多余的水，使体系失去流动性，形成一种开放的骨架结构。凝胶化方法有两个：化学法和物理法。化学法即控制溶胶中电解质浓度，物理法即迫使胶粒靠近，克服同性斥力，实现凝胶化。

凝胶干燥：凝胶化后，材料通过加热等手段使溶剂蒸发，得到粉状固体的过程称为凝胶干燥。

溶胶 – 凝胶法可广泛用于制备纳米薄膜，包括浸渍提拉法（dipping）、旋覆法（spinning）、喷涂法（spraying）、简单的刷涂法（painting）等工艺（图 3 – 9）。浸渍提拉法是将整个洗净的基板浸入预先制备好的溶胶之中，然后精确控制使基板以均匀速度平稳地从溶胶中提拉出来，在黏度和重力作用下，基板表面形成一层均匀的液膜，紧接着溶剂迅速蒸发，于是附着在基板表面的溶胶迅速凝胶化而形成一层凝胶膜。旋覆法（spinning）相对而言是一种更加经济、方便、有效的薄膜制备方法，可制备多孔陶瓷膜、纳米微粒薄膜等，适用于小面积圆片基底。溶胶 – 凝胶法的优点是工艺设备简单，可以大面积在各种不同形状、不同材料的基底上制备薄膜，可有效控制薄膜成分及微观结构。缺点是制得的薄膜与基体结合力差，成本相对较高，制备过程时间较长。

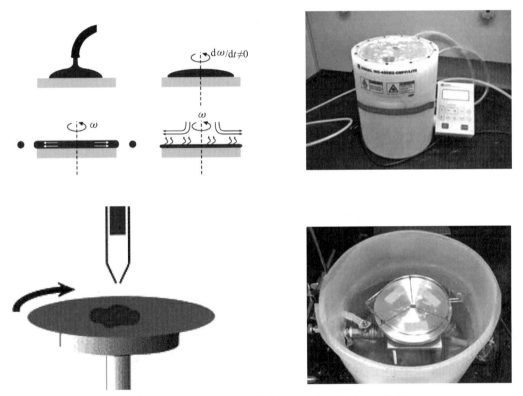

**图 3 – 9　旋涂法制备纳米薄膜材料工艺示意图及实物图**

### 5. 有机相热注入法

根据上文讲解的 Lamer 生长机理，晶体生长主要包括单体聚集、成核、生长三个阶段，其中，晶体从小到大的生长遵循 Ostwald 生长机制，即小的颗粒可以重新溶解于溶剂中，而大颗粒由于溶解的小颗粒的补给而不断长大。要达到晶体颗粒的单分散性，一方面要控制晶体的生长速率，使大颗粒的长大速率小于小颗粒的长大速率；另一方面要控制生长过程中的团聚和二次成核现象，要加入合适的表面活性剂来阻止。而热注入法作为一种合成胶体半导体纳米晶体的传统方法，它以金属有机化合物作为前体，在高温下快速注入前驱体，溶液过饱和度瞬间增大并快速成核，成核过程中溶液过饱和度下降，晶体开始进入缓慢生长阶段，最终得到不同形貌、不同组成的量子点。其合成示意图和装置图如图 3 – 10 所示。成核和生长阶段的分离使各量子点均匀生长，确保量子点具有较好的单体分散性。同时，为了得到稳定、理想的结构，在反应过程中需要保持量子点和前驱体的动态平衡。

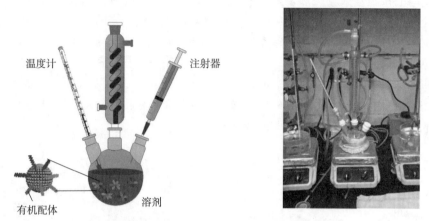

图3-10　有机相注入法合成纳米晶示意图及实物图

此外，热注入法制备量子点时，前驱体和有机配体的选择具有多样性，以经典的 CdSe 胶体量子点制备为例，使用多种不同的前驱体和有机配体均可以实现 CdSe 量子点的合成。

6. 水热法/溶剂热法

水热/溶剂热合成是指在一定温度（100～1 000 ℃）和压强（1～100 MPa）下利用溶液中物质化学反应进行合成的技术。由于反应在高温、高压条件下进行，反应的动力学速率显著提高，但需要特定的密闭容器（高压反应釜，如图 3-11 所示）。

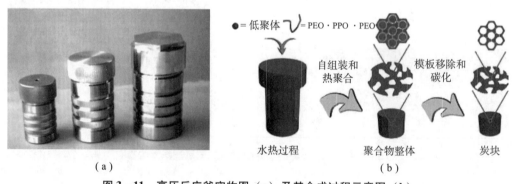

（a）　　　　　　　　　　　　　（b）

图3-11　高压反应釜实物图（a）及其合成过程示意图（b）

在水热条件下，水既可以是溶剂，也作为矿化剂，是传递压力的媒介。由于在高压下绝大多数反应物能部分溶解于水，促使反应在液相或气相中进行，改善反应物的扩散传质。如果反应体系溶剂中含有液态有机物（有机胺、醇、四氯化碳等）或完全以有机物为溶剂，则这一过程即为溶剂热过程。非水溶剂不仅扩大了水热法的应用范围，而且实现了通常条件下无法实现的反应。

与其他湿化学方法相比，水热法或溶剂热法的主要区别在于温度和压力，其研究临界状态的反应，能够生成具有介稳态的材料，具有较高蒸气压的材料也可以通过溶剂热反应制备。并且水热或溶剂热反应一般不需要高温烧结即可得到结晶粉末，避免了产物后处理可能带来的额外杂质。但是该方法对仪器设备要求较高，高温高压反应无法观察晶体生长过程。除此之外，由于密闭环境下加热引起的体积膨胀也具有较大的安全隐患，近年来因反应釜使用不当，发生了诸多安全事故，实验前必须要严格控制试剂用量，反应结束后，必须自然冷却至室温才可打开反应容器。

### 7. 电化学沉积法

早在 19 世纪早期，电化学沉积法就已经被用于制备金属材料，比如电镀金、银、镍、铬等。电化学沉积法同样在液相中进行，是在外电场作用下，通过电解质溶液中正负离子的迁移而在电极上发生氧化还原反应形成镀层的过程，包括直流、脉冲、无机电镀或共沉积等（图 3 - 12）。大多数电化学沉积法按照阴极还原机理，只有少数氧化物的沉积按照阳极氧化机理进行。电化学沉积法具有很多有优点，首先工艺简单，较易控制电极反应的方向。通过控制电位和选择适当的电极、溶剂等方法，使反应朝着人们所希望的方向进行，减少副反应的发生，从而得到较高产率和较纯净的产品，包括许多用一般化学合成方法难以合成的物质。电化学沉积过程中，影响材料性质的因素较多，比如电流、电压、温度、溶剂、溶液的pH 及其浓度、离子强度、电极的表面态等。可通过调节电极电位来改变反应的速度。据计算，电位升高 1 V，活化能降低 40 kJ，这可使反应速率增加 $10^7$ 倍。如果通过升温方法使反应速率增加 $10^7$ 倍，必须把温度从室温升高到 600 K 左右。因此，电化学工业一般可在常温常压下进行。除此之外，电化学沉积还适宜工业化生产。电沉积过程可以自动、连续地进行，因而在工业生产上有很大的潜力。电化学利用电子作氧化剂，直接利用电能，效率较高。

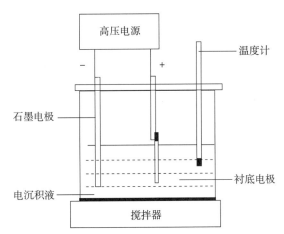

**图 3 - 12　电化学沉积法制备纳米材料合成装置示意图**

### 8. 阳离子交换法

为了实现更加精准灵活的结构和组分调控，在传统纳米晶合成基础上，发展了新的制备方法，阳离子交换法就是其中典型代表，已成为合成金属纳米晶的通用工具，尤其是那些半导体材料。阳离子交换法主要涉及用新的阳离子代替原始纳米晶中的阳离子，比如当胶体纳米晶 AX 中阳离子 $A^+$ 暴露在阳离子 $B^+$ 溶液中时，得到 BX 纳米晶，这个过程即称为阳离子交换过程。在大多数情况下，阳离子交换是一种拓扑转化过程，其阴离子框架几乎完整保持，能够保留原始的整体结构和形貌。但其通常不能用于直接合成某种纳米晶，而是由一种纳米晶转化为另一种纳米晶，也就是需要已有纳米晶作为反应前驱体，是一种间接合成方法。

$$AX(s) + B^+(sol) \rightarrow BX(s) + A^+(sol)$$

2004 年，Alivisatos 等人在阳离子交换方面取得重要突破，在之后的几十年里，该方法得到了广泛的研究。除单一组分纳米晶外，近年来国内外科研工作者利用阳离子交换法成功合成了具有大晶格失配度的异质结构，扩展了阳离子交换法的应用范围[4]。

### 3.1.3　纳米异质结构材料

纳米材料的组成、尺寸、结构等是决定其性能的先决条件。相比于纯相的纳米材料，纳米异质结构可以实现有效的功能耦合，在光电、催化、传感等领域展现出了超越纯相纳米材料的优异性质。

#### 1. 异质结构的形成原理

异质结构的形貌结构种类繁多，构成异质结构的每个基元都具有各自的形貌和结构特点，同时，不同基元之间的结合方式也是千差万别。相对于单组分纳米晶，异质纳米晶的可控制备过程更加烦琐且条件更加复杂。通常制备异质纳米晶的液相方法可分为两类：外延生长法和非外延策略。外延生长法主要涉及前文提到的异相成核机理，涉及两种基元的匹配程度，以纳米晶为例，即是指两种晶体的晶格失配度。较小的晶格失配度使反应更容易进行，且制备的异质结构界面更加清晰，组分结晶性更好。而较大的晶格失配度则更有可能造成界面和组分的缺陷，当晶格失配度超过 20% 时，大部分外延生长反应基本无法进行，就需要其他拓扑非外延合成方法，包括离子交换法和电置换法等。

#### 2. 常见的异质结构分类

异质二聚体：主要指两种纳米材料通过部分接触，形成异质结，但不存在明显的包覆关系的二元异质结构。异质二聚体的构筑主要应用于纳米催化剂活性金属和载体之间的负载、两种半导体之间的 PN 结构筑以及具有等离子体共振效应的金属半导体异质结构。其常规合成方法分为两种：一种方法是先合成一种纳米晶，之后通过另一种前驱体在纳米晶表面的沉积和原位还原或成核长大而构造的二聚体。其中最常见的就是氧化物载体负载贵金属纳米晶的体系，如 $TiO_2$ – Au 异质结构。另一种方法主要是通过表面配体的调控，将两种纳米晶共混在溶剂中后，选择性地进行配体交换，用短链的配体替换原本纳米晶表面的长链配体，实现纳米晶之间部分的聚集，促进两种纳米晶之间的直接接触。其中，异质二聚体的接触方式是两种组分之间功能耦合的重要影响因素，也是在合成工艺上需要着重考虑的因素。除上述合成方法外，阳离子交换策略也是合成半导体基异质二聚体的重要方法，包括金属 – 半导体和半导体 – 半导体异质二聚体。

核壳纳米结构：不同于异质二聚体，核壳结构有明显的内核与壳层之间的包覆关系，具有最大限度的接触面积，壳层组分和内核组分之间的晶格失配度对于核壳结构的形成具有重要影响，易于产生局部应力和缺陷。半导体 – 半导体结构的核壳纳米晶，由于晶格适配度普遍不大，其缺陷的异质界面和界面应力可以通过进一步的元素扩散作用缓解。然而金属与半导体之间通常具有较大的晶格适配度，例如 Au 与 CdS 之间的晶格失配度达到了 43%，使其很难直接通过外延生长法合成核壳纳米晶。值得一提的是，离子交换策略引发的非外延合成策略，是目前有效克服大晶格失配度合成的最有效方法。

中空核壳结构（yolk – shell 结构）：其结构特点在于内核与壳层之间不直接接触，核与壳层之间具有反应微腔。这种特殊的中空核壳结构在光热治疗、光催化、电池电极材料和有机催化反应中展现出了不俗的性能表现。对于惰性壳层材料的合成，可以采用模板牺牲法和"ship – in – bottle"法，如 Au@ CN、Au@ SiO$_2$ 中空核壳结构。此外，电置换法是合成金属 – 金属中空核壳结构的重要方法，利用各金属元素直接的电势差，结合其扩散速率的差异，构造中空微腔，目前报道的结果包括 Au – Ag 和 Au – AgPt 中空核壳结构，在有机催化和电催化等领域具有重要的应用价值。对于金属 – 半导体中空核壳结构，离子交换法结合柯肯达尔效应是最主要的合成策略（图 3 – 13）。柯肯达尔效应（kirkendall effect）最早源于冶金学，E. O. Kirkendall 等人在研究中发现，在一定条件下，不同金属具有不同的扩散速率，而两种扩散速率不同的金属在扩散过程中会形成缺陷。与扩散控制生长机制的不同之处在于，柯肯达尔效应主要关注不同元素形成接触后的扩散性能差异。此扩散过程往往会导致产品中出现一些孔或空腔结构，现已成为中空纳米颗粒的一种制备方法。

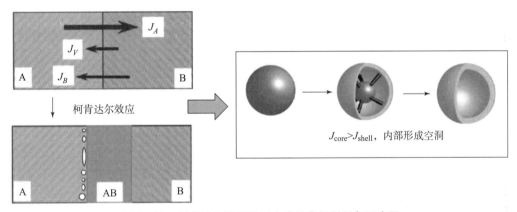

图 3 – 13　柯肯达尔效应用于中空纳米材料制备示意图

# 3.2　纳米材料的固相合成

固相法是通过从固相到固相的变化来制造纳米颗粒，与气相法和液相法不同的是，固相法不伴随有相态变化。纳米颗粒的固相合成机理可分为两大类：一类是物理方法，将大块物质分割为极细颗粒，尺寸降低，比如球磨法、溶出法等；另一类是化学方法，将小尺寸分子或原子组合成颗粒，比如热分解法、火花放电法等。

## 3.2.1　热分解法

热分解法是一种通用方法，既可以用于气、液相合成，也可以用于固相合成。热分解过程通常如下式所示（S 代表固相，G 代表气相）：

$$S_1 \rightarrow S_2 + G_1 \tag{3 – 4}$$

$$S_1 \rightarrow S_2 + G_1 + G_2 \tag{3 – 5}$$

$$S_1 \rightarrow S_2 + S_3 \tag{3 – 6}$$

热分解反应基本上是式（3-4）的形式，式（3-5）是式（3-4）的特殊情形，式（3-6）是相分离，不能用于制作粉体。除了粉末的粒度和形态之外，纯度和组成也是热分解合成需要考虑的重要因素。有机盐易于提纯，化合物金属组成明确，盐种类少，比较容易制成两种以上金属的复合盐，分解温度较低，产生的气体组成为 C、H、O。有机盐的热分解反应研究较为广泛。

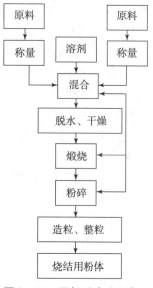

图 3-14　固相反应法制备纳米材料基本流程图

### 3.2.2　固相反应法

固相热分解可获得单一的金属氧化物，但碳化物、氮化物、硅化物及含两种以上金属元素的氧化物制成的化合物，用热分解法很难制备，通常根据最终合成所需的组成将原料混合，再利用高温使其反应，称为固相反应法，一般流程如图 3-14 所示。

固相反应是制备陶瓷材料粉体的基本方法，粉体间的反应十分复杂。反应虽从固体间的接触部分通过离子扩散来进行，但接触状态和各种原料颗粒的分布等都受到颗粒粒径、形状、表面性质等因素的影响。加热粉体时，固相反应外的其他现象也同时进行，烧结、颗粒生长的现象均在同种原料间和反应物生成间出现。这些现象均使原料的反应性降低，固相反应过程中，应当尽可能抑制烧结和颗粒生长现象，使组分原料之间形成紧密接触，促进固相反应进行，比如降低原料粒径并进行充分混合、选择恰当溶剂使颗粒分散等。

### 3.2.3　火花放电法

将金属电极插入气体或液体等绝缘介质中，按图 3-15 所示电压-电流曲线，不断提高电压直到绝缘被破坏。首先，提高电压会观察到电流增加，在 $b$ 点发生电晕放电。电晕放电之后，不增加电压，电流也会自然增加，移向瞬时稳定的放电状态，称 $c$ 点为电弧放电点。从电晕放电到电弧放电的过程中，存在过渡放电，即称为火花放电。火花放电过程持续极短，仅

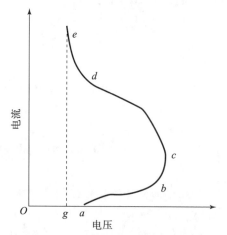

图 3-15　火花放电法制备纳米材料过程的电压-电流曲线图

有 $10^{-7} \sim 10^{-5}$ s，但电压梯度和电流密度都很高，分别达 $10^5 \sim 10^6$ V/cm 和 $10^6 \sim 10^9$ A/cm$^2$，因此，火花放电能在短时间内释放很大电能，放电瞬间产生高温，同时产生很强的机械能，在此过程中控制加工屑的生成，就有可能制得纳米微粉。在煤油类液体中，用电极和被加工物之间的火花放电进行加工是广泛应用的方法。

### 3.2.4 球磨法

球磨法主要用于减小粒子尺寸，固态合金化，混合或融合以及改变粒子形状，在矿物加工、陶瓷工艺和粉末冶金工业中应用广泛。图 3-16 所示为球磨法典型工艺图。

球磨法大部分是用于加工有限制的或相对硬的、脆性的材料，将大粒径粉末放入装有许多硬钢球和包覆碳化钨的球的密闭容器中，容器被旋转、振动或猛烈地摇动，产生高频或小振幅的振动，能够获得高能球磨力。由于球磨的动能是其质量和速度的函数，在连续、严重的塑性变形中，粉末粒子的内部

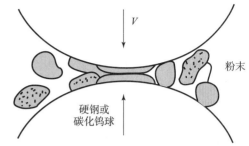

图 3-16 球磨法制备纳米材料过程示意图

结构连续细化到纳米级尺寸。磨球与粉体质量的有效比通常为 5～10，但也随加工原料的不同而有所区别。用球磨法制备纳米材料时，表面和界面的污染是一个必须要考虑的问题。用各种方法合成的材料若需要球磨，都需要找方法解决这一问题，比如缩短球磨时间、采用纯净且延展性好的金属进行球磨等。球磨法具有产量大、工艺简单等优点，早已应用于工业生产，但用其制备分布均匀的纳米材料仍比较困难。

## 3.3 化学气相沉积（CVD）合成方法与机理概述

### 知识点回顾

在学习元素性质时，了解到硫化氢在高温下可以发生分解，即

$$H_2S \rightleftharpoons H_2 + S \ (900～1\,400\ ℃)$$

由于 $H_2S$ 的热分解过程是一个强吸热反应，这在热力学上是不利的。虽然在反应过程中引入 $V_2O_5$、$Fe_2O_3$、$MoS_2$ 等过渡金属的氧化物或硫化物催化剂无法改变化学平衡（即平衡态下 $H_2$ 浓度仍然较低），但这些催化剂可以降低反应活化能，使反应在较温和的条件（500～900 ℃）下进行。这种通过加热或其他方式使复杂成分的气体分子分解，释放出某种元素并沉积生长的方法就是一种气相合成纳米材料的方法。

纳米材料的气相合成可以简单分为物理气相沉积（Physical Vapor Deposition，PVD）和化学气相沉积（Chemical Vapor Deposition，CVD）方法。其中，PVD 是在真空条件下采用物理方法将材料源（固体或液体）表面气化成气态原子或分子（或部分电离成离子），并通过低压气体（或等离子体）环境在基底表面沉积的过程。与 PVD 不同，CVD 与气态反应物在活化（热、光、等离子体）环境中通过解离或化学反应在基底上形成稳定固体产物的过程。CVD 涉及气相中发生的均相气相反应和非均相化学反应，在纳米材料特别是半导体材料合成中有着重要的应用。高质量半导体薄膜的研究和晶体膜的生长都离不开 CVD 方法。此外，CVD 合成还可根据实际需求制备出具有不同性能（例如耐磨、耐热或防腐抗蚀等）的功能性涂层和具有不同结构与应用的纳米碳材料，如富勒烯、碳纳米管、碳纳米纤维、洋葱状碳

和石墨烯等。本节中，将学习 CVD 合成方法和机理，并着重讨论它在纳米材料合成中的各种应用。

### 科学史话

CVD 并非是现代科技的产物，史前时代，人类取暖时，因木柴不完全燃烧而在山洞顶或房顶形成的烟灰很可能是历史上最早使用 CVD 方法制备的材料。在 1878—1895 年间，CVD 技术开始在工业上流行起来。当时正是电灯行业蓬勃发展时期，但大多数灯丝却是易碎的碳丝。美国的 Sawyer、Mann 和英国的 Lane – Fox 发现，将加热的碳丝暴露在烃蒸气中可以改善碳丝的机械强度，这实际上就是通过 CVD 过程实现热解碳的定向沉积。俄国人 A. de Lodyguine 通过 $H_2$ 还原挥发性氯化物和氯氧化物实现了在 Pt 灯丝上沉积 Ir、Mo、Os、Rh、Ru 和 W 等金属，这种方法巧妙地避开了爱迪生制作电灯的专利。随后，CVD 成为火法冶金中制备 Ti、Ni、Zr 和 Ta 等高纯度难熔金属的成熟工艺，如：

$$\text{Van Arkel 过程：} TiI_4 \rightarrow Ti + 2I_2 \ (1\ 200\ ℃)$$
$$\text{Mond 过程：} Ni(CO)_4 \rightarrow Ni + 4CO \ (150\ ℃)$$

20 世纪 70 年代初期，CVD 方法在制备半导体和电子电路保护涂层方面取得了重大进展，随后迅速进一步应用到陶瓷加工等许多其他领域。如今，CVD 技术在科学研究和工程应用上发挥着愈发重要的作用，并在纳米材料制备和快速原型制造等新领域中方兴未艾。

### 3.3.1　CVD 方法的原理与过程

CVD 是利用气态物质在气相或气固界面上发生反应生成固态沉积物的过程。CVD 分为三个重要阶段：反应前体向基体表面扩散、反应气体吸附于基体表面、在基体表面上发生化学反应形成固态沉积物及产生的气相副产物脱离基体表面。

用于合成薄膜和涂层的 CVD 过程中，前体发生的反应主要为热分解（热解）、还原、氧化、水解、氮化和歧化等。常见前体是金属氢化物、卤化物、卤代氢化物以及金属有机化合物，其中，金属卤化物和卤氢化物比相应的氢化物更稳定。同时，与卤化物和氢化物相比，金属有机化合物前体具有更低的反应和沉积温度，并且毒性和自燃性也更低，因此被广泛用于 Ⅱ – Ⅵ 族化合物和 Ⅲ – Ⅴ 族化合物半导体以及高临界温度超导体的沉积。

合适的化学前体需要具有以下特性：

①室温下稳定，具有较低的气化温度和较高的饱和蒸气压。

②低温下可稳定产生蒸气，并在低于基底的熔化温度和相变的温度下进行分解/化学反应。

③具有合适的沉积速率。

④具有低的毒性、易爆性和易燃性，成本低，纯度高。

CVD 方法涉及以下关键步骤（图 3 – 17）：

①生成活性反应物气体。

②将气态物质输送到反应室中。

③气态反应物进行气相反应形成中间体：在高于中间体分解温度时（3a），发生均相气相反应，形成粉末（可沉积在基底表面作为结晶中心）和挥发性副产物（输运出沉积室）；在低于中间体分解温度时（3b），中间体进入边界层（靠近基底表面的薄层），发生扩散/对流。

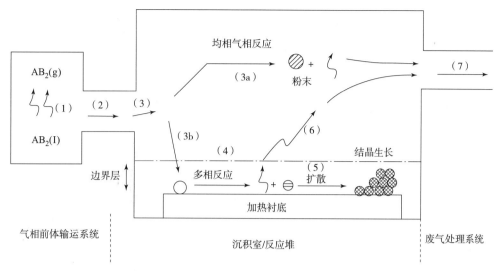

图 3-17　沉积过程中关键 CVD 步骤的示意图

④中间体在气固界面发生非均相反应，产生沉积物和副产物。

⑤沉积物沿着加热的基底表面扩散，形成结晶中心并生长薄膜。

⑥气态副产物通过扩散或对流从边界层中去除。

⑦未反应的气态前体和副产物将被运离沉积室。

根据上述原理，CVD 系统通常由三个主要部分组成，即气相前体输运系统、CVD 反应器和废气处理系统（图 3-18）。其中：

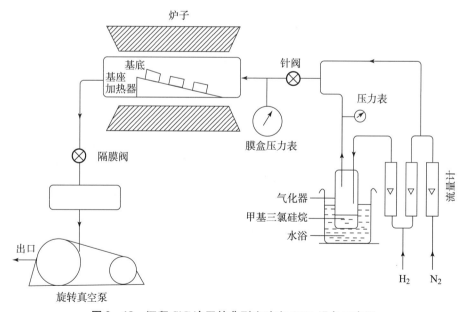

图 3-18　沉积 SiC 涂层的典型实验室 CVD 设备示意图

①气相前体输运系统负责产生蒸气前体，然后输送到反应器。反应器的整体设计取决于起始材料是固体、液体还是气体。液体源是常用的起始材料，通常使用鼓泡器来气化反应物（甲基三氯硅烷），并使用载气（反应性气体如 $H_2$，或惰性气体如 Ar）将气化的反应物输送

到反应器中。对于二元或三元组分薄膜沉积，通常先准备具有一定计量比的蒸气前体并将其送入混合室，然后再输送到反应器中。

②CVD 反应器一般由一个反应室组成，配备用于将基底传送和放置到反应室中的负载锁、基底支架和带温度控制的加热系统，其主要功能是将基底加热到沉积温度。CVD 反应器可分为热壁型和冷壁型：热壁反应器使用加热炉，将基底放入其中进行间接加热。电阻加热炉通常用于促进外部区域的控制，并使中央沉积区保持均匀温度分布；在冷壁反应器中，仅通过感应或电阻加热基底。由于大多数 CVD 反应是吸热的，沉积反应会发生在加热的基底上而不是冷的反应器内壁上，从而更好地控制沉积过程，最大限度减少反应器壁上的沉积和反应物的消耗。冷壁反应器中的热对流会产生活性物质的浓度梯度并导致涂层的不均匀，减压下进行冷壁 CVD 沉积可最大限度缓解这一问题。

③废气处理系统由废气中和组件和真空系统组成，主要功能是安全去除有害副产物和有毒的未反应前体。真空系统为沉积过程提供所需的低压，较物理气相沉积所需的真空系统更为简单。废气处理系统中腐蚀性副产物（如 HCl）被中和或使用液氮冷阱收集，防止这些气体进入旋转泵或扩散泵对其造成损坏。未反应的昂贵前体（如 $BCl_3$）通常从未反应的 $H_2$ 和 HCl 副产物中冷凝，并与 $H_2$ 一起回收。

CVD 设备的设计和操作需要考虑到系统中的温度、反应物消耗、流体动力学和传热因素，以提供具有均匀厚度、形态、结构和成分的 CVD 涂层。因反应物耗尽而导致的沉积不均匀问题常见于大型 CVD 反应器中，使用多个气体注入口可以缓解这一问题。

CVD 方法具有以下独特的优势：

①能以较低成本制备高密度的纯净材料，并可用于均匀涂覆复杂形状的组件和沉积高覆盖度的薄膜。

②控制 CVD 工艺参数可调控 CVD 膜的沉积速率、表面形貌和取向。低沉积速率有利于外延薄膜的生长，但高沉积速率有利于较厚膜的沉积。

③化学前体种类丰富（如卤化物、氢化物和金属有机化合物等），能够获得金属、碳材料、氮化物、氧化物、硫化物、Ⅲ–Ⅴ族和Ⅱ–Ⅵ族半导体等多种薄膜。

但 CVD 方法也存在着一些缺点：

①前体气体常具有毒性、腐蚀性、易燃和/或爆炸性。目前，使用静电喷雾辅助气相沉积和火焰化学气相沉积等改进的 CVD 方法可克服上述缺点。

②由于不同的前体具有不同的蒸发速率，难以使用多源前体来沉积具有特定化学计量比的多组分材料，但使用单一来源的化学前体可以改善这一问题。

③低压/超高真空 CVD、等离子体辅助 CVD 和光辅助 CVD 过程因涉及更复杂反应器和真空系统而增加成本，因此，发展气溶胶辅助化学气相沉积和火焰化学气相沉积等替代方法可显著降低成本。

### 3.3.2　CVD 过程的热力学和动力学特性

CVD 是一个涉及非平衡反应的复杂化学系统，CVD 过程的分析常包括对热力学、动力学和传质现象的研究。

**1. 热力学特性**

在热力学上，CVD 反应可行性可通过给定温度和压力下反应的吉布斯自由能变化量 $\Delta_r G$

来确定。$T$ 温度下，每种反应物和产物的生成自由能 $\Delta_f G(T)$ 可用等式（3 – 7）计算：

$$\Delta_f G(T) = \Delta_f H^{\ominus}(298) + \int_{298}^{T} C_p \mathrm{d}T - TS^{\ominus}(298\ \mathrm{K}) - \int_{298}^{T}(C_p/T)\mathrm{d}T \qquad (3-7)$$

式中，$\Delta_f H^{\ominus}$、$S^{\ominus}$ 和 $C_p$ 分别为 298 K 时不同物种标准生成焓、标准熵和等压热容。

对于整个反应而言，$T$ 温度下 $\Delta_r G(T)$ 与 $\Delta_f G(T)$ 之间满足等式（3 – 8），即

$$\Delta_r G(T) = \Delta_f G(产物, T) - \Delta_f G(反应物, T) \qquad (3-8)$$

当 $\Delta_r G(T)$ 值为负时，反应会自发进行；而 $\Delta_r G(T)$ 值为正时，反应不会自发进行。若同时存在多种可能的反应（这些反应热力学上都是可行的），则具有最负 $\Delta_r G(T)$ 值的反应将占主导地位，因为它具有热力学上最稳定的反应产物。同时，反应的标准平衡常数 $K$ 可从等式（3 – 9）获得：

$$K = \exp[-\Delta_r G(T)/(RT)] \qquad (3-9)$$

式中，$R$ 为气体常数；$T$ 为沉积温度。

CVD 相图能提供平衡相以及给定系统中存在的固体和气体物质的数量等重要信息，通过平衡常数或吉布斯自由能最小化法可以在给定温度和压力下构建 CVD 相图。其中，平衡常数方法需要所有反应物和反应步骤信息，并涉及非线性方程的使用。而吉布斯自由能最小化法仅使用线性方程，与反应途径无关。因此，后一种方法更适用于复杂化学体系的分析，可以 SOLGAS、FREEMIN 和 MELANGE 等热力学模拟软件通过最小化吉布斯自由能来确定 CVD 相图。图 3 – 19 展示了 SOLGAS 软件计算的 $TiB_2$ 的 CVD 相图。在不同输入气体比率、

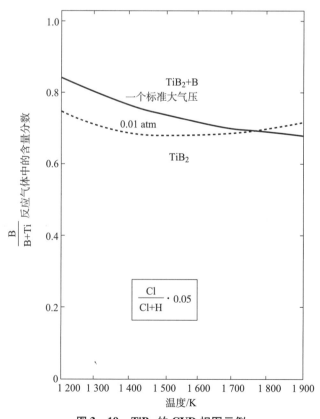

图 3 – 19　$TiB_2$ 的 CVD 相图示例

温度和压力下，均无 Ti 或 TiB 的沉积，这对于预测反应产物是十分重要的。但应考虑到 CVD 是一个非平衡过程，热力学计算和预测高度依赖于热力学数据的准确性，因此，热力学计算只能提供相关过程是否可行的基本信息，更精确/准确的分析需要考虑化学动力学和传质现象。

以热力学方法同样可以测定硅烷 CVD 过程中的吉布斯自由能变化量 $\Delta_r G$。如图 3–20 (a) 所示，Si 元素以 $SiH_4$ 气体的形式输送到晶圆片上，随后 $SiH_4$ 在边界层内物理吸附在其表面。随后发生化学吸附和非均相分解反应，最终 Si 原子在晶圆片表面短暂扩散后进入晶格，同时分解产物氢气回到载气中。从阿伦尼乌斯曲线可以看出（图 3–20 (b)），这一过程中薄膜硅生长的明显分成两个过程：中低温度（<850 ℃）时为速率控制的热激活过程，这一区间内的生长速率（GR，Growth Rate）受到 $SiH_4$ 前驱体脱附的限制。可以通过等式 (3–10) 给出生长速率模拟值（GRS，Growth Rate Simulated），

$$GRS = \frac{k e^{-\frac{E}{RT}}}{N} C = \frac{k}{N} e^{-\frac{E}{RT}} \left(\frac{p_{SiH_4}^0}{RT}\right)^\alpha = N \frac{k}{N} e^{-\frac{E}{RT}} \frac{p_{SiH_4}^0}{RT} \qquad (3-10)$$

式中，$k$ 是与温度无关的频率因子，单位为 $nm \cdot min^{-1}$；$E$ 是活化能；$R$ 是理想气体常数；$T$ 是温度；$N$ 是原子密度；$C$ 是气相中的前驱体浓度；$p_{SiH_4}^0$ 是前驱体分压；$\alpha$ 是实验反应级数。大量实验结果表明，硅烷的反应级数 $\alpha = 1$，活化能通常约为 193 $kJ \cdot mol^{-1}$，但不同研究结果之间存在着较大的差异。

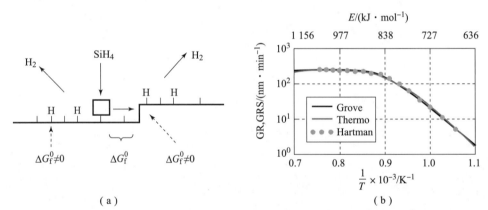

图 3–20 （a）硅烷 CVD 生长 Si 的简明反应机理，表明 Si 界面处存在准平衡反应中间体；
（b）硅生长的阿伦尼乌斯曲线图，$p_{SiH_4}^0 = 6.65$ Pa，$p = 2\,666$ Pa（20 Torr）

（红线使用 Grove 模型，绿色点采用 Hartmann 模型拟合，蓝线使用 Thermo 模型，$r = 3.274$ cm）

在更高的温度下，薄膜硅的生长速率几乎是温度无关的，而由气相传质和边界层间的扩散控制。此时可以用等式 (3–11) 模拟 GRS，即

$$GRS = \frac{hC}{N} = N \frac{h p_{SiH_4}^0}{NRT} \qquad (3-11)$$

式中，$h$ 是以 $nm \cdot min^{-1}$ 为单位的气相传质系数；$N$ 是金刚石结构中硅的原子密度。这一区间内，生长速率与前驱体浓度线性相关。

使用 Deal–Grove 模型（也称 Grove 模型）可将两个过程整合到等式 (3–12) 中：

$$GRS = \frac{h \times ke^{-\frac{E}{RT}}C}{h + ke^{-\frac{E}{RT}}N} = A\frac{Nh \times ke^{-\frac{E}{RT}}p_{SiH_4}^0}{Nh + ke^{-\frac{E}{RT}}RT} \qquad (3-12)$$

式中，$A$ 是分别将 $R$ 和 GRS 从 $J \cdot K^{-1} \cdot mol^{-1}$ 转为 $cm^3 \cdot Pa \cdot K^{-1} \cdot mol^{-1}$ 和 $cm \cdot min^{-1}$ 转为 $nm \cdot min^{-1}$ 的转换系数，分压单位为 Pa。图 3－19（b）中的红线即为 Grove 模型拟合结果，其中，$A = 10$，活化能 $E = 227\,880\ J \cdot mol^{-1}$，$k = 1.867 \times 10^{15}\ nm \cdot min^{-1}$，$h = 32\,780\ nm \cdot min^{-1}$。

### 2. 动力学特性

CVD 反应通常包含以下基本过程：前体在气体动力流驱动下输送到基底表面，随后在近表面处发生气相扩散；高温下前体进一步掺入表面，并在毛细力驱动下沿固体表面进行传质。CVD 过程的动力学涉及气相中的化学反应、基底表面上的化学吸附和脱附，涵盖了化学反应类型、气体运动状态、温度和气体组成等多种因素。其中，动力学因素决定 CVD 反应速率及在有限的时间段内的反应程度。理论上，CVD 过程的化学动力学关系可以从所有可能的反应途径（包括顺序反应和竞争反应）中推导出，但目前仅在少数工业上重要的 CVD 系统（例如 Si 和 GaAs 的生长）中详细研究了沉积动力学和可能的反应途径。

CVD 的动力学过程可以用二维模型来模拟从扩散控制的生长到表面反应动力学控制的生长过程中引起的形态变化。如图 3－21 所示，气体源在基点上方距离 $\delta$ 处保持反应物分子的固定浓度 $c_b$，反应物在浓度梯度的驱使下扩散至基底表面，并在表面发生动力学传质系数为 $k_b$ 的界面反应。在稳态下，扩散通量等于掺入通量，因此瞬时浓度场由下式确定：

$$\nabla^2 c(r) = 0 \qquad (3-13)$$

$$c(z = \delta) = c_b \qquad (3-14)$$

$$k_b[c(s) - c_{eq}(s)] = Dn\,\nabla c\big|_s \qquad (3-15)$$

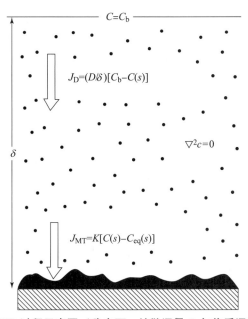

**图 3－21　CVD 过程示意图（稳态下，扩散通量 $J_D$ 与传质通量 $J_{MT}$ 相等）**

式中，$s$ 是界面上的一点；$n$ 是垂直于表面的局部面积元。恰好处于表面上方的反应物平衡浓度由吉布斯 – 汤姆逊公式给出：

$$c_{eq}(s) = c_{flat} + \Gamma\kappa(s) \tag{3-16}$$

式中，$\Gamma$ 与表面张力成正比；$\kappa(s)$ 是局部曲率。从物理上讲，这意味着表面弛豫是通过蒸发 – 冷凝过程而不是低温下占主导地位的表面扩散发生的。

　　CVD 生长过程与三个特征性长度相关，即滞留层宽度 $\delta$、毛细管长度 $\xi$（式（3 – 17）），以及表面区域间能发生蒸发、气相扩散和再冷凝的有效最大距离 $d$（式（3 – 18））。

$$\xi = \Gamma/(c_b - c_{flat}) \tag{3-17}$$
$$d = D/k_b \tag{3-18}$$

平整表面以稳态速度 $v$ 生长，有

$$v = \Omega D(c_b - c_{flat})/(d + \delta) \tag{3-19}$$

　　但当小幅形貌扰动的波长大于临界波长 $\lambda_c$ 时，有

$$\lambda_c = 2\pi\left[\xi\delta(1 + d/\delta)\right]^{1/2} \tag{3-20}$$

表面变得不稳定，但这种扰动的增长速率与生长锋面的平均速度的比值随 $d \to \infty$ 而下降到零。因此，以极其缓慢的生长速率为代价，深入表面动力学控制区间（$d/\delta \gg 1$），保持 $\lambda_c > L$（样品尺寸）时进行生长即可完全避免形貌的不稳定性。但生长速率过慢会显著提高成本，因此，在实际应用中，人们常在扩散受限状态下研究 CVD 过程，并在不稳定性增加之前就停止生长，此时采用单参数（$d/\lambda_c$）即可描述给定浓度梯度下，反应物远离基底表面的 CVD 生长过程。

　　图 3 – 22（a）给出了初始平坦表面在快速表面动力学 $d/\lambda_c = 0$ 时形成的典型形貌：由于浓度梯度的存在，生长较快的尖端会加速生长，而其临近区域的生长因前体缺乏而进一步放缓，最终形成这种手指状结构。图 3 – 22（b）比较了 $d/\lambda_c = 2.5$ 时，同样初始曲面的生长情况。显然，缓慢表面动力学的生长方式与快速表面动力学不同。当 $d = 0$ 时，反应动力学相对是无限快的，其生长速率取决于颗粒扩散到表面某点的难易程度，因此很快局部最小值区域的生长会受到限制。而 $d \to \infty$ 时，缓慢的动力学过程意味着反应物分子可以"堆积"在表面附近，并有时间形成浓度均匀层。因此，在 CVD 生长初期，在基底任意处都能以相

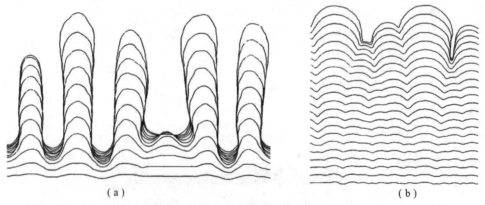

（a）　　　　　　　　　　　　　（b）

图 3 – 22　（a）在快速表面动力学（$d = 0$）状态下的典型表面形貌；（b）在缓慢表面动力学（$d/\lambda_c = 2.5$）状态下的典型表面形貌

同的速度垂直于表面生长，表面曲率很小。生长后期，局部极大值区域趋于平缓，局部极小值区域变得更尖。而在中间时刻，界面呈现为典型抛物线锋面形态，较大抛物线部分的生长伴随着较小部分的消失。

借助原位分析探测基底表面活性物质相互作用能更好地理解表面反应，可以不依赖于假想反应路径来更准确预测沉积动力学。X 射线光电子能谱（XPS）、俄歇光谱（AES）和电子能量损失谱（EELS）等表面分析手段可提供表面物种的信息，但这些仪器需要在超高真空条件下运行，此时与常压或低压条件下沉积机理有所不同。

获得 CVD 动力学数据更广泛的方法是通过实验确定沉积速率作为工艺参数（例如沉积温度、压力、反应物浓度）的函数，并将它们与可能的限速反应相匹配。图 3 – 23 显示了 $TiB_2$ 沉积速率随温度变化的典型曲线，其符合阿伦尼乌斯定律：

$$沉积速率 = A\exp[-E_a/(RT)] \tag{3-21}$$

式中，$A$ 是常数；$E_a$ 是表观活化能；$R$ 是气体常数；$T$ 是沉积温度。

沉积速率的对数与温度的倒数关系图（阿伦尼乌斯图）展示了两种不同的沉积机制（图 3 – 23）。当温度从 1 050 ℃升高到 1 350 ℃时（$a$ 部分），沉积速率以指数方式迅速增加，这表明反应速率受表面化学反应动力学控制，包括化学吸附和/或化学反应、表面迁移、晶格结合和解吸等过程。这些表面过程强烈依赖于沉积温度，从斜率可以确定活化能为 144 kJ·mol$^{-1}$。在大于 1 350 ℃时（$b$ 部分），这些表面过程不再是限制反应速率的决速步，此时沉积受到活性气体物质通过边界层扩散到沉积表面的限制（传质限制），并且沉积速率对温度的依赖性减弱，表面生长行为从低温下的"表界面控制"到高温下的"传质控制"转变。$b$ 部分斜率明显更小，活化能为 30 kJ·mol$^{-1}$。随着温度进一步升高（$c$ 部分），反应物的消耗和解吸速率的增加，沉积速率还可能如虚线所示而降低。这可能是由于在 $TiB_2$ 沉积过程中发生了诸如腐蚀性反应物（如 $TiCl_4$）和副产物（如 HCl）高温蚀刻的副反应。同样，使用 CVD 方法通过 HCl 与 $SiC_2$ 制备 Si 时，也会发现类似的高温蚀刻现象。

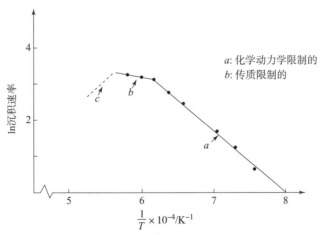

**图 3 – 23　沉积速率随温度变化的典型曲线**

由于压力降低，低压 CVD（LPCVD）通常具有与常压 CVD（APCVD）不同的决速步骤。在沉积过程中，LPCVD 气态前体的传质速率高于表面反应速率，而 APCVD 中传质速率比表面反应速率慢。大多数 CVD 过程均在表面动力学受限状态下进行，因为在基底表面附近有大量的反应物，可以进行缓慢的化学反应。通过反应器几何形状的优化，气相中反应物局部浓度变化可以忽略不计，进而获得沉积均匀的薄膜。因此，需要高沉积速率 CVD 时，可以在传质受限的状态下进行反应。例如，用于生产 SiC 单丝的 CVD 和制备 Ⅲ - Ⅴ 族化合物半导体材料的金属有机辅助 CVD 通常都在传质受限的条件下进行。由于前体的消耗，反应中可能会出现涂层厚度不均匀的现象，但可以通过移动基底（平移、旋转等）、在沿基底的各个入口处引入蒸气反应物和产生温度梯度来实现均匀涂层的制备。

3. 传质特性

CVD 过程的传质特性指反应流体动力学和靠近基底表面反应物的质量传递，其中，前者涉及反应物从气相前体供应单元进入反应器的流体流动、质量传递和热传递，后者包含反应物在基底边界层的扩散、副产物在基底的传递及脱附。CVD 过程中的流体流动可以用流体力学中几个量纲为 1 的参数来描述，例如雷诺数（Reynolds number，$Re$）：

$$Re = \rho v L / \mu \tag{3-22}$$

式中，$\rho$ 为流体密度；$v$ 为流体流速；$L$ 为流场的特征长度；$\mu$ 为动力黏度。克努森数（Knudsen number，$Kn$）：

$$Kn = \lambda / L \tag{3-23}$$

式中，$\lambda$ 是气体分子的平均自由程；$L$ 是流场的特征长度。

$Re$ 定义了层流和紊流流态之间的区别，而 $Kn$ 定义了黏滞流、克努森流（中间流）和分子流之间的限制。由于前体流速低，大多数 CVD 反应器在层流状态（$Re < 100$）下运行。其他在传质过程中重要的量纲为 1 的参数还包括描述系统中自然对流强度的瑞利数（Rayleigh number，$Ra$）和格拉晓夫数（Grashof number，$Gr$）、判断下游杂质能否进入沉积区的佩克莱特数（Peclet number，$Pe$）及估测反应物停留时间的达姆科勒数（Damkohler number，$Da$）等。

传质速率取决于反应物的浓度、边界层的厚度、活性物质的扩散率，这些因素受沉积温度、压力、气体流速、反应器几何形状等的影响，其中，边界层定义为气体速度从表面处的零增加到自由流速的距离。Grove 曾使用滞流层模型来研究边界层的传质，证明边界层厚度与 $Re$ 有关，$Re$ 的增加将导致更薄的边界层。同时，达姆科勒数 $Da$（也称为 CVD 数）也可用于表征表面上传质与反应的相对时间，确定该过程为表面控制（$Da$ 较大时）或传质控制（$Da$ 较小时）。通常，传质控制发生在高温高压且反应物流速低的情况下。

由于传质过程包括向内以及向外扩散，采用 CVD 法制备沸石矿模板炭时，减小模板的粒径可以增强向内和向外的质量输运，进而改善材料的结构性能。如图 3 - 24 所示，前驱体 $C_2H_2$ 的向内扩散并分解的过程发生在 $\Omega_1$ 区域；同时，前驱体分解过程中会产生多种中间组分，它们在浓度梯度驱使下从沸石表面不断扩散到沸石外部（$\Omega_2$ 区域）。以颗粒大小不同（0.8 mm 和 0.002 mm）的沸石为例，前驱体在较小的沸石颗粒中向内扩散的能力更强，热解炭在沸石内部的沉积更加均匀，可以更好地复制沸石的孔道结构。同时，减小沸石颗粒尺寸同样能够实现中间组分的向外传质，并阻止热解炭在沸石表面的沉积。因此，采用 0.002 mm 颗粒大小沸石制备的模板炭展示出更好的结构性能。

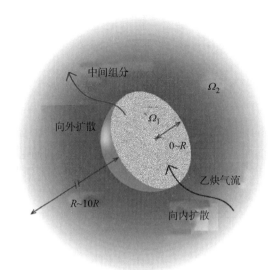

图 3-24  CVD 法制备沸石矿模板炭时，$C_2H_2$ 气流向
内传质（$\Omega_1$）和中间组分向外传质（$\Omega_2$）的示意图

### 3.3.3  CVD 在纳米材料合成中的应用

纳米材料由于独特的光、热、电和机械性能而被广泛应用于信息、环境、能源环保与生物医药等领域。目前，如何大规模生产这些纳米材料成为人们的挑战，而 CVD 法能够生长具有均匀、超薄和层数可控的高质量纳米材料。同时，CVD 方法的普适性为制备具有各种形态和结构的纳米材料提供了有效途径。

1. 过渡金属硫族化合物（TMDs）

过渡金属硫族化合物（TMDs）是一类典型的层状二维材料，其结构通式为 $MX_2$，其中，M 为 Mo，W 为过渡金属，X 为 S、Se 和 Te。TMDs 中的原子在二维平面共价键合，但仅通过范德华相互作用与相邻层弱耦合，这种特殊的结构使 TMDs 的带隙随层数连续可调。例如，块体 $MoS_2$ 减薄为单层时，会从间接半导体变成直接半导体，并伴随着强烈的光致发光现象。同时，单层 TMDs 兼具一定的电荷迁移率，这使其成为纳米电子学、光电子学、光催化等领域最有潜力的候选材料之一。

传统上，单层 TMDs 是通过自上而下的方法获得的，例如机械剥离、化学剥离、电化学剥离以及在溶剂中直接超声制备，以将 TMDs 的单层从堆叠的块体材料中分离出来。然而，上述方法所得到的 TMDs 层通常是薄膜厚度均一性较差的微米级薄片，范围从单层到数十层。为了改进这一点，科学家开发了几种自下而上的方法，即直接在 $SiO_2/Si$ 衬底上合成大面积的 TMDs 薄层，其中包括预沉积的 Mo 或 $MoO_3$ 层的硫化、硫代钼酸盐的分解以及 CVD 技术。某些绝缘单晶基底，如蓝宝石、云母和 $SrTiO_3$ 等，因具有相对平坦的表面、匹配的界面晶格和合适的界面结合强度，进而实现 TMDs 均匀薄膜的生长。

CVD 法制备 TMDs 通常从粉末形式的前体（金属氧化物和硫属元素粉末）开始。以 $MoS_2$ 为例，在较高炉温（通常大于 700 ℃）下，金属氧化物粉末（$MoO_3$）被载气输送到生长区域的 S 蒸气部分，还原为挥发性金属低氧化物（$MoO_{3-x}$）。气化的 $MoO_{3-x}$ 通过边界层扩散到达基底并吸附/扩散在基底上，最后与 S 反应形成 $MoS_2$ 核（图 3-25（a））。其余反应路线也包括 $MoO_{3-x}$ 和 S 在气相中的反应；$MoS_2$ 分子通过边界层的扩散、在基底上的吸附/扩散；$MoS_2$ 的最终成核/生长（图 3-25（a））。

因为 Se 的反应性低于 S，向载气中加入 $H_2$ 可以在金属氧化物和 Se 反应时，更好地引发有效的还原反应。对于单层 TMDs 在各种基底上的有效成核和生长方面，种子生长促进剂如芘-3，4，9，10-四羧酸四钾盐（PTAS）已被广泛使用。PTAS 分子能提供异质成核位点，降低成核的自由能垒，促进均匀、大面积过渡金属二硫化物单层的成核和生长。图 3-25（b）显示出 CVD 法制备的单层 $MoS_2$ 薄片呈典型的三角形，厚度约为 0.6 nm，扫描透射电子显微镜能够清晰地展示其六边形晶格结构（图 3-25（c））。

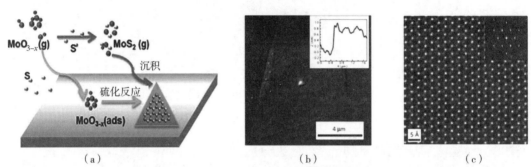

图 3-25　（a）TMD 合成的两种途径的示意图；（b）通过粉末 CVD 生长的三角形状 $MoS_2$ 薄片，高度约为 0.6 nm；（c）$MoS_2$ 六方晶格结构的 STEM 图像（较亮的点是 Mo 原子，较暗的点是 $S_2$ 柱）

由于二维材料的边缘在催化反应中常作为活性位点出现，因此，致密、小尺寸的二维材料薄片会因其边缘密度的增加而在电催化反应中具有更好的性能。改变前体源与基底之间的距离和调节载气的流速都可以控制 CVD 反应中前体材料的量，从而调控 TMDs 薄片成核密度。较小的距离或高流速都可能形成密集的小 TMDs 薄片，因为这些生长条件使基底上前体浓度更高，从而产生更高的成核密度。

此外，TMDs 薄片的形状可以根据不同类型边缘的形成能量来预测，因为 TMDs 薄片的生长倾向于总能量最小化。边缘形成能量还取决于化学环境（即富含 S 或 Mo 的气体）。理论预测表明，随着 S 的化学势增加，$MoS_2$ 薄片经历了从十二面体、六边形和截角三角形到三角形的转变，而实验中观察到 $MoS_2$ 薄片在 Mo/S 值不同的局部化学环境中从六边形和截角三角形转变为单个衬底中的三角形。基于生长温度和 Mo/S 值可以预测单层 $MoS_2$ 薄片的形状演变过程，即高温、低 Mo/S 值的生长条件会导致 $MoS_2$ 形状演化为六边形。

2. 碳纳米管（CNT）

CNT 是碳的一种同素异形体，由卷成管状结构的圆柱形石墨片组成。由单层石墨片组成的 CNT 被称为单壁碳纳米管（SWCNT），而多层石墨片构成的 CNT 称为多壁碳纳米管（MWCNT），其结构如图 3-26 所示。

制备 CNT 最常用的方法是 CVD 法、激光烧蚀法和电弧放电法，其中，CVD 法是大规模生产 CNTs 的首选方法。与激光烧蚀法和电弧放电法相比，CVD 法具有产量高和温度低（550~1 000 ℃）等优点，同时，其成本低并易于实验室操作。此外，CVD 法可以控制 CNT 的形

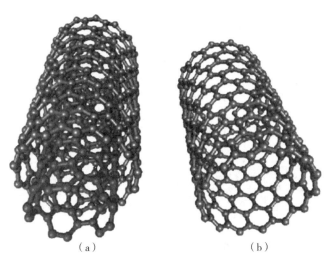

**图 3 - 26** （a）MWCNT 和 （b）SWCNT 的结构

貌和结构，实现定向生长。基于 CVD 制备 CNT 主要有等离子体增强 CVD、水合催化热解 CVD 和热 CVD 等方法，其基本过程包括含碳前体分子的解离、催化剂纳米颗粒中的原子碳饱以及从催化剂中析出碳。催化剂在制备 CNT 中非常关键，许多过渡金属及其配合物（如 Fe、Mo、Co、Ni、二茂铁和五羰基铁等）都可用作催化剂，其中，Fe 是最广泛使用的催化剂。图 3 - 27 显示了使用浮动催化剂的流化床反应器示意图。气体混合物直接与反应室中的催化剂相互作用，以连续生产 CNT。

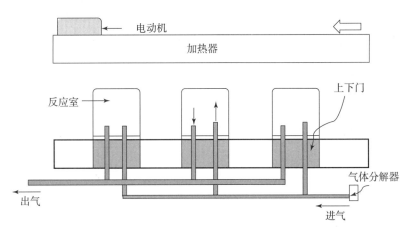

**图 3 - 27  使用浮动催化剂的流化床反应器示意图**

使用 CVD 方法可以大规模合成定向生长的 MWCNT。将乙炔、甲烷或乙烯和氮气的混合物引入反应室，以嵌入介孔二氧化硅中的铁纳米粒子为催化剂，碳氢化合物在 700 ℃的温度下分解，并在基底上形成纳米管。扫描电子显微镜图像显示，纳米管基本垂直于二氧化硅表面生长，并形成排列整齐的管阵列，管间距约为 100 nm。MWCNT 长度可达约 50 μm，并且石墨化程度高。

CVD 方法也可以实现 SWCNT 的合成。1 200 ℃时，CO 通过歧化反应在 Mo 纳米颗粒的催化下生长成独立的 SWCNT，其直径为 1~5 nm，并可通过改变 Mo 颗粒尺寸进行调节。使用沸石颗粒作为浮动催化剂载体可以制备直径约为 0.43 nm 的 SWCNT。反应过程中，SWCNT 的生长有两种主要机制：一种是催化剂颗粒位于管尖的尖端生长机制，另一种是催化剂颗粒置于管根的根部生长机制。如图 3-28 所示，产物的根部和尖端可以同时找到催化颗粒，这表明在 SWCNT 的生长中两种生长机制并存，具体采用哪种机制取决于进料时催化剂颗粒的位置。低温下使用 $H_2$ 和 $CH_4$ 混合气体也可制备 SWCNT，以微波等离子体增强 CVD 法在镀 Ni 的硅衬底上生长的 SWCNT 在 520 ℃时是卷曲的，而在 600 ℃以上是直立的。

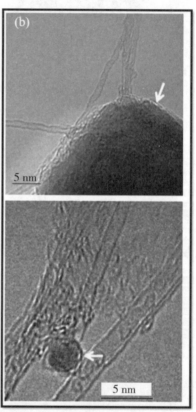

图 3-28　(a) 由 Mo 颗粒催化的 CO 歧化产生的单壁 SWCNT 的电子显微照片，尽管在甲醇中进行了超声处理，但几个纳米管的末端仍然附着有小的催化颗粒，在每个图像中还可以看到几个较大的颗粒，直径为 15 nm，仔细检查后，发现它们被多个石墨层覆盖；(b) 在 SWCNT 的根部（顶部）和管尖端（底部）具有催化颗粒（箭头）

　　微波等离子体增强 CVD 方法还可以制备掺杂的 CNT。使用 $H_2$ 诱导等离子体，$CH_4$ 和硼酸三甲酯用作气相前体，在真空度为约 $5.0 \times 10^{-5}$ Torr 下，在 Si (100) 衬底上可以合成结晶度高的 B 掺杂 MWCNT。此外，以喷雾热解法制备 MWCNT 过程中，不同碳氢化合物前体（苯、甲苯、二甲苯、环己烷、环己酮、正己烷、正庚烷、正辛烷和正戊烷）和金属茂合物催化剂（二茂铁、二茂钴和二茂镍）的比较表明，二甲苯作为碳源且二茂铁-二茂镍混合物作为催化剂时，MWCNT 的产率最大。

### 3. 石墨烯

CVD 法也是制备石墨烯的重要方法。将碳源气体（如甲烷或乙炔）或液体蒸气引入反应室，在还原气体（如 $H_2$）的作用下，石墨烯薄膜能在金属衬底表面沉积。CVD 法中石墨烯的生长机制可分为两种：渗透沉淀机制和表面生长机制。前者指碳源在高温下裂解成碳原子，并渗透到碳溶解含量高的金属基底（如 Ni、Co）中。在低温下，基底中的碳原子渗出并在基底表面成核，然后生长出石墨烯薄片。而表面生长机制正好相反，碳源在高温下分解成碳原子并吸附在溶解碳含量低的金属基底（如 Cu）表面形成原子核，逐渐形成石墨烯岛，石墨烯岛长大形成石墨烯膜（图 3 – 29）。因此，石墨烯在不同金属衬底上的生长机制受到金属中溶解碳的数量、晶体形态和生长温度等许多因素的影响。

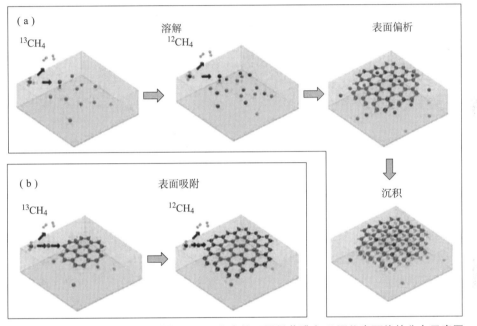

**图 3 – 29　基于不同生长机制的加入 C 同位素的石墨烯薄膜中 C 同位素可能的分布示意图**

CVD 法制备石墨烯的一般步骤如下：将金属基底（如 Cu 箔）放入反应室，注入保护气体（$H_2/Ar$ 或 $H_2/N_2$）并加热一段时间，然后用碳源气体代替保护气体在高温下连续通入一段时间，可以得到沉积在金属片上的石墨烯。石墨烯 CVD 生长过程的调控主要体现在前驱体、生长衬底和生长条件三个方面。前驱体包括碳源和其他气体，常见的碳源可分为气态碳源、液态碳源和固态碳源。气态碳源主要是碳氢化合物，如甲烷和乙烯，其中最常用的是甲烷；液态碳源主要是无水乙醇，而固态碳源主要是高分子碳质材料。最常见的 CVD 生长基底是过渡金属，例如 Ni、Cu、Ru，以及一些合金，如 Pt – Rh。生长条件主要包括温度和压力调控，它们决定了石墨烯的厚度和尺寸。因此，在 CVD 制备石墨烯时，需要对前驱体、生长基质和生长条件进行筛选与比较。

CVD 法制备石墨烯最早使用多晶 Ni 膜作为衬底。在高度稀释碳氢化合物气体中的 $Si/SiO_2$ 衬底上放置多晶 Ni 膜，并可在常压和 900 ~ 1 000 ℃温度下获得平方厘米量级的大面积石墨烯薄膜。这些薄膜由 1 ~ 12 层单层石墨烯组成，单层或双层面积的侧面尺寸可达

20 μm。多晶 Ni 膜中，Ni 单晶颗粒的尺寸在 1~20 μm 之间，这些单晶颗粒的表面具有原子级平面和台阶（图 3-30（a）），因此，石墨烯在单个 Ni 颗粒表面上的生长与在单晶基底表面上的生长相同。通过这种方法制备的石墨烯薄膜在整个区域内是连续的（图 3-30（b）），即使在最薄的地方，也会有单层石墨烯，并且所制备的石墨烯的尺寸仅受 Ni 衬底和 CVD 反应室的尺寸限制。然而，这种方法也有一些缺点。例如，制备的石墨烯颗粒非常小，石墨烯表面的许多褶皱会影响其电学性能。

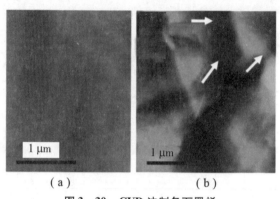

**图 3-30　CVD 法制备石墨烯**

（a）退火后具有原子级平坦的平台和台阶的 Ni 晶粒表面的 AFM 图像；（b）CVD 合成在多晶 Ni 上的石墨烯膜的 AFM 图像（在凹槽边缘的波纹（由白色箭头指出）表明薄膜生长横跨晶粒之间的间隙）

解决上述问题的关键在于金属生长衬底的选择。与 Ni 箔相比，Cu 箔具有较低的碳溶解度，因此比 Ni 箔更容易生长单层石墨烯。使用 Cu 箔作为基底，通过卷对卷生产法和湿化学掺杂法可制备近 30 in 大小的单层石墨烯，透光率高达 97.4%，面电阻低至 125 $\Omega \cdot cm^{-2}$，半整数量子霍尔效应表明制备的石墨烯具有较高的电学质量。

以 Cu 为衬底采用 CVD 法制备石墨烯时，通常采用低压条件（50 Pa~5 kPa）。石墨烯在常压、低压（0.1~1 Torr）和超真空（$10^{-4}$~$10^{-6}$ Torr）条件下，在相同温度下的 CVD 生长机理不同，这导致在大面积衬底上生长的石墨烯的均匀性不同。例如，当使用不同甲烷浓度的混合气流在常压下制备石墨烯时，在较高甲烷浓度（5%~10%）下，石墨烯的生长不均匀，并且在石墨烯的许多区域形成多层石墨烯，这种多层石墨烯的形状随混合气流中 $H_2$ 组分的含量变化而变化。同时，常压 CVD 中甲烷浓度较高时，石墨烯在 Cu 表面的生长没有低压 CVD 工艺那样受到限制，但降低混合气流中的甲烷浓度可以生长单层石墨烯。例如，当甲烷浓度在 0.2%（以体积计）和 100 ppm 之间变化时，生长的单层石墨烯的比率可以达到 96%。

常压下，$H_2$ 浓度对 Cu 箔上石墨烯生长过程和质量有较大影响，降低混合气体中 $H_2$ 的浓度可以提高制备的石墨烯薄膜的质量。当 $H_2$ 浓度为 0 时，石墨烯可以在 1 min 内生长（图 3-31（a）），该薄膜在 550 nm 波长的透光率为 96.3%，面电阻小于 350 $\Omega/\square^{-2}$。这种石墨烯的质量远好于 Ni 膜上生长的石墨烯，甚至可以与质量最好的石墨烯薄膜相媲美。石墨烯在 Cu 箔上的生长是逐步进行的。首先生成石墨烯岛（图 3-31（b）），然后这些石墨烯岛在二维方向上生长并连接在一起形成连续的薄膜（图 3-31（c）（d））。该缺陷主要发生在石墨烯岛之间碳原子的连接处，这是由于在高 $H_2$ 浓度条件下甲烷分解速率降低，导致碳原子供给减少，从而影响石墨烯的成核和石墨烯岛之间的连接；同时，在低温下高温溶解的 $H_2$ 的释放会导致褶皱的形成。利用基于分子热运动的静态常压 CVD 系统可以在 Cu 箔上快速生长出连续均匀的石墨烯薄膜，生长速率为 $1.5~\mu m \cdot s^{-1}$，这些石墨烯薄膜在室温下具有高光学均匀性和高载流子迁移率（$6~944~cm^2 \cdot V^{-1} \cdot s^{-1}$）。由于具有压力要求低、生长速度快、无须 $H_2$ 等优点，Cu 箔仍然是目前 CVD 制备石墨烯的最佳基底选择之一。

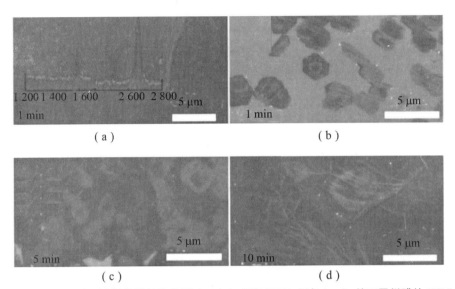

图 3 - 31　生长时间对石墨烯薄膜结构的影响。（a）不使用 $H_2$ 制备 1 min 的石墨烯膜的 SEM 图像。插图显示了从 Cu 表面上的任意位置取得的典型的拉曼光谱，证实了单层石墨烯的形成。制备时间为（b）1 min、（c）5 min 和（d）10 min。在这种情况下，$H_2$ 和 Ar 的流量均为 150 SCCM

本征石墨烯在应用中并不具有最优的催化和电化学性能，可使用杂原子（N、S、B 和 P 等）对石墨烯进行掺杂，使石墨烯的电荷密度和自旋重新分配，进而调控石墨烯的电学、化学、光学以及磁学性能，拓宽石墨烯的应用。例如，基于 N 掺杂和 S 掺杂石墨烯的场效应晶体管表现出高效的 n 型载流子传输行为，电子迁移率可分别达到 $80.1 \sim 302.7~cm^2 \cdot V^{-1} \cdot s^{-1}$ 和 $2.6 \sim 17.1~cm^2 \cdot V^{-1} \cdot s^{-1}$，而 B 掺杂的石墨烯器件则显示出强烈的 p 型传输行为。在各种杂原子掺杂石墨烯中，N 和 S 掺杂的石墨烯应用最为广泛。

在 $SiO_2/Si$ 基底上沉积 Ni 膜，然后将含氮的反应气体引入反应室中并持续通入碳源即可实现 N 掺杂石墨烯（N - GR）的生长。这种石墨烯可以很容易地通过溶解 Ni 基底的方法从基底上分离并进行表征和研究。图 3 - 32（a）显示了一个面积约为 $4~cm^2$ 的漂浮在水上的 N - GR 薄片。N - GR 只有一层或几层原子厚度，并因柔性产生褶皱（图 3 - 32（b）），其层间厚度大约是 $0.9 \sim 1.1~nm$（图 3 - 32（c））。HRTEM 和 Raman 光谱结果证实这种 N - GR 是均一单层的，其 N 原子的平均含量为 $1.2\% \sim 4\%$，并表现出 n 型半导体的传输行为。

由于高温 CVD 不利于节能和工业化生产，发展低温 CVD 具有重要的意义。300 ℃ 时，通过吡啶分子在 Cu 箔上的自组装可以合成间断的 N - GR。然而，该方法制备出的 N - GR 中的 N 含量太低，影响了其性能。利用多卤芳香族化合物作为前驱体能够解决这一问题，并在低温下通过自由基反应制备出 N - GR。该掺杂石墨烯具有很高的 N 含量（原子比为 7.3%），超过了高温 CVD 方法制备的 N - GR。这一生长过程包括了自由基的耦合反应

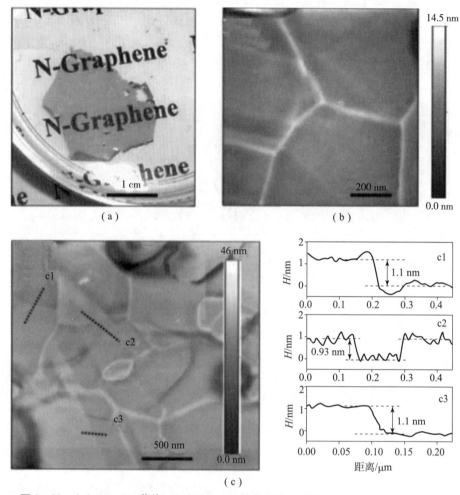

图 3 – 32　（a）N – GR 薄片；（b）N – GR 的原子力显微镜扫描图；（c）N – GR 的
AFM 图像和沿着 AFM 图像中标记的线的相关高度分析（（c）图中的 c1 和 c3）

（Ullmann 反应）来形成芳基—芳基键和 C—杂原子（如 C—N）键，进而自下而上生长成一个带有 N 原子掺杂的石墨烯网络结构。与高温 CVD 合成的 N – GR 不同，这种方法制得的 N – GR 中 N 是和 C 原子交错排列的石墨相氮，因此拥有更好的电学性能和电催化性能。

理论计算表明，在石墨烯中掺入 S 也可改变石墨烯的价带结构并调节载流子运输性能。然而，合成含 S 量高、电性能优异的大面积 S 掺杂石墨烯（S – GR）是非常大的挑战，这是因为掺杂过程涉及 C—C 键和 C—S 键的竞争反应。由于 C—C 键的键能（346 kJ·mol$^{-1}$）高于 C—S 键（272 kJ·mol$^{-1}$），高温下更倾向于形成 C—C 键而非 C—S 键，高温 CVD 合成的 S – GR 中 S 原子含量较少。采用 CVD 法可以在 950 ℃下使用己烷和 S 粉作为前驱体合成 S – GR，但 S 在石墨烯表面形成簇状结构，并不是真正的 S – GR。以四溴噻吩作为前驱体能在 300 ℃下合成大面积 S – GR，但该方法制备的 S – GR 的 S 的含量和载流子迁移率较低。随后利用固态有机物 $C_{12}H_8S_2$ 作为前驱体，可以在 1 020 ℃下制备大面积 S – GR。$C_{12}H_8S_2$ 作为唯一的固体源同时提供了 C 原子和 S 原子。$C_{12}H_8S_2$ 在高温下生成含有 C 和 S 的自由基，这些自由基在 Cu 箔和 H₂ 气流中变得更活泼，发生激烈的反应并叠加形成 S‒GR。元素分布图（图 3‒33）表明 S 和 C 原子均匀分布在 S‒GR 中，且 S 原子没有在表面聚集。

图 3‒33　（a）S‒GR 的高分辨 TEM 图；（b）S‒GR 的低分辨 TEM 图；
（c）（d）分别来自（b）图中的 C 和 S 的元素分布

　　除了 N 掺杂和 S 掺杂，其他非金属元素的掺杂（如 B、P 元素等）也会改变本征石墨烯的结构和性质。在氧还原反应中，B 掺杂石墨烯比本征石墨烯拥有更多 O₂ 吸附的带电位点，因此，可以提高其催化活性。而 P 元素与 N 元素价电子数相同，在掺杂石墨烯中有着类似的化学性质。多种元素共掺杂的石墨烯在氧还原反应和燃料电池应用中显示出极大的潜力，如何使用 CVD 法合成可调控地合成指定元素掺杂或共掺杂的石墨烯材料仍是目前需要解决的问题。

### 知识拓展

#### 科技前沿——CVD 中的中国原创

　　中国科学家在 CVD 法生长纳米材料的研究中已达到国际引领水平，取得了一系列原创性成果。2018 年，北京大学刘忠范院士和彭海林教授课题组报道了一种新的 CVD 生长条件，实现大单晶石墨烯的低温快速生长。他们发现，以乙烷为前体的生长速度比甲烷快四倍，在约 1 000 ℃ 的温度下，亚厘米石墨烯单晶的生长速度约为 420 μm·min⁻¹。

（图 3-34（a））。此外，使用乙烷获得石墨烯的温度阈值可以降低到 750 ℃，低于铜箔上甲烷的一般生长温度阈值（约 1 000 ℃）。同时，乙烷在相同的生长温度下始终保持比甲烷更高的石墨烯生长速率。该研究表明，乙烷确实是大型单晶石墨烯高效生长的潜在碳源。另外，他们通过简便的 CVD 途径在低成本熔融钠钙玻璃上实现了大面积（高达 30 cm×6 cm）均匀的石墨烯的直接生长。熔融玻璃的使用消除了化学活性位点（表面波纹、划痕、缺陷），并提高了碳前驱体的流动性，提供了单层石墨烯的均匀成核和生长（图 3-34（b））。有趣的是，由此获得的石墨烯作为钠钙玻璃表面晶体学改性的理想涂层，使其成为合成高质量 PbI₂ 纳米板和连续薄膜的外延基底。以此制备的原型光电探测器呈现出高响应度（开/关电流比约 600）和快速响应速度（18 μs）。此外，北京大学的俞大鹏课题组采用相邻的氧化物衬底在 CVD 石墨烯生长期间向 Cu 表面连续供应 $O_2$。他们将 Cu 箔放置在平面氧化物基底上方，距离约为 15 μm，该氧化物会在高温（>800 ℃）下持续缓慢释放 $O_2$，这显著降低了碳原料分解的能量势垒并提高了生长速率。通过这种方法，单晶石墨烯可以在 Cu 箔上以 60 μm·s⁻¹ 的生长速率生长，能够在短短 5 s 内生长横向尺寸为 0.3 mm 的单晶石墨烯域，创造了石墨烯生长速率新的纪录。

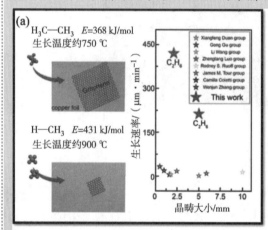

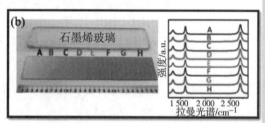

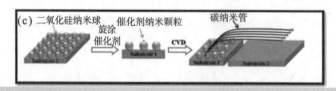

图 3-34　（a）使用乙烷和甲烷快速制备大单晶石墨烯的示意图，以及使用乙烷制备大型单晶石墨烯的生长速率与先前报道的工作的比较，其中，引入的甲烷相对分子质量是乙烷相对分子质量的两倍；（b）在钠钙玻璃（上）和石英玻璃（下）上生长的 **30 cm×6 cm** 大小的石墨烯的照片和在 **A－F** 位置收集的石英玻璃上生长的石墨烯薄膜的拉曼光谱；（c）超长 CNTs 在由二氧化硅纳米球锚定的催化剂作用下生长的示意图

超长 CNTs 是指水平排列的碳纳米管阵列，通常在平坦的基底上生长，彼此平行且具有较大的管间距。它们通常具有完美的结构、出色的性能，并且长度可以达到厘米甚

至几分米。超长 CNTs 有望成为透明显示器、纳米电子、超强束缚、航空和航天材料等的构建基块。具有完美结构的超长 CNTs 的可控合成是充分利用 CNTs 非凡性能的关键。因此，超长 CNT 的合成从基础研究和工业应用方面都具有重要意义。尽管 CVD 技术可以用来制备 CNTs，但实现厘米级别的超长碳纳米管的 CVD 制备却罕见。清华大学魏飞课题组在超长 CNTs 的 CVD 合成方面实现了一系列突破性研究。2010 年，他们通过 CVD 法在 Si 衬底上直接生长 100 mm 长的半导体三壁碳纳米管（TWNTs）。通过在一定的气体流速下调整温度，可以获得近 90% 的厘米级 TWNTs 的产率。这种 TWNTs 显示出前所未有的结构均匀性，其中每层管壁在长距离（>60 mm）上保持恒定的手性指数。该方法制备的半导体 TWNTs 可以直接制成场效应晶体管。此外，他们还通过二氧化硅纳米球锚定催化剂纳米颗粒，以 CVD 法制备了超长 CNTs 的高密度平行阵列（图 3-34（c））。传统方法中，硅基底光滑表面上的催化剂纳米粒子在高温下倾向于团聚成更大的纳米粒子，而通过纳米球预涂层产生的粗糙表面，可以大大减少催化剂纳米颗粒的团聚。

在二维过渡金属碳化物（TMC）方面，大多数方法获得的是化学功能化的、有缺陷的纳米片，其最大横向尺寸大约只有 10 μm。2015 年，中国科学院沈阳金属研究所成会明院士和任文才研究员课题组报道了通过 CVD 方法制备大面积高质量二维超薄 $\alpha$-$Mo_2C$ 晶体，这些晶体有几纳米厚，大小超过 100 μm，在通常环境条件下非常稳定。它们显示出与 Berezinskii-Kosterlitz-Thouless 行为一致的超导跃迁的二维特征，并显示出与磁场取向的强各向异性。这种 CVD 工艺还可以制造出其他高质量的二维 TMC 晶体，例如超薄 WC 和 TaC 晶体。美中不足的是，该方法受表面能约束，富含表面悬键的非层状材料倾向于岛状生长，因此，难以得到厚度均一的单层材料。2021 年，他们进一步研究发现，在非层状氮化钼的化学气相沉积生长过程中引入了元素硅，可以钝化其表面悬键，从而可以实现厘米级二维范德华层状材料 $MoSi_2N_4$ 单层膜的生长。该单层由 N—Si—N—Mo—N—Si—N 的 7 层原子层构成，可以将其视为夹在两个 Si—N 双层之间的 $MoN_2$ 层。这种材料表现出半导体特性（带隙约 1.94 eV）、高强度（约 66 GPa）和出色的环境稳定性，采用类似方法还可以制备出单层 $WSi_2N_4$。2022 年，北京理工大学周家东教授、姚裕贵教授与合作者进一步利用熔盐辅助 CVD 法首次构筑出二维 $VS_2$ 与一维链状 VS 构成的异维超晶格结构。他们发现，通过控制硫的温度，在高温、短时间（低于 2 min）内得到了 $VS_2$-VS 超晶格。而在低温（低于 730 ℃）、长时间（超过 3 min）下则只能得到 $VS_2$ 薄片。$VS_2$ 单层呈现出 1T 相，其中 V 原子和 S 原子以八面体配位排列。VS 链是一种在 $VS_2$ 层间的一维结构，其中 V 原子与 S 原子呈三角金字塔配位。由于奇异的一维 VS 链存在，且与二维 $VS_2$ 相互耦合，使得 $VS_2$-VS 异维超结构表现出完全不同于 $VS_2$、$V_5S_8$ 等结构的室温面内大反常霍尔效应。第一性原理研究表明，面内的磁场可以在该体系的费米面附近诱导出很大的面外贝里曲率，从而导致面内霍尔效应。该项结果突破了反常霍尔效应需要有面外磁化的常规认识，展示了异维超晶格潜在的电学、磁学等新奇物性。上述研究极大地丰富了二维材料的种类，为研究其物性和应用提供了材料基础。

### 3.3.4 本节小结

在本节中，学习了 CVD 方法的历史、基本原理及其在典型纳米材料合成中的应用。CVD 是一种重要的合成技术，能够沉积具有良好形貌和高均匀度的高纯度薄膜或涂层。CVD 方法不仅为纳米材料的表面修饰和功能化提供了新的思路，更为纳米材料工业化生产铺平了道路，预期将在纳米材料的产业化中发挥越来越重要的作用。

# 3.4 典型纳米材料的合成

### 3.4.1 二维材料的合成

二维材料是一种具有片状形态的纳米材料，其横向尺寸通常为数百纳米到微米，但厚度仅为单个或几个原子层，尺寸与电子的德布罗意波长数量级接近。在二维材料中，电子运动被限制在材料的二维平面结构中，能量由连续态变为分立能级，因而展示出新奇的电学、光学性能。2004 年，英国科学家 Novoselov 及 Geim 借助胶带从体相石墨中成功剥离出首个稳定存在的二维材料——石墨烯，随后各种类石墨烯材料如硅烯、磷烯、硼烯等单质烯，以及六方氮化硼（h - BN）、过渡金属硫化物（TMDs）、过渡金属碳/氮化物（MXenes）、石墨相碳化氮（g - $C_3N_4$）、二维过渡金属氧化物、二维金属等不断涌现，在电子器件、光电器件、催化、能量转化与储存、生物医药等领域显示出巨大的应用前景。为了获得具有可控组成、结构及表面状态的二维纳米材料，科学家已发展了多种多样的合成方法，根据合成前驱体和目标产物之间的维度变化关系，这些合成方法可归纳为"自上而下（top - down）"和"自下而上（bottom - up）"两大类不同的策略。

1. 二维纳米材料"自上而下"合成方法及原理

"自上而下"合成法是指利用一定的物理或化学方法对宏观物体进行降维及微细化处理。对于二维纳米材料的合成，"自上而下"策略一般采用三维体相层状材料作为前驱体，通过物理或化学的手段打破层与层之间的作用力，从而将三维层状材料剥离为仅有一个或数个原子层厚度的二维材料。固相的微机械剥离法，以及液相的机械力辅助剥离法、离子插层辅助剥离法、分子插层辅助剥离法、层状前驱体辅助剥离法、选择性刻蚀辅助剥离法等，都是采用了从三维到二维的"自上而下"合成思路。这些剥离方法依据不同的物理或化学原理，适用于具有特定组分或晶体结构的二维材料的合成，例如，微机械剥离法、液相机械力辅助剥离法等适用于具有本征层状结构的晶体材料，这些材料片层平面内的原子与原子之间以稳定的共价键相结合，而层与层之间则通过弱的范德华力堆叠在一起；而对于不具有本征层状晶体结构的材料，则可借助液相层状前驱体辅助剥离法，即选择合适的有机配体与无机金属离子形成有机 – 无机杂化层状前驱体，在此基础上进行液相剥离获得二维材料。此外，不同的剥离方法对于所获得二维材料的厚度、尺寸、晶相、缺陷、表面状态等会产生直接的影响。

（1）固相微机械剥离法

微机械剥离法是指直接使用胶带对具有层状结构的晶体材料进行剥离，属于固态合成制备法。该方法的物理原理是利用胶带对层状晶体材料表面的黏合力克服材料层与层之间的范德华力，从而获得单层或多层的二维晶体材料，在此过程中，较好地保留了片层面内的共价键。Novoselov 与 Geim 等正是采用这种方法从高定向热解石墨上剥离出单层石墨烯，随后，该方法被广泛用于制备其他的二维纳米材料，如锑烯、砷烯等。微机械剥离法操作简便，所制备的二维材料具有较高的结晶度、清洁的表面和较大的平面尺寸，但是其实际应用受到许多限制，如产率低，过度依赖于人为操作，可控性与可重复性差，不适于大规模生产等，因此目前仅限用于实验室基础研究。

（2）液相机械辅助剥离法

液相机械辅助剥离法是将体相三维层状晶体分散在合适的溶剂中，并借助物理机械力，如超声产生的张应力，或高速搅拌产生的剪切力，克服材料层与层之间的弱相互作用，将三维层状晶体剥离为二维层状纳米片，形成稳定分散的胶体溶液。例如，将石墨分散在 N−甲基吡咯烷酮（NMP）溶剂中，利用超声处理可成功剥离出石墨烯（图 3−34）。除石墨烯外，该方法还可用于剥离多种层状晶体材料，如 $MoS_2$、$WS_2$、$MoSe_2$ 等过渡金属硫化物、六方氮化硼、石墨化氮化碳等。实验及理论研究表明，对于该合成方法，溶剂的选择十分重要。采用与体相层状晶体表面能匹配的溶剂有利于克服晶体相邻层间的内聚能，降低剥离过程中的能量势垒，并对生成的二维片层材料起到较好的分散和稳定作用。除了选择合适的溶剂外，向体系中加入适当的表面活性剂，如十二烷基苯磺酸钠（SDBS）、十六烷基三甲基溴化铵（CTAB）、聚乙烯吡咯烷酮（PVP）、嵌段共聚物 P123 等，也能够进一步调节溶液的表面能，从而提高剥离产率（图 3−35）。

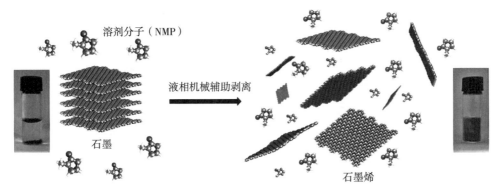

溶剂分子（NMP）

液相机械辅助剥离

石墨

石墨烯

**图 3−35　液相机械辅助剥离法制备石墨烯示意图**

（3）液相插层辅助剥离法

液相插层辅助剥离法同样适用于剥离具有本征层状晶体结构的三维体相材料，其原理是利用离子或分子插入层状晶体的层间空隙中，使层间的范德华作用力减弱，层间距增大，从而可借助温和的机械力作用，在合适的溶液环境中将三维层状晶体剥离为二维纳米材料。叔丁基锂是一种典型的阳离子插层剂，常被用于制备 $MoS_2$、$WS_2$ 等 TMDs 材料（图 3−36）。例如，在惰性氛围中将叔丁基锂与体相 $MoS_2$ 混合均匀，利用超声作用促进 $Li^+$ 嵌入 $MoS_2$ 层间，所形成的 $Li_xMoS_2$ 中间体与水剧烈反应，释放出的 $H_2$ 能够有效地将体相 $MoS_2$ 片层剥离开，形成单原子层厚度的二维 $MoS_2$。

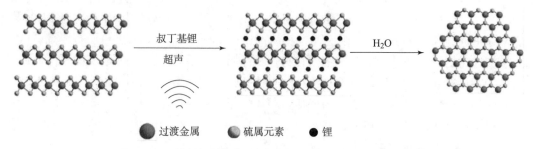

过渡金属　　硫属元素　　锂

**图 3 –36　Li$^+$ 插层辅助化学法剥离过渡金属硫化物示意图**

除了这种基于化学反应的剥离方法，Li$^+$ 插层还可以通过电化学反应来进行。如图 3 – 37 所示，利用 Li 箔作为阳极，体相层状晶体作为阴极，利用电化学反应使 Li$^+$ 嵌入层状晶体的层间，再通过超声处理将片层剥离开，可获得分散的二维材料如 $MoS_2$、$WS_2$、$TiS_2$、$TaS_2$ 等。

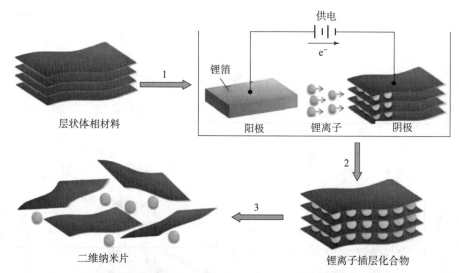

**图 3 –37　Li$^+$ 插层辅助电化学法剥离过渡金属硫化物示意图**

Li$^+$ 插层过程往往会导致大量电子注入过渡金属硫化物晶体中，使 $MoS_2$、$WS_2$ 等从 2H 半导体相转变为 1T 金属相。为了解决这一问题，可采用离子半径较大的溴化四庚基铵（THAB）作为阳离子插层剂，利用季铵盐较大的离子半径减少层间的阳离子嵌入数量，进而降低注入层状晶体的电子数量，有效抑制相变的发生。这种策略可适用于制备多种高品质纯相 $MoS_2$、$WSe_2$、$Bi_2Se_3$、$NbSe_2$、$In_2Se_3$、$Sb_2Te_3$ 等 TMDs 材料（图 3 – 38）。

一些气体分子如 $H_2$、$NH_3$ 等，以及碱性有机分子如吡啶、烷基胺等也可作为插层剂，用于剥离过渡金属硫化物获得相应的二维材料。除了使用单一分子作为插层剂，还可以利用具有不同分子大小的两种或多种分子进行分步插层剥离。基于这种分步插层策略，可在温和条件下（不需借助超声处理、不产生 $H_2$ 等气体分子、室温环境）制备单原子层IV族（$TiS_2$、$ZrS_2$）、V族（$NbS_2$）、VI族（$WSe_2$、$MoS_2$）TMDs。以 $TiS_2$ 为例，其原理如图 3 – 39 所示。首先选取丙胺等短链路易斯碱作为"启门"插层剂，插入体相 $TiS_2$ 晶体的层与层之

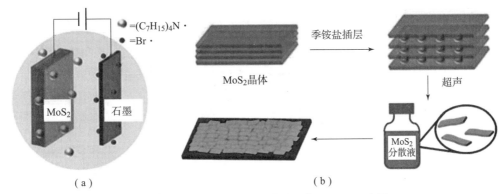

图 3 - 38　液相季铵盐辅助剥离法制备 TMDs 示意图

间，使层间距从 6.5 Å 扩展到 9.6 Å，有效削弱层与层间的范德华作用力。在此基础上，再使用丁胺、己胺等长链路易斯碱作为"主体"插层剂插入扩展后的层间，使层间距进一步扩展到 21 Å，远大于 TiS$_2$ 层间范德华吸引力的平衡距离（11 Å）。在这种条件下，层与层之间可自然剥离开，形成分散的单原子层 TiS$_2$ 二维纳米材料。

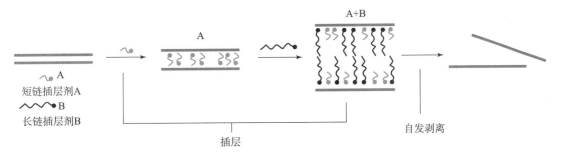

图 3 - 39　液相分步插层剥离法制备 TMDs 示意图

（4）液相有机 - 无机杂化层状前驱体辅助剥离法

上述各种剥离方法一般仅适用于具有本征层状晶体结构的体相材料，在这些材料中，片层内的原子间通过共价键形成稳定结构，而层与层间通过弱的范德华力堆叠在一起，因此，通过简单的机械力，或采用适当的溶剂、表面活性剂、插层剂等，可将层与层剥离开，形成二维纳米材料。与上述方法不同，液相层状前驱体辅助剥离策略可用于合成不具有本征层状晶体结构的二维材料，如 TiO$_2$、Co$_3$O$_4$、CdS、In$_2$S$_3$、ZnSe 等金属氧化物/硫化物/硒化物二维材料。这种方法的原理在于首先将金属离子与适当有机配体组装成具有层状结构的有机 - 无机杂化前驱体，再通过超声等机械力辅助作用将其剥离为二维纳米片，并利用合适的溶剂洗涤去除表面的有机配体。例如，采用异丙醇钛作为钛源，正辛胺作为有机配体，通过溶剂热反应在 2 - 苯乙醇溶剂中组装出具有层状结构的 TiO$_2$ - 正辛胺有机 - 无机杂化前驱体，进一步进行超声、洗涤等处理，可将合成的 TiO$_2$ - 正辛胺层状前驱体剥离为具有洁净表面的 TiO$_2$ 二维纳米片（图 3 - 40）。类似的，通过预先合成 Co(CO$_3$)$_{0.5}$(OH) · 0.11H$_2$O - CTAB、CdS - 二乙烯三胺（DETA）、In$_2$S$_3$ - 油酸、Zn$_2$Se$_2$ - 正丙胺等具有层状结构的有机 - 无机杂化层状前驱体，可分别获得具有原子层厚度的 Co$_3$O$_4$、CdS、In$_2$S$_3$、ZnSe 二维材料。

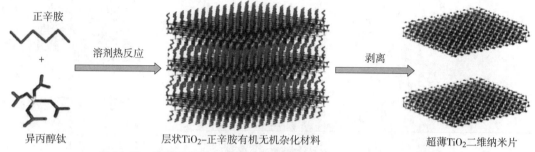

正辛胺

溶剂热反应

异丙醇钛

层状TiO₂-正辛胺有机无机杂化材料

剥离

超薄TiO₂二维纳米片

**图 3 - 40　液相层状前驱体辅助剥离法制备 TiO₂ 二维纳米片示意图**

（5）液相选择性刻蚀辅助剥离法

选择性刻蚀辅助液相剥离常被用于制备二维过渡金属碳/氮化物（MXenes）。MXenes 的化学通式可表示为 $M_{n+1}X_n$，其中，M 指前过渡金属如 Ti、Zr、Hf、V、Nb、Ta、Cr、Sc 等，X 指碳或/和氮，$n$ 一般为 1～3。MXenes 主要通过氢氟酸（HF）将其相应的体相材料 $M_{n+1}AX_n$ 晶体（MAX）中结合较弱的 A 位元素（Al 等ⅢA 或ⅣA 族元素）选择性刻蚀移除而得到。在 MAX 晶体中，M 原子紧密堆积形成密排六方层状结构，X 原子填充在 M 原子形成的八面体间隙中，A 原子层嵌在 $M_{n+1}X_n$ 相邻层与层之间。在 $M_{n+1}X_n$ 片层面内，M—X 通过共价键、金属键、离子键等结合在一起，而在片层面外，M—A 之间通过金属键结合在一起。因此，与过渡金属硫化物等通过范德华力堆叠在一起的层状晶体不同，一般的剥离方法无法克服 MAX 层与层间较强的结合作用获得二维片状结构，而需要借助选择性刻蚀辅助剥离的方法。选择性刻蚀辅助剥离的原理如图 3 - 41 所示。将 MAX 相的 $M_{n+1}AX_n$（如 Ti₃AlC₂）粉末在室温（或一定温度）下浸泡在一定浓度的 HF 溶液中，由于 M—A 键比 M—X 键更不稳定，所以 HF 能够对 MAX 相的 A 原子层进行选择性刻蚀，形成松散堆叠的层状结构，在此基础上，通过超声等机械力辅助剥离，可获得具有单原子层或几个原子层厚度的 MXenes（Ti₃C₂）二维纳米片。

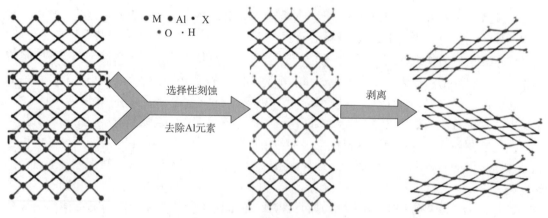

● M　● Al　● X
● O　● H

选择性刻蚀

去除Al元素

剥离

**图 3 - 41　液相选择性刻蚀辅助剥离法制备 MXene 示意图**

2. 二维纳米材料"自下而上"合成方法及原理

"自下而上"合成法制备二维材料是从原子、分子等基本结构单元出发，在材料的生长过程中对其维度进行控制，如降低某一维度的原子生长速度或对生长路径进行动力学控制等，促进材料的二维各向异性生长形成二维纳米结构。常用的"自下而上"合成方法包括基于液相反应的湿化学合成和基于气相反应的 CVD（3.3 节）两种类型。与适用于剥离层状材料的"自上而下"合成策略不同，"自下而上"的方法可以不受层状结构的限制，理论上可用于任意晶体类型二维材料的合成。但是，"自下而上"合成往往需要在高温高热的反应条件下进行，以使系统具有足够的能量打破热力学平衡状态下反应物原子间的键合作用。更加具有挑战性的是如何选择合适的反应物前驱体、表面活性剂、配体、催化剂等反应条件，从而为材料的二维各向异性生长提供驱动力。发展二维材料"自下而上"的理性合成方法，仍需要深入探索各种生长控制机制，例如，前驱体状态与材料维度控制之间的关联性、表面活性剂与特定晶面间的相互作用等。

二维材料的湿化学合成是指在溶液体系中，利用特定的反应条件（配体、表明活性剂、溶剂、反应温度、浓度等）控制前驱体间化学反应的热力学与动力学，进而控制材料的结晶成核与生长过程，使原子、分子等生长基元以二维各向异性的方式"自下而上"组装成为二维结构。二维材料湿化学合成的常用方法包括热注入法、水热/溶剂热法、自组装法、取向生长法、二维模版法等，其关键是调整适当的反应参数，控制生长过程中的材料形态，为生长基元在二维空间内的各向异性组装提供驱动力。湿化学合成可用于制备大量不同种类的二维材料，尤其在非层状结构二维材料（如二维金属、金属氧化物、金属硫化物等）的合成中表现出独特优势。例如，采用取向生长湿化学法可合成厚度为 2.2 nm，横向尺寸为 0.8 ~ 2 μm 的 PbS 二维纳米片。该方法的原理是首先合成尺寸为 3 nm、由油酸分子稳定的 PbS 纳米晶体。油酸分子垂直吸附在所合成的 PbS 纳米晶（100）晶面上，形成有序排列的单分子层。在使系统吉布斯自由能减小的热力学驱动作用下，表面的油胺分子层促使相邻 PbS 纳米晶通过共享（100）晶面实现取向生长，从而形成具有高结晶性的 PbS 二维结构。在热注入湿化学合成中，通过将反应性前驱体快速注入包含长链油胺和/或油酸表面活性剂的反应溶液中，可合成多种超薄金属硫化物纳米片。利用这种方法获得的 CuS 纳米片可具有规则六边形形貌，厚度可低至两个晶胞的尺度，产量可达克级。此外，溶剂热法也是常用的"自下而上"二维材料湿化学合成方法。例如，以乙酰乙酸钴为钴盐，正丁胺为配体，利用二者之间的相互作用，可在 DMF 与水混合溶液中形成片状二维结构，在进一步缩合与还原反应后，生成具有四个原子层厚度的二维钴纳米片（图 3 - 42）。

图 3 - 42 溶剂热湿化学合成法制备二维 Co 纳米片

### 3.4.2　多孔纳米材料的合成方法及机理

**科学史话：国内外知名多孔材料专家**

徐如人，1932 年 3 月生，国际著名分子筛与多孔材料专家，中国科学院院士、第三世界科学院院士。我国"无机合成化学"学科的创建者与奠基人，水热合成化学的开拓者。首次在国际上提出"现代无机合成化学"学科的科学体系。

Omar M. Yaghi，1965 年 2 月生，约旦裔美籍无机化学家，材料化学家，超分子化学家，美国加州大学伯克利分校教授，是金属有机骨架材料（MOF）、共价有机骨架材料（COF）、沸石咪唑酸酯骨架材料等领域的开拓者和奠基人。

多孔纳米材料由于其巨大的表面积、规则的孔道结构以及可调整的活性中心和功能基元，是一类优秀的吸附分离、催化和离子交换材料。根据国际纯粹与应用化学联合会（International Union of Pure and Applied Chemistry，IUPAC）的命名规则，孔径在 2 nm 以下的称为微孔（micropore），孔径在 2～50 nm 范围内的称为介孔（mesopore），而孔径大于 50 nm 的称为大孔（macropore）。自 1948 年 R. M. Barrer 等首次人工合成沸石以来，纳米多孔材料得到了极大的发展。如图 3-43 所示，多孔材料种类繁多，从天然沸石到合成沸石，从低硅

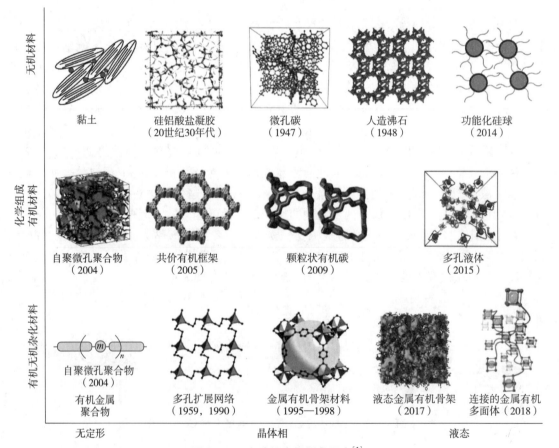

图 3-43　多孔纳米材料发展史[1]

沸石到高硅沸石，从全硅分子筛到磷酸铝分子筛，从磷酸盐到其他组成（如砷酸盐、锗酸盐及金属硫化物等），从微孔分子筛到介孔材料和大孔材料，从纯无机材料到无机－有机杂化材料和金属有机骨架化合物。这些多孔纳米材料展现出各种优异性能，在能源、环境、材料等领域具有广阔的应用前景。本节将侧重讨论微孔分子筛、有序介孔材料和金属有机骨架化合物的合成。

## 补充知识点

沸石（zeolite）是最为人知的微孔材料家族，其严格定义应该是一类结晶的硅铝酸盐微孔结晶体，包括天然的和人工合成的。具有类似结构的磷酸盐和纯硅酸盐等应该称为类沸石材料。1932 年，McBain 提出了分子筛（molecular sieve）一词用于描述一类具有选择吸附性质的材料（可以是结晶的，也可以是无定形的）。但文献中有时界限不是十分清楚。

**1. 微孔分子筛纳米材料**

分子筛具有三维空旷骨架结构，以 $TO_4$（$T = Si$、$Al$、$P$、$Ge$、$Ga$ 等）四面体为基本结构单元。这些初级结构单元通过共享氧原子，按照不同连接方式组成的多元环称为次级结构单元（secondary building units，SBU）。这些次级结构单元组成分子筛的三维骨架，骨架中由环组成的孔道或笼是分子筛的最主要结构特征。截至 2021 年 7 月，国际分子筛协会结构数据库（Database of Zeolite structures）共有 255 种分子筛结构类型被收录（http://www.iza-structure.org/）。按照 IUPAC 命名规则，每一种结构类型以三个大写字母并按字母排列顺序而成的编码表示，编码通常根据典型材料的名字衍生而来。图 3-44 所示为 IZA 数据库中 LTA 基本信息。

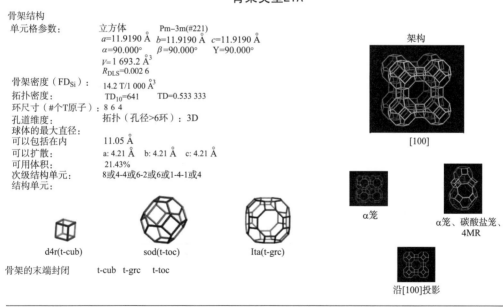

骨架类型LTA

骨架结构

| 单元格参数： | 立方体　　　　Pm-3m(#221) |
| --- | --- |
| | $a$=11.9190 Å　$b$=11.9190 Å　$c$=11.9190 Å |
| | $\alpha$=90.000°　　$\beta$=90.000°　　Y=90.000° |
| | $V$=1 693.2 Å³ |
| | $R_{DLS}$=0.002 6 |
| 骨架密度（FD$_{Si}$）： | 14.2 T/1 000 Å³ |
| 拓扑密度： | TD$_{10}$=641　　TD=0.533 333 |
| 环尺寸（#个T原子）： | 8 6 4 |
| 孔道维度： | 拓扑（孔径>6环）：3D |
| 球体的最大直径： | |
| 可以包括在内 | 11.05 Å |
| 可以扩散 | a: 4.21 Å　　b: 4.21 Å　　c: 4.21 Å |
| 可用体积： | 21.43% |
| 次级结构单元： | 8或4-4或6-2或6或1-4-1或4 |
| 结构单元： | |

架构

[100]

α笼

α笼、碳酸盐笼、4MR

沿[100]投影

d4r(t-cub)　　　　sod(t-toc)　　　　lta(t-grc)

骨架的末端封闭　　t-cub　t-grc　t-toc

命名年份　　　　1978
数据最近更新时间　2007.1

**图 3-44　国际分子筛协会结构数据库中 LTA 分子筛基本信息**

最早的沸石合成条件是模仿天然沸石的地质生成条件，使用高温（>200 ℃）和高压（>10 MPa），但结构不理想。1948 年，R. M. Barrer 等人首次成功合成出人工沸石，之后美国联合碳化物公司（UCC）的 Milton 和 Breck 等发展了沸石合成方法，最初的合成体系为含有硅源、铝源、碱与碱土金属的氢氧化物以及水的混合物，通过改变各组分比例，可以在较低温度（一般不高于 100 ℃），以及合成体系 pH 不低于 13 的条件下得到低硅铝比的沸石（硅铝比≤10）。1961 年，R. M. Barrer 等首次将有机季铵盐阳离子引入沸石合成体系，实现了高硅铝比和全硅沸石的成功合成。

微孔分子筛传统合成方法是在水热和溶剂热体系中，利用碱金属或有机胺为结构导向剂而合成的。以含钠沸石为例，一般是用硅酸钠（$Na_2O \cdot xSiO_2$）、铝酸钠［$NaAl(OH)_4$］为原料，在强碱介质中混合搅拌均匀成胶，通过一定条件下的陈化，然后在密闭反应釜中在一定温度下晶化，最后生成晶体结构的沸石，再经洗涤、干燥、煅烧成分子筛产品（图 3-45）。水热法合成微孔分子筛包括三个基本过程：硅铝酸盐水合凝胶的产生，水合凝胶溶解生成过饱和溶液，硅铝酸盐产物的晶化。晶化包括如下几个基本步骤：①新的沸石晶核的生成；②已存在的核的生长；③已存在沸石晶体的生长及引起的二次成核。整个晶化过程涉及太多的化学反应和平衡，成核和晶体生长多在非均相混合物中进行，因此很难完全理解沸石生成机理和详细过程。一般来说，影响沸石和类沸石材料合成的典型因素包括温度、时间、反应物源和类型、pH、使用的无机或有机阳离子、陈化条件、反应釜等。

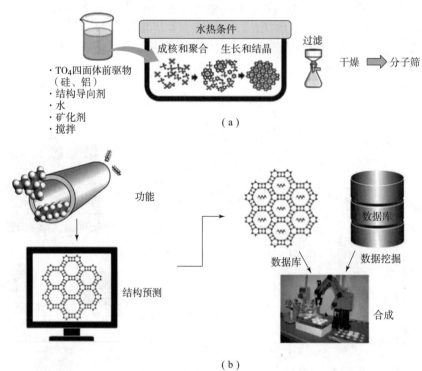

图 3-45　（a）分子筛合成路线示意图；（b）分子筛无机微孔晶体材料
设计合成的发展蓝图[2]

磷酸盐分子筛的合成也遵循沸石的生成机理。1961 年，R. M. Barrer 等首次将四甲基铵阳离子引入沸石合成体系，取代全部或部分无机碱，合成出含有方钠石笼以及钠菱沸石笼等小笼结构单元的沸石以及系列高硅铝比和全硅沸石。由于有机阳离子通常位于笼内，好像是生成沸石的模板，Barrer 提出模板概念，将有机碱称为模板剂。1982 年，S. T. Wilson 和 E. M. Flanigen 等使用合适的试剂（拟薄水铝石、磷酸以及有机胺）在合适条件下合成出具有开放骨架结构的磷酸铝系列分子筛（包括 $AlPO_4-n$、$SAPO-n$、$MeAPO_4-n$ 和 $MeAPSO-n$）。与传统的沸石合成在较强碱性条件不同，这些磷酸铝系列分子筛是在微酸性或近中性条件下合成的，同时，在水（溶剂）热合成体系中采用多种结构的有机胺类作为模板剂或结构导向剂。在晶化过程中，有机分子将氧化物四面体围绕其自身组装成特定的几何构型，形成构筑特定沸石结构类型的初始结构单元。

利用分子模拟可以从理论上预测适宜于某一特定孔道生成的模板剂分子。图 3-45（b）展示了分子筛无机微孔晶体材料定向设计合成的发展蓝图，以功能为导向，借助计算机模拟技术进行特定孔道和功能基元分子筛的结构设计，并利用分子模拟方法预测适合理想结构生成的有机模板剂和反应条件范围，最终结合化学高通量技术合成具有特定功能和结构的理想分子筛材料。

## 知识拓展

最近，新的结构导向剂被用来制备二维（2D）沸石纳米片，如 MFI、MWW、FAU、AEL 等多种沸石拓扑结构。2022 年 1 月，美国佐治亚理工学院 Christopher W. Jones、Sankar Nair 和瑞典斯德哥尔摩大学 Tom Willhammar 课题组合作[3]，报道了具有微孔沸石壁的单壁纳米管的准一维沸石合成和结构。这种准一维沸石是由含有中心联苯基团的偶极型结构导向剂（SDA）组装而成的，具有一种独特的壁结构，它由 β 和 MFI 两种沸石结构的特征建筑层混合而成。这种杂化结构产生于弯曲纳米管管壁形成过程中应变能的最小化。纳米管的形成涉及由于 SDA 分子的自组装而导致的一种细观结构的早期出现。SDA 分子的联苯核心基团显示出 π 堆积作用，而外围的喹啉基团则直接形成微孔壁结构。

2. 有序介孔纳米材料的合成

本节讨论的介孔材料是以 MCM-41 和 SBA-15 为代表的有序介孔材料。与常见的活性炭和多孔硅胶这类无序介孔材料不同，以 1992 年 Mobil 公司合成的 M41S 系列材料为代表的有序介孔纳米材料具有三维空间内高度有序的结构（图 3-46（a）~（c））。从原子水平看，有序介孔纳米材料的无机孔壁由无定形材料组成，但其孔道是长程有序的，孔径分布窄（图 3-46（d））。有序介孔纳米材料的发现，将分子筛材料由微孔范围扩展至介孔范围，在微孔材料（沸石分子筛）与大孔材料（如无定形硅铝氧化物凝胶、活性炭）之间架起了一座桥梁。

有序介孔材料与微孔分子筛合成类似，其最大区别就是使用的模板剂不同，微孔分子筛的合成以单个有机小分子或金属离子为模板剂，而介孔材料的合成则是以大分子表面活性剂所形成的胶束为模板。介孔材料的合成过程主要涉及用来生成无机孔壁的无机物种（前驱物）、在组装（介观结构生成）过程中起导向作用的模板剂和作为反应介质的溶剂。介孔合成方法按模板剂的不同，可分为软模板（soft templating）法和硬模板（hard templating）法（图 3-47）。软模板剂指具有溶液态、可运动"软"结构的分子或分子的聚集体，如表面

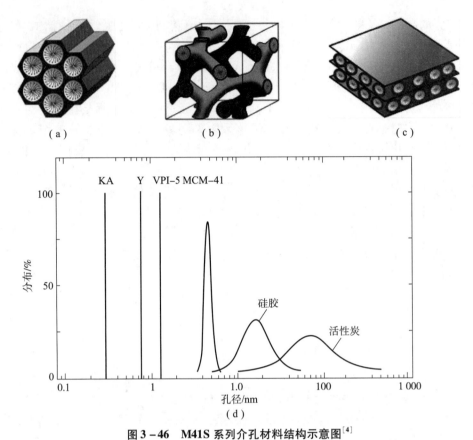

图3-46　M41S系列介孔材料结构示意图[4]

（a）MCM-41（二维六边形，空间群p6mm）；（b）MCM-48（立方体，空间群3d）；
（c）MCM-50（薄片层次，空间群p2）；（d）常见多孔材料的孔径分布比较

活性剂及聚集体。软模板剂与无机骨架组分需要有较强的相互作用，通过相互作用力把无机组分拉近，并聚合交联形成凝固的无机骨架。如图3-47（a）所示，以合成MCM-41为例，合成可分为两个阶段：①有机-无机液晶相（介观结构）的生成是利用具有双亲性质（含有亲水和疏水基团）的表面活性剂有机分子与可聚合无机单体分子或低聚物（无机源）在一定的合成环境下自组装生成有机物与无机物的介观结构相；②介孔材料的生成利用高温热处理或其他物理化学方法脱除有机模板剂（表面活性剂），所留下的空间即构成介孔孔道。硬模板剂一般指固体材料，在合成过程中，其结构不发生变化或变形，如介孔氧化硅材料等。硬模板法也可称纳米浇铸法（Nanocasting），如图3-47（b）所示，一般包括3个步骤：①浸渍合适前驱物溶液进入介孔孔道中；②可控热处理，将灌入的前驱物转化为刚性的骨架；③通过合适的化学法脱除硬模板，反相复制出新组成的介孔材料。

（1）软模板法合成有序介孔纳米材料

软模板法合成有序介孔纳米材料可分为两条路线。

第一条路线是通过低聚的无机前驱物或小的无机纳米粒子在有机模板剂引导下的自组装路线。选择无机物种的主要理论依据是溶胶-凝胶化学，通过对原料水解和缩聚速率调控，控制无机前驱物聚集形态，从而形成尺寸合适、带电荷合适的纳米构筑单元。以氧化硅为例，选择合适的pH水解就可以得到带有一定电荷的水合氧化硅寡聚物。控制非氧化硅材料

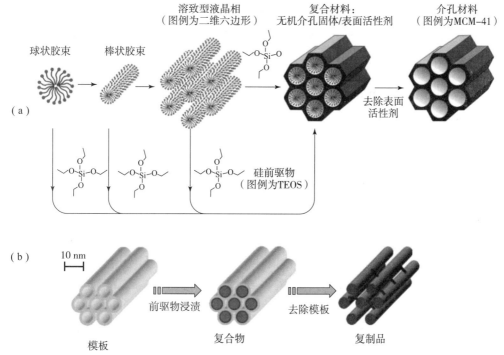

图 3 – 47　（a）软模板法合成示意图；（b）硬膜板法合成示意图[4]

聚合度的难度较大，可采用有机螯合剂（乙酰基丙酮）或使用有机溶剂（乙醇）替代水溶剂等，来降低非硅无机前驱物的水解，从而得到合适的无机前驱物。带有一定电荷的低聚无机前驱物或无机纳米粒子在有机模板剂引导下的自组装过程就是介观结构的形成过程，这一过程的驱动力是有机物和无机物物种之间的相互作用（如电荷匹配）。根据表面活性剂以及无机物种带电性质的不同类型，对应不同界面作用力。表 3 – 3 列出了有序介孔纳米材料的主要合成路线及典型产物。

表 3 – 3　各种合成路线及由此得到的有序介孔纳米材料

| 路线 | 相互作用 | 典型产物 |
|---|---|---|
| $S^+I^-$ | 静电库仑力 | 碱性条件下：MCM – 41、SBA – 2、MCM – 48、SBA – 6、MCM – 50、FDU – 2 等 |
| $S^-I^+$ | 静电库仑力 | 水条件下：介孔氧化铝等 |
| $S^+X^-I^+$ | 静电库仑力、双层氢键 | 酸性条件下：SBA – 1、SBA – 2、SBA – 3 |
| $S^-N^+ – I^-$ | 静电库仑力 | 碱性条件下：AMS – $n$ |
| $S^-M^+I^-$ | 静电库仑力、双层氢键 | 碱性条件下：W、Mo 的氧化物 |
| $S^0I^0$、$(N^0I^0)$ | 氢键 | 中性条件下：HMS、MSU |
| $S^0H^+X^-I^+$ | 静电库仑力、双层氢键 | 酸性条件下（pH < 2）：SBA – $n$（$n$ = 11、12、15、16），FDU – $n$（$n$ = 1、5、12），KIT – $n$（$n$ = 5、6） |
| $N^0 \cdots I^+$ | 配位键 | Na、Ta 的氧化物 |
| $S^+ – I^-$ | 共价键 | 介孔氧化硅 |

在表3-3中，I表示无机物种（可以带正电荷 $I^+$、负电荷 $I^-$ 或近中性 $I^0$）；$S^+$ 表示阳离子表面活性剂（如长链烷基季铵盐、长链烷基吡啶型等）；$S^-$ 表示阴离子表面活性剂（如羧酸盐、硫酸盐、磷酸酯、硫酸酯等）；$S^0$ 表示非离子表面活性剂（如长链烷基伯胺和二胺、三嵌段共聚物等）；$X^-$ 表示 $Cl^-$、$Br^-$、$SO_4^{2-}$ 等；$M^+$ 表示 $Na^+$、$K^+$、$H^+$ 等；$N^+$ 表示 TMAPS（N – trimethoxysilylpropyl – N, N, N – trimethylammonium chloride）或 APS（3 – aminopropyltrimethoxysilane）的铵基阳离子；$N^0$ 表示有机胺类。

软模板法合成介孔有序纳米材料的另一条路线是利用"液晶"模板或"准液晶"模板机理来导向。在较高表面活性剂浓度下，表面活性剂可以在引入无机前驱物之前或之后形成"液晶"模板或"准液晶"模板，可以根据表面活性剂的相图来设计多种材料的介观结构，包括氧化物、硫化物、碳介孔材料等。利用溶剂挥发诱导自组装（EISA）合成也归属于这条路线，以采用 EISA 合成介孔酚醛树脂和碳材料为例（图3-48），合成过程包括5个步骤：①酚醛树脂前驱物制备，该前驱物的羟基基团可与三嵌段共聚物中的 PEO 嵌段发生氢键作用；②随着溶剂（乙醇）的挥发，嵌段共聚物浓度增加，诱导组装形成酚醛树脂/嵌段共聚物有序液晶相，介观结构与酚醛树脂/嵌段共聚物复合体的亲水/疏水值有关，其值越

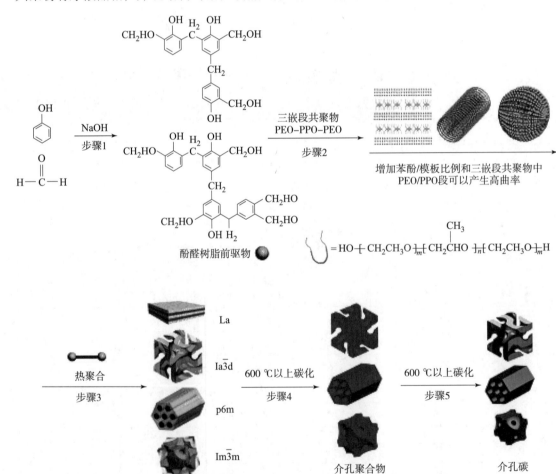

图3-48　由溶剂挥发诱导自组装路线和表面活性剂作模板合成
有序介孔酚醛树脂高分子和碳材料的形成过程示意图[4]

高，所形成的介观相的表面曲率越高；③进一步的热聚使得有序介观相通过酚醛树脂在表面活性剂周围固定下来；④惰性气氛下焙烧去除模板剂；⑤酚醛树脂骨架碳化后得到介孔碳材料。

（2）硬模板法合成有序介孔纳米材料

纳米浇铸（硬模板法制备）过程包括将流体（液体或气体）前驱物灌入硬模板的纳米孔道中，通过纳米结构的限制作用将前驱物原位转化为复制硬模板结构形貌的目标产物，最后去除模板。将前驱物浇铸进孔道的驱动力是毛细作用力，因此，增强毛细作用力至关重要。硬模板孔道表面性质决定其润湿度，同时对前驱物分子（离子）迁移、团聚有很大影响。一般来说，纳米浇铸所使用的前驱物是亲水的，孔壁亲水性的增强有助于提高与前驱物的结合程度。以二氧化硅介孔硬模板为例，增加孔壁上的硅羟基数量可以提高其表面的亲水性，采用微波消解法去除表面活性剂模板可以使孔道表面保留高密度的硅羟基，因此，微波消解法得到介孔二氧化硅是比较理想的硬模板。前驱物一般是气体、易溶固体或液体。大多数情况下，需要在浇铸前将前驱物溶解在合适的溶剂中，溶解后的前驱物先通过毛细作用进入开放的孔道。在溶剂挥发过程中，前驱物浓度不断增加，前驱物溶质在孔道表面上迁移并聚集在一起。下一步就是在合适的条件下在受限制的空间内将前驱物原位转化为目标产物，对于可热分解的无机盐前驱物，可以在适当气氛下升高温度来完成转化步骤。也可以采用电沉积或化学气相沉积法将浇铸和转化步骤结合。原位转化过程中体积不能收缩太大，可以用体积转化率（目标产物体积/前驱物体积）来描述前驱物的转化率。多数情况下，在前驱物转化为目标产物后，模板的孔道只有一小部分被占据，因此需要目标产物形成互相连通的骨架，以克服后续脱除模板的化学过程。纳米浇铸的最后一步是硬模板的脱除，介孔二氧化硅模板可以采用稀氢氟酸溶液或热的氢氧化钠溶液来脱除，介孔碳模板可以通过在氧气中或空气中燃烧（>500 ℃）来脱除。

3. 金属有机骨架多孔材料的合成

金属有机骨架（metal-organic frameworks，MOFs）多孔材料指小分子有机配体与金属离子或团簇，通过自组装过程形成的具有周期性网络结构的晶体材料（图 3-49）。在 MOFs 中，有机配体和金属离子或团簇的排列具有明显的方向性，可形成不同框架孔隙结构，具有高孔隙率、低密度、大比表面积、孔道规则、孔径可调及拓扑结构多样性和可剪裁性等特点，成为非常有应用前景的多功能材料。其功能活性位点可以来自金属离子/簇中心，也可以来自有机配体及孔道内的客体分子，从而表现出不同的吸附性能、光学性质、电磁学性质，广泛应用于气体储存和分离、催化、药物传递、化学传感等领域。

金属有机骨架多孔材料由两种次级结构单元（secondary building units，SBU）组成：一种为有机配体，已经从最初的含氮配体拓展到含氧、含磷、多功能配体甚至混合配体；另一种为一个金属原子，更多情况下为多原子簇，这个多原子簇包含两个或多个金属原子，或为包含金属原子的无限链。例如，类沸石咪唑酯骨架材料（zeolitic imidazolate frameworks，ZIFs）是由二价过渡金属离子（M，通常为 Zn 或 Co 离子）与咪唑基配体（IMs，图 3-50(a)）络合后形成的一种具有沸石分子筛拓扑结构的 MOFs 材料。如图 3-50（b）所示，ZIFs 中的 M—IM—M 键角（145°）与沸石中的 Si—O—Si 键角相近，金属离子与咪唑基有机配体通过 N 原子桥接构成四面体结构单元，再与相邻的金属或有机配体相连，最终可以形成具有 sod、rho、poz、moz 等拓扑结构的三维骨架结构（图 3-50）。

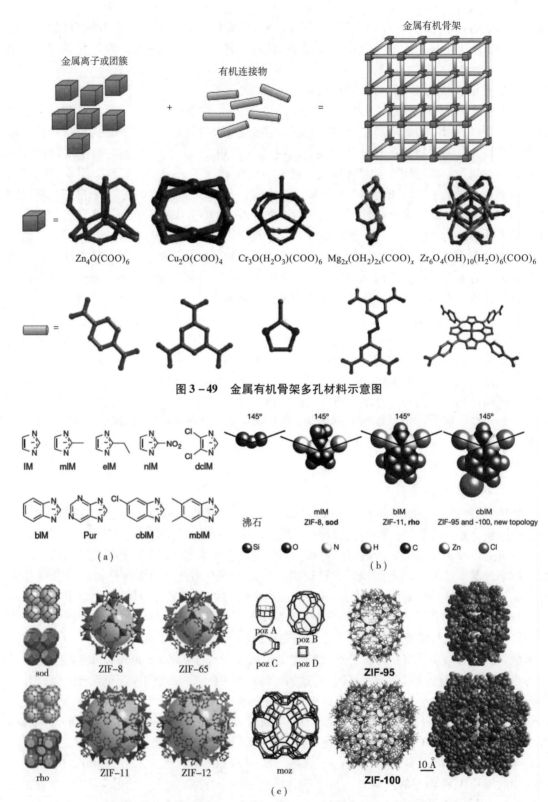

图 3 – 49　金属有机骨架多孔材料示意图

图 3 – 50　（a）咪唑基有机配体（IMs）示意图；（b）不同桥接角度；
（c）ZIF – 8、ZIF – 11、ZIF – 95、ZIF – 100 结构示意图

金属有机骨架多孔材料的合成方法包括溶剂挥发法、扩散法和水热（溶剂）法，近年来还发展了如离子热法、微波法、电化学法、超声法和机械化学法等合成方法（图 3 – 51（a））。

溶剂挥发法和扩散法常在室温或低温下进行，控制反应条件（反应物浓度、温度等）使反应体系达到临界成核浓度，或通过缓慢扩散实现浓度梯度，合成 MOFs 材料。这类方法可以获得适用于 X 射线单晶衍射分析的较大晶体，代表性的 MOFs 材料如 MOF – 5、MOF – 74、MOF – 177、HKUST – 1 和 ZIF – 8 都可以在室温下反应得到。

水热（溶剂热）法在高温高压下进行，合成时间较短，解决了前驱体室温不溶解的问题。离子热合成（Ionothermal synthesis）是采用离子液体替代水或有机溶剂来合成 MOFs，在合成过程中，离子液体可以同时起到反应物、溶剂、结构导向剂、电荷平衡剂的作用。2004 年，Kimoon 等将硝酸铜、2，4，6 – 三(4 – 吡啶) – 1,3,5 – 三嗪配体与 [Bmin]BF$_4$ 离子液体混合，在 170 ℃密闭的玻璃管中反应 2 天，得到了第一个利用离子热合成的三维 MOF 材料，[Cu$_3$(tpt)$_4$](BF$_4$)$_3$·(tpt)$_{2/3}$·5H$_2$O 的紫色晶体。

微波辅助合成法（Microwave – assisted synthesis）是通过微波与物质相互作用而实现对物质的选择性加热，极性分子溶剂能吸收微波而被快速加热，非极性溶剂几乎不升温。选择合适的微波反应器可以在反应过程中监控温度和压力，能相对精准的控制反应条件。目前针对微波辅助合成 MOFs 材料的研究主要集中在：加速结晶速度，合成微纳米 MOFs，增加产品纯度和选择性地合成多晶型物等。微波辅助合成法通过辐射的方式进行能量传递，为 MOFs 材料提供了快速的成核条件，可以实现快速结晶，可以大大缩短反应的时间。如 Ni 等人发现利用传统溶剂热法合成 IRMOF – 1 时需要 48 ~ 100 h，而用微波辅助合成法只需 25 s（150 W），就可以得到几微米大小的 IRMOF – 1、IRMOF – 2、IRMOF – 3。

2005 年，BASF 的研究人员首次提出了利用电化学法合成金属有机骨架多孔材料，其主要目的是能大规模生产 MOFs 而排除使用阴离子（如硝酸根、高氯酸根和氯离子等）。电化学法合成 MOFs 的反应原理是利用作为阳极的金属电极氧化溶解成金属离子，随后与溶液中的有机配体在电极表面形成 MOFs 材料。阳极溶解法必须用金属作为阳极电极，限制了电极材料的选择，目前 Cu 和 Zn 是主要的金属源，导致可合成的 MOFs 种类较少；其优点是可以连续操作，并且可以得到产率更高的固体。

机械化学法（Mechanochemistry synthesis）指物料在机械力诱发和作用下发生化学反应的合成方法，常见的反应设备有振摇床和行星式球磨机。机械化学法能有效缩短反应时间，避免高温反应，减少或不使用有机溶剂。另外，机械化学法在 MOFs 合成中可以有效解决反应物溶解性不佳这一局限问题，可使用硫酸盐、碳酸盐、氧化物和氢氧化物等固体反应物作为前驱体制备 MOFs 材料。2006 年，Pichon 等首次报道了在无溶剂条件下使用机械化学法制备 [Cu(INA)$_2$]（INA = 异烟酸）。将乙酸铜和异烟酸共研磨，并加热去除副产物水和乙酸，得到了高产率的中空、结晶、多孔框架结构。机械化学法合成 MOFs 材料可以分为三种：①无溶剂研磨法，即反应过程中不使用任何溶剂；②液体辅助研磨法（liquid – assisted grinding，LAG），即加入微量溶剂使反应物在分子水平上实现活性增强，加速机械化学反应；③离子液体辅助研磨法（ion – and – liquid assisted grinding，ILAG），即同时加入少量溶剂和盐离子加速 MOFs 形成。

超声化学法（Sonochemical synthesis）是指向反应混合物中施加高能量超声，该方法能使溶剂中不断地有气泡形成、生长和破裂的过程，可以快速释放能量，造成局部高温高压，

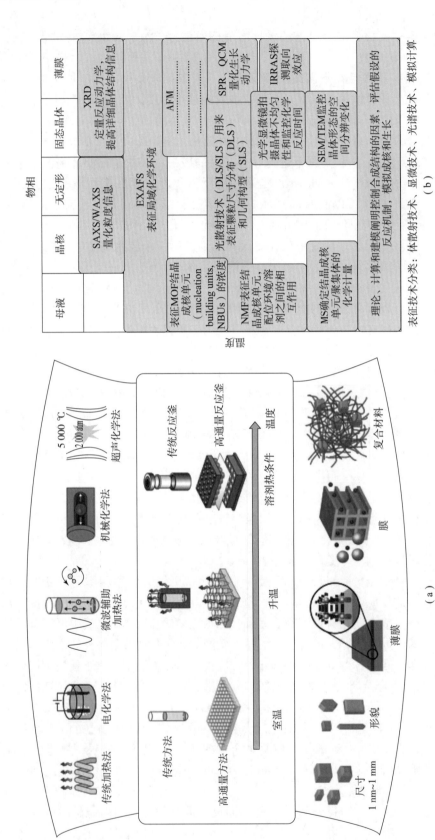

图3-51 （a）MOFs材料合成方法概观示意图；（b）用来探测MOFs成核结晶的原位测试、计算技术手段总结

导致快速受热和冷却，广泛应用于有机合成和纳米材料的合成。自 2008 年起，也被用于合成 MOFs 材料，目前仍处于探索阶段。

原位表征手段有助于深入理解 MOFs 形成机理，图 3 – 51（b）总结了探测 MOFs 成核结晶的原位测试、计算技术手段，具体内容可以进一步查阅相关文献[5]。

## 知识拓展

世界上第一个工业示范的 MOF 材料为 CALF – 20，自 2021 年 1 月以来，用在加拿大 Lafarge – Holcim 水泥厂的 $CO_2$ MENT 项目（图 3 – 52）中，进行每天一吨 $CO_2$ 捕获的工业试验。林健斌等人设计合成的含锌 CALF – 20 能够在 1.2 atm 和室温条件下，吸附自身重量 18% 左右的 $CO_2$，而且在多种混合气体中保持非常好的 $CO_2$ 选择吸附能力[6]。

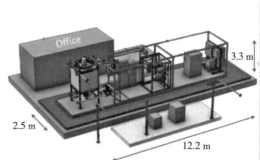

图 3 – 52　Lafarge – Holcim 水泥厂的 $CO_2$ MENT 项目

# 本章思考题

1. 结合液相纳米合成方法，如何理解"自下而上"和"自上而下"的内涵？

2. 如何使两种组分材料构成异质结构？其中重要的影响因素包括哪些？

3. 如何区别 CVD 和 PVD 工艺？

答：（1）CVD 工艺是指在气相沉积过程中，参与沉积的原料在固体表面或沉积室中进行化学反应，并且生成非挥发性固态沉积物的过程。

（2）PVD 工艺是指在气相沉积过程中，参与沉积的各原料通过加热蒸发成气相，或通过电子、离子、光子等荷能粒子的能量把金属或化合物靶溅射出相应的原子、离子、分子，并且在固体表面上沉积成固态沉积物的过程，在此过程中不涉及物质的化学反应。

4. 影响 CVD 过程的因素有哪些？

答：前驱体种类、工艺方法、反应条件（如温度、压力、气体流量等）、气体浓度、衬底结构、温度梯度、炉内真空度等。

# 本章计算题

在标准状态下，有 CVD 反应：$SiH_4(g) \rightleftharpoons Si(s) + 2H_2(g)$，若该反应发生在密闭体系中，通入 1 atm 的 $SiH_4$，试计算 $SiH_4$ 的转换率为 10%、90% 和 99% 时反应的压强平衡常数 $K_p$。

解：已知平衡常数 $K_p$ 的计算公式为：

$$K_p = \frac{p_{H_2}^2 a_{Si}}{p_{SiH_4}}$$

式中，$a_{Si}$ 为固体活度（沉积物为纯物质时，一般为1）；$p$ 为气体的分压。

当转换率为 10%，且通入 1 atm 的 $SiH_4$ 并达到平衡时，应有 0.9 atm 的 $SiH_4$ 和 0.2 atm 的 $H_2$，则

$$K_p = \frac{p_{H_2}^2 a_{Si}}{p_{SiH_4}} = \frac{0.2^2 \times 1}{0.9} = 0.044$$

同理，当转换率为 90% 和 99% 时，$K_p$ 的值分别为 32.4 和 392.04。

# 参 考 文 献

［1］ 王训，倪兵，等. 纳米材料前沿纳米材料液相合成［M］. 北京：化学工业出版社，2018.

［2］ Wang X, Zhuang J, Peng Q, Li Y. A general strategy for nanocrystal synthesis［J］. Nature，2005（437）：121－124.

［3］ Li X, Ji M, Li H, Wang H, et al. Cation/Anion Exchange Reactions toward the Syntheses of Upgraded Nanostructures：Principles and Applications［J］. Matter，2020（2）：554－586.

［4］ Liu J, Zhang J. Nanointerface Chemistry：Lattice － Mismatch － Directed Synthesis and Application of Hybrid Nanocrystals［J］. Chemical Review，2020（120）：2123－2170.

［5］ 陈敬中，等. 纳米材料科学导论［M］. 北京：高等教育出版社，2010.

［6］ Bennett T D, Coudert F X, et al. The changing state of porous materials［J］. Nature Materials，2021（20）：1179－1187.

［7］ 徐如人，等. 分子筛与多孔材料化学［M］. 北京：科学出版社，2015.

［8］ Korde A, Min B, et al. Single － walled zeolitic nanotubes［J］. Science，2022（375）：62－66.

［9］ 赵东元，万颖，等. 有序介孔分子筛材料［M］. 北京：高等教育出版社，2013.

［10］ Howarth A J, Liu Y, et al. Thermal and mechanical stabilities of metal － organic frameworks［J］. Nature Reviews Materials，2016（1）：15018.

［11］ Lin J B, Nguyen Tai T T, et al. A scalable metal － organic framework as a durable physisorbent for carbon dioxide capture［J］. Science，2021（374）：1464－1469.

# 第4章

# 纳米材料的化学组装、成膜及原理

## 本章重点及难点

（1）理解自组装的原理。

（2）了解自组装的影响因素。

（3）辨识组装基元间的相互作用以及特别结构带来的特定功能。

### 引言

自组装研究的基本问题就是揭示组装基元间的相互作用本质和协同规律，在此基础上对自组装过程进行调控，设计制备出具有特定功能的自组装体系。本章将学习自组装原理，认识分子自组装体系和纳米结构自组装体系，以自组装膜和石墨烯自组装体为例介绍其研究进展。

## 4.1　自组装原理

自组装（self – assembly）是指基本结构单元（分子、纳米材料、微米或更大尺度的物质）自发形成有序结构的一种技术。自组装现象广泛存在于自然界和生命系统中，如蛋白质可以在定向非共价键相互作用下通过多级次自组装形成各种复杂功能体，核酸通过编码式的碱基对氢键和堆积形成双螺旋等结构，从而完成遗传使命。化学自组装研究最早开始于在金表面组装单分子膜，之后自组装的概念广泛应用于材料科学领域中，科学家利用非共价键的弱相互作用将原子/分子或原子/分子集团、纳米尺度聚集体、纳米材料等组装构筑出新的复杂结构，获得更多具有特定功能的组装体系。2005 年，美国《科学》杂志在创刊 125 周年之际，将"我们能推动化学自组装走多远？"（How far can we push chemical self – assembly?）作为 25 个重大科学问题之一被提出。

在自组装过程中，基本结构单元在非共价键的相互作用下，通过识别、结合、结构修复等最终形成稳定的、具有特定结构和功能的组装体系。自组装的过程并不是大量原子、分子、离子之间弱相互作用的简单叠加，而是若干个体之间同时自发地发生关联并集合在一起所形成的一个紧密有序的整体，是一种整体的复杂协同作用。化学自组装提供了一种可以利用合成分子产生新结构的重要手段，通过组装新的结构，不断发现新的科学现象、性质和规律，实现分子在微观、介观及宏观尺度上的可控排列。

作为美国科学院、工程院、人文和科学院三院院士，哈佛大学的 George M. Whitesides 教授曾指出：自组装概念适用于所有尺度范围，深入研究自组装在理论上将有利于加强对生物界结构和过程的认识与理解，在材料制造上，可以在各个尺度实现三维结构的灵活制备，这是传统制造所不具有的优势。如有机或无机微球通过自组装的方式可以形成二维或三维有序胶体晶体（图 4-1（a）），若组成三维胶体晶体中的微球粒径或晶面间距与可见光的波长满足布拉格公式或薄膜干涉方程，则可见光在胶体晶体中就会发生衍射或干涉，使胶体晶体呈现出不同颜色，利用这种性质，胶体晶体可用作传感器、光子纸等功能器件或材料。自然界中光子晶体的原型是蛋白石，这种宝石因内部堆积的二氧化硅小球而表现出特殊的变彩效应（图 4-1（b））。

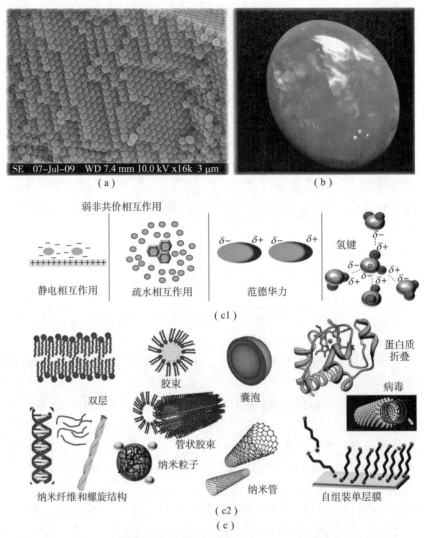

图 4-1 （a）胶体晶体的典型扫描电镜图像；（b）自然界中的蛋白石；
（c1）自组装驱动力 - 非共价键力；（c2）一些自组装形成的分级结构卡通示意图[1]

本章中自组装主要指分子及纳米颗粒等结构单元在平衡条件下，通过非共价键作用自发地缔造热力学稳定、结构稳定、性能特殊的聚集体的过程。自组装过程的关键是界面分子识别，其驱动力包括范德华力、氢键、静电力、毛细作用力等（图4-1（c）），其中，范德华力、氢键、静电力是三种最基本的分子识别方式。

范德华力（van der Waals Force）是存在于分子之间或分子与基底之间的一种吸引或排斥的非共价短程作用力，包括色散力（London dispersion forces）、偶极-偶极作用（dipole-dipole interactions or Keesom forces）和诱导偶极作用（induction or Debye forces）等，得名于其发现者荷兰科学家 Johannes Diderik van der Waals。在一般情况下，范德华力以吸引的方式使组装单元相互聚集，诱导分子形成密堆积结构，使用合适的溶剂或配体可以实现定向的自组装，以形成不同维数的自组装体。如烷烃类分子在高定向裂解石墨（highly oriented pyrolytic graphite，HOPG）表面组装时，会形成有序密排结构。以 $C_{32}H_{66}$ 为例，高分辨 STM 图像（图4-2（a））显示了其在 HOPG 表面形成了高度有序的二维分子组装结构。纳米颗粒表面配体之间的范德华力对纳米颗粒的自组装过程有重要影响，如两亲嵌段共聚物（amphiphilic block copolymers，BCPs）在金纳米颗粒表面的接枝密度对纳米颗粒的自组装有重要影响（图4-2（b））：在低接枝密度时，主要通过粒子核之间的范德华力相互作用，

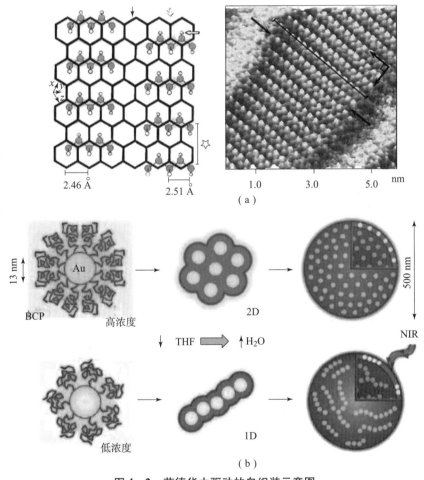

**图4-2 范德华力驱动的自组装示意图**

（a）直链烷烃在石墨表面的密排结构模型及三十二烷在石墨表面形成的密排结构 STM 图像；

（b）BCPs 修饰的金纳米颗粒组装示意图[2]

有利于形成一维的链状结构；当金纳米颗粒表面具有高接枝密度的 BCPs 时，聚合物层之间的疏溶剂相互作用为主导作用，有利于平面组装体的形成，随着体系中主要溶剂逐渐由四氢呋喃（tetrahydrofuran，THF）转变为水，粒子间增强的疏溶剂相互作用促进了囊泡结构的形成。

氢键在本质上是一种静电键，由正向极化的氢原子与相邻原子的负电荷强相互作用而形成，可标记为 X—H⋯Y，通常产生氢键的 X 和 Y 原子都具有较强的电负性，如 N、O 等。氢键具有方向性和选择性，在超分子化学、分子组装和自组装纳米技术中得到了充分发展。羧基、羟基和氨基是最常见的氢键作用基团，利用含有这些基团的化合物可以构筑多种分子组装结构和纳米组装体系。如羧基等可同时作为氢键给体和受体，自身即可形成氢键（图 4 - 3（a）），可以用来构筑单组分二维氢键网格结构。最典型的代表是在金或银纳米粒子的表面用硫醇进行单分子层修饰，通过硫醇分子间氢键来诱导自组装。除了硫醇以外，二硫化物和硫醚也可以有效地在金纳米粒子外层形成单分子层的化学包覆。如图 4 - 3（b）所示，利用四齿的硫醚小分子来导向金纳米粒子自组装成为球形聚集体，加入长链硫醇后，在疏水的表面组装后的球形聚集体还可以再次分散。

静电力诱导的自组装也广泛应用于纳米自组装体系中。带相同电荷的纳米组件间的静电排斥力可防止纳米单元发生团聚，起到稳定纳米胶束的作用；带相反电荷的纳米组件间的静电吸引力可以促进纳米自组装体的形成。选择合适的溶剂或调整纳米单元的浓度、尺寸大小等，可精确地调控自组装过程。如王中林等发现沿着（001）方向生长的氧化锌（ZnO）纳米带的两侧具有不同的电性，锌原子富集的一侧表现出正电性，而氧原子富集的另一侧表现出负电性。在静电力诱导下，一维的纳米带结构会自组装成三维右手螺旋状结构。

近年来，随着人们对纳米粒子在外力场作用下取向行为认知逐步成熟，表面张力、重力、磁力等已成为新的自组装原动力。如图 4 - 4 所示，单分散纳米晶表面一般包覆了一层长碳链表面活性剂分子（成为憎水表面），分散于非极性溶剂中形成稳定的胶体，通过缓慢蒸发溶剂或者在体系中引入非溶剂使纳米晶体系过饱和是常用的纳米晶自组装方法。此外，具有磁性的纳米粒子可以在磁场中取向排列后，通过静磁力自组装成有序的组织结构，自组装过程与磁性粒子种类、大小、形状等有关。在纳米结构自组装部分会详细介绍。

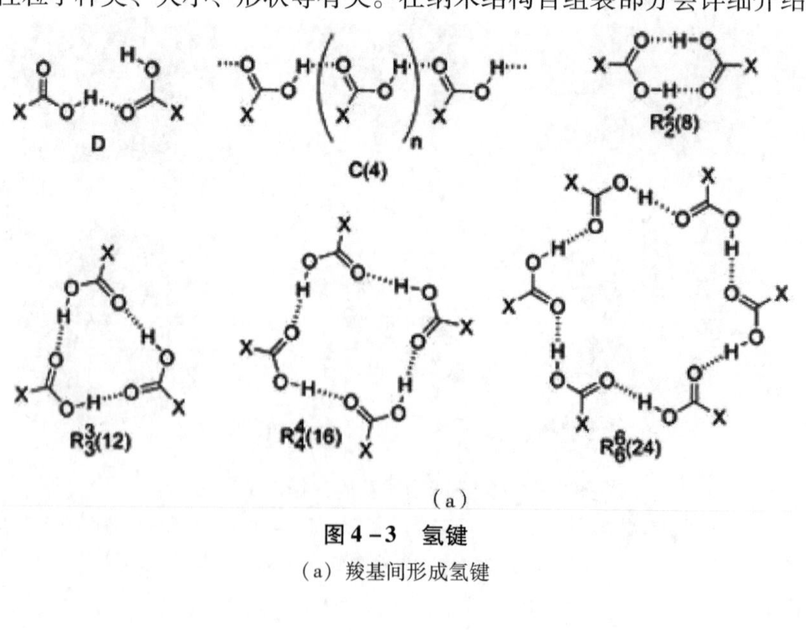

（a）

**图 4 - 3　氢键**

（a）羧基间形成氢键

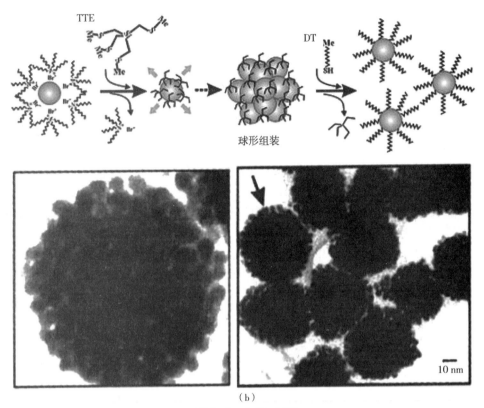

图 4-3 氢键（续）

（b）以四齿硫醚小分子化合物修饰的金纳米粒子自组装为球状聚集体的示意图及透射电镜图片[3]

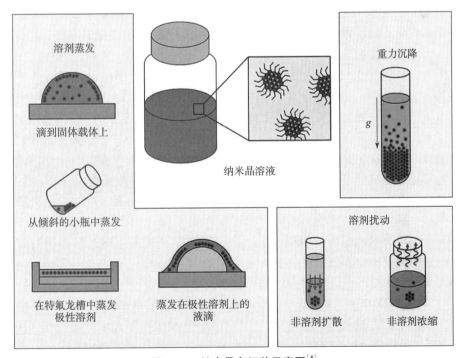

图 4-4 纳米晶自组装示意图[4]

# 4.2 分子自组装体系

分子自组装是自然界的普遍现象，许多生物大分子如 DNA、病毒分子和酶等都是通过自组装过程，形成高度有序的功能化复杂结构。早在 1946 年，Zisman 等就报道了表面活性物质在洁净金属表面上吸附而形成单分子膜的现象，但直到 1980 年 Sagiv 等报道了十八烷基三氯硅烷在硅片上形成自组装单分子膜，以及 1983 年 Nuzzo 等成功制备了烷基硫化物在金表面的自组装单分子膜后，制备自组装单分子膜的研究体系逐渐发展起来，并拓展到制备多层复合膜、大分子物质、纳米颗粒及超晶格等。分子自组装内涵是分子在均衡条件下通过非共价键作用，自发地结合成结构稳定的纳米或微米尺度有序结构的过程。形成分子自组装体系可以划分成三个层次：①通过有序的共价键结合成结构复杂的、完整的中间分子体；②由中间分子体通过非共价键的协同作用形成结构稳定的大的分子聚集体；③由一个或几个分子聚集体作为结构单元，多次重复自组织排列成纳米结构体系。因此，设计自组装体系的关键在于正确调控分子间的非共价连接，并克服自组装过程中热力学的不利因素。目前在分子自组装领域的前沿研究方向包括：①组装规律和组装方法学的研究；②对实现特定功能所需结构的认识，即结构与功能关系的研究；③原位观察分析和检测组装过程、组装产物和组装体系功能的技术方法。

分子自组装的关键是界面分子识别，分子识别是某给定受体（receptor）对基底（substrate）或给体（donor）选择性结合并产生某种特定功能的过程。分子识别包含两个内容：一是分子间有几何尺寸、形状上的相互识别；二是分子对氢键、π—π 相互作用，等非共价相互作用的识别。调控分子自组装最直接的方法是精确地设计和改变分子结构，从而调整分子之间及分子–基底之间的相互作用，以得到特定结构和功能的组织结构。还可以通过改变组装环境或引入外场调控分子的自组装结构，包括选择不同类型的溶剂、对组装体系加热、光照、引入或改变电场/电位及磁场等。在自组装领域中常用的分子构造块的类型有：①类固醇骨架、线性和支化的碳氢链、高分子、芳香族类、金刚烷；②金属酞菁、双（亚水杨基）乙二胺配合物；③过渡金属配合物。在以氢键为驱动力的自组装过程中，若一组分带有质子供体，另一组分只带有质子受体，则二者形成的自组装体系结构最稳定。绝大多数自组装体系的研究都是在溶液中进行的，因此，根据体系的不同，溶剂的选择对最终的组装结构有很大影响。这主要是由于溶剂溶解能力影响分子吸附，溶剂极性影响溶质分子的吸附构象，溶剂还会影响分子的运动和吸/脱附平衡，溶剂的挥发性影响溶质分子的组装进程，溶剂与溶质相互作用形成共吸附结构等。若自组装以氢键为主要驱动力，则任何破坏氢键作用的溶剂同样会破坏组分的自组装能力。

如今分子自组装已经成为材料科学中"自下而上"构筑有序纳米结构的有效手段，并在各种应用方面展现出巨大的潜质。根据分子种类不同，分子自组装的分子可以是小分子表面活性剂（small molecular surfactants）（具有极性头部和非极性长链尾端），也可以是两亲性嵌段共聚物（amphiphilic block copolymers）（由不同亲疏水特性的高分子链共价相连形成）。将其添加到液体中，在疏水力的驱动下，这两类分子都能在溶液相和界面自发形成有序的聚集体（胶束），随着分子在溶液体中浓度进一步增加，胶束会聚集组装成层状、六方柱状相以及立方状等复杂聚集结构，作为分子模板，引导和规范无机分子组装行为制备纳米材料。

　　如中科院上海硅酸盐研究所的施剑林院士团队采用阴离子嵌段共聚物聚苯乙烯 – b – 聚丙烯酸和阳离子表面活性剂十六烷基三甲基溴化铵（CTAB）作为模板剂和结构导向剂，利用界面自组装技术及溶胶 – 凝胶工艺，成功制备出一系列具有新颖孔结构的纳米氧化硅结构（包括核壳型双介孔结构、大孔径小粒径介孔结构、空心介孔结构及嵌入型双孔结构等）（图 4 – 5）。并进一步通过研究模板剂与氧化硅物种之间的界面作用实现了多级孔结构孔径、孔结构及颗粒形貌的精确调控。还可以在制备过程中同时将功能性纳米粒子如磁性纳米粒子或金纳米棒引入多级孔结构中，构建可同时用于肿瘤定位及治疗的纳米多孔氧化硅载体材料。如图 4 – 5（a）所示，在组装过程中，亲水段 PAA 和 CTAB 通过静电力形成混合胶束，胶束的 CTA$^+$ 基团与加入的硅源结合，随着硅源水解，形成有序的无机 – 有机杂化聚集体。调整小分子表面活性剂的比例可以调控嵌段共聚物的微相分离程度，实现对介孔二氧化硅孔结构的调控。调控 CTAB 的加入量，可得到一系列介孔二氧化硅，包括六方相、立方相、层状孔结构。调整 CTAB 的浓度还可以实现壳层孔分布的调控，随着 CTAB 浓度增加，壳层小孔逐渐扩展到内层（图 4 – 5（b））。在相对低浓度时，CTAB 大部分与 PAA 嵌段及水解硅源结合，在共聚物胶束壳层形成小孔。随着浓度增加，CTAB 与 PAA 嵌段的强相互作用使得 CTAB 胶束均匀分散，使壳层小孔扩展到内层。

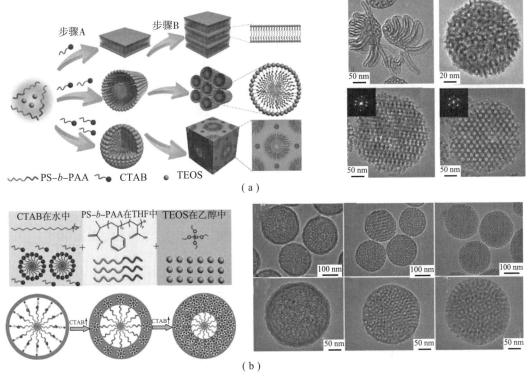

图 4 – 5　（a）协同组装形成双孔结构示意图及二氧化硅介孔纳米材料 TEM 图片；
（b）协同组装调控孔分布示意图及二氧化硅介孔纳米材料 TEM 图片[5]

　　分子自组装体系还可以用来制备一维纳米结构，如佐治亚理工学院的林志群教授课题组设计了一种洗瓶刷式的嵌段共聚物（BBCP），该共聚物具有以密集接枝功能嵌段共聚物作为侧链的纤维素骨架，将其分散在 DMF 极性溶剂中，分散于溶剂中的无机前驱体由于溶剂的极性作用，优先分布在 BBCP 中分子链形成的反应舱室，高浓度的聚集驱动了无机材料的成核以及无机纳米棒的生长（图 4 - 6 (a)）。也可以通过单胶束在衬底上的组装合成二维纳米材料，这个组装策略可以拓展到不同衬底，如氧化铟锡（ITO）玻璃、硅片、氧化石墨烯片等。通过调控胶束浓度，可以实现介孔孔道的方向性（水平介孔或垂直介孔）的调控。如将 Pluronic F127 - 酚醛树脂胶束在氧化铟锡玻璃上组装，经过后续煅烧及去除衬底可以得到高度有序的介孔碳膜（图 4 - 6 (b1)）。除了孔道方向性，二维薄膜的厚度也可以通过单胶束组装来调控。如图 4 - 6 (b2) 所示的三明治结构二维介孔薄膜是通过在氧化石墨烯片上组装单层胶束实现的，首先共聚物 - 酚醛树脂胶束在溶液中形成，然后胶束通过氢键和密堆积推动力组装在氧化石墨烯片上，调整氧化石墨烯片与胶束的比例，可以得到单层胶束，最终实现对二维薄膜厚度的调控。制备二维薄膜材料在去除衬底时容易破坏二维材料的结构，因此开发无衬底二维材料制备策略受到关注。如赵东元院士课题组以水热诱导溶剂限制组装法制备了单层二维有序介孔二氧化钛（TiO₂）薄膜（图 4 - 6 (b3)）。这一策略

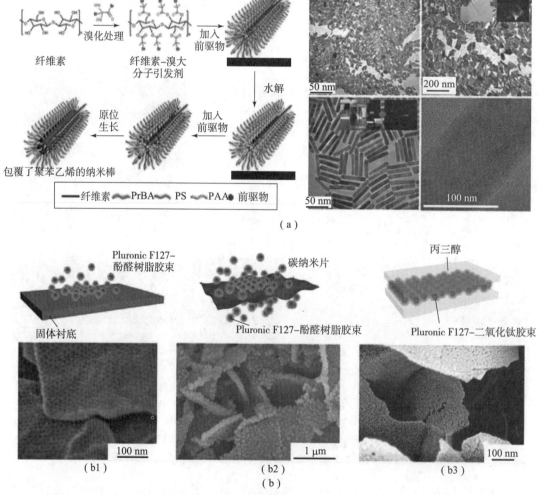

图 4 - 6 （a）BBCP 模板制备一维纳米棒的示意图和 TEM 图[5]；（b）单胶束组装形成的 2D 介孔材料的示意图和 TEM 图[6]

采用球状 F127 – TiO$_2$ 胶束在乙醇/丙三醇混合液中组装，采用高黏度的甘油作为共溶剂是因为它能与单胶束充分结合，诱导单胶束在特定限域空间内组装、排列，同时可以抑制前驱体过快水解聚合。这种独特的单胶束二维限域组装可以得到有序的介孔二氧化钛薄膜，调控反应中丙三醇的比例可以得到一系列厚度的介孔二氧化钛薄膜，包括单层（约 5 nm）到多层（约 20 nm）。

# 4.3　纳米结构自组装体系

纳米结构的自组装体系是指通过弱的非共价键，如氢键、范德华力和弱的离子键协同作用将原子、离子或分子连接在一起构筑成有序结构。以纳米晶为"建筑单元"制备高度有序的宏观块体，为材料的优化、协调和性能的提高提供了新的方法。纳米晶自组装，形成超晶格的过程，从颗粒形成到组装体过程中的熵变、配体与配体之间的相互作用力、粒子之间的范德华力、粒子表面电荷的库仑力等，都发挥了重要的作用。其中，存在三个基本因素会影响自组装的形成过程：

（1）驱动力

氢键、静电力和配位键是形成有序组装体的三种基本方式。这三种作用力的强度与化学键相比是十分微弱的，但其具有化学键较难实现的确定的方向性及可调控性。

（2）组分浓度

对于多元纳米组装体，通过各组分浓度比例的调控可实现产物结构和性质的变化。

（3）溶剂

在组装过程中，溶剂的选择是需要多方面考虑的。首先，溶剂影响各组分的有效浓度，溶剂作为介质，对组分结构产生破坏作用；其次，在溶剂中进行的给受体缔合，存在去溶剂化的问题，溶剂化效应要能部分补偿熵的损失；最后，选择溶剂存在"不相容"规则，如组装驱动力为疏水相互作用，自组装应在水相中进行。

因上述影响因素较多且较复杂，使得对特定情况组装体的组装机制的研究具有较高的难度。然而，普遍的纳米晶之间的组装现象往往也是符合自然规律的，例如，单一组分的纳米晶组装体，以面心立方和六分密堆最为普遍，这主要可以归结为这类结构具有较低的熵，可以实现最稳定的组装结构（图 4 – 7）。然而，对于二元纳米晶的自组装，可以通过调节两种纳米晶的比例，实现 AB、AB$_2$、AB$_3$、AB$_4$ 等组装结构，这也都可以从自然界存在的一些化合物如 NaCl、CuAu、AlB$_2$、Cu$_3$Au、Fe$_4$C 等中发现一般规律。

常规的自组装体可以通过化学法结合物理法微观调控实现。其中，要实现有序自组装，需要可控的单分散尺寸和形状的纳米晶体构造单元、具有合适的表面活性剂和溶液的钝化层以及可控的缓慢干燥过程。在控制粒子的结构方面，自组装动力学也起了重要的作用，溶剂的缓慢蒸发倾向于使粒子形成长程有序组装。比如，液相纳米晶的自组装体的合成中，胶体纳米晶的溶剂挥发和外力扰动是最常规的实验合成方法。基于溶剂挥发实现的组装体，通常选取适宜浓度的纳米晶胶体，溶剂逐渐挥发直至干燥的状态，形成超晶格薄膜。其中，溶剂的挥发速率和纳米晶表面活性剂的添加量是影响组装体结构的重要因素。添加过量的表面活性剂可以钝化裸露的纳米晶体表面、防止亚稳相的溶剂脱湿以及诱导形成长程有序超晶格。

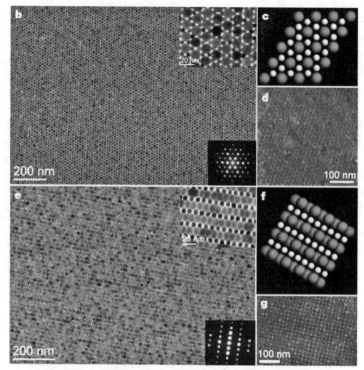

图 4-7 二元纳米颗粒的有序组装结果和堆叠模型图

## 4.3.1 水油界面自组装

两相反应发生在水油界面上。一般情况下，将金属盐类和表面活性剂溶于非极性溶剂中形成一种溶液，另将还原剂溶于极性溶剂中形成另一种溶液，两种溶液混合后，随即在相界面上发生反应，然后在一定的温度下成核和生长，最终生成产物可以完全均匀地分散在非极性溶剂中。这种制备自组装纳米晶的方法一般是以相转移剂将水溶性金属前驱物移至油溶液中，再利用还原剂还原，或者可以直接在相界面上发生反应，生成纳米晶或其自组装结构。

纳米晶的生长都会经历成核和生长两个过程，其中，成核过程对于获得单分散型纳米晶是关键步骤。水油两相法制备纳米晶自组装结构时，两相体系自身将反应单体与还原剂分开。与单相系统反应相比，它的生长和成核发生在水油界面上，这样不仅有助于均匀成核，而且能够有效地减缓生长速率。比如法拉第用两相法首次制备了稳定的胶状金属纳米晶体，他用 $CS_2$ 的磷溶液还原水溶液的金盐，得到一种红宝石色的分散的金纳米水溶液。在典型的过程中，$AuCl_4^-$ 在油水界面处被还原，界面处有硫醇酯（SR，$R = n - C_nH_{2n+1}$，$n = 4$、6、8、12、…）表面活性剂和还原剂（如 $NaBH_4$）存在，$N(n - C_8H_{17})_4Br$ 作相转移剂，$AuCl_4^-$ 从水相转移到甲苯相，并且在十二烷基硫醇存在下，用 $NaBH_4$ 对 $AuCl_4^-$ 进行还原。加入还原剂，有机相可以在几秒内从橘黄色变成深褐色。

$$AuCl_4^-(aq) + N(C_8H_{17})_4^+(C_6H_5Me) \rightarrow N(C_8H_{17})_4^+ AuCl_4^-(C_8H_5Me)$$

$$mAuCl_4^-(C_6H_5Me) + nC_{12}H_{25}SH(C_6H_5Me) + 3me^- \rightarrow$$

$$4mCl^-(aq) + (Au_m)(C_{12}H_{25}SH)_n(C_6H_5Me)$$

电子是由 $BH_4^-$ 提供的。这里采用的方法是将金纳米晶体的制备和表面活性剂的黏附在一步内完成。将过量的还原剂进行扩展暴露接触，可以腐蚀掉形成的缺陷结构。

反相胶束法是利用水、油和表面活性剂三元体系形成的微乳液或反相胶束作为反应场所制备纳米粒子的方法。表面活性剂一方面可以有效地阻止纳米粒子的聚集和进一步生长，从而实现对粒子尺寸的有效控制；另一方面可以为粒子提供可溶解性或可分散性。1988 年，Brus 的小组报道了利用反向胶束法合成纯净的、稳定的有机包覆的 CdSe 工艺。通过将二甲基镉和 Se 粉共同溶解到三烷基（丁烷、辛烷）膦中，并将溶液注入热的（340～360 ℃）三辛烷氧化磷（trioctyl phosphine oxide，TOPO）中，迅速成核，并在（280～300 ℃）生长成 CdSe 纳米晶体。将形核期与生长期及沉淀过程分开，几乎可以得到单分散的 CdSe 纳米晶体，通过对动力学的控制可以得到 CdSe 纳米棒。将稳定剂磷酸钠和 $Cd(ClO_4)_2$ 注入去离子水中，引入 $H_2S$，并用 NaOH 调节 pH，可以制得 CdS 纳米晶体。

### 4.3.2 模板辅助纳米颗粒的图案化

模板合成法是选择某一物质为基，促使组分在其周围生成实现结构可控的纳米功能材料。关键在于选好相应的纳米模板，其既是定型剂，又是稳定剂，改变其形状和尺寸可以实现结构的调控，制备出一定形状和尺寸的纳米功能复合材料。

如选用表面活性剂作模板，在一定条件下自组装成纳米级的囊泡、胶束、液晶，再加入硅酸盐、铝源等前驱体，通过水热合成制得含表面活性剂的硅铝酸盐复合体，最后用高温烧除或溶剂萃取可移走模板分子，从而可制得多孔的沸石分子筛。可用改变模板分子大小或创造孔道的重排条件，可以有效调节孔道形态和孔径大小。相关示例如图 4-8 所示。

**图 4-8 模板辅助纳米颗粒有序组装结果和实物图**

### 4.3.3 各向异性纳米晶的自组装

纳米材料具有独特的物理化学和光电性能，这些独特的性能很大程度上依赖于它们的尺寸和形态。各向异性的纳米粒子只有在能改变不同晶面的表面能的模板试剂（或包覆试剂）存在下才能够制备，因为在具有立方结构的金属粒子的成核和生长过程中，热力学稳定的纳米粒子更倾向于形成具有最小总表面能的球形结构。

在各向异性形貌的金纳米粒子中，一维棒状金纳米粒子由于其具有特殊的光电特性，如较强的表面增强拉曼散射（SERS）、荧光性、紫外可见吸收光谱特性，以及化学反应时的各向异性等，长期以来受到人们的关注。例如，El-Sayed 课题组通过使用十六烷基三甲基溴化铵及十六烷基苄基二甲基氯化铵双表面活性剂并改变硝酸银加入量制备了不同长径比的金纳米棒。其横轴和纵轴具有明显差别的等离子体共振波段。因此，改变其组装方式，调整其"头碰头"或"肩并肩"的组装结构，带来完全不同的光学性质。

## 4.4  自组装膜的应用研究

将低维纳米晶组装起来，形成一维、二维、三维的组装体，有序排列，对于其实际应用具有重要的价值。同时，这些单体纳米晶在组装后，不仅具有纳米晶单体的优异性质，同时也体现出了超晶格块体的宏观性质。其中，自组装膜在光电和表面增强拉曼等重要的性能研究中，展现出了重要的应用价值。

### 4.4.1  纳米光电器件

随着人们对光电信息器件需求的日益旺盛，光电器件结构朝着微型化发展，传统半导体器件制备工艺复杂、成本高昂的局限性愈加明显，阻碍了该领域的长远发展，纳米材料的出现为突破传统硅基器件提供了新思路。由于纳米材料具有独特力学、电学及光学性能，因此，基于纳米材料的功能性纳米器件的研制将有利于进一步推动纳米材料在集成电路、智能传感、信息通信、生物医疗、环境检测、能源收集以及国防安全等重大领域的广泛应用，进而打破当前功能性器件的技术"瓶颈"。其中，零维材料及一维材料由于其可靠的制备方法及特殊性能，可作为器件电极或导线焊接材料、电子传输通道材料或沟道材料等，如图4-9所示。

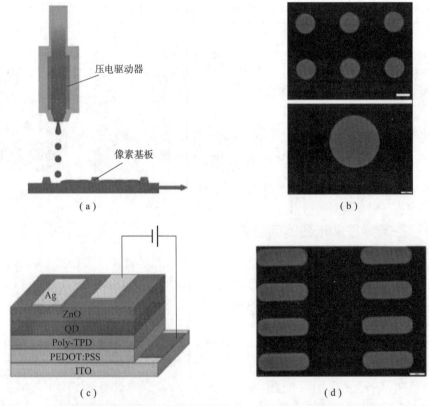

图4-9  （a）像素基板上喷墨打印量子点示意图；（b）基于复合溶剂的量子点墨水均匀成膜的荧光显微镜图（标尺为100 μm），以及放大的荧光显微镜图（标尺为20 μm）；
（c）器件结构示意图；（d）电致发光显微镜图

目前的液相纳米晶成膜制备光电器件的方法，主要以上文提到的旋涂法为主，这就需要纳米晶本身具有较高的单分散性，并且纳米晶分散的溶剂满足旋涂工艺的要求。喷墨打印是一种定向沉积的数字化溶液加工技术，具备低成本、大面积和图案化的天然优势，可以很好地与纳米光电材料匹配，在发光显示等领域具有潜在的产业化应用价值。目前，喷墨打印量子点存在成膜不均一的问题，这是制约喷墨打印在量子点发光显示领域发展的重要原因。因此，从墨滴蒸发及其伴随的流体动力学来理解和调控量子点输运实现均匀成膜，将对基础科学研究及喷涂工艺产业化都有重要意义。

## 4.4.2　表面增强拉曼和生物检测

1974 年，Fleischmann 首先观测到了吸附在粗糙的银电极表面的吡啶的拉曼信号；1977年，Van Duyne 等仔细比较了实验和计算发现，指出这种增强是来自一种与粗糙的电极表面相关的表面增强效应。后来这种现象被命名为表面增强拉曼散射（Surface - Enhanced Raman Scattering，SERS）。自此，SERS 逐渐发展成一个非常活跃的研究领域。人们在经过多年的实践，总结出如下经验：①金属纳米粒子表面有显著的 SERS 效应，如 Au、Ag、Cu、Li、Na、K 及 Pt 等过渡族金属，且 SERS 增强因子与激发波长及金属表面形貌密切相关（图 4 - 10）；②SERS 现象只发生在相对粗糙的金属表面，其粗糙程度在十几到几百纳米之间；③SERS 效应在金属表面（通常是几纳米的距离）才会观察到，随着离金属表面越远，增强因子呈现指数级下降；④在 SERS 现象的研究中，光谱的峰位和强度随着时间表现出的不稳定性一直是 SERS 研究中一个热点，这种不稳定性也为其应用带来了一些障碍。尤其是在单分子 SERS 中，SERS 光谱随时间的变化尤为明显。

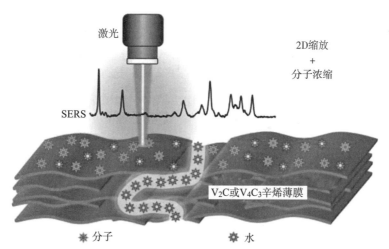

**图 4 - 10　柔性二维碳化钒 MXene 基滤膜的表面增强拉曼增强效果示意图**

目前的纳米 SERS 技术应用于生物检测。例如，患者呼出物、血清液、脱氧核糖核酸的检测，为早期患者的疾病诊断提供一种有力分析手段（图 4 - 11）；应用于海洋微塑料、大气有毒有害气体、水体有机污染物和土壤重金属的微量检测，实现对环境中有害物质的监测，还可实现对危害公共安全的爆炸物质和疑似吸毒人员体液、毛发中含毒品物质的快检。

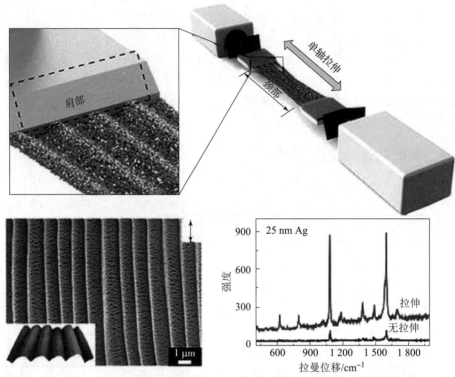

图 4-11　单轴拉伸的柔性表面等离振子共振膜用于表面增强拉曼散射诊断

### 4.4.3　电池电极材料

电池电极材料，其性能受材料本身具有的比容量影响外，电极材料的结构、比表面积等因素也是制约其充放电性质和稳定性的重要因素。利用纳米材料的小尺寸特性和高表面活性，结合自组装带来的稳定结构特性，制备多层次结构的纳米材料组装体电极，是实现电池电极材料性能突破的重要方法。在现有的研究中，以纳米颗粒为基元构造的中空纳米微球是最常见的自组装电极材料，其中，纳米微球提供了较多的表面活性位点，中空结构化纳米微球提供了更大的表面接触面积，从而提高材料在电池充放电中所表现出的实际容量以及长循环稳定性。此外，纳米片层材料的有序组装体，可以在提供较大比表面积的同时，避免层状直接堆叠导致的活性位点数量降低的问题，也在电池电极材料应用领域展现出了较好的应用前景。

## 参 考 文 献

［1］Casalini S, Bortolotti C A, et al. Self – assembled monolayers in organic electronics ［J］. Chemical Society Reviews, 2017 (46)：40 – 71.

［2］万立骏. 固体表面分子组装 ［M］. 北京：科学出版社，2014.

［3］Qin X, Luo D, et al. Self – assembled Ag – MXA superclusters with structure – dependent mechanical properties［J］. Advanced Materials, 2018（30）：1706327.

［4］ Boles M A, Engel M, et al. Self – assembly of colloidal manocrystals：from intricate structures to functional materials［J］. Chemical Reviews, 2016（116）：11220 – 11289.

［5］ Niu D, Liu Z, et al. Monodispersed and ordered large – pore mesoporous silica nanospheres with tunable pore structure for magnetic functionalization and gene delivery［J］. Advanced Materials, 2014（26）：4947 – 4953.

［6］ Pang X, He Y, et al. 1D nanocrystals with precisely controlled dimensions, compositions, and architectures［J］. Science, 2016（353）：268 – 1272.

［7］ Zhao T, Elzatahry A, et al. Single – micelle – directed synthesis of mesoporous materials［J］. Nature Reviews Materials, 2019（4）：775 – 791.

［8］［美］张金中, 王中林, 刘俊, 陈少伟, 刘刚玉. 自组装纳米结构［M］. 曹茂盛, 曹传宝, 译. 北京：化学工业出版社, 2005.

# 第 5 章

# 纳米材料的化学分析与表征

## 本章重点及难点

（1）了解纳米材料的具体化学分析与表征方法。

（2）理解掌握电子显微镜的基础知识。

（3）理解和掌握 SAED（选区电子衍射）与 XRD（X 射线粉末和单晶衍射）的分析原理及在纳米材料表征中的不同应用。

（4）了解 XPS 表面、深度剖析定性及定量分析。

（5）了解纳米材料表征技术的相关基础操作及制样方法。

## 引言

纳米材料是指在三维空间尺寸中至少有一维处于纳米数量级或由纳米结构单元组成的具有特殊性质的材料。由于结构的特殊性，纳米材料具有小尺寸效应、表面效应、量子尺寸效应和宏观量子隧道效应等特殊性能。纳米材料的组成和结构决定了其性能与应用，因此，纳米材料的化学分析与表征是纳米材料研究中的重要组成部分。表征与测试技术有助于鉴别纳米材料、认识其多样化结构、评价其特殊性能，是纳米材料产业健康、持续发展不可或缺的技术手段。

本章主要从纳米材料的形貌分析、组成分析、晶型分析和结构特性分析展开介绍。形貌分析是纳米材料表征的重要组成部分，纳米材料具有多种几何形貌，包括粒子、球、管、纤维等，还包括颗粒度及其分布、表面粗糙度和均匀性以及纳米粒子的直径、晶粒尺寸，纳米管长度等。纳米材料常用的形貌分析方法主要有扫描电子显微镜（SEM）、透射电子显微镜（TEM）、扫描隧道显微镜（STM）、原子力显微镜（AFM）法等。组成分析主要指纳米材料表面的化学组成、原子价态、表面微细结构状态及表面能谱分布的分析等，包括元素组成、价态以及杂质等。目前，常用的方法有 X 射线光电子能谱（XPS）、俄歇电子能谱（AES）、静态二次离子质谱（SIMS）等。晶型分析可用于纳米晶体材料结构分析、尺寸测试和物相鉴定。如 XRD（X 射线衍射），主要应用于物相定性、晶胞参数确定、晶体取向度分析、晶粒尺寸计算、物相定量计算。结构特性分析主要是纳米材料中分子的结构和化学键的分析。紫外－可见光谱不仅可以获得材料的光学性质，还可以获得粒子颗粒度、结构等方面信息。红外光谱和拉曼光谱可以有效揭示材料中的空位、间隙原子、位错、晶界和相界面等方面的关系，用于材料分析。

# 5.1　纳米材料的形貌分析

## 5.1.1　形貌分析的重要性

材料的形貌，尤其是纳米材料的形貌，是材料分析的重要组成部分，不同的形貌特征决定了材料不同的物理化学性能。对于纳米材料而言，其性能不仅与材料颗粒大小有关，还与材料的形貌有重要关系。例如，随着粒径的不断减小，所引起的表面效应、小尺寸效应以及量子尺寸效应，会显著影响物理性质的变化。因此，纳米材料的形貌分析是纳米材料研究的重要内容。形貌分析的主要内容包括材料的几何形貌、颗粒度、颗粒度的分布以及形貌微区的成分和物相结构分析。

纳米材料常用的形貌分析方法很多，采用电子显微分析，如扫描隧道显微镜（STM）、原子力显微镜（AFM）、扫描电子显微镜（SEM）和透射电镜（TEM）等，可以在极高的放大倍数下直接观察纳米颗粒的形貌和结构，特别是测量纳米颗粒大小，既直观，又非常方便，所以，电子显微分析是研究纳米材料的一种重要手段。扫描电镜和透射电镜形貌分析主要用于分析纳米粉体材料和块体材料的形貌，提供的信息主要包括材料的几何形貌、粉体的分散状态、纳米颗粒大小及分布、特定形貌区域的元素组成和物相结构。扫描隧道显微镜可以对某些特殊导电固体材料进行原子量级的形貌分析。原子力显微镜除导电样品外，还能够观测非导电样品的表面结构，并且不需要用导电薄膜覆盖，其应用领域将更为广阔。

### 1. 电子显微镜发展史

1924 年，德布罗意（de Broglie）提出波粒二象性假说。1926 年，布什（Busch）发现不均匀的磁场可以聚焦电子束。1933 年，柏林大学的克诺尔（Knoll）和卢斯卡（Ruska）研制出第一台电镜（点分辨率达到 50 nm）。1939 年，德国西门子公司生产出第一批商用透射电镜（点分辨率为 10 nm）。1950 年，开始生产高压电镜（点分辨率优于 0.3 nm，晶格条纹分辨率优于 0.14 nm）。1956 年，门特（Menter）发明了多束电子成像方法，开创了高分辨电子显微术。

电子显微镜首先应用在医学生物领域，随后用于金属材料研究。1949 年，海登莱西（Heidenreich）首次用透射电镜观察了用电解减薄的铝试样；20 世纪 50 代后，可用电镜直接观察到位错层错等以前只能在理论上描述的物理现象；1970 年，日本学者首次用透射电镜直接观察到重金属的原子近程有序排列，实现了人类 2 000 年来直接观察原子的夙愿。近年来，随着纳米材料的发展，利用电镜进行纳米材料的形貌分析已经是电镜的主要分析工作了。

### 2. 电子显微镜基础知识

显微镜是一种光学系统，可将非常小的物体转化为放大图像。为了获得可见的图像，光学显微镜通常检测光落在物体表面时被物体反射、透射、散射或吸收的光，而电子显微镜应用电子束撞击试样，以获得表面形貌和结构信息。与光（波长范围为 400 ~ 700 nm 的电磁辐射）的一个明显区别是电子是一种波长在 0.001 ~ 0.01 nm 之间的辐射。图 5 - 1 展示了电子束（Electron beam）与样品之间可能的相互作用。

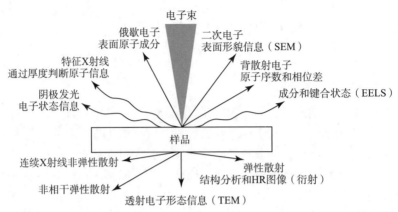

**图 5 - 1　电子显微镜中电子束和样品之间的相互作用产生的信号示意图**

入射的初次电子（Primary electrons）到达样品时，会发生弹性散射（Elastic scattering）或非弹性散射（Inelastic scattering）。在弹性散射中无能量损失，初次电子只会在样品原子核作用下改变方向并形成衍射花样，可用来检测原子序数；在非弹性散射中，初级电子能量的损失常伴随电子发射和/或电磁辐射。这些过程中产生的其他信号包括：

二次电子（Secondary electrons，SEs）：二次电子是指被入射电子轰击出来的核外电子。当原子的核外电子从入射电子中吸收了大于相应的结合能的能量后，脱离原子成为自由电子。它从靠近样品表面的区域逸出，变成真空中的自由电子。其能量通常小于 50 eV，可以用作扫描电子显微镜中的成像信号。二次电子的产额主要取决于样品的表面形貌，与原子序数关系不大。

背散射电子（Backscattered electrons，BSEs）：BSEs 是被固体样品原子反射回来的一部分入射电子，包括弹性背散射电子（绝大部分）和非弹性背散射电子。弹性背散射电子是被样品中原子核反弹回来的、散射角大于 90°的入射电子，其能量与入射电子基本相同（几到几十 keV）。非弹性背散射电子是入射电子和核外电子撞击后产生非弹性散射而形成的，其能量和方向均发生变化。背散射电子成像分辨率一般为 50～200 nm（与电子束斑直径相当）。背散射电子随原子序数的增加而增加，作为成像信号，不仅能分析形貌特征，也可以用来显示原子序数衬度，定性地成分分析。

透射电子（Transmitted electrons）：如果被分析的样品薄，就会有一部分入射电子穿过薄样品而成为透射电子，它含有能量与入射电子相当的弹性散射电子，还有各种不同能量损失的非弹性散射电子。透射电子可进行微区成分定性分析，它应用于透射电子显微镜。

特征 X 射线（Characteristic X - ray）：X 射线是原子内层电子受能量激发后在能级跃迁过程中直接释放的一种电磁波辐射。它一般在材料样品表面的 500 nm～5 mm 处发射出来。

俄歇电子（Auger electrons，AEs）：当原子内层电子在能级跃迁过程中释放能量不足，不是以 X 射线形式发出，而是用该能量将另一种电子激发出来，使之脱离原子而形成二次电子，这种二次电子被称为俄歇电子。作为初级电子与样品中原子核周围电子内壳层之间的一种特殊相互作用发射，其能量可达 1～2 keV。俄歇电子信号常用于材料表面化学成分分析检测。

## 5.1.2　扫描电子显微镜

扫描电子显微镜（Scanning Electron Microscope，SEM）是一种广泛使用的材料表面形貌分析仪器。其基本原理与光学成像原理相近，利用聚焦的高能电子束为探针，在样品表面进行扫描，以电子束替代可见光，利用电磁透镜代替光学透镜进行成像。SEM 可以从几倍放大到几十倍，并可以进行连续调节，观察范围广泛，SEM 已成为当代材料微观结构表征最常用的技术之一。

### 1. 工作原理

扫描电镜的成像原理与光学显微镜的不同，SEM 利用高能电子束在样品表面进行扫描。由于高能电子束与样品物质的相互作用，产生各种电子信息：二次电子、反射电子、吸收电子、X 射线、俄歇电子等。这些信息收集后，经过放大送到成像系统，样品表面扫描过程中，任意点发射的信息均可以被记录下来。扫描电镜主要利用的是二次电子、背散射电子以及特征 X 射线等信号对样品表面的特征进行分析。

### 2. 仪器装置

图 5－2（a）所示是 SEM 的仪器结构示意图。从灯丝发射出来的电子束经栅极聚焦后形成具有较细束斑的电子束。该电子束经加速器电压的加速后穿过聚光镜光阑，进入聚光镜系统，得到束斑可调的高能电子束。该电子束再经过物镜的进一步聚焦，在扫描偏转线圈的驱动下，在样品表面扫描。高能电子束与样品相互作用后，产生的二次电子或背散射电子被探测器捕获，并最终显示出来。

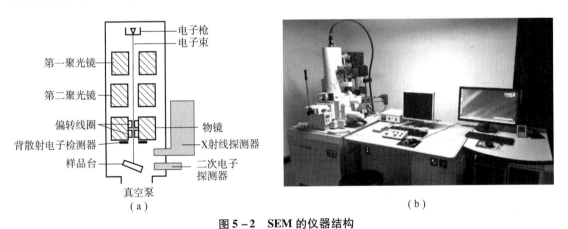

**图 5－2　SEM 的仪器结构**

（a）SEM 的结构示意图；（b）SEM 的实物图（SUPRA 55 SAPPHIRE）（摄于北京理工大学）

SEM 从上到下主要包括电子枪、聚光透镜系统、物镜、样品台、探测器、真空系统等结构。其主要组件如下：

电子枪：电子枪（Electron gun）的主要作用是提供足够亮度的电子束，并打出电子。电子束的束斑越小、像差越小，电镜的分辨率越高。电子枪主要有两种发射电子的方式：一种是加热灯丝（热发射），另一种是灯丝两段外加电场（场发射）。热发射价格低廉且性能稳定，对真空要求较低。场发射分为冷场发射和热场发射，但其价格高昂，对真空要求极高，因其亮度高且束斑很细，因而分辨率比较高。

聚光透镜系统：聚光透镜系统（Condenser lens）通常放置在电子枪下方，用于会聚电子束。电子束通过 1~2 个聚光镜后，直径缩小 $10^4 \sim 10^5$ 倍。

物镜（也称终聚光镜）：物镜（Objective lens）用于对电子束的进一步聚焦，此镜头用于形成第一中间像。它可以将电子交叉的缩小图像投射为聚焦在样品表面的一个点。物镜决定了在样品表面扫描电子束的束斑大小，束斑越细，SEM 的空间分辨率越高。

样品台：样品台（Sample holder）主要用来控制样品的移动。因为 SEM 放大倍数很大，这就要求样品台足够稳定，以保证样品能够精确移动。样品的移动主要有 $X-Y$ 方向的水平移动、$Z$ 方向的垂直移动、样品倾转、样品旋转。

探测器：SEM 程序信号主要来自样品反射的二次电子和背散射电子，高压能使探测器（Detector）有效吸引、加速、轰击闪烁体并产生光子。这些光子经进一步放大转化为电流信号后进行输出。

真空系统：高真空是电镜正常运行的前提条件。高真空度能减少电子的能量损失，减少电子光路的污染并提高灯丝的寿命。根据扫描电镜类型（钨灯丝、六硼化镧、场发射扫描电镜）的不同，其所需的真空度不同，一般为 $10^{-3} \sim 10^{-8}$ Pa[1]。

3. 样品制备

扫描电镜的样品室较大，观察的样品尺寸范围较大，可观察大到几厘米，小到几毫米的样品。由于空气对电子的强烈吸收和散射，电子显微镜的腔室须抽真空，若样品含有水分、有机溶剂等，需先烘干或冷冻干燥；若样品为粉末，观察前需用高压气枪吹洗表面，以防止污染。扫描电镜的样品制备相比透射电镜而言要简单得多，样品可以是断口、块体、粉体等。对于导电的样品，只要大小合适即可直接观察，对于不导电的样品，需在样品表面喷镀一层导电膜（通常为金、铂或碳）后进行观察，镀层太厚就可能会盖住样品表面的细微结构，得不到样品表面的真实信息。如果样品镀层太薄，对表面粗糙的样品不容易获得连续均匀的镀层，容易形成岛状结构，从而掩盖样品的真实表面结构。现代发展起来的低压扫描电镜和环境扫描电镜也可以对不导电样品、生物样品等进行直接观察，极大地扩展了扫描电镜的应用范围。

4. 实例分析

扫描电镜可直接观察纳米材料的结构、颗粒尺寸、分布、均匀度及团聚情况，结合能谱还能对纳米材料的微区成分进行分析，确定纳米材料的组成。图 5-3（a）~（d）所示分别为利用扫描电镜观察到的金纳米棒、$MnO_2$ 纳米线、$TiO_2$ 纳米管和 $SiO_2$ 纳米球的形貌图。

使用 SEM 时，仪器的加速电压决定图像的分辨率和图像结构的立体感。图 5-4 所示为氮化硼薄片在不同加速电压下的 SEM 图像。高电压情况下，图像立体感差，容易错误认为是晶体在平面相互重叠，不能明确其准确结构；随着电压逐渐降低，图像立体感增强，能够明显观察到氮化硼薄片在竖直方向的叠加。

**图 5-3　纳米材料扫描电镜图[2]**

（a）金纳米棒；（b）$MnO_2$ 纳米线；（c）$TiO_2$ 纳米管；（d）$SiO_2$ 纳米球

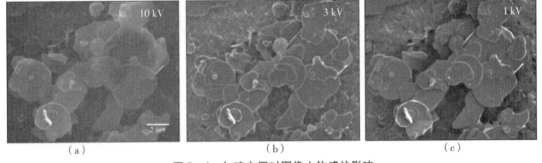

**图 5-4　加速电压对图像立体感的影响**

（a）10 kV；（b）3 kV；（c）1 kV

## 5.1.3　透射电子显微镜

透射电子显微镜（Transmission Electron Microscope，TEM）是以波长很短的电子束做照明源，用电磁透镜聚焦成像的一种具有高分辨、高放大倍数的电子光学仪器，如图 5-5 所示。透射电镜利用电子束与样品间相互散射时透射部分的信号进行成像、衍射、能谱分析，实现原子尺度的微观结构分析，是观察微观结构表征最常用的技术之一。

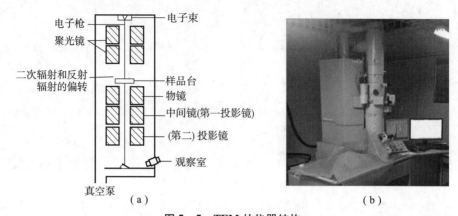

**图 5 – 5  TEM 的仪器结构**

（a）TEM 的结构示意图；（b）TEM 的实物图（JEM – 2100）（摄于北京理工大学）

### 1. 工作原理

阿贝光学显微镜衍射成像的原理同样适用于 TEM，不仅可以在物镜的像平面获得放大的电子像，还可以在物镜的后焦面处形成电子衍射花样。当平行光入射到样品上时，与样品发生相互作用，并从样品的下表面散射下来。散射信号通过物镜聚焦形成衍射花样，同时在物镜的像平面上形成显微像。当调节中间镜的激磁电流使中间镜的物平面与物镜平面重合，在荧光屏上形成放大的显微像时，这种操作称为成像模式（Image mode）；当中间镜的物平镜与物镜后焦面重合，在荧光屏上形成放大的衍射花样时，称为衍射模式（Diffraction mode），如图 5 –6 所示。

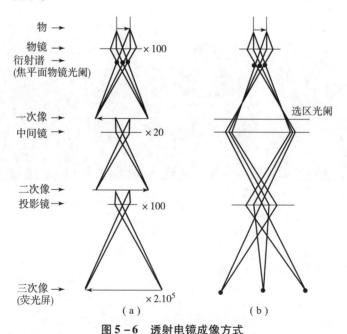

**图 5 – 6  透射电镜成像方式**

（a）成像模式；（b）衍射模式

在成像模式中，当物镜光阑在物镜后焦面套取透射束时，可得到明场像（bright - field image）；当物镜光阑在物镜后焦面套取衍射束时，可得到暗场像（dark - field image）；当用较大光阑同时在物镜后焦面套取透射束和衍射束时，利用二者相位差在高倍数下成像，便能得到高分辨像（high - resolution TEM image）。

## 2. 电子衍射

由于入射电子束波长极短，当电子束入射到样品表面时，波长与样品间的原子间距相近，两者会发生明显的衍射现象。成像机理如图 5 - 7 所示。电子衍射与 X 射线衍射的基本原理完全一样，两种技术所得到的晶体衍射花样在几何特征上也大致相似，电子衍射与 X 射线衍射相比，突出特点为：

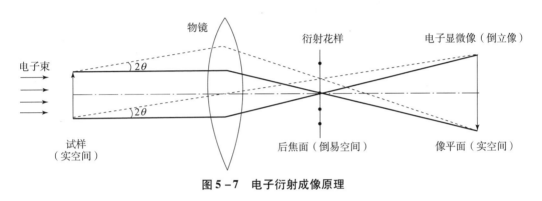

图 5 - 7　电子衍射成像原理

①在同一试样上实现物相形貌观察、结构分析的结合。

②物质对电子的散射更强，约为 X 射线的 $10^6$ 倍，适用于微晶、表面和薄膜晶体结构的研究，并且衍射强度大，所需时间短，只需几秒钟。

## 3. 单晶电子衍射

当平行光入射到单晶上时，相互作用，会形成点状的电子衍射花样。倾转晶体到某一高对称性的带轴，当电子束沿着带轴入射时，可得到强度对称分布的带轴电子衍射花样（Zone Axis Pattern，ZAP），带轴电子衍射是晶体的三维倒易点阵在荧光屏上的投影，得到的是倒易点阵的二维投影截面。当同一晶粒上的三个不同带轴的电子衍射花样都被同一物相指标化时，可唯一识别该物相。

## 4. 多晶电子衍射

当电子束入射到多晶上时，会形成环状的电子衍射花样，称为多晶电子衍射环（Diffraction Ring）。衍射环的完整程度取决于电子束辐照范围内晶粒数目和晶粒的分布特征。利用多晶电子衍射进行物相识别的分析过程如下：

①测量透射斑周围最近邻的多个衍射环的间距 $R_i$。

②根据 $R_d = L\lambda$ 得到晶面间距 $d_i$。

③依据晶面间距与标准 PDF 卡片上的峰位进行比对，识别物相。

## 5. 高分辨像

高分辨像的放大倍数很高，可以用来观察纳米视野中的微观结构，比如样品中的孪晶、层错、位错等缺陷，还可以观察材料表面的修饰结构、异质结、析出相等。高分辨像主要有晶格条纹像、一维结构像、二维晶格像（单胞尺度的像）、二维结构像（原子尺度的像与晶体结构像）和特殊像等种类。图5-8展示了TiO$_2$明场图像、暗场图的TEM图像。

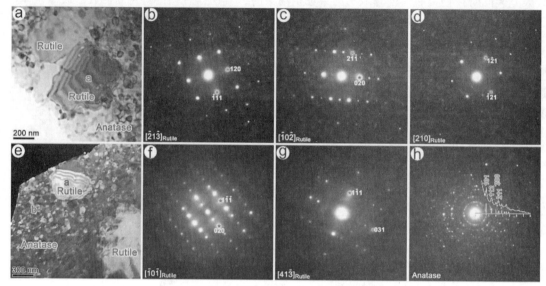

**图5-8 TiO$_2$明场图像、暗场图TEM图像**

## 6. 仪器装置

灯丝发射出电子，经过韦氏极的静电聚焦后，形成束斑较细的电子束，在阳极的加速下形成高能电子束，进入聚光镜系统。电子束在聚光镜系统的控制下，形成束斑尺寸和平行束或会聚束，入射到样品上。电子束与样品相互作用后，通过样品下表面发射出来，进入物镜并形成衍射信号。这些信号经进一步放大、投影，在荧光屏上得到放大的图形或者衍射花样，如图5-9和图5-10所示。

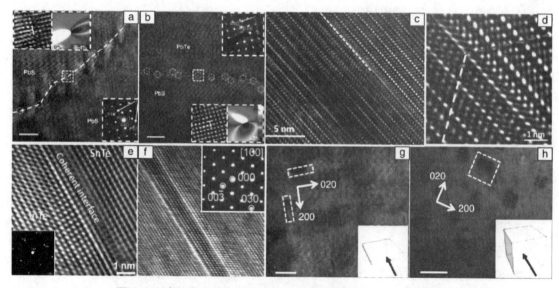

**图5-9 表征纳米尺度及原子尺度缺陷的高分辨率透射电镜照片**

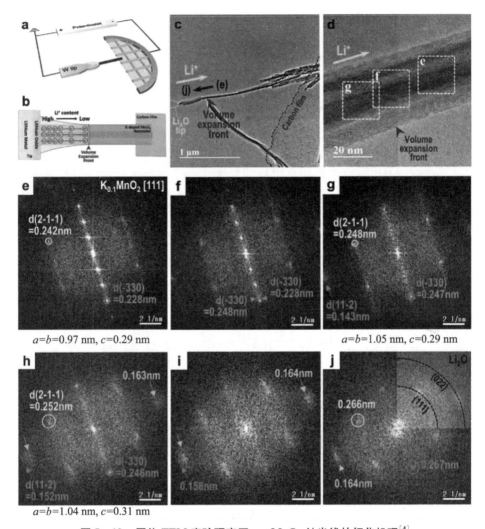

图 5 – 10　原位 TEM 实验研究了 $\alpha$ – $MnO_2$ 纳米线的锂化机理[4]

透射电子显微镜的主要框架结构由照明系统、样品室、成像系统、图像观察和记录系统组成。TEM 的结构简单,主要组件如下:

电子枪:与 SEM 中的电子枪类似,TEM 的电子枪的主要作用是提供足够亮、束斑足够细的电子束,并打出电子。

聚光透镜系统:TEM 中的聚光透镜系统一般由三级聚光镜和聚光镜迷你镜组成,用于得到束斑、会聚角可调的平行束或会聚束。当电子束被聚光镜聚焦在迷你镜的前焦点上时,可得到平行光;当电子束被聚光镜聚焦在迷你镜的前焦点上时,电子束就能平行地照射到样品上,即平行光;如果入射电子会聚在迷你镜前焦点的上方或下方,此时得到会聚束。

样品台:样品台的主要作用是控制样品的移动。TEM 放大倍速极高,要求样品足够稳定,保证样品能够被精确移动。

成像系统:成像系统由物镜、中间镜、投影镜组成,用于实现成像、放大、投影。最重要的电磁透镜为物镜,透射电镜分辨本领的好坏在很大程度上取决于物镜的优劣。物镜的最短焦距可达 1 mm,放大倍率约 300 倍,最佳理论分辨率可达 0.1 nm,实际分辨率可达

0.2 nm。

观察记录系统：观察记录系统主要包含荧光屏、底片、慢扫 CCD、EDS 探测器和电子能量损失谱（EELS）探测器等。

7. 样品制备

要想摄制出一张高质量的 TEM 照片，首先需要制备出合格的透射电镜样品。用透射电镜研究材料微观结构时，试样必须是透射电镜电子束可以穿透的纳米厚度的薄膜，如图 5-9 所示。TEM 制备样品的基本要求如下[3]：

①样品被观察区对入射电子必须是"透明"的。电子穿透样品的能力与其本身能量及样品所含元素的原子序数有关。一般透射电镜样品的厚度在 100 nm 以下。对于高分辨电镜样品，厚度必须小于 10 nm。

②样品必须牢固。样品需经受电子束的轰击，并防止受装卸过程中的机械振动而损坏。对于易碎的块状样品，必须将其粘在铜网上，铜网对样品起着加固作用。对于粉末样品，可设法将其分散在附有支持膜（如火棉胶膜、微栅膜、超薄炭膜）的铜网上，铜网及火棉胶膜对粉末样品起支撑、承载和黏附作用。生物样品则必须先固定、硬化，然后切成超薄切片，再置于覆有支持膜的载网上。

③样品必须具有导电性。对于非导电样品，一般在表面喷一层很薄的炭膜，以防止电荷积累而影响观察。

④防止样品被污染。在制样过程中，样品的超微结构必须得到完好的保存。应严格防止样品被污染和样品结构及性质的改变（如相变、氧化等）。

电子束穿透固体样品的能力主要取决于加速电压、样品的厚度以及物质的原子序数。一般来说，加速电压越高，原子序数越低，电子束可穿透的样品厚度就越大。透射电镜的样品制备是一项较复杂的技术，现将透射电子显微学最常用的几种制样方法介绍如下：

①包埋法制样。把纳米材料试样放置在抛光的金属片上，利用离子沉积的方法使纳米材料包埋在金属中，两面磨抛，直至从两面均能观察到纳米材料试样，切取一片微米尺度的薄膜用于观察。

②粉末样品制备。粉末样品的制备要注意克服粉末的团聚和选择合适的支持膜。对于粉末样品，由于被观察的纳米颗粒不能直接用铜网承载置于电镜中进行观察，因此，需要在铜网上预先黏附一层连续的、厚度约 20 nm 的支持膜，静置干燥后供观察使用。支持膜一般有塑料支持膜、塑料碳支持膜和碳支持膜等。

③金属试样的表面复型。复型适用于金相组织、断口形貌、形变条纹、磨损表面、第二相形态及分布和结构分析等。材料本身必须是"无结构"的，即要求复型材料在高倍成像时也不显示其本身的任何细节，这样就不至于干扰被复制表面的形貌观察和分析。常用的复型材料有塑料和真空蒸发沉积碳膜（均为非晶物质）。

8. 实例分析

如今，TEM 已成为一种强大的表征工具，用于观察纳米材料的局部结构，包括单个成分的空间分布、纳米晶复合物的晶体结构，以及通过电子衍射或高分辨率 TEM 成像识别晶体结构中的缺陷。

利用 TEM 可对纳米材料粒度进行分析，图 5-11（a）~（c）所示为 $CsPbCl_3$、$CsPbBr_3$、

CsPbI₃三种钙钛矿量子点的 TEM 图。通过对结果进行尺寸分布统计，得到三种材料粒度呈正态分布。

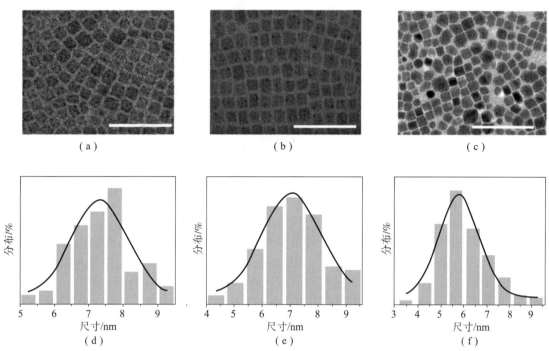

图 5－11　CsPbCl₃、CsPbBr₃、CsPbI₃三种钙钛矿量子点的 TEM 图

### 5.1.4　冷冻透射电子显微镜

由于电子会被空气强烈散射，因此，常规 SEM 和 TEM 都要求样品干燥且真空度低于 $10^{-6}$ Pa。但是，大多数生物分子，尤其是水中的生物体，水一旦被去除，其原始结构就不能保留下来。这对现有的表征技术提出了挑战。配备低温样品台的电子显微镜被认为是检测新鲜生物材料的最佳技术。运用冷冻电镜进行生物大分子结构解析时，其不需要大量样品，不需要结晶的优势，使之受到结构生物学领域研究者的青睐。

1. 工作原理

冷冻透射电镜（Cryo－TEM）技术一般是在普通透射电镜上加装样品冷冻装置，将样品冷却到液氮温度（77 K）来观测某些对温度敏感的样品，例如蛋白、生物切片的一种技术，如图 5－12 所示。它的原理是通过对样品的冷冻，降低电子束对样品的损伤，减小样品的形变，从而得到更加真实的样品形貌。它具有加速电压高、电子光学性能好、样品台稳定、全自动等优点。

2. 样品制备

冷冻电镜作为一项蓬勃发展的现代科学技术，可直接观察液体、半液体及对电子束敏感的样品。样品一般低至液氮温度，并且位于玻璃态的水中。样品的冷冻操作非常重要。若冷却太慢或冷冻材料温度超过 －80 ℃，就会形成大量冰晶，破坏样品结构或提供虚假结构信

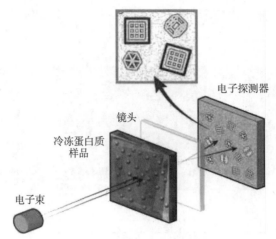

图 5 - 12　冷冻电镜工作原理图

息。因此，冷冻样品的最佳过程需遵循一些最基本的原则和要求。

①使用防冻剂（如甘油、甲醇、丙酮等）抑制结晶。

②提高冷冻速率（快速冷却技术），确保水在低温时处于玻璃态，包括加入液氮冷却的液态丙烷来避免形成冰晶、向样品喷洒雾状液态丙烷及使用高压冷冻技术（Moor，1987）。

3. 实例分析

冷冻电镜技术在生物医学中发挥了很大的作用，利用该技术能够得到生物大分子的原子解析度结构，从而能够对其进行解析，这对于了解生命体的微观活动具有重要意义。冷冻电镜尤其适合以下情况：

①直接观测生物分子、细胞、蛋白质、高分子等。

②对冷冻的含水离子进行 3D 成像，或在保证结构畸变最小的条件下解析其分子结构。

③对在真空中具有挥发性或对电子束敏感的样品进行成像。

Jacques Dubochet、Joachim Frank 和 Richard Henderson 因发展了冷冻电镜技术，改进了生物分子成像，获得了 2017 年诺贝尔化学奖。这一技术大大推进了生物化学的发展，使其进入新时代。图 5 - 13 是 GroEL 蛋白复合物的冷冻电镜图像。图 5 - 14 是单核细胞增多性乳酸杆菌中的 ClpXP1 - 2 二聚体的冷冻电镜图像。

图 5 - 13　GroEL 蛋白复合物的冷冻电镜图像

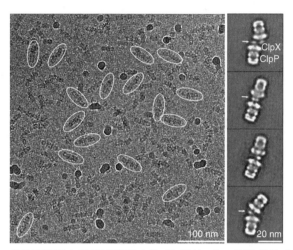

图 5 - 14　单核细胞增多性乳酸杆菌中的 ClpXP1 - 2 二聚体的冷冻电镜图像

## 5.1.5　扫描隧道显微镜

1982 年，Gerd Binning 及其合作者在 IBM 公司苏黎世实验室共同研制成功了第一台扫描隧道显微镜（Scanning Tunneling Microscope，STM），其发明人 Binning 因此获得了 1986 年的诺贝尔物理学奖。

扫描隧道显微镜的工作原理是基于量子力学的隧道效应，当探针与样品表面间距小到纳米级时，按照近代量子力学的观点，由于探针尖端的原子和样品表面的原子有波动性，两者的波函数相互叠加，故在两者间会产生电流，该电流称为隧道电流，并且该隧道电流在纳米级的距离下随距离的变化非常显著。STM 就是通过检测隧道电流来反映样品表面形貌和结构的。

STM 隧道电流公式：

$$I = V_b \mathrm{e}^{-A\varphi^{\frac{1}{2}}S}$$

隧道电流 $I$ 是针尖的电子波函数和样品表面的电子波函数重叠的量度，与针尖和样品之间的距离 $S$ 及平均功函数 $\varPhi$ 有关；$V_b$ 是偏置电压；$A$ 是常数。

由上式可知，$I$ 与 $S$ 有着指数依赖的关系，$S$ 每减小 0.1 nm，$I$ 就增加一个数量级。

如果利用电子反馈线路控制隧道电流恒定不变，当针尖在样品表面扫描时，探针就会随样品表面高度的变化而上下波动，将这种高度的变化记录下来就得到样品的表面形貌，这就是 STM 的工作原理。

扫描隧道显微镜是将原子线度的极细探针（直径小于 1 mm 的细金属丝，如钨丝、铂 - 铱丝等）和被研究物质的表面作为两个电极，当样品与针尖的距离非常接近（通常小于 1 nm）时，在外加电场的作用下，电子会穿过两个电极之间的势垒流向另一电极。

在 STM 操作过程中（图 5 - 15），一个非常锋利的探头（由钨丝或铂铱合金丝制成）被控制并在试样表面扫描。探头与试样表面的间隙相当于一道屏障，电子可以通过这个间隙形成隧穿电流，隧穿电流会随着表面高度的变化而变化。因此，检测电流强度可以提供试样的表面信息，如图 5 - 16 所示。

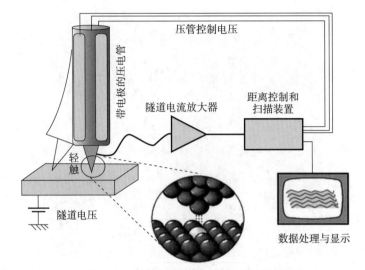

**图 5-15  STM 的仪器工作原理及结构**

扫描隧道显微镜主要有两种工作模式：恒电流模式和恒高度模式，如图 5-17 所示。保持样品与探针间距 $Z$ 不变，即隧道电流恒定的工作方式称为恒电流模式。对于起伏不大的样品表面，可以进行探针高度守恒扫描，而以隧道电流的变化为信号来成像。这种扫描方式称为恒高模式。其特点是扫描速度快，能减小噪声和热漂移对信号的影响。

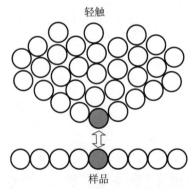

**图 5-16  STM 的原子间相互作用示意图**

（a）恒电流模式 $V_z(V_x, V_y) \rightarrow z(x, y)$；（b）恒高度模式 $\ln I(V_x, V_y) \rightarrow \sqrt{\Phi} \cdot z(x, y)$

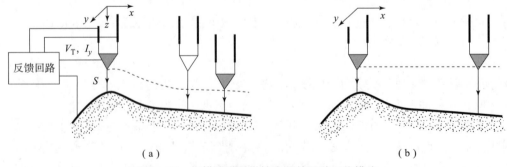

**图 5-17  扫描隧道显微镜主要的两种工作模式**

（a）恒电流模式；（b）恒高度模式

典型的 STM 图如图 5 – 18 所示。

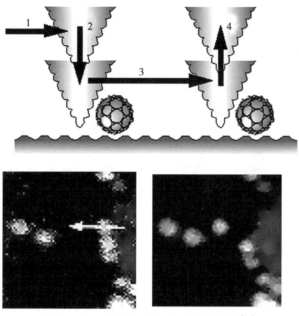

图 5 – 18　STM 移动 $C_{60}$ 分子前后图像[10]

## 5.1.6　原子力显微镜

STM 要求样品表面能够导电，从而使得 STM 只能直接观察导体和半导体的表面结构；对于非导电的物质，则要求样品覆盖一层导电薄膜，但导电薄膜的粒度和均匀性难以保证，并且导电薄膜会掩盖样品表面的许多细节，因而使得 STM 的应用受到限制。为了克服 STM 的不足，Binning、Quate 和 Gerber 于 1986 年研制出了原子力显微镜（Atomic Force Microscope，AFM）。AFM 是通过探针与被测样品之间微弱的相互作用力（原子力）来获得物质表面的形貌信息。因此，AFM 除导电样品外，还能够观测非导电样品的表面结构，其应用领域更为广阔。AFM 得到的是对应于样品表面总电子密度的形貌，可以补充 STM 观测的样品信息，并且分辨率也可达原子级水平，其横向分辨率可达 0.1 nm，纵向分辨率可达 0.01 nm。

AFM 原理是基于悬臂/尖端组件与样品的相互作用，该组件通常也称为探头，如图 5 – 19 所示。极细的探针在样品表面进行光栅扫描，探针位于一悬臂的末端顶部，悬臂对针尖和样品间的作用力作出反应。在样品扫描时，由于表面的原子与微悬臂探针尖端的原子间的相互作用力，微悬臂将随着样品表面形貌而弯曲起伏，反射光束也随之偏移，因而，通过光电二极管检测光斑位置的变化，就能获得被测样品表面形貌的信息。

图 5 – 20 显示了 AFM 组件的示意图。AFM 由探头、电子控制系统、计算机控制及软件系统、步进电机样品自动逼近控制电路四部分构成。通常，AFM 技术具有三种成像模式，以满足不同的标本，包括接触模式、非接触模式和轻敲模式。

一些典型的 AFM 图[9 – 11]如图 5 – 21 ~ 图 5 – 23 所示。

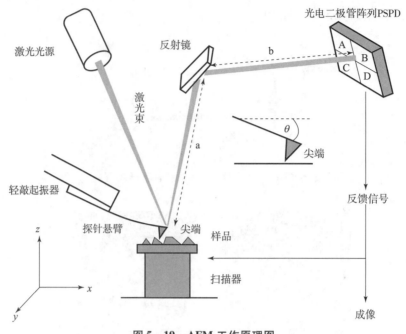

图 5 – 19　AFM 工作原理图

图 5 – 20　AFM 组件示意图

图 5 – 21　DNA 的 AFM 图

（a）拉直的 DNA 的 AFM；（b）环状的质粒 DNA

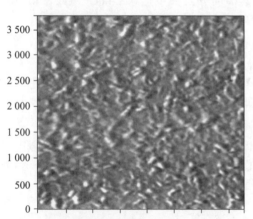

图 5 – 22　氧化锌颗粒分布的 AFM 图（单位：nm）

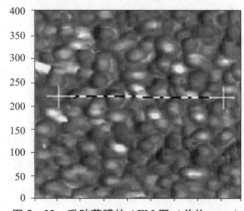

图 5 – 23　乳胶薄膜的 AFM 图（单位：nm）

# 5.2　纳米材料的组成分析

## 5.2.1　能量分散 X 射线光谱（EDS）

能量色散 X 射线谱是指在透射和扫描电镜中使用 X 射线能谱仪分析试样化学成分的方法及可得到的谱图。其原理是利用不同元素的 X 射线光子特征能量不同进行成分分析。X 射线能谱在透射扫描电镜中与扫描功能配合可得元素分布图。应用电子通道增强效应还可以测定杂质元素或合金元素在有序化合物中占据亚点阵位置的百分数。

1. EDS 的工作原理

EDS 工作原理：是以高能 X 射线（一次 X 射线）轰击样品，将待测元素原子内壳层的电子逐出，使原子处于受激状态，$10^{-15} \sim 10^{-12}$ s 后，原子内的原子重新配位，内层电子的空位由较外层的电子补充，同时放射出特征 X 射线（二次 X 射线）。特征 X 射线波长和原子序数有一定关系，通过测定这些特征谱线的波长或能量可做定性分析，通过测量谱线的强度可求得该元素的含量。

在 TEM、SEM 得到纳米材料的形貌分析的同时，根据形貌对某一微区的成分感兴趣时，可结合电子显微镜和能谱两种方法共同进行微区分析。

采用 X – 射线强度信号成像，作出样品中元素分布图，对样品元素成分做定性、定量分析。进行材料表面微区成分的定性和定量分析，在材料表面做元素的面、线、点分布分析。

2. SEM 和 TEM 中的 EDS 分析

（1）S – 4800 场发射扫描电子显微镜

①X – 射线能谱仪系统（牛津仪器）：INCA 能谱仪（INCA X – ray energy dispersive spectrometer）；分析元素：Be4 ~ U92。

②X – 射线能谱仪功能：数据处理和自动化控制、显微分析处理器系统。采用 X – 射线强度信号成像，作出样品中元素分布图，对样品微区元素成分作定性、定量分析，在材料表面做元素的面、线、点分布分析。

（2）Oxford X 射线能量散布分析仪（EDS）

①可定性定量测量极小区域的化学成分（原子序数 >11）。

②EDS 很适合对重元素进行探测和定量分析。

③能够定性测量微小范围的轻元素。

3. EDS 的优缺点

优点：①能谱仪探测 X 射线的效率高；②在同一时间对分析点内所有元素 X 射线光子的能量进行测定和计数，在几分钟内可得到定性分析结果，而波谱仪只能逐个测量每种元素特征波长；③结构简单，稳定性和重现性都很好；④不必聚焦，对样品表面无特殊要求，适于粗糙表面分析。

缺点：①分辨率低；②能谱仪只能分析原子序数大于 11 的元素；而波谱仪可测定原子序数从 4 到 92 间的所有元素；③能谱仪的 Si（Li）探头必须保持在低温态，因此必须时时用液氮冷却。

### 5.2.2　X射线光电子能谱（XPS）

电子能谱分析法是采用单色光源（X射线、紫外光）或电子束去照射样品，使样品中电子受到激发而发射出来，测量这些电子的产额（强度）对其能量的分布，从中获得有关信息的一类分析方法。

XPS作为一种现代分析方法，具有如下特点：①可以分析除H和He以外的所有元素，对所有元素的灵敏度具有相同的数量级。②相邻元素的同种能级的谱线相隔较远，相互干扰较少，元素定性的标识性强。③能够观测化学位移。化学位移与原子氧化态、原子电荷和官能团有关，化学位移信息是XPS用作结构分析和化学键研究的基础。④可做定量分析，既可测定元素的相对浓度，又可测定相同元素的不同氧化态的相对浓度。⑤是一种高灵敏度超微量表面分析技术。样品分析的深度约为20 Å，信号来自表面几个原子层，样品量可少至$10^{-8}$ g，绝对灵敏度高达$10^{-18}$g。

1. XPS原理

XPS原理：光电离作用。

当一束光子辐照到样品表面时，光子可以被样品中某一元素的原子轨道上的电子所吸收，使得该电子脱离原子核的束缚，以一定的动能从原子内部发射出来，变成自由的光电子，而原子本身变成一个激发态的离子。这种现象叫光电离作用，如图5-24所示。用X射线照射固体时，由于光电效应，原子的某一能级的电子被击出物体之外，此电子就是光电子。

$$A + h\nu \rightarrow A^{+*} + e^-\ \text{（分立能量）}$$

式中，A为原子或分子；$h\nu$是光子能量。

XPS工作原理简介：

一定能量的X射线到样品表面后和待测物质发生作用，使待测物质原子中的电子脱离原子，称为光电子。

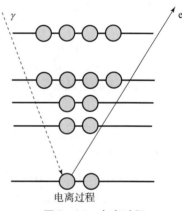

电离过程

图5-24　电离过程

由于各种元素原子的轨道电子结合能是一定的，因此，如果测出电子的动能$E_k$，便可得到样品中的元素的组成。由于元素所处的化学环境不同，其结合能会有微小的差别，这种由化学环境不同引起的结合能的微小差别叫作化学位移，由化学位移的大小可以确定元素所处的状态。如某元素失去电子成正离子后，其结合能会增加，如果得到电子成为负离子，则结合能会降低。因此，用化学位移还可以分析元素的化合价和存在形式。

$$E_k = h\nu - E_B - \varphi_s$$

式中，$E_B$为电子在特定原子轨道上的结合能；$E_k$为射出固体后的光电子的动能；$h\nu$为X射线源光子的能量；$\varphi_s$是谱仪的功函数。谱仪的功函数由谱仪材料决定，是一个常数；测出电子的动能$E_k$，即可求得电子的结合能$E_B$。X射线源一般为$MgK\alpha$和$AlK\alpha$。其能量高，可以激发出原子价轨道上的价电子，还可以激发出芯能级上的内层轨道电子。出射光电子的能量仅与入射光子的能量及原子轨道结合能有关。激发源固定后，光电子的能量仅与元素的种类以及所激发的原子轨道有关。除H、He之外的所有元素均可以发生光电离。因此，XPS可以进行元素的定性全分析。

2. XPS 应用

由于 XPS 谱能提供材料表面丰富的物理、化学信息，所以它在凝聚态物理学、电子结构的基本研究、薄膜分析、半导体研究和技术、分凝和表面迁移研究、分子吸附和脱附研究、化学研究（化学态分析）、电子结构和化学键（分子结构）研究、异相催化、腐蚀和钝化研究、分子生物学、材料科学、环境生态学等学科领域都有广泛应用。

它可提供的信息有样品的组分、化学态、表面吸附、表面态、表面价电子结构、原子和分子的化学结构、化学键合情况等。

一些应用举例：

（1）元素（及其化学状态）定性分析（图 5 – 25）

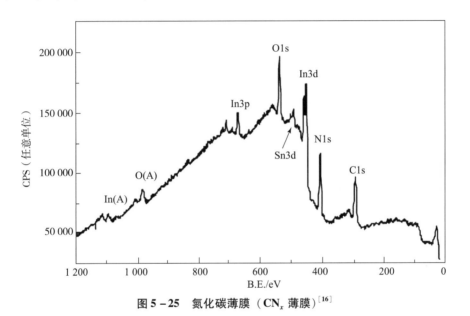

图 5 – 25　氮化碳薄膜（$CN_x$ 薄膜）[16]

（2）定量分析（提供元素的相对含量）（图 5 – 26）

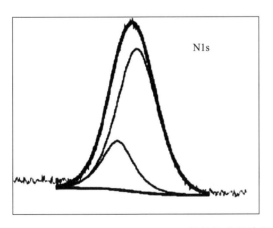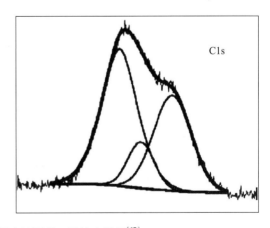

图 5 – 26　软件拟合计算得到元素峰面积、灵敏度因子[17]

| 沉积电压/V | 样品号 | 元素 | 灵敏度因子 | 面积 | 原子百分比/% | N/C |
|---|---|---|---|---|---|---|
| 1 000（直流） | ZCN10# | C1s | 0.24 | 23 776 | 45.34 | 1.07 |
| | | N1s | 0.41 | 43 481 | 48.54 | |
| | | O1s | 0.61 | 8 161 | 6.12 | |
| 1 000（直流） | ZCN11# | C1s | 0.24 | 31 728 | 44.69 | 1.08 |
| | | N1s | 0.41 | 58 293 | 48.06 | |
| | | O1s | 0.61 | 13 097 | 7.26 | |
| 1 000（直流） | ZCN21# | C1s | 0.24 | 23 139 | 45.37 | 1.08 |
| | | N1s | 0.41 | 42 480 | 48.75 | |
| | | O1s | 0.61 | 7 627 | 5.88 | |

**图 5 – 26　软件拟合计算得到元素峰面积、灵敏度因子[17]（续）**

（3）吸附和催化研究

由于催化剂的催化性质主要依赖于表面活性，XPS 是评价它的最好方法，XPS 可提供催化活性有价值的信息，如图 5 – 28 所示。

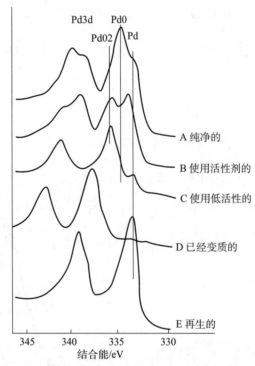

**图 5 – 27　Pd 催化剂的催化活性与 Pd 的化学状态的关系**

XPS 分析表明，Pd 催化剂的催化活性与 Pd 的化学状态有关。

（4）深度剖面分析

用离子束溅射剥蚀表面，用 XPS 进行分析；两者交替进行，可得到元素及化学状态的深度分析，即深度剖面分析，如图 5-28 所示。

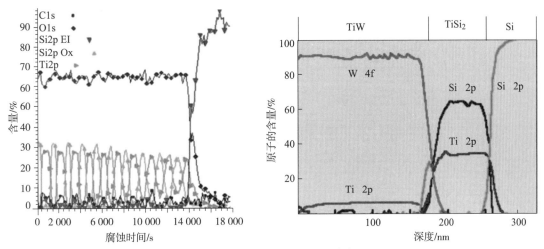

图 5-28 一定深度范围内的元素含量[19] （见彩插）

与其他分析方法相比较，分析化学中的光谱方法主要研究不同波长的电磁波与被测物质相互作用而产生的吸收或发射现象，从而获得原子或分子能级特性方面的信息。

XPS 揭示的化学变化是价层电子发生变化，而价层电子的变化也影响内层电子的结合能。过去的光谱方法都是通过测定两个能级之差而间接地得到一些有关电子结构的信息，XPS 则是直接测定来自样品单个能级光电发射电子的能量分布而直接得到电子能级结构的信息。

从能量范围来看，如果把红外光谱提供的信息称为"分子指纹"，那么 XPS 所提供的信息可称作"原子指纹"。与其他分析方法相比，XPS 的绝对灵敏度之高（$10^{-18}$ g），所提供的有关化学键方面的信息之多（它可以直接测量分子轨道能级和内层电子轨道能级）以及所具有的高表面灵敏度等是其他方法难以比拟的；但是 XPS 的相对灵敏度比较低、真空度要求高、分辨率较差等，这些方面又不及某些分析方法优越。

3. X 射线吸收光谱（XAS）

随着同步辐射光源的建造，X 射线吸收光谱学方法（XAS）得到了前所未有的发展，在物质结构表征（包括原子结构及电子结构等）、理化性能解释（比如单原子催化剂位点研究、Insitu/operando 测试等）都发挥着越来越重要的作用，前沿研究中都经常看见其身影。一直以来，可以说 XAFS（X 射线吸收精细结构谱）是基于同步辐射的各种表征手段的同步辐射技术中应用范围最广的技术之一。

X 射线吸收光谱就是利用 X 射线入射前后信号变化来分析材料元素组成、电子态及微观结构等信息的光谱学手段。XAS 方法通常具有元素分辨性，几乎对所有原子都具有相应性，对固体（晶体或非晶）、液体、气体等各类样品都可以进行相关测试。

一些应用举例（图 5-29、图 5-30）：

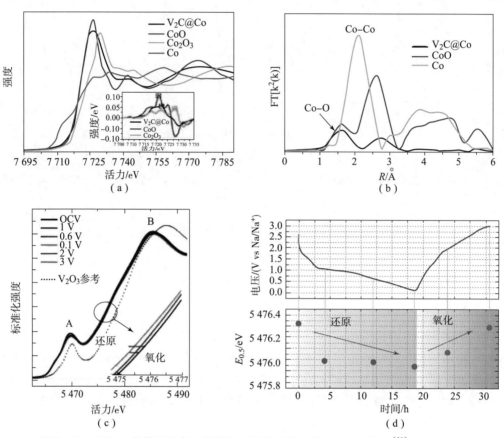

图 5 - 29　**MXene 的基于同步加速器的 X 射线吸收光谱（XAS）表征**[20]（见彩插）

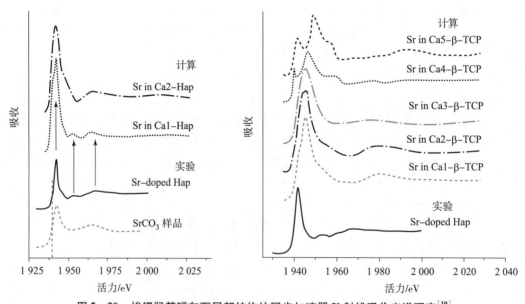

图 5 - 30　**掺锶羟基磷灰石局部结构的同步加速器 X 射线吸收光谱研究**[10]

# 5.3　纳米材料的晶型分析

## 5.3.1　X 射线衍射分析技术的发展史

X 射线衍射技术作为一种材料检测方法已广泛应用，尤其是在研究晶体内在结构方面显示出诸多优势。在纤维材料的研究中，X 射线衍射学有着广泛的应用：测定晶体结构、研究晶体的完善性及测定晶体取向颗粒大小等。

1895 年，德国物理学家伦琴偶然发现了非可见光，但能使照相底片感光，使荧光物质发光，并且有极大穿透能力的射线，即 X 射线。1912 年，劳厄（Laue）等利用晶体作为天然光栅，发现了晶体的 X 射线衍射现象，确定了 X 射线的电磁波性质，波长为 0.001 ~ 10 nm。

X 射线具有波长短、光子能量大两个基本特性，所以，X 射线与物质相互作用时产生的效应和可见光完全不同，在物质的微观结构中，原子和分子的距离（0.1 ~ 1 nm）正好落在 X 射线的波长范围内，所以物质（特别是晶体）对 X 射线的散射和衍射能够反映丰富的微观结构信息，因此，X 射线衍射方法是当今研究物质微观结构的主要方法。

X 射线的产生，通常是用高速电子束轰击阳极靶面，如果能量足够高，靶内一些原子的内层电子会被轰出，使原子处于能级较高非稳定的激发态，内层轨道上的空位将被离核更远轨道上的电子所补充，从而使原子能级降低，这时，多余的能量便以光量子的形式辐射出来，产生了 X 射线。

X 射线谱分为连续 X 射线谱和特征 X 射线谱两部分。连续 X 射线谱又称为"白色"X 射线，包含了从短波限 $\lambda_m$ 开始的全部波长，其强度随波长变化连续地改变，从短波限开始，随着波长的增加，强度迅速达到一个极大值，之后逐渐减弱，趋向于 0。连续光谱的短波限 $\lambda_m$ 只取决于 X 射线管的工作高压。

特征光谱由一定波长的若干 X 射线谱组成，其波线的波长范围由阳极靶材料的元素特征而定，其波长只与原子处于不同能级时发生电子跃迁的能级差有关，而原子的能级是由原子结构决定的，因此，这些有特征波长的辐射（特征光谱）能够反映出原子的结构特点。

一束 X 射线通过物质时会发生散射，X 射线的散射是电磁波迫使电子的运动状态发生改变而产生的过程，可分为相干反射和不相干反射。X 射线在晶体中产生的衍射现象，是其散射的一种特殊表现，由于 X 射线对晶体各原子的电子散射是相干散射波，它们之间的干涉作用使得空间某些方向上的波始终保持互相叠加，于是在这个方向上可以观察到衍射线，而在另一些方向上的波始终是互相抵消的，于是就没有衍射线产生。所以，X 射线在晶体中的衍射现象实际上是大量的原子散射波互相干涉的结果，每种晶体所产生的衍射花样都反映出晶体内部的原子分布规律。通过在 X 射线衍射现象与晶体结构之间建立起定性和定量的关系，可分析晶体内部结构的各种问题。

## 5.3.2　粉末和单晶 X 射线衍射（XRD）

只有结晶体才会造成 X 射线衍射，结晶体为具有一定结构的原子团（分子）在三维空间的周期排列；X 射线衍射为周期性结构造成的周期 X 射线散射源间的干涉。相消干涉时，强度几乎会完全消去，相长干涉时，强度会变得很强，称为 X 射线衍射。

单晶衍射主要用于相对分子质量和晶体结构的测定，粉末衍射用于结晶药物的鉴别、晶型的检查和含量测定。

在结构分析中，XRD 对纳米材料的表征包括：

①物相结构的分析（定性、定量）。

②晶粒平均尺寸和粒度分布的测定。

③择优取向的测定。

④多孔材料的孔大小（小角衍射）的测定。

1. 布拉格定律

X 射线通过晶体时，会被晶体中很大数量的原子、离子或分子散射，从而在某些特定的方向上产生强度相互加强的衍射线，如图 5–31 所示。其必须满足的条件是光程差为波长的整数倍。衍射方向服从布拉格定律：

$$2d_{HKL}sin\theta = n\lambda$$

式中，$d_{HKL}$ 为（HKL）面簇的面间距；$\theta$ 为布拉格角或衍射角；$n$ 为衍射级数；$\lambda$ 为入射 X 射线波长。

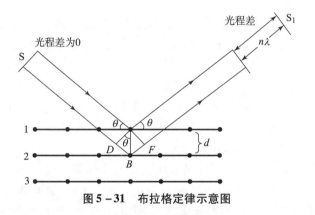

图 5–31　布拉格定律示意图

2. 小角 X 射线衍射

小角 X 射线衍射用来研究长周期结构。长周期结构多见于具有较大晶胞的高分子物质以及其他形成层状结构的物质。其特点是较大的散射基元在空间分布上呈一维、二维乃至三维的长周期性。所以，诸散射波的干涉会给出分立的衍射花样，这同晶体的布拉格衍射和不完整晶体的漫散射相似，只不过是长周期导致了衍射花样出现在极低的角度。因此，又称小角衍射。一般应用于测定超大晶面间距或薄膜厚度以及薄膜的微观周期结构、周期排列的孔分布等问题。

在天然的和人工合成的高聚物中，普遍存在小角 X 射线散射现象，并有许多不同的特征。小角 X 射线散射在高分子中的应用主要包括以下几个方面：①通过 Guinier 散射测定高分子胶中胶粒的形状、粒度以及粒度分布等；②通过 Guinier 散射研究结晶高分子中的晶粒、共混高分子中的微区（包括分散相和连续相）、高分子中的空洞和裂纹形状、尺寸及分布等；③通过长周期的测定，研究高分子体系中片晶的取向、厚度、结晶百分数以及非晶层的厚度等；④高分子体系中的分子运动和相变；⑤通过 Porod – Debye 相关函数法研究高分子多相体系的相关长度、界面层厚度和总表面积等；⑥通过绝对强度的测量，测定高分子的相对分子质量。

3. X 射线粉末和单晶衍射分析

当一束单色 X 射线入射到晶体时，由于晶体是由原子规则排列成的晶胞组成的，这些规则排列的原子间距离与入射 X 射线波长有相同数量级，故由不同原子散射的 X 射线相互干涉，在某些特殊方向上产生强 X 射线衍射，衍射线在空间分布的方位、强度与晶体结构密切相关。这就是 X 射线衍射的基本原理。

X 射线衍射技术已经成为最基本、最重要的一种结构测试手段，其主要应用有以下几个方面：

①物相分析。物相分析是 X 射线衍射在金属中用得最多的方面，分为定性分析和定量分析。前者把对材料测得的点阵平面间距及衍射强度与标准物相的衍射数据相比较来确定材料中存在的物相；后者则根据衍射花样的强度来确定材料中各相的含量。在研究性能和各相含量的关系、检查材料的成分配比及随后的处理规程是否合理等方面，都得到广泛应用。

②结晶度的测定。结晶度定义为结晶部分重量与总的试样重量之比的百分数。非晶态合金应用非常广泛，如软磁材料等，而结晶度直接影响材料的性能，因此，结晶度的测定就显得尤为重要了。测定结晶度的方法很多，但不论哪种方法，都是根据结晶相的衍射图谱面积及非晶相衍射图谱面积决定的。

③精密测定点阵参数。精密测定点阵参数常用于相图的固态溶解度曲线的测定。溶解度的变化往往引起点阵常数的变化，当达到溶解限后，溶质的继续增加引起新相的析出，不再引起点阵常数的变化。这个转折点即为溶解限。另外，点阵常数的精密测定可得到单位晶胞原子数，从而确定固溶体类型；还可以计算出密度、膨胀系数等有用的物理常数。

一些应用分析举例（图 5 – 32、图 5 – 33）：

（a） （b） （c）

**图 5 – 32 MXene 的 TEM、SEM、EDS、XRD 的协同表征**[13]

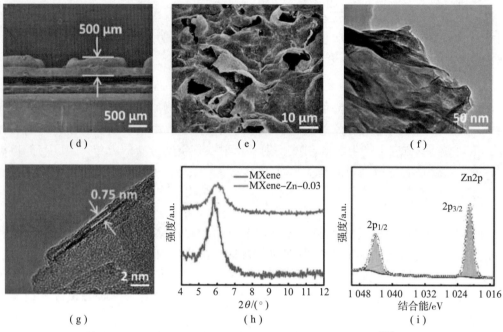

（d）　　　　　　　　　　（e）　　　　　　　　　　（f）

（g）　　　　　　　　　　（h）　　　　　　　　　　（i）

图 5-32　MXene 的 TEM、SEM、EDS、XRD 的协同表征[13]　（续）

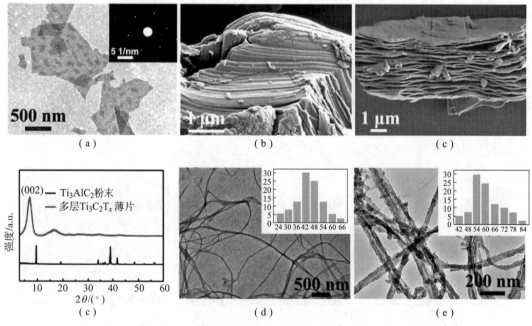

（a）　　　　　　　　　　（b）　　　　　　　　　　（c）

（c）　　　　　　　　　　（d）　　　　　　　　　　（e）

图 5-33　多层 $Ti_3C_2T_x$ 纳米片的 TEM、SEM、XPS、XRD 的协同表征[14]

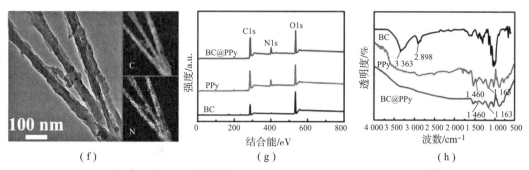

图 5 - 33　多层 $Ti_3C_2T_x$ 纳米片的 TEM、SEM、XPS、XRD 的协同表征[14]（续）

# 5.4　纳米材料的结构特性分析

## 5.4.1　结构特性分析技术重要性

尺寸效应、量子效应使纳米材料展现出独特性质。此外，原子排列、电子状态及化学键变化所带来的表面结构差异（如空位、晶面、活性位等）会使纳米材料表现出优异的物理化学性能。近年来，纳米材料在传感、储能、催化、生物医学等众多领域展现出极大应用价值。因此，了解纳米材料表面结构与性能之间的内在联系对设计不同表面的功能化纳米材料至关重要。然而，纳米材料的多样性导致结构表面复杂多样，高效、全面、便捷的表征技术在结构信息的获取中显得尤为重要。

在众多表征手段中，光谱表征方法因迅速、灵敏、高特异性、操作简便、样品制备简单等优势被广泛应用于纳米材料的能级、结构、成分等分析。基于光电子结合能、电子自旋共振、非弹性光散射、光发射波长等技术可直接对空位、表面态、晶面等表面结构进行准确的分析。通过统计光谱中的特征信息、结合计算机技术或理论模拟计算，能够给出一定的材料结构分布，做出更为精准的测定。因此，光谱方法在纳米结构表面表征中具有巨大潜力。通过光谱来研究电磁波与物质之间的相互作用，不仅可以探知其微观结构信息，还可以了解纳米材料的特殊性质，尤其是光学性质。电磁波的范围从波长最短的 $\gamma$ 射线到波长达数米的无线电波，不同波段的电磁波的频率或能量不同，与物质发生不同的相互作用，其检测方法也不同。根据不同波段的电磁波段建立了多种谱学分析方法，见表 5 - 1。本书主要介绍紫外 - 可见光谱、红外吸收光谱和拉曼散射光谱三种典型的纳米结构特性分析方法及其在纳米材料科学研究中的应用与最新进展。

表 5 - 1　不同波长对应的光谱分析方法

| 电磁波 | 波长范围 | 跃迁类型 | 光谱分析方法 |
| --- | --- | --- | --- |
| $\gamma$ 射线 | $5 \times 10^{-3} \sim 0.14$ nm | 原子核跃迁 | $\gamma$ 射线光谱学、穆斯堡尔谱 |
| X 射线 | $0.001 \sim 10$ nm | 内层电子跃迁 | X 射线光谱学、X 射线荧光分析 X 射线吸收分析、X 射线散射法 X 射线光电子能谱 |

| 电磁波 | 波长范围 | 跃迁类型 | 光谱分析方法 |
|---|---|---|---|
| 真空紫外线 | 10 ~ 200 nm | 外层（价）电子 | 远紫外吸收光谱 |
| 紫外可见光 | 200 ~ 750 nm | 外层（价）电子 | 紫外可见光谱和荧光光谱 |
| 红外线 | 0.75 ~ 1 000 μm | 分子振动/转动 | 红外光谱和拉曼散射谱 |
| 微波 | 0.1 ~ 100 cm | 分子转动 | 微波吸收谱 |
| 射频 | 1 ~ 1 000 m | 电子自旋，核自旋 | 电子自旋共振波谱、核磁共振波谱 |

紫外－可见光谱应用范围广泛，它能够对物质类别进行识别或对物质含量进行检测。其核心原理是朗伯－比尔定律，即根据物质的选择吸光性，利用测得的吸收光谱并结合吸光度的加和性来定性识别物质的类型或定量地测量物质的浓度。同时，紫外－可见光谱可以用于检测纳米材料的光学性质并结合模拟计算获得关于粒子颗粒度、结构等方面的许多重要信息。红外光谱是由于分子中基团的振动和转动能级跃迁，产生振－转光谱，可用作纳米材料中分子的结构和化学键的分析，进而对材料所表现出的相关特性进行研究。拉曼光谱分析法是依据印度科学家拉曼在 1928 年所发现的拉曼散射效应，对不同于入射光频率的散射光进行分析，得到分子转动、振动等方面的信息，应用于研究分子结构的一种分析方法。

### 5.4.2 紫外－可见光谱

紫外－可见光谱（ultraviolet－visible spectroscopy，UV－Vis 光谱）包括紫外吸收光谱（200 ~ 400 nm）和可见吸收光谱（400 ~ 800 nm），二者都属于电子光谱，都是由于价电子的跃迁而产生的。紫外可见光谱就是利用物质对紫外－可见光的选择性吸收而建立起来的一种分析方法。

#### 1. 形成机理

原子或分子中的电子，稳定地处于某种运动状态中，每一种状态都具有某一种能量，属于某一能级。当受到光、热、电等的激发，原子或分子中的电子吸收了外来辐射的能量后，会从能量较低的能级跃迁到另外一个能量较高的能级，同时，选择性吸收某些频率的能量。

有机化合物的紫外－可见吸收光谱取决于分子中价电子的分布和结合情况。对紫外或可见光的特征吸收波长取决于分子的激发态与基态之间的能量差。有机化合物的吸收光谱主要由 $n{\rightarrow}\sigma^*$、$\pi{\rightarrow}\pi^*$、$n{\rightarrow}\pi^*$ 及电荷转移跃迁产生。

无机化合物的紫外－可见吸收光谱主要由电荷转移跃迁和配位场跃迁产生。其中，许多过渡金属离子与含生色团的试剂反应所生成的配合物及许多水合无机离子，均可产生电荷转移跃迁。此外，一些具有 $d^{10}$ 电子结构的过渡元素形成的卤化物及硫化物，如 $AgBr$、$PbI_2$、$HgS$ 等，也是由于这类跃迁而产生颜色的。过渡元素的 3d、4d 轨道和镧系、锕系元素中的 4f、5f 轨道，在配体的配位场作用下发生 d—d 跃迁和 f—f 跃迁，这两类跃迁称为配位场跃迁。

#### 2. 半导体无机纳米材料的紫外－可见光谱

纳米 $TiO_2$、$ZnO$、$Fe_2O_3$、$ZnS$、$CdS$、$SiO_2$、$Al_2O_3$、$PbS$ 等均可吸收紫外－可见光，如图 5–34 所示。其能带结构中，价带和导带之间存在禁带 $E_g$，$E_g$ 中不存在电子的能级。光照射在材料粒子上，当光子能量大于禁带宽度时，光激发电子从价带跃迁到导带，产生电子和空穴。电子和空穴易重新复合或被纳米粒子中杂质或其他缺陷捕获，并以光或热的形式释放能量，从而实现吸收紫外 – 可见光的过程。引发这个过程的最大激发波长可根据材料的禁带宽度 $\lambda = hc/E_g$ 求得。

通过 UV – Vis 光谱中吸收峰位置的变化可以直接得到纳米材料的能级结构变化。如纳米 ZnS 半导体粒子的吸收谱显示它的吸收阈值与体相 ZnS 相比发生蓝移，颗粒尺寸越小，吸收波长越短。另外，通过吸收谱还可以发现有些纳米体系会出现一些新的吸收谱带。如纳米 $Al_2O_3$ 在 200 ~ 850 nm 波长范围有 6 个吸收带，与大块的 $Al_2O_3$ 晶体有很大差别。纳米材料的这种特性一方面归因于小尺寸效应，另一方面由界面效应引起，使纳米固体呈现新的吸收谱带。

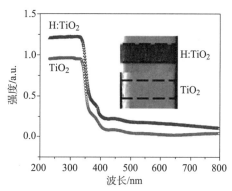

图 5 – 34　原始（$TiO_2$）的紫外可见吸收光谱和氢化（$H:TiO_2$）纳米结构薄膜

UV – Vis 光谱除了用于以上光学性质的表征外，通过紫外可见光谱与理论计算结合，还能够获得关于粒子颗粒度、结构等方面的许多重要信息。

### 3. 朗伯 – 比尔定律

朗伯 – 比尔定律（简称比尔定律）是定量分析的理论基础。当一束平行单色光照射样品溶液时，一部分光被溶液吸收，一部分透过溶液，另一部分则被液体表面反射。示意图如 5 – 35 所示。溶液的吸光度与溶液的浓度及光程（溶液的厚度）成正比关系。

$$A = \lg \frac{I_0}{I} = Kcl$$

式中，$I_0$ 为入射光强度；$I$ 为透射光强度；$K$ 为摩尔吸光系数；$c$ 为浓度（mol/L）；$l$ 为光程（吸收池厚度）。

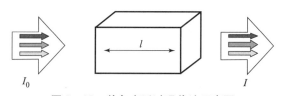

图 5 – 35　单色光透过吸收池示意图

朗伯 – 比尔定律只适用于平行的单色光，光束垂直入射到吸收池，并且吸收池内溶液浓度低于 0.01 mol/L，当浓度偏高时，吸光粒子的平均距离缩短，摩尔吸光系数发生变化，导致测试结果偏离朗伯 – 比尔定律。

### 4. 仪器装置

紫外 – 可见分光光度计由光源、单色器、吸收池、检测器和信号指示系统等构成，如图 5 – 36 所示

光源：光源的作用是发射连续光谱，供待测样品吸收。要求具有足够的辐射强度、较好

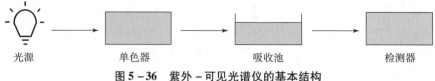

图 5 – 36　紫外 – 可见光谱仪的基本结构

的稳定性、较长的使用寿命。通常，紫外光区使用氢灯、氘灯作为光源，可见光区使用钨灯作为光源。

单色器：单色器的作用是将光源发射的复合光分解成单色光，并可从中选出任一波长单色光的光学系统。

吸收池：吸收池主要用于盛放试液。吸收池主要有石英池和玻璃池两种。在紫外光区须采用石英池，可见光区一般用玻璃池。按其用途不同，可以制成不同形状和尺寸的吸收池，如矩形吸收池、气体吸收池、5 cm 吸收池等。

检测器：检测器的功能是利用光电效应将透过吸收池的光信号变成可测的电信号，常用的有光电池、光电管或光电倍增管。

信号指示系统：信号指示系统的功能是通过检流计、数字显示、微机进行仪器自动控制和结果处理。

### 5.4.3　红外光谱

1800 年，Willian Herschel 发现了红外辐射现象；1835 年，Ampère 指出红外线具有与可见光一样的性质；1935 年，第一台红外分光光度计问世；在 20 世纪 70 年代，逐渐发展了傅里叶变换红外光谱仪。之后，红外光谱在材料结构的确定上发挥了非常重要的作用。

按波长的覆盖范围，红外光谱（infrared spectroscopy，IR）可分为近红外（0.75 ~ 2.5 μm）、中红外（2.5 ~ 25 μm）和远红外（25 ~ 1 000 μm）光谱。化学键振动的倍频和组合频大多出现在近红外区，形成近红外光谱。绝大多数无机化合物和有机化合物的化学键的振动跃迁出现在中红外区。而小分子的纯转动光谱，无机化合物中重原子之间的振动，以及所有的金属氧化物、硫化物、氯化物、溴化物、碘化物，特别是金属配合物配位键的伸缩振动和弯曲振动则出现在远红外区。红外线只能激发分子内振动和转动能级的跃迁，从而产生特征吸收，故红外光谱是分子振动/转动光谱的重要组成部分。

1. 工作原理

当试样受到频率连续变化的红外光照射时，试样分子选择性地吸收某些波数范围的辐射，引起偶极矩的变化，产生分子振动和转动能级从基态到激发态的跃迁，并使相应的透射光强度减弱。

吸收频率和分子的电偶极矩是红外吸收中的两个重要组成部分。分子对红外线的吸收是入射光中的频率与分子振动频率（分子的固有频率）相匹配时所发生的一种共振吸收现象。分子的振动必须能与红外辐射产生偶合作用，即分子振动只有改变了分子的电偶极矩，才能从入射光中吸收特定频率的光子。

在纳米材料研究中，红外光谱可提供纳米材料中的空位、间隙原子、晶界和相界等方面的信息。在纳米粉末制备过程中，可以用傅里叶变换红外光谱（FTIR）来表征结构的变化。例如，在纳米 Si 材料中，H、O 的存在方式与结构的关系对纳米 Si 的发光机理有重要意义。

红外吸收光谱可以作为纳米 Si 粉末制备过程中探测 Si 中 H、O 存在方式的手段。此外，FTIR 还常用来研究纳米材料与一般材料表面性质的差别。利用有机小分子环境敏感性、红外信号强的特点，通过它们在纳米材料和一般固体材料上吸附时，红外吸收频率和强度变化来探测它们表面性质的差异。

2. 仪器装置

1908 年，Coblentz 首先开发出了氯化钠棱镜的红外光谱仪，至今已发展了三代，分别是棱镜色散型红外光谱仪、光栅型色散式红外光谱仪、干涉型红外光谱仪（FTIR 光谱仪）。本书仅简要介绍 FTIR 光谱仪的基本结构。

傅里叶变换红外光谱仪（Fourier transform infrared spectrometer，FTIR）主要由红外光源（source）、动镜（moving mirror）、固镜（fixed mirror）、分束器（splitter）和检测器（detector）等部分构成，如图 5 – 37 所示。

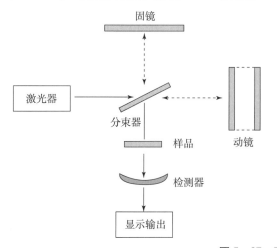

**图 5 – 37　FTIR 光谱仪**

（a）结构示意图；（b）实物图

光源：光源（source）的作用是发射高强度连续红外辐射，常用的有 Nernst 灯、硅碳棒、高压汞灯等。

干涉仪：迈克尔逊（Michelson）干涉仪的作用是将复色光变为干涉光。中红外干涉仪中的分束器主要是由溴化钾材料制成的；近红外分束器一般以石英和 $CaF_2$ 为材料；远红外分束器一般由 Mylar 膜和网格固体材料制成。

检测器：检测器（detector）主要使用真空热电偶、热释电检测器、碲镉汞检测器三种。真空热电偶检测器光谱响应宽，并且一致性好、灵敏度高、受热噪声影响大；热释电检测器响应极快，可进行高速扫描，中红外区只需 1 s；碲镉汞检测器灵敏度高、响应快，可进行高速扫描。

3. 样品制备

对试样的要求：

为获得高质量的红外光谱谱图，需要根据实验目的进行合适的制样。红外吸收光谱分析的试样可以是液体、固体或气体，一般要求：

①试样应是纯度 >98% 的物质，以便与纯物质的标准光谱进行对照。多组分试样应在测

定前进行提纯，否则，各组分光谱相互重叠，难以判断。

②试样中不应含有水。因为水本身有红外吸收，并会侵蚀吸收池的盐窗。

③试样的浓度和测试厚度应适当，以使光谱图中大多数吸收峰的透射比在10% ~ 80%。

制样方法：

固体试样：通常使用①压片法，固体试样常用压片法，它也是固体试样红外测定的标准制样方法。将1 ~ 2 mg试样与200 mg纯KBr经干燥处理后研细，使粒度均匀并小于2 μm，在压片机上压成均匀透明的薄片，即可直接测定。②调糊法，将干燥处理后的试样研细，与液体石蜡或全氟代烃混合，调成糊状，夹在盐片中测定。③薄膜法，此方法主要用于高分子化合物的测定。可将它们直接加热熔化后涂制或压制成膜。也可将试样溶解在低沸点、易挥发溶剂中，涂渍于盐片，待溶剂挥发后成膜测定。

液体和溶液试样：通常使用①液膜法，此法适用于沸点较高（> 80 ℃）的液体或黏溶液。将1 ~ 2滴试样直接滴在两片KBr或NaCl盐片之间，形成液膜。用螺丝固定后放入试样室测量。对于一些吸收很强的液体，当用调整厚度的方法仍然得不到满意的谱图时，可用适当的溶剂配成稀溶液进行测定。一些固体也可用溶液的形式进行测定。②液体池法，此法适用于挥发性、低沸点液体试样的测定。将试样溶于$CS_2$、$CCl_4$、$CHCl_3$等溶剂中配成10%左右的溶液，用注射器注入固定液池中（液层厚度一般为0.01 ~ 1 mm）进行测定。

气体试样：气态试样可在玻璃气槽内进行测定，它的两端粘有红外透光的NaCl或KBr窗片，窗板间隔为2.5 ~ 10 cm。先将气槽抽真空，再将试样注入。气体池还可用于挥发性很强的液体样品的测定。

4. 应用分析

红外吸收光谱主要用于分析分子振动中伴随有电偶极矩发生改变的化合物。因此，除单原子（如Fe、Co、Ni等）和同元素分子（如$O_2$、$Cl_2$等）外，几乎所有的有机或无机化合物在红外光谱区均有吸收。一般地，结构不同的两个化合物（除光学异构体、某些高聚物，以及相对分子质量相差较小的化合物外），其红外吸收光谱也不同。说明红外吸收光谱具有"指纹"的特征，可用于材料结构的识别，如图5 - 38所示。

分子结构或化学基团决定了吸收带的位置，可用于结构鉴定或化学基团的识别。分子结构或化学基团的浓度决定了吸收带的强度，可用于定量分析或纯度鉴定。分子结构或化学基团的原子局域结构、堆垛特征决定了吸收带的形状。

### 5.4.4 拉曼光谱

1923年，德国物理学家Smekal提出光具有非弹性散射的特征，印度物理学家拉曼（C. V. Raman）于1928年发现光的非弹性散射效应，即拉曼散射（Raman scattering），并在此基础上建立了拉曼光谱分析法。20世纪60年代，随着激光光源的发展，拉曼光谱分析才逐渐成为分子光谱分析的重要分支。激光拉曼光谱以其信息丰富、制样简单、水的干扰小等优点广泛应用于生物分子、高聚物、半导体、陶瓷以及药物等的分析。

1. 基本原理

（1）经典理论

根据电磁辐射的经典理论，入射光是一种电磁波，形成一个交变振荡的电磁场。入射光

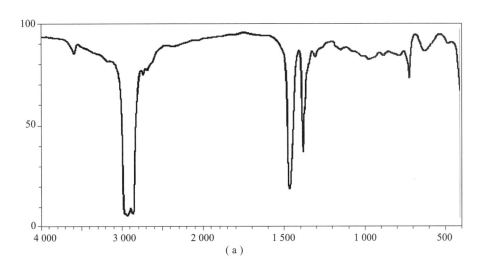

（a）

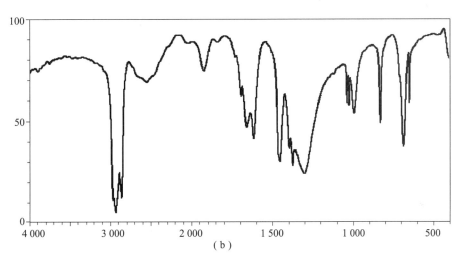

（b）

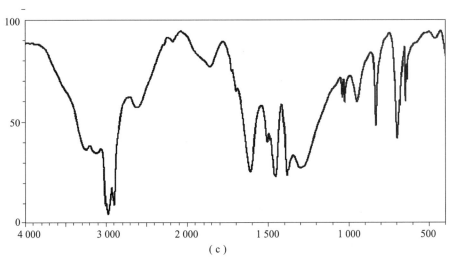

（c）

**图 5 - 38　（a）氢氧化钠、（b）碳酸氢钠和**
**（c）碳酸氢铵样品的红外吸收光谱**

中的电场分量 $E$ 会使分子的电子云移动，从而产生诱导偶极矩。如果发出的电磁辐射频率与入射辐射频率 $\nu_0$ 相同，这就是瑞利散射（Rayleigh scattering）；如果发出的电磁辐射频率与入射辐射频率 $\nu_0$ 不同，而为 $\nu_0 \pm \nu_m$，其中，$\nu_m$ 为分子的振动频率，这就是拉曼散射（Raman scattering）。

（2）量子理论

拉曼光谱为散射光谱。当光照射到样品上时，绝大部分入射光直接透过样品，少量的入射光（约 0.1%）与样品分子发生非弹性散射。在非弹性散射过程中，样品和入射光之间有能量的交换，这种散射称为拉曼散射；如果发生弹性散射，样品和入射光之间没有能量交换，这种散射称为瑞利散射。在拉曼散射中，入射光把一部分能量传递给样品分子，使得散射光的能量减少，在低于入射光频率处探测到的散射光，称为斯托克斯线（Stokes line）；相反，若入射光从样品分子中获得能量，在大于入射光频率处探测到散射光，则称为反斯托克斯线（anti-Stokes line）。

图 5-39（a）所示为拉曼散射和瑞利散射的量子能级图。处于基态 $E$ 的分子受入射光子 $h\nu_0$ 的激发跃迁到受激虚态，受激虚态是不稳定的，所以分子又很快跃迁回基态 $E_0$，把吸收的能量 $h\nu_0$ 以光子的形式释放出来，这就是弹性碰撞，为瑞利散射。跃迁到受激虚态的分子还可以跃迁到电子基态中的振动激发态 $E_n$ 上，并释放出能量为 $h(\nu_0 - \nu_m)$ 的光子，这就是非弹性碰撞，所产生的散射光为斯托克斯线。若分子处于振动激发态 $E_n$ 上，受能量为 $h\nu_0$ 的入射光子的激发跃迁到受激虚态，然后又很快地跃迁回振动激发态 $E_n$，此过程对应于弹性碰撞，为瑞利散射。处于受激虚态的分子若跃迁回基态，放出能量为 $h(\nu_0 + \nu_m)$ 的光子，即为反斯托克斯线。由于在常温下，处于基态的分子占绝大多数，所以通常斯托克斯线比反斯托克斯线强得多。

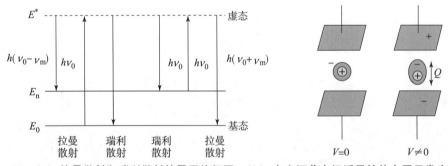

**图 5-39** （a）拉曼散射和瑞利散射的量子能级图；（b）变交振荡电场诱导核外电子云发生变形

对于拉曼散射而言，拉曼散射光与入射光之间的频率差称为拉曼位移。拉曼位移取决于样品分子的振动等级，与入射光频率无关。分子由基态 $E_0$ 被激发至振动激发态 $E_n$，光子失去的能量与分子得到的能量相等，反映了特定能级的变化。不同化学键或基态具有不同的振动方式，进而决定能级间的能量变化。这一特点便是拉曼光谱识别分子结构的理论依据。

拉曼光谱和红外光谱同属分子光谱，是研究分子振动的重要手段。分子的非对称性振动和极性基团的振动，都会引起分子偶极矩的变化，因而这类振动是红外活性的；而分子对称性振动和非极性基团振动，会使分子变形，极化率随之变化，具有拉曼活性。因此，拉曼光谱适合同原子的非极性键的振动。如 C—C、S—S、N—N 键等对称性骨架振动，均可从拉曼光谱中获得丰富的信息。而不同原子的极性键，如 C—O、C—H、N—H 和 O—H 等，在红外光谱上有反映。相反，分子对称骨架振动在红外光谱上几乎看不到。可见，拉曼光谱和红外光谱是相互补充的，见表 5 – 2。

表 5 – 2　拉曼光谱与红外光谱的比较

| 项目 | 拉曼光谱 | 红外光谱 |
|---|---|---|
| 分子结构测定 | 适于分子骨架的测定 | 适于分子端基的测定 |
| 测试范围 | 对粉末样品、气体、液体、单晶测试方便 | 对单晶、金属测试不便，测试荧光物质方便 |
| 光谱形式 | 散射光谱 | 吸收光谱 |
| 谱库规模 | 数量较少 | 数量大 |
| 样品制备 | 无须制样 | 一般需要制样 |
| 定量分析 | 有些不便 | 可以定量 |

对任何分子都可以粗略地用下面的原则来判断其拉曼或红外活性。

相互排斥规则：凡具有对称中心的分子，若其分子振动对拉曼是活性的，则其红外就是非活性的；反之，若对红外是活性的，则对拉曼就是非活性的。

相互允许规则：凡是没有对称中心的分子，若其分子振动对拉曼是活性的，则其红外也是活性的。

相互禁阻规则：对于少数分子振动，其红外和拉曼光谱都是非活性的。如乙烯分子的扭曲振动，既没有偶极矩变化，也没有极化率的变化。

2. 仪器装置

色散型激光拉曼光谱仪主要由以下几个部分组成：激光器、外光路系统、多光栅单色器、检测器等。激光由光源发出，经单色处理后入射到样品上；散射光经凹面镜收集，通过狭缝照射到光栅上。连续转动光栅使不同波长的散射光依次通过出射狭缝进入探测器，再经放大、显示就能得到拉曼光谱。其主要装置如图 5 – 40（a）所示。

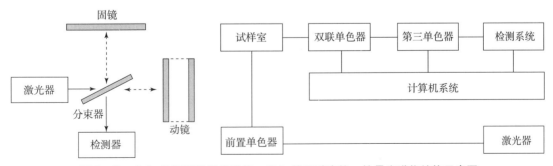

图 5 – 40　（a）色散型拉曼光谱仪；（b）傅里叶变换 – 拉曼光谱仪结构示意图

激光器：激光是拉曼光谱仪的理想光源。迄今为止，已发现数百种材料可以用于制造激光器。根据所用的材料不同，大致可把激光器分为气体激光器、固体激光器、半导体激光器和燃料激光器四大类。拉曼光谱中最经常使用的是氩离子激光器，其激发波长为 514 nm 和 488 nm，单线输出功率可达 2 W。同时，在实验中，根据实验需求，也可以选用 633 nm、785 nm 以及紫外激发光源。激发光源的波长可以不同，但不会影响拉曼散射的位移，见表 5 – 3。

表 5 – 3　拉曼光谱仪常用激光器

| 激发光 | 波长/nm | 激光器类型 |
|---|---|---|
| | 514 | $Ar^+$ 激光器 |
| 可见光区 | 633 | He – Ne 激光器 |
| | 785 | 半导体激光器 |
| 近红外光区 | 1064 | YAG 激光器 |
| 紫外光区 | 325 | He – Cd 激光器 |

外光路系统：外光路系统是从激光光源后到多光栅单色器前的所有设备，包括聚焦透镜、反射镜、偏振旋转镜、样品台等。激光照射到样品上有两种方式：一种是 90°方式，可以进行准确的偏振测定，能改善拉曼散射和瑞利散射的比值，有利于测量低频振动部分；另一种是 180°方式，可得到最大的激发效率，适合微量样品的测量。

多光栅单色器：在色散型拉曼光谱仪中，通常使用三光栅或双光栅组合的单色器来削弱杂散光，以提高色散性。使用多光栅的缺点是降低了光通量，也可使用凹面全息光栅来减少反射镜，以提高光的反射效率。

光电检测器：激光拉曼光谱仪中一般采用光电倍增管对光信号进行放大检测。由于拉曼散射强度很弱，这就要求光电倍增管要有高的量子效率和尽可能低的热离子暗电流。近年来，液氮冷却的 CCD 型电子偶合器件探测器的使用，大大提高了探测器的灵敏度。由探测器输出的信号必须经过放大，然后由记录仪记录，或者将结果输出到计算机上。

傅里叶变换 – 拉曼光谱仪是目前常用的拉曼光谱仪。傅里叶变换 – 拉曼光谱仪的主要组件是迈克尔逊干涉仪，它包括分束器、固镜和动镜，入射光经准直后入射到分束器上，被分成等强度的两束光：一束光直接照到动镜上，经动镜反射后照到分束器上，经分束后，其中一束反射到探测器上；类似地，另一束光被反射到固镜上，经固镜反射后，照到分束器上，经分束后直接进入探测器中。

3. 样品制备

在测试前，应采用合适的方法制备样品，常见的样品制备方法有以下几种。

（1）气体样品

气体样品的拉曼散射很弱，为了提高拉曼散射信号，可以增大样品池中气体的压强（即增大气体分子的数密度）或采用多次反射的样品池。

（2）液体样品

液体样品可装入玻璃毛细管中，调节毛细管的位置使光束正好对准样品。如果是低沸点、易挥发的样品，建议密封毛细管，以免污染光学器件。

（3）块体样品

对于块体样品，可直接固定在镀金或镀银的样品台上；而粉末样品，可采用毛细管或样品杯装盛，也可通过压片、旋涂等方式对其进行测量。

### 4. 材料的拉曼光谱分析

纳米材料的小尺寸效应、表面效应使得分子基团的振动键的模式和强度发生变化，在拉曼光谱中表现为振动峰的位移、峰强度的改变或者是新的峰的出现。现在拉曼光谱有显微成像系统，能进行微区分析，配备光纤后，能进行远程检测。很多纳米颗粒的红外光谱并没有表现出尺寸效应，而拉曼光谱尺寸效应显著。拉曼位移因素主要有表面效应、非化学计量比以及量子限域效应等。拉曼光谱分析是纳米材料鉴定和特征表征必不可少的分析技术，在相组成界面、晶界等有重要应用。例如研究单晶、多晶、微晶和非晶硅的结构，如图 5 – 41 和图 5 – 42 所示。

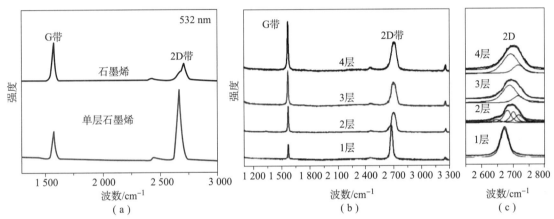

图 5 – 41　石墨烯的拉曼光谱和成像（见彩插）

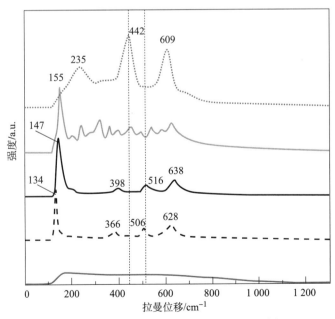

图 5 – 42　不同晶型二氧化钛的拉曼光谱[5]

# 本章思考题

1. 简述纳米材料的表征方法。

2. 简述 SEM 与 TEM 成像的不同原理。

3. 不同方向的针尖与样品间的偏压对实验结果有何影响？

4. 原子力显微镜与扫描隧道显微镜的区别是什么？

5. 简述 X 射线荧光光谱的基本原理、特点和它的作用。说明波长色散和能量色散 X 射线荧光光谱的主要相同点和区别。

6. 从 X 射线衍射原理、实验装置、衍射谱的形态等多个方面比较粉末衍射和单晶体衍射的异同。

7. 简述拉曼光谱和红外光谱的异同。

8. 何为拉曼位移？物理意义是什么？

9. 何为瑞利散射、拉曼散射、斯托克斯散射、反斯托克斯散射？

# 参 考 文 献

［1］陈木子，高伟建，张勇．浅谈扫描电子显微镜的结构及维护［J］．分析仪器，2013（4）：91-93.

［2］余凌竹，鲁建．扫描电镜的基本原理及应用［J］．实验科学与技术，2019，17（5）：85-93.

［3］曾丽珍，赵少飞．浅谈高质量透射电镜照片的拍摄［J］．实验室研究与探索，2016，35（7）：295-301.

［4］Lee S Y, Wu L, Poyraz A S, et al. Lithiation Mechanism of Tunnel - Structured MnO$_2$ Electrode Investigated by In Situ Transmission Electron Microscopy［J］. Advanced Materials, 2017, 29（43）：1703186.

［5］Tran H T T, Kosslick H, Ibad M F, et al. Photocatalytic performance of highly active brookite in the degradation of hazardous organic compounds compared to anatase and rutile［J］. Applied Catalysis B：Environmental, 2017（200）：647-658.

［6］朱永法．纳米材料的表征与测试技术［M］．北京：化学工业出版社，2006.

［7］汪信，刘孝恒．纳米材料学简明教程［M］．北京：化学工业出版社，2010.

［8］杨玉平．纳米材料制备与表征 理论与技术［M］．北京：科学出版社，2021.

［9］Kalinin S V, Dyck O, Balke N, et al. Toward Electrochemical Studies on the Nanometer and Atomic Scales：Progress, Challenges, and Opportunities［J］. ACS Nano, 2019, 13（9）：9735-9780.

［10］Liang Y, Pfisterer J H K, McLaughlin D, et al. Electrochemical scanning probe microscopies in electrocatalysis［J］. Small Methods, 2019, 3（8）：1800387.

［11］Hu Y, Zhang Z, Liu Y, et al. Cobalt - Catalyzed Chemo - and Enantioselective

Hydrogenation of Conjugated Enynes [J]. Angewandte Chemie, 2021, 133 (31): 17126 – 17130.

[12] Tao L, Qiao M, et al. Bridging the surface charge and catalytic activity of a defective carbon electrocatalyst [J]. Angewandte Chemie International Edition, 2019, 58 (4): 1019 – 1024.

[13] Bett A J, Haddara W, Prevec L, et al. An efficient and flexible system for construction of adenovirus vectors with insertions or deletions in early regions 1 and 3 [J]. Proceedings of the National Academy of Sciences, 1994, 91 (19): 8802 – 8806.

[14] Dehghani-Sanij A R, Tharumalingam E, Dusseault M B, et al. Study of energy storage systems and environmental challenges of batteries [J]. Renewable and Sustainable Energy Reviews, 2019 (104): 192 – 208.

[15] Questell-Santiago Y M, Zambrano-Varela R, Talebi Amiri M, et al. Carbohydrate stabilization extends the kinetic limits of chemical polysaccharide depolymerization [J]. Nature Chemistry, 2018, 10 (12): 1222 – 1228.

[16] Vahidmohammadi A, Mojtabavi M, Caffrey N M, et al. 2D MXenes: Assembling 2D MXenes into Highly Stable Pseudocapacitive Electrodes with High Power and Energy Densities [J]. Advanced Materials, 2019, 31 (8).

[17] Pang J, Mendes R G, Bachmatiuk A, et al. Applications of 2D MXenes in energy conversion and storage systems [J]. Chemical Society Reviews, 2019, 48 (1): 72 – 133.

[18] Yin W J, Weng B, Ge J, et al. Oxide perovskites, double perovskites and derivatives for electrocatalysis, photocatalysis, and photovoltaics [J]. Energy & Environmental Science, 2019, 12 (2): 442 – 462.

[19] Zhang X J, Wang G S, Cao W Q, et al. Enhanced microwave absorption property of reduced graphene oxide (RGO) -$MnFe_2O_4$ nanocomposites and polyvinylidene fluoride [J]. ACS Applied Materials & Interfaces, 2014, 6 (10): 7471 – 7478.

[20] Byeon A, Glushenkov A M, Anasori B, et al. Lithium-ion capacitors with 2D $Nb_2CT_x$ (MXene) —carbon nanotube electrodes [J]. Journal of Power Sources, 2016, 326 (15): 686 – 694.

# 第 6 章

# 纳米材料的能源与生物应用

## 本章重点及难点

（1）了解半导体光催化与光电催化的基本原理。

（2）了解如何根据光催化或光电催化的反应需求，合理设计、制备半导体纳米光催化材料。

（3）结合实际应用案例，理解纳米材料的晶面效应、电子效应和协同效应。

（4）理解并掌握纳米材料的表/界面对生物大分子、细胞、组织及其功能特性的多重影响。

（5）熟悉锂离子电池和钠离子电池的原理。

（6）掌握如何通过纳米材料的合成手段调控纳米材料特性，从而提高二次电池的性能。

## 6.1　半导体纳米材料的光催化与光电催化应用

1972 年，日本科学家 Fujishima Akia 和 Honda Kenichi 在研究中发现 $TiO_2$ 电极在紫外光照下能够将水分解为氢气和氧气，这一结果首次证实了利用半导体材料将太阳光能转化为化学能的可行性，开启了光催化与光电催化研究的序幕。基于光催化或光电催化的太阳能光 - 化学转化过程又被称为人工光合作用，其目的是仿习自然光合作用原理，通过分解水制取氢气以及将二氧化碳还原为碳氢燃料这两类重要的化学反应，将洁净、丰富、可再生的太阳能转化为便于储存、利用的化学燃料（氢气、甲烷、甲醇等），为人类提供化石能源之外的全新能源供给模式。人工光合作用的核心是利用半导体基光催化剂的带间跃迁吸收太阳光能转化为电化学势能，并进一步通过发生在半导体表面的氧化还原反应转化为化学能。在纳米尺度对半导体材料进行理性设计与可控合成，对于开发高效、稳定、廉价的光催化剂具有十分重要的科学意义。

### 6.1.1　光催化与光电催化原理

半导体是电导率介于绝缘体（约 $10^{-8}$ S·cm$^{-1}$）和导体（约 $10^6$ S·cm$^{-1}$）之间的材料。当入射光子能量（$h\nu$）大于半导体带隙（$E_g$）时，半导体能够吸收光子，将价带电子激发至导带成为自由电子，同时，在价带留下数量相同、带正电荷的空穴。这一过程称为半导体的带间跃迁，是发生光催化与光电催化的关键基础。

1. 光催化原理

如图6-1所示，半导体光催化过程主要分为三个步骤：①光吸收。当入射光子能量大于半导体带隙时，半导体吸收光子，将价带上的电子激发至导带，形成光生电子-空穴对。②光生电荷的分离与迁移：光生电子-空穴对从空间上发生分离，并分别迁移至半导体表面。③表面氧化还原反应。迁移至半导体表面的光生电子和空穴分别与表面吸附物种发生还原与氧化反应。在光催化过程中，光能到化学能的转化效率是由光吸收效率、电荷分离效率以及表面反应效率共同决定的。

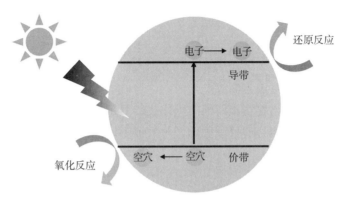

**图6-1　半导体光催化原理示意图**

需要注意的是，①半导体的带隙（以 eV 为单位）与其吸收带边波长（$\lambda$，以 nm 为单位）之间存在反比例关系：

$$E_g = 1\ 240/\lambda \tag{6-1}$$

带隙减小引起吸收带边红移，有利于拓宽半导体对太阳光谱的响应范围，提高光吸收效率；②当光生电子与空穴产生后，易在极短的时间尺度内（$10^{-12} \sim 10^{-3}$ s）发生复合，无法迁移至半导体表面参与氧化还原反应，这是导致光催化效率低的一个重要因素；③在热力学上，半导体光催化剂的带隙需要大于反应的吉布斯自由能变化量，并且导带电位需要比还原半反应的电位更负，价带电位比氧化半反应的电位更正，同时，在动力学上，还需要克服表面氧化与还原反应的活化能（过电位）。以水分解反应为例（$H_2O \rightarrow H_2 + 1/2O_2$，$\Delta_r G_m^\ominus = 237$ kJ·mol$^{-1}$），热力学上要求半导体的带隙大于 1.23 eV（237 kJ·mol$^{-1}$），同时，导带电位比析氢电位（$H^+/H_2$，0 V vs. NHE，pH = 0）更负，价带电位比析氧电位（$O_2/H_2O$，1.23 eV vs. NHE，pH = 0）更正（图6-2），动力学上还需要克服析氢与析氧反应的过电位，因此，半导体带隙一般应大于 1.6 eV 才能驱动水分解反应的有效进行；④为降低氧化还原反应的过电位，可在半导体表面担载助催化

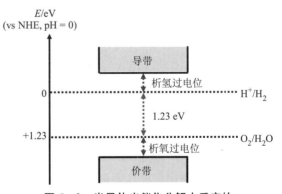

**图6-2　半导体光催化分解水反应的热力学与动力学条件**

剂或构造表面缺陷，以充当反应活性位点，提高表面反应速率。

### 2. 光电催化

光生电子与空穴复合严重是导致半导体光催化剂效率低的一个重要因素。为了抑制光生电子与空穴复合，可将半导体催化剂沉积在导电基底上形成光电极，与对电极连接并施加恒电位偏压，利用外加电场驱动光生电子与空穴向相反方向移动，从而提高光生电荷分离效率。这种在外加电场辅助下发生在光电极上的光能到化学能的催化转化过程称为光电催化。

当半导体光电极与电解质溶液接触时，由于半导体的费米能级（$E_F$）与电解质溶液的氧化还原电位（$E_{redox}$）不同，界面处将发生电荷转移直至两者达到平衡。n 型半导体费米能级靠近导带，一般比电解质溶液的还原电位更负，当 n 型半导体与溶液接触时，界面处电子从半导体向溶液转移，在半导体一侧的界面形成正电荷浓度较高的空间电荷区，导致半导体表面附近的能带向上弯曲，形成方向指向溶液的内建电场（图 6-3（a））。相反，p 型半导体费米能级靠近价带，一般比电解质溶液的氧化电位更正，当 p 型半导体与溶液接触时，界面的半导体一侧能带向下弯曲，形成方向指向半导体的内建电场（图 6-3（b））。

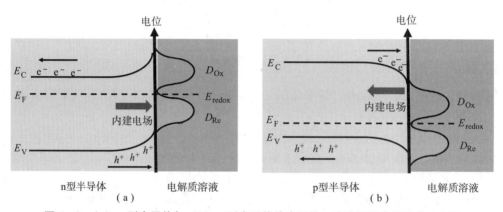

**图 6-3** （a）n 型半导体与（b）p 型半导体的半导体－溶液界面电场分布示意图

与光催化类似，光电催化反应同样包括三个步骤：①光吸收。半导体光电极在光照下（$h\nu > E_g$）产生光生电子－空穴对。②外加电场驱动光生电荷的分离和迁移。对于 n 型半导体形成的光阳极，光生电子在外加电场作用下，经由外电路迁移至对电极，光生空穴聚集在光阳极表面（图 6-4（a））；对于 p 型半导体形成的光阴极，光生空穴在外加电场作用下经由外电路迁移至对电极，光生电子聚集在光阴极表面（图 6-4（b））。③表面氧化还原反应。n 型半导体表面能带向上弯曲，有利于光阳极表面聚集的光生空穴向溶液转移参与氧化反应，同时，对电极上聚集的电子参与还原反应（图 6-4（a））；p 型半导体表面能带向下弯曲，有利于光阴极表面聚集的光生电子向溶液转移参与还原反应，同时，对电极上聚集的空穴参与氧化反应（图 6-4（b））。如图 6-4（c）所示，光电催化反应系统除了单一的光阳极体系和光阴极体系外，还包括光阳极与光阴极串联形成的双电极体系。

同样，影响光电催化能量转化效率的关键因素包括三个方面：光电极对太阳光的吸收能力，光电极以及光电回路中光生电荷的分离与迁移效率，光电极（对电极）表面的氧化还原反应效率。与光催化不同的是，光电催化可通过施加外加偏压改变半导体光电极的费米能

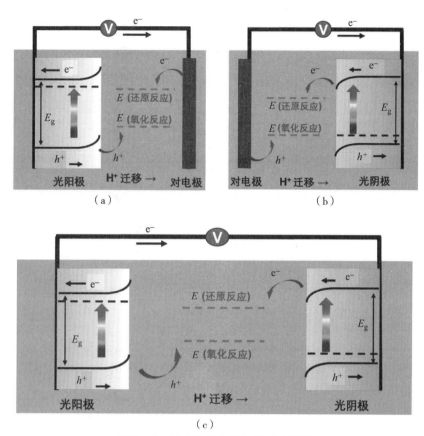

**图 6-4　半导体光电催化原理示意图**

（a）单一光阳极体系；（b）单一光阴极体系；（c）光阳极-光阴极串联体系

级，使得某些能带结构不满足反应热力学要求的催化剂实现催化反应。此外，外加偏压还能够改变半导体表面的能带弯曲程度，例如，对 n 型半导体光电极施加正电位，可提高半导体表面的能带弯曲程度，进一步促进光生电子与空穴分离。在光电催化体系中，由于氧化与还原半反应发生在不同的电极表面，实现了空间上的分离，有利于抑制光生电荷的表面复合以及逆反应的发生。

## 6.1.2　纳米半导体光催化材料的组成

光催化与光电催化的核心是半导体基催化剂，1972 年至今，已有数百种半导体材料被用于光催化与光电催化研究，包括金属氧化物、金属硫（氧）化物、金属氮（氧）化物、金属卤氧化物等。如图 6-5 所示，具有 $d^0$（$Ti^{4+}$、$Zr^{4+}$、$Nb^{5+}$、$Ta^{5+}$、$V^{5+}$、$W^{6+}$、$Ce^{4+}$ 等）或 $d^{10}$（$Zn^{2+}$、$In^{3+}$、$Ga^{3+}$、$Ge^{4+}$、$Sn^{4+}$、$Sb^{5+}$ 等）电子结构的金属阳离子可参与构成半导体的导带能级；非金属元素（如 O、N、S、Se、P、Cl 等）可参与构成半导体的价带能级；碱金属、碱土金属和一些镧系元素虽然不直接参与能带的形成，但可辅助构成半导体的晶体结构；贵金属元素（Au、Ag、Pt、Pd、Ru、Rh、Ir、Ru 等）及其氧化物或氢氧化物可作为助催化剂，促进表面氧化还原反应的进行。

金属氧化物半导体的导带能级多由过渡金属元素的 d 轨道或 sp 轨道构成，价带能级主

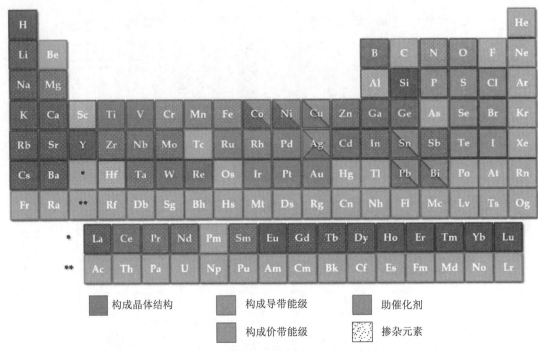

图 6-5 半导体光催化剂的组成（见彩插）

要由 O2p 轨道构成。由于 O2p 轨道形成的价带具有非常正的电位（ +3 eV vs NHE，pH = 0），金属氧化物半导体的带隙较大，太阳光捕获范围较窄，一般需通过元素掺杂或形成固溶体等策略调控其能带结构。常见的金属氧化物光催化剂包括 $TiO_2$、$SrTiO_3$、$BiVO_4$、$WO_3$、$Fe_2O_3$、ZnO 等。

金属硫化物的导带结构一般由过渡金属元素的 d 轨道或 sp 轨道组成，价带主要由 S3p 轨道组成。由于 S3p 轨道形成的价带电位比 O2p 更负，因此，与金属氧化物相比，金属硫化物的带隙较小，具有更宽的太阳光谱响应范围。常见的金属硫化物光催化剂包括 CdS、ZnS 等二元金属硫化物以及 $ZnIn_2S_4$、$CuInS_2$ 等三元金属硫化物。需要注意的是，硫化物光催化剂中的 S 元素容易被光生空穴氧化发生光腐蚀现象，从而制约了其在水氧化半反应中的应用。

除了无机半导体，有机聚合物半导体也可用于制备光催化材料，例如石墨化氮化碳（g-$C_3N_4$）、共价有机框架半导体材料（COFs）等。

当具有以上化学组成的宏观半导体材料某一个或多个维度的尺寸降低到纳米尺度时，可获得相应的纳米半导体材料。相比宏观材料，纳米半导体材料可表现出独特的量子限域效应，通过调控材料的尺寸大小能够实现对半导体禁带宽度及光捕获范围的精准调节，并会直接影响半导体价带与导带相应的氧化还原电势；纳米半导体材料较小的尺寸能够显著缩短材料内部光激发载流子迁移至材料表面所需经过的路径，有利于抑制光生载流子的体相复合，提高电子-空穴分离效率；此外，纳米半导体材料具有较大的比表面积，能够为发生在半导体表面的氧化还原反应提供更多的反应活性位点。根据形貌与维度特征，纳米半导体光催化材料可划分为：零维纳米半导体材料，包括纳米粒子、纳米晶、量子点等；一维纳米半导体材料，包括纳米线、纳米棒、纳米带、纳米管等；二维纳米半导体材料，包括纳米板、纳米片、纳米薄膜等（图 6-6）。

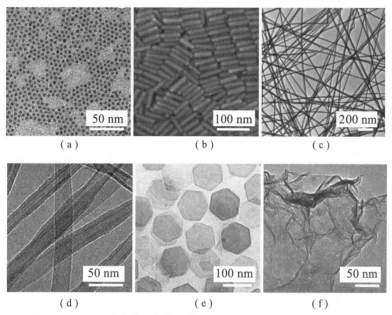

**图 6-6　不同形貌的纳米半导体光催化材料透射电子显微镜照片**

（a）量子点；（b）纳米棒；（c）纳米线；（d）纳米管；（e）纳米板；（f）纳米片

### 6.1.3　纳米半导体光催化材料的调控策略

根据光催化与光电催化原理，提高半导体材料的光能 - 化学能转化效率应从增强光吸收、促进光生电荷分离与迁移、促进表面氧化还原反应三个方面入手。对于纳米半导体材料，其丰富的合成手段以及材料本身独特的物化与光电特性，为开发高效半导体光催化材料提供了更多的调控策略，例如结构调控、晶面调控、缺陷调控等。

**1. 结构调控**

在纳米尺度上调控半导体材料的几何结构对于提升光催化性能发挥着重要作用。例如，构造具有空心结构的半导体光催化剂（图 6-7），可利用中空壳层的光散射效应增加光吸收效率，并能够有效缩短光生电荷向表面迁移的距离，减少光生电子与空穴在到达表面前发生复合的概率。同时，纳米空心结构可增加半导体光催化剂暴露在反应体系中的表面积，有利于提高表面活性位点数量，促进氧化还原反应的进行。

**2. 晶面调控**

光生电子与空穴复合严重是导致光能 - 化学能转化效率低的一个重要原因。对于单一组分的半导体材料，可通过纳米合成手段使材料暴露出特定晶面，借助晶面效应在材料内部构建内建电场，利用电场对电子与空穴的相反作用力促进光生电荷分离。如图 6-8 所示，纳米单晶半导体 $BiVO_4$ 内部的光生电子倾向于迁移至（010）晶面，而光生空穴倾向于迁移至（110）晶面，其原理是（010）与（110）晶面具有不同的表面能带弯曲程度，这种能带弯曲上的差异在两种晶面间形成内建电场，引起晶面电荷分离现象。

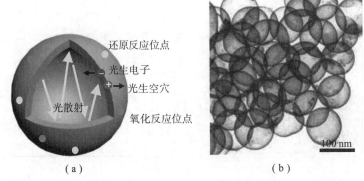

（a）

（b）

**图6-7　纳米空心结构半导体光催化材料的（a）原理示意图与（b）透射电子显微镜照片**

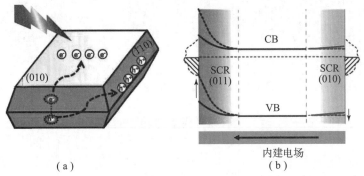

（a）

（b）

**图6-8　纳米单晶半导体光催化剂（BiVO₄）的（a）晶面电荷分离现象及（b）原理示意图**

### 3. 缺陷调控

晶体缺陷是指晶体材料中原子或分子完美的周期性排列被破坏所形成的缺陷结构。零维点缺陷，包括空位缺陷与掺杂缺陷（图6-9），会对材料的电子结构产生显著影响，因此，

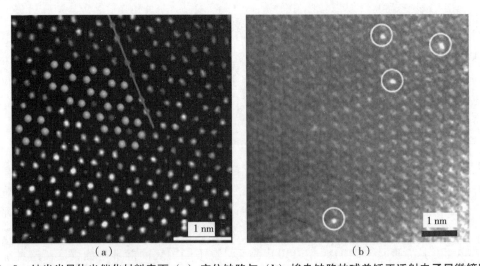

（a）

（b）

**图6-9　纳米半导体光催化材料表面（a）空位缺陷与（b）掺杂缺陷的球差矫正透射电子显微镜照片**

可用于调控半导体的光吸收特性以及电荷分离与迁移性能。同时，一些存在于晶体表面的空位缺陷或掺杂缺陷能够对反应物分子产生吸附或活化作用，有利于降低化学反应的活化能。例如，$TiO_2$ 纳米光催化剂表面晶格中的氧原子脱离形成的氧晶格空位缺陷可充当电子供体，增加光催化过程中的电子供体密度，并可在带隙内诱导产生新的电子能级或捕获态。此外，在水氧化半反应中，$TiO_2$ 纳米光催化剂表面上的氧空位缺陷可对水分子产生吸附作用，促使其解离生成羟基物种。

### 6.1.4　纳米半导体光催化材料的应用

人工光合作用，即仿照自然光合作用原理，利用光催化或光电催化反应将太阳能转化并储存为便于利用的化学能，对于发展可再生洁净能源，从根本上实现人类社会的可持续发展具有重要的科学意义。通过水分解反应获取绿色氢能，或通过二氧化碳与水的反应获取碳氢燃料，是人工光作用的两种核心途径，也是半导体光催化材料重要的应用方向。

**1. 水分解反应**

水分解反应是指将水裂解为氢气和氧气的化学反应。由于氢气具有能量密度高、无污染、可循环利用等优点，被认为是最具潜力的化石燃料替代能源。基于光催化或光电催化的水分解反应是获取绿色氢能的理想方式。

水分解反应是涉及多电子转移的吉布斯自由能增加的化学反应。在热力学上，反应的吉布斯自由能变化量及析氢、析氧标准电极电位为：

总反应：$H_2O(l) \rightarrow H_2(g) + 1/2O_2(g)$　　$\Delta_r G_m^{\ominus} = 237$ kJ·mol$^{-1}$（1.23 eV）

析氢反应：$4H^+ + 4e^- \rightarrow 2H_2$　　$E^{\ominus} = 0$ V（vs NHE，pH = 0）

析氧反应：$2H_2O + 4h^+ \rightarrow 4H^+ + O_2$　　$E^{\ominus} = 1.23$ eV（vs NHE，pH = 0）

在动力学方面，表面反应是整个光催化水分解过程的速率控制步骤，特别是析氧反应为复杂的四电子转移过程，具有较高的氧化过电位，一般需要通过在半导体表面负载合适的助催化剂来降低反应活化能。目前，使用最为普遍的析氢助催化剂是 Pt、Pd、Ru、Au 等贵金属纳米颗粒，常见的析氧助催化剂是一些金属氧化物或氢氧化物，例如 $RuO_2$、$IrO_2$、$CoO_x$、$NiO_x$、$MnO_x$、FeOOH 等。相比使用单一的助催化剂，将析氢和析氧助催化剂同时负载在光催化剂表面形成双助催化剂体系，可协同促进水分解过程中的两个半反应，有利于获得更高的水分解反应效率。

**2. 二氧化碳还原反应**

二氧化碳还原反应是指将二氧化碳与水转化为一氧化碳、甲烷、甲醇、乙醇、乙烯等化学燃料并释放出氧气的反应过程。光催化或光电催化二氧化碳还原反应为降低大气中的二氧化碳浓度，实现碳资源循环利用提供了理想的解决方案。

二氧化碳还原反应也是涉及多电子转移的吉布斯自由能增加的过程，并且反应机理与反应产物十分复杂，例如，$CO_2$ 还原为 C1 产物的半反应包括：

$$CO_2 + 2H^+ + 2e^- \rightarrow CO + H_2O \qquad E^{\ominus} = -0.53 \text{ eV （vs NHE，pH} = 7）$$

$$CO_2 + 2H^+ + 2e^- \rightarrow HCOOH \qquad E^{\ominus} = -0.61 \text{ eV （vs NHE，pH} = 7）$$

$$CO_2 + 4H^+ + 4e^- \rightarrow HCHO + H_2O \qquad E^{\ominus} = -0.48 \text{ eV （vs NHE，pH} = 7）$$

$$CO_2 + 8H^+ + 8e^- \rightarrow CH_4 + 2H_2O \qquad E^{\ominus} = -0.24 \text{ eV （vs NHE，pH} = 7）$$

$$CO_2 + 6H^+ + 6e^- \rightarrow CH_3OH + H_2O \qquad E^{\ominus} = -0.38 \text{ eV (vs NHE, pH} = 7)$$

在反应过程中，还原产生的 C1 中间物种还可能进一步偶联生成乙醇、乙烯、乙酸等 C2 产物。因此，除了反应活性，如何提高反应选择性也是该领域发展所面临的"瓶颈"问题，亟待采用先进的纳米化学与工程手段，开发出更加高效、高选择性的半导体光催化材料。

# 6.2 纳米材料的电催化

电催化（electrocatalysis）是电化学（electrochemistry）的重要组成部分；电化学是研究电能和化学能之间相互转换及转换过程中相关现象的一门学科，是物理化学的一个重要分支。纳米材料的电催化研究重点是研制高效的针对电化学反应的催化剂。

## 科学史话：电化学的历史

1791 年，Luigi Galvani（意大利）：生物电理论。

1799 年，Alessandro Volta（意大利）：发明了第一个化学电池。

1800 年，Wiliam Nicholson，Anthony Garlisle（英国）：电解水。

1805 年，Luigi V Brugnatelli（意大利）：电沉积。

1807 年，Humphry Davy（英国）：电解得到 Na、K、Ca、Ba、Mg、Sr 等金属。

1833 年，Michael Faraday（英国）：法拉第电解定律。

1889 年，Walther Hermann Nernst（德国）：能斯特方程式。

1905 年，Julius Tafel（瑞士）：塔菲尔方程式。

## 6.2.1 三类电催化反应

鉴于目前全球气候变暖的严峻形势，世界各国纷纷提出"碳达峰，碳中和"时间表。氢能作为绿色无污染的洁净能源，受到研究者和产业界的广泛重视。利用光伏太阳能和风能等可再生能源产生的电，通过电解水制氢技术能将这些可再生能源转化为化学能。电解水过程中涉及的阴极反应称为氢析出反应（hydrogen evolution reaction，HER）；阳极反应称为氧析出反应（oxygen evolution reaction，OER）。将氢气作为燃料在质子交换膜燃料电池的阳极氧化，可将化学能转化为电能，这个过程为氢氧化反应（hydrogen oxidation reaction，HOR）；同时，在阴极发生的是氧还原反应（oxygen reduction reaction，ORR）。

### 1. 氢电极反应

氢电极反应是氢析出反应和氢氧化反应的统称。19 世纪后期，由于电解水技术的出现，氢析出反应受到人们的重视，并常作为模型反应用于电化学反应动力学的研究。1905 年，Tafel 基于大量氢析出反应动力学数据，分析归纳出经验公式（Tafel 公式）：

$$\eta = a + b\lg i \qquad (6-2)$$

式中，$\eta$ 为氢析出反应的过电势；$i$ 为反应的电流密度；$a$ 和 $b$（即 Tafel 斜率）为依赖于电极材料的常数。

对于氢电极反应，如果用 M 表示金属电极表面，酸性溶液中，用 $H^+$ 表示水合氢离子（$H_3O^+$），$H_{ad}$ 表示吸附在金属电极表面的 H 原子，目前被普遍接受的机理包含以下三个反应步骤：

①$H^+ + M + e^- \rightarrow M \cdots H_{ad}$（吸附氢原子的形成，Volmer 反应）

②$H^+ + M \cdots H_{ad} + e^- \rightarrow H_2 + M$（吸附氢原子与第二个水合氢离子的放电反应，Heyrovsky 反应）

③$M \cdots H_{ad} + M \cdots H_{ad} \rightarrow H_2 + 2M$（两个吸附氢原子结合生成氢气，Tafel 反应）

碱性溶液中，Tafel 过程保持不变，Volmer 和 Heyrovsky 反应分别变为：

④$H_2O + M + e^- \rightarrow M \cdots H_{ad} + OH^-$（Volmer 反应）

⑤$H_2O + M \cdots H_{ad} + e^- \rightarrow H_2 + OH^- + M$（Heyrovsky 反应）

HER 反应中，①Volmer 反应发生后，紧接着发生②Heyrovsky 反应或③Tafel 反应生成氢气，因此，存在 Tafel – Volmer 机理和 Heyrovsky – Volmer 机理；对于酸性 HOR 反应，则是先进行②或③的逆反应，生成吸附氢（或同时产生水合氢离子）。以上两种机理均有两种可能的速控步骤：Tafel/Heyrovsky 反应为速控步骤，或 Volmer 反应为速控步骤（被称为缓慢放电机理）。

电极催化材料对氢原子的吸附强度决定了反应以何种机理进行，氢原子与电极金属之间的相互作用强弱影响氢析出反应的活化能，从而影响电极反应活性。如图 6 – 10 所示，氢电极反应的交换电流密度和 $M \cdots H_{ad}$ 相互作用强度之间存在一种"火山形（volcano）"关系，即 $M \cdots H_{ad}$ 相互作用太强或太弱都不利于反应进行；由于 Pt 与吸附氢作用适中，其表面的交换电流密度接近火山顶点。

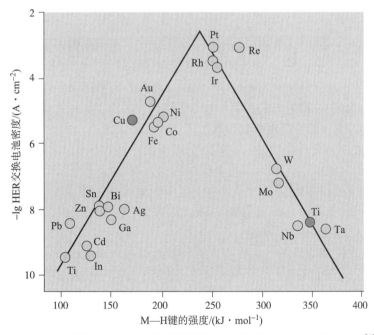

**图 6 – 10  酸性溶液中单质金属氢析出反应（HER）的火山形关系曲线[1]**

研究表明，在 Pt、Pd 等氢析出较容易的表面，Volmer 反应比较可逆，速控步可能是 Tafel 或 Heyrovsky 反应；而在 Hg、Pb、Zn、Sn、Cd 等氢析出过电势较高的表面，速控步骤则可能是 Volmer 反应。

## 2. 氧电极反应

与氢电极反应相比，氧电极反应的过电势高，反应路径更复杂。以氧还原反应（ORR）为例，即使在性能最好的铂电极上，在很小的电流密度下（约 $1\ mA \cdot cm^{-2}$），无论是酸性还是碱性介质中，其过电势均在 0.4 V 以上；ORR 反应可经历 4 电子的直接反应途径生成水（酸性介质中）或 $OH^-$（碱性介质中）；或是经历 2 电子的间接反应途径生成 $H_2O_2$（酸性介质中）或 $HO_2^-$（碱性介质中），$H_2O_2$ 或 $HO_2^-$ 可以继续得到 2 个电子与质子生成 $H_2O$ 或 $OH^-$；另一种可能是它们作为终产物离开电极表面扩散到溶液中。

【ORR 反应机理】

对于 ORR 反应，用 * 表示金属电极表面的吸附位点，酸性溶液中，ORR 最简单的解离路径为：

① $\frac{1}{2}O_2 + * \rightarrow O^*$（$O_2$ 桥式吸附的同时，发生氧—氧键断裂）

② $O^* + H^+ + e^- \rightarrow HO^*$（吸附氧与电子和质子结合，生成吸附羟基）

③ $HO^* + H^+ + e^- \rightarrow H_2O + *$（吸附羟基接受电子和质子，生成水）

然而，①过程直接打断氧—氧键需要 498 kJ/mol 的能量，而通过先发生电子/质子转移，再打断氧—氧键的非解离路径则只需不到 100 kJ/mol 的能量。

④ $O_2 + * \rightarrow O_2^*$（$O_2$ 吸附）

⑤ $O_2^* + H^+ + e^- \rightarrow HOO^*$（$O_2$ 吸附后发生质子和电子转移）

⑥ $HOO^* + H^+ + e^- \rightarrow O^* + H_2O$（吸附 $HOO^*$ 接受电子和质子，氧—氧键断裂生成水和吸附氧）

⑦ $O^* + H^+ + e^- \rightarrow HO^*$（吸附氧与电子和质子结合，生成吸附羟基）

⑧ $HO^* + H^+ + e^- \rightarrow H_2O + *$（吸附羟基接受电子和质子，生成水）

对比可知，⑦和⑧分别与解离路径中的②和③相同，非解离路径与解离路径的区别主要体现在④~⑥步，这个过程中先发生质子和电子转移，再发生氧—氧键的断裂。在⑥中，另一种可能是生成 $H_2O_2$，而不是水和吸附氧。

与氢电极类似，ORR 反应活性与氧原子的吸附能之间也呈现出典型的火山形关系曲线（图 6-11）。单质金属中，Pt 族金属与氧作用适当，既能促使氧—氧键断裂，又能使表面吸附的氧物种继续进行后续反应还原为水。火山形曲线左侧的金属与氧气易形成氧化物，因此 ORR 活性较低；而 Ag、Au 等右侧金属，由于其 d 轨道全充满，与氧作用太弱，很难使氧—氧键断裂，氧还原活性也较低。

对于 ORR 反应机理的研究，主要基于旋转圆盘电极（rotating disk electrode，RDE）和旋转环-盘电极（rotating ring-disk electrode，RRDE）的常规电化学方法。旋转电极法通过引起溶液的强制对流，使电极界面上反应层的厚度发生变化。旋转环-盘电极由在一个平面上的 2 个电极组成，即盘电极周围嵌以同心圆状的特氟纶（Teflon）等绝缘物，外侧再固定一圈同心圆状的环电极。当电极旋转时，溶液从盘到环的方向对流，盘电极上发生化学反应的产物可在环电极上检出。由此可见，旋转环-盘电极可得到电极反应的生成物或中间体的信息。ORR 反应过程的中间体 $H_2O_2$，也是电活性的，可以在环电极上重新被氧化为 $O_2$。假设旋转环-盘电极的盘电极上电流为 $i_D$、环电极上电流为 $i_R$，旋转盘电极的极限扩散电流用 Levich 公式表示为：

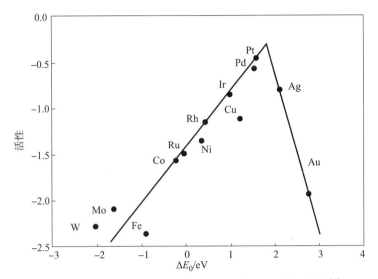

图 6 – 11  金属氧还原活性与氧结合能的火山形关系曲线[2]

$$i_{D,l} = 0.62 nF\pi r_1^2 D^{2/3} \vartheta^{-1/6} \omega^{1/2} C \qquad (6-3)$$

式中，$i_{D,l}$ 是极限扩散电流（mA）；$r_1$ 是圆盘电极的半径；$n$ 为参与电化学反应的电子数（cm）；$F$ 为法拉第常数；$D$ 是扩散系数（$cm^2 \cdot s^{-1}$）；$\vartheta$ 是溶液的黏度（$cm^2 \cdot s^{-1}$）；$\omega$ 是旋转数（$s^{-1}$）；$C$ 是电极反应活性物质的浓度（$mol \cdot L^{-1}$）。

**3. C 基小分子电催化反应**

（1）吸附态 CO 电氧化

在燃料电池的阳极催化过程中，CO 作为常见的毒性中间体，同时作为金属表面电催化研究的典型模型分子，其氧化反应机理的研究具有重要价值。科学家们主要从以下两方面入手寻找耐 CO 毒化的阳极材料：①对 CO 吸附较弱，从而不影响其他物种吸附的材料；②可以在较低电位下氧化 CO 的材料。

通常来说，有两种方式研究 CO 电催化氧化反应：①剥离方式（stripping），包括事先在 CO 饱和溶液中吸附单层 CO，然后在一个不含 CO 的溶液中采用伏安法（stripping voltammetry）或恒电位阶跃法（stripping chronoamperometry）对其进行氧化；②在固定浓度的 CO 溶液（通常是饱和溶液）中研究其氧化。

当电极 – 溶液的体系处于平衡状态时，界面电荷的迁移处于动态平衡中。此时若从外部回路对电极施加一定的电位（图 6 – 12（a）），则使平衡受到破坏，电流随时间而变化（图 6 – 12（b））。电流随时间变化的状态在很长时间后，趋于某一定值。这种从电极的外部加给它以某种极化，再跟踪其相应的过渡现象的方法，可用于讨论与界面电荷移动有关的动力学问题。通过电流（$i$）对时间的平方根（$t^{1/2}$）作图，根据其斜率和截距可计算得出交换系数（$\alpha$）、速度常数（$k$）等动力学参数。

1964 年，Gilman 提出 CO 电氧化遵循 Langmuir – Hinshelwood（LH）机理，金属表面吸附的 CO（$CO_{ads}$）需要和含氧物种（$OH_{ads}$）形成"反应对"才可进行，而 $OH_{ads}$ 通常来源于水的分解，涉及的两个反应分别为：

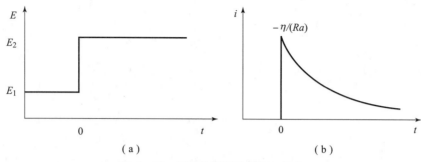

**图 6-12 恒电位阶跃法的输入信号**

(a) 电位阶跃和输出信号；(b) 相应的电流随时间变化曲线

$$H_2O + * \rightleftharpoons OH_{ads} + H^+ + e^- \tag{1}$$

$$CO_{ads} + OH_{ads} \rightarrow CO_2 + H^+ + e^- + 2* \tag{2}$$

此处 * 代表金属表面吸附空位。需要注意的是，水分解产生 $OH_{ads}$ 的反应（1）为可逆的，而 $CO_{ads}$ 与 $OH_{ads}$ 发生的 LH 反应（2）是两个表面吸附物种的二级反应，不可逆，产生的两个吸附空位可用于 CO 或 OH 的再吸附。反应（2）的反应速率依赖于相邻吸附位点上两个吸附物种（$CO_{ads}$ 与 $OH_{ads}$）的量，故而也依赖于反应物在金属表面的迁移性。

（2）甲醇电氧化

甲醇（$CH_3OH$）是一种易溶于水的无色液体，具有较高的能量密度（15.9 MJ·$L^{-1}$），也是最早被实际应用于质子交换膜燃料电池的阳极燃料。它的完全氧化过程涉及 6 电子的转移：

$$CH_3OH + H_2O \rightarrow CO_2 + 6H^+ + 6e^-$$
$$E_0 = 0.016 \text{ eV （vs. SHE）}$$

Pt 金属可用于催化甲醇电氧化，2003 年北海道大学利用原位表面增强红外光谱（SEIRAS），研究了酸性溶液（0.1 mol·$L^{-1}$ $HClO_4$）中 Pt 电极上发生的甲醇电氧化反应，除了观测到低电位下吸附 CO 的谱峰（2 060 $cm^{-1}$ 和 1 860 $cm^{-1}$，分别对应线式及桥式吸附），其强度随氧化电流上升而降低，还观察到桥式吸附的甲酸根的谱峰（1 320 $cm^{-1}$）强度随氧化电流增加而减少，据此，他们提出了甲酸根为反应活性中间体和 CO 为反应毒性中间体的双路径机理。

虽然直接甲醇燃料电池（DMFC）有较高的能量密度，但是甲醇对 Nafion 膜的渗透性较高，造成对阴极电催化过程的干扰。此外，气相甲醇分子有较高的毒性，这些缺点限制了直接甲醇燃料电池的推广和商业化。同为液体 C1 燃料的甲酸（HCOOH）可作为食品添加剂，同时对 Nafion 膜的渗透性很低，从而允许直接甲酸燃料电池（DFAFC）使用高浓度甲酸为燃料，弥补其比能量密度较低（7.4 MJ·$L^{-1}$）的缺陷，使得 DFAFC 在低温燃料电池领域拥有较大的应用前景。

（3）甲酸电氧化

①Pt 表面的甲酸电氧化。

在 Pt 表面，甲酸是甲醇电催化氧化反应的重要中间体，因此，其反应机理的研究对于 DMFC 和 DFAFC 都有重要意义。目前一般认为，甲酸氧化生成 $CO_2$ 遵循"双路径机理"，即，活性中间体路径（也称为直接路径或脱氢路径）和毒性中间体路径（也称为间接路径和脱水路径)，如下式所示：

$$HCOOH_{ads} \rightarrow CO_2 + 2H^+ + e^- \quad (直接路径/脱氢路径)$$

$$HCOOH_{ads} \rightarrow CO + H_2O \rightarrow CO_2 \quad (间接路径/脱水路径)$$

目前，直接路径的活性中间体的归属尚无法确定，间接路径产生的 CO 则会极大地抑制甲酸在低电位下的氧化。北海道大学利用 ATR - SEIRAS 研究了甲酸在 Pt 电极上的氧化过程，得出了中间体甲酸根需要附近一个"自由"的 Pt 位点进行甲酸分解的反应机理。然而，乌尔姆大学则提出了"三路径机理"，即除了上述直接路径和间接路径外，增加了一个"甲酸根路径"，同时，提出"直接路径"是主要反应路径，而间接路径和甲酸根路径对甲酸氧化电流的贡献很小。综上所述，目前对于 Pt 表面甲酸氧化过程中甲酸根的作用尚无定论，仍需进一步研究确定。

②Pd 表面的甲酸电氧化。

金属 Pd 对甲酸的电氧化表现出很强的催化活性，这与 Pd 在酸性溶液中对甲醇、乙醇等醇类小分子的电氧化几乎没有任何催化效果形成了鲜明对比。然而，虽然 Pd 在甲酸溶液中初始电氧化甲酸活性高，但其稳定性并不好。除去 $CO_2$ 气体产物阻塞 Pd 活性位、催化剂表面结构重构等因素外，CO 毒性物种的存在是另一重要因素。因此，Pd 基电催化甲酸氧化催化剂的设计可以从两方面考虑：一方面，可以开发具有优异抗 CO 毒化的催化剂，降低反应过程中 CO 的表面覆盖度；另一方面，可以通过合适的表面修饰或合金化方法，阻碍 Pd 表面上 $CO_2$ 还原为 CO 的过程，从而提高催化剂的稳定性。

(4) 乙醇电氧化

相比于甲醇和甲酸，乙醇的能量密度更高 $(21.9 \text{ MJ} \cdot L^{-1})$，并且安全无毒，易于大批量制备。然而，由于涉及电子数多，中间体种类复杂，乙醇电氧化的反应机理进展相对缓慢。乙醇氧化可分为完全氧化(生成 $CO_2$)和部分氧化(生成乙醛或乙酸)两种路径。圣保罗大学采用原位 FTIR 光谱法研究了酸性环境下乙醇在多晶 Pt 上的电氧化反应与乙醇浓度的关系，研究表明，在低乙醇浓度(低于 $0.1 \text{ mol} \cdot L^{-1}$)时，4 电子产物乙酸为主要产物，$CO_2$ 只占一小部分；而高乙醇浓度(高于 $0.2 \text{ mol} \cdot L^{-1}$)时，2 电子产物乙醛为主要产物，同时，吸附 CO 的量与乙醇浓度无关。

## 6.2.2　纳米材料电催化中的粒径效应与晶面效应

电催化反应发生在催化剂表面，主要涉及反应物、反应中间体和产物与催化剂表面的相互作用，因此，表面结构是电催化剂性能的一个决定性因素。实际纳米粒子催化剂表面结构非常复杂，含有台阶、扭结、平台、空位等多种表面位。为了简化问题，深入认识各种表面位的作用，揭示催化活性中心，20 世纪 70 年代末期开始使用表面原子排列结构明确的金属单晶面作为模型电催化剂研究电催化反应的构效关系，40 多年来取得了许多重要成果，加深了人们对微观层次电催化反应过程和规律的认识。然而，燃料电池反应中往往需要 Pt 等贵金属，这些块体金属单晶面价格高昂，比表面积小，导致贵金属利用率低，不可能用于实际催化体系。显然，将单晶面上获取的电催化规律应用于实际体系的关键在于：如何实现纳米粒子的表面结构控制合成。20 世纪 90 年代以来蓬勃发展的纳米材料的控制合成，为实现这一目标提供了基础。

晶体中通过空间点阵任意三点的平面称为晶面，用密勒指数 ($hkl$) 表示。对于面心立方（fcc）金属（如 Pt、Pd 等），由不同晶面围成的多面体如图 6-13 所示[8]。由基础晶面围成的多面体形状简单，例如：（111）晶面围成的正八面体（Oh 点群）或正四面体（Td 点群），（100）晶面围成的立方体，（110）晶面围成的菱形十二面体。而由高指数晶面围成的多面体形状比较复杂，具体包括：（hk0）（h>k>0）晶面围成的四六面体，（hkk）（h>k>0）晶面围成的偏方三八面体，（hhl）（h>l>0）晶面围成的三八面体，这三种形状都有 24 个面；（hkl）（h>k>l>0）晶面围成的六八面体是一种四十八面体。

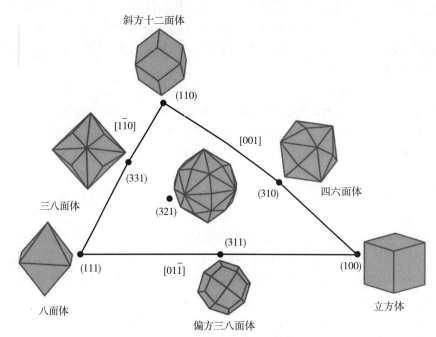

**图 6-13　不同单一晶面围成的 fcc 金属多面体**[8]

以上为单一晶面围成的多面体，有时一个晶体的棱或角会被另一种晶面截取，形成截角形状。例如，立方八面体，可以看成立方体的 8 个角被（111）晶面所截，形成 6 个正方形和 8 个正三角形（图 6-14（a））；截角八面体可看成八面体的六个角被（100）晶面所截，形成 6 个正方形和 8 个正六边形（图 6-14（b））。此外，fcc 金属也容易形成五重孪晶结构的晶体，如（111）晶面围成的二十面体（图 6-14（c））、（111）晶面围成的十面体（图 6-14（d））等。

点阵密度越高的晶面，其表面能（γ）越低。对于 fcc 金属，各晶面的表面能顺序为：$\gamma_{(111)} < \gamma_{(100)} < \gamma_{(高指数晶面)}$。对于纳米粒子的形状控制合成，低表面能金属纳米粒子

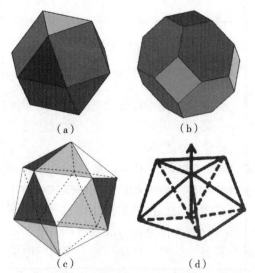

**图 6-14　不同晶面围成的 fcc 金属多面体几何模型**

（a）立方八面体；（b）截角八面体；（c）二十面体；

（d）十面体

的合成比较容易，而高表面能纳米粒子的制备由于受晶体生长趋于最低表面能的热力学限制而较困难。

材料处于纳米尺度时，跟其块体材料相比，会发生不同程度的晶格收缩。同时，纳米颗粒的表面原子排列结构也会随粒径发生改变。如图 6 - 15 所示，对于 fcc 结构的金属纳米颗粒而言，其稳定的形状为截角八面体，其表面原子分别位于（111）面、（100）面和棱边；当纳米颗粒尺寸变化时，表面原子在不同晶面和棱边的分布会改变，ORR 的粒径效应就被认为与这种表面原子的分布改变有关。

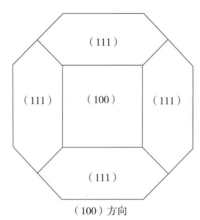

**图 6 - 15　fcc 结构金属立方八面体的表面构成**

对于不同形状的纳米催化剂，当粒径不同时，一方面，表面晶面取向结构变化会影响催化活性；另一方面，分散度、比表面积等变化还会影响电催化反应的比质量活性。针对纳米粒子电极催化的 ORR 反应，主要依据两个标准评价其 ORR 反应活性：一个标准是电流对电极的活性面积进行归一化处理，得到电流密度，即面积活性（单位通常为 mA·cm$^{-2}$）；另一个标准是电流对负载的纳米催化剂的质量进行归一化处理，得到比质量活性（单位通常为 mA·(g Pt)$^{-1}$）。由于 Pt 价格高昂，提高催化剂的比质量活性对于实际应用更有意义，常用的方法有两个：提高单位质量（单位活性位）催化剂的内在活性；提高单位质量催化剂的利用率（增加单位活性位点数）。

对于上面提到的第一种方法——提高单位质量（单位活性位）催化剂的内在活性，研究者们主要采用两种方法：一种是合成具有某种晶面优先取向的纳米催化剂（如单晶晶面电化学结果预期（211）取向 ORR 活性最佳）；另一种是采取合金化方法制备二元或多元金属合金、核壳结构等。然而，（211）晶面热力学不稳定，为高指数晶面，以其围成的 Pt 纳米颗粒并未见报道。（111）和（100）晶面热力学较稳定，以其围成的立方体、八面体和截角八面体等结构较易合成。如图 6 - 16（a）所示，它们在硫酸溶液中 ORR 催化活性为 3 nm 多面体≈5 nm 截角八面体 <7 nm 立方体[10]。

对于上面提到的第二种方法——提高单位质量催化剂的利用率（增加单位活性位点数），研究者们通常采取的办法是降低 Pt 纳米粒子的粒径，从而提高表面原子相对于体相原子的比例来提高 Pt 的利用率。然而，粒径在 1 ~ 5 nm 之间的 Pt 催化剂，对于 ORR 是否存在"粒径效应"的问题，目前存在两种截然相反的观点。一部分研究者认为存在"粒径效应"，如图 6 - 16（b）所示，即存在某一个粒径下，Pt 纳米粒子比质量活性最大，而比此粒径更

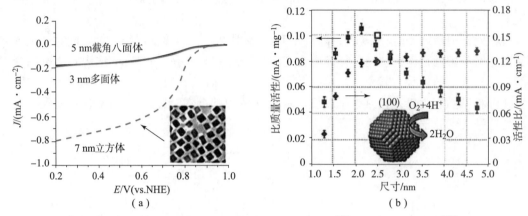

图 6-16　酸性 ORR 体系 Pt 纳米颗粒的（a）晶面[10]和（b）尺寸效应[11]。
所用的酸溶液分别为（a）0.5 mol·L$^{-1}$ H$_2$SO$_4$和（b）0.1 mol·L$^{-1}$ HClO$_4$溶液

大或更小的 Pt 粒子的比质量活性都较小[11]；而另一部分研究者认为不存在"粒径效应"，即在所有的电解质溶液中，ORR 的比质量活性都是随着催化剂粒径的减小而单调增大，并不存在对应于某个粒径下的最大值[12]。

以上结果大部分在薄膜旋转圆盘电极或直接在由气体扩散电极构成的燃料电池上测得，催化剂通常负载于高分散的碳纳米载体上，并保持其稳定存在，大部分实验中工作电极上的碳载体厚度都大于 10 层。产生分歧的主要原因是从实验上准确测量 ORR 的内在活性十分困难。一方面，Pt 纳米催化剂表面的具体结构还没有实验手段能具体表征，在反应条件下真正用于 ORR 的活性位点数还无法准确测量；另一方面，氧气在厚的催化剂层中的传质阻力大、催化剂层中的欧姆电压降、载体的充电电流、杂质物种的吸附等干扰因素都需要考虑在内。需要电化学界建立一套规范化的表征方法，才可以使不同课题组或同一课题组制备的不同批次催化剂之间的性能具有可比性。

### 6.2.3　纳米材料电催化中的电子效应

现代电催化是一个多学科交叉的领域，涉及固体物理、表面科学、计算科学、电化学等。现代电催化研究的核心课题是从固体表面原子和电子结构的角度理解催化剂的结构与催化活性之间的关系，用来指导目标催化剂的设计和改进。当纳米颗粒尺寸减小时，电子结构也会发生变化。超小金属纳米粒子的能带结构更像分子，而不是金属。同时，电子效应还主要来源于不同元素的相互作用，并伴随着晶格失配引起的明显几何变化。电子效应的改变会引起表面分子和反应中间体的吸附与脱附，从而影响催化性能。总的来说，催化剂电子效应的调控，是调节催化剂中间产物吸附能的一个重要方法。下面将从引起电子效应的主要方面展开讨论。

#### 1. 晶格变形引起的电子效应

对于特定的反应，催化剂的构效关系，指的是催化剂的"结构－性能"的关系。此处的"结构"指的是催化剂的表面电子结构，因为对催化起主导作用的是催化剂的表层而不是本体。此处"性能"描述的是催化剂表面的成键能力，即催化剂表面向吸附质提供电子的能力。因此，可以通过改造催化剂的表面电子结构来调节催化剂的性能。而通过调控晶格的形变来调控表面电子结构的变化是非常有效的方式之一。

晶格畸变效应指的是，当材料的基本晶格发生变化时，材料中的原子距离、角度等参数也会发生变化，从而导致物理、化学、电子学性质的变化。晶格畸变效应的类型主要有以下两种：

①晶格常数畸变：晶格常数指的是材料晶体结构中晶胞的长度和角度等，当晶胞中任意一种参数发生变化时，就会引起整个晶格的畸变。

②晶体形变：晶体形变是一种变形过程，指的是晶体的形状和结构都发生了变化，如压缩和伸展等变形。晶格畸变会影响材料中原子与原子之间的键长、键角等性质，从而影响电子结构的分布和能带的结构。

以合金这种常见的电催化剂为例，金属原子 B 进入金属 A 的晶格，由于 B 与 A 的原子半径的差异，导致 A 的晶格畸变，从而引起 A 表面的电子结构的变化[15]。此外，铂（Pt）已被广泛用作可持续能源转换系统的电催化剂。Pt 的活性受其电子结构（通常是 d 带中心）控制，而 d 带中心对晶格应变敏感。这种依赖关系可指导催化剂设计。实验证明，核壳结构和弹性底物的使用已导致应变工程 Pt 催化剂的电催化性能显著提高。研究表明，在钯（Pd）纳米立方体的晶格中，磷（P）化会增大纳米立方体，而从 Pd - P 中提取磷会将其缩小到原来的尺寸。也就是，通过磷化/脱磷可以在 17.3 ~ 20.6 nm 范围内可逆地改变 Pd 基纳米立方体的尺寸。如果在 Pd 的外层沉积 Pt，然后将 P 插入 Pd 晶格以扩展 Pd 芯，则在 Pt 壳中产生晶格张力。由于 Pt 晶格的伸缩程度与 Pd 基纳米立方体的磷化/脱磷程度成正比，且易于调节，因此，可以可控地调节 Pt 的晶格应变，调控 Pt 表面的电子结构，近而调控 Pt 的 HOR 和 HER 活性，绘制应变 - 活性关联图（图 6 - 17）[15]。

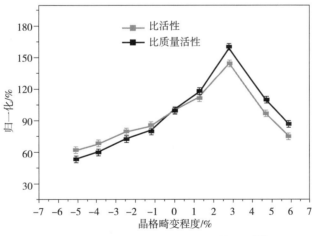

图 6 - 17　Pt 层的应变与 HER 活性关系[15]

## 2. 异质结构的构筑引起的电子效应

电子效应的另一个重要来源是不同元素的相互作用，并伴随着晶格失配引起的明显几何变化。而异质结构的构筑是调控电子效应的一个很好的方法。鉴于单组分催化剂的表现仍差强人意，结合两种或多种催化材料来构建异质结构成为一种提高催化剂活性的有效策略。其不仅可通过组合不同的组分，在界面处产生电子再分布，实现协同效应，还能够通过改变该结构的组成和晶相而产生新的界面结构，实现高效的催化功能。异质结构的构筑对催化剂性能的影响可以从三个方面考虑：第一，异质结构可能增加了应变效应，从而调变了不同相界面处的电子结构。异质结构中不同的化学成分和晶体结构会引起诸如拉伸和压缩的晶格应变，影响位点对中间体的吸附能，从而提高材料催化活性。第二，异质结构可能存在协同效应。在异质结构中，不同组分界面间的键合作用可提升电子转移速率。通过与不同材料结合，异质结构的导电性、亲水性、化学稳定性以及活性位点密度等均可进行调控。第三，异质结构可能存在电子的相互作用。在异质结构中，不同相的能带排列不同，会导致在界面处发生电荷转移，这有利于异质结构的表面电子调制。同时，可以通过化学掺杂、纳米结构工程和复合材料的构筑等策略来优化异质结构，从而调控异质结构表面的电子结构，调控材料的电催化性能。

### 3. 尺寸变化引起的电子效应

催化剂的尺寸效应是指催化剂的粒径对催化反应的影响。如图 6 - 18 所示，催化剂的粒径从纳米级别到团簇再到单个原子，材料的电子状态会发生显著的变化，从而造成不同尺寸的催化剂对反应中间体的作用不同，从而性能发生显著变化。因此，在催化过程中，催化剂的粒径会影响反应速率、选择性、稳定性等催化性能。一般来说，催化剂的粒径越小，催化活性越高。这是因为小尺寸的催化剂具有更多的活性位点，表面积也更大，能够更有效地吸附反应物分子并促进催化反应的进行。此外，小尺寸

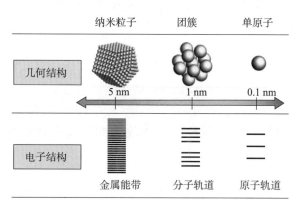

图 6 - 18　不同尺寸（单原子、团簇和纳米粒子）纳米材料的几何和电子结构[16]

的催化剂也有更高的表面能和更大的曲率，可以提高反应速率和选择性。但是，过小的催化剂粒径会导致活性位点过于密集，反应物无法进入位点，从而影响反应速率。因此，在催化剂设计中，需要根据具体反应的需要选择合适的催化剂粒径。

随着科学技术的进步，电子效应的研究手段也变得越来越丰富，其表面电子状态和结构可通过 X 射线光电子能谱、高倍透射电子显微镜和 X 射线同步辐射光谱等先进的技术进行表征。固体表面的原子和电子结构对材料催化性能的影响是现代电催化研究的核心内容，除了通过实验表征手段对催化剂表面结构进行理解之外，计算化学中的计算机模拟也是非常重要的手段，它可以提供实验手段难以获取的明确而全面的表面电子结构信息，以及表面原子与分子相互作用的原子尺度的理解。吸附能（adsorption energy，AE）是描述吸附作用的一个重要的指标。吸附能是指分子在金属表面的吸附强度，它是通过计算吸附作用发生前后系统的总能量差获得的。稳定的化学吸附是放热的，即分子在表面吸附后系统总能量下降，此时 AE 为负值；AE 绝对值越大，吸附性越强。

### 6.2.4　纳米材料电催化中的协同效应

协同效应为一种化学现象，又称增效作用，是指两种或两种以上的组分相加或调配在一起，所产生的作用大于各种组分单独应用时作用的总和，即达到 $1+1>2$ 的效果。化学领域的双金属或多金属协同效应，指的是掺杂两种或多种金属产生的性能高于其任何一种成分单独存在时产生的性能。这些性能可能指化学性能，比如催化活性或者催化寿命。普遍认为催化协同效应的产生是源自混杂多于一种活性金属，或是给质子位置的产生，或者是纳米颗粒上表面形貌的改变造成的电子结构的改变。协同催化剂的类型很多，如纳米材料和载体的协同作用、异质结的协同作用、不同尺寸催化剂之间的协同作用等。协同效应对催化剂的性能的影响作用非常大，从催化剂的活性、选择性到稳定性均会影响，并且在不同的催化剂中可能某一方面占主导作用。以下将从协同效应对催化性能的影响的三个方面来逐一讨论其可能作用机制。

**1. 协同效应增强电催化活性**

讨论催化活性的优劣要从催化过程中间的基元反应谈起。催化剂表面两个吸附物种之间的复合反应是一类很常见的表面基元反应。

$$M—A_{ads} + M—B_{ads} \rightarrow 2M + A—B \tag{6-4}$$

如电催化析氢、电催化析氧以及电催化甲醇氧化等反应中均有涉及。完成这一反应的前提条件是催化剂必须同时结合 $A_{ads}$ 和 $B_{ads}$，而且位点对 $A_{ads}$ 和 $B_{ads}$ 的结合能要适中。也就是，催化剂表面需要多个合适的吸附位点同时参与反应方能使反应进行。而协同催化的多个位点可以是同质的，也可以是异质的。而且研究表明，鉴于 $A_{ads}$ 和 $B_{ads}$ 通常不一样，异质的协同位点相比于同质的位点，其催化效率会更高。

$$M_1—A_{ads} + M_2—B_{ads} \rightarrow M_1 + M_2 + A—B \tag{6-5}$$

如在甲醇电氧化反应中，$Pt-Ru$ 双金属催化剂中 Ru 位点和 Pt 位点起到典型的协同效应。如果只有 Pt 作为活性位点，其表面的反应涉及三个阶段。

第一阶段是甲醇分子在 Pt 表面解离脱氢，产生 $CO_{ads}$：

$$CH_3OH + Pt \rightarrow Pt—CO_{ads} + 4H^+ + 4e^- \tag{6-6}$$

第二阶段是 $H_2O$ 分子在电极表面氧化，产生含氧物质 $OH_{ads}$：

$$H_2O + Pt \rightarrow Pt—OH_{ads} + H^+ + e^- \tag{6-7}$$

第三阶段是 $CO_{ads}$ 和 $OH_{ads}$ 在催化剂表面的复合反应：

$$Pt—CO_{ads} + Pt—OH_{ads} \rightarrow 2Pt + CO_2 + H^+ + e^- \tag{6-8}$$

在这些过程中，Pt 氧化 $H_2O$ 的第二个过程是慢反应，需要产生较大的过电势，因此，Pt 做催化剂的甲醇氧化反应实际的电势通常为 0.5 V vs. RHE，这远远大于该反应的热力学平衡电势的 0.016 V。

为了提高 $H_2O$ 的能力，可以选择别的比 Pt 活泼的替代金属。Ru 是到目前为止发现的比较合适的金属之一。通过 Ru 氧化 $H_2O$ 可以调控第二步的电势到 0.25 V vs. RHE，而最终可使整个甲醇氧化反应的电势提前约 0.2 V。由此可见，通过将 Pt 利于活化甲醇和 Ru 利于活化 $H_2O$ 的优势结合，其两者的协同催化作用可以显著提高电催化甲醇氧化的性能。

如在碱性氢氧化（HOR）反应中，可能是按式（6-9），即吸附的 H 与溶液中的 OH 发

生反应生成 $H_2O$，也可能是按式（6-10），即吸附的 H 和吸附的 OH 结合生成 $H_2O$。

$$H_{ads} + OH^- \rightarrow H_2O \tag{6-9}$$

$$H_{ads} + OH_{ads} \rightarrow H_2O \tag{6-10}$$

对于 H 和 OH 都参与的碱性路径中，H 的吸附强弱和 OH 的吸附强弱均会影响 HOR 的性能。而协同调控吸附 H 和吸附 OH 能力可以显著地提高材料的性能。如在具有四方 $MoNi_4$ 相的镍钼纳米合金催化剂中，$MoNi_4$ 中的 Ni 位点具有相对较弱的 H 的吸附，而 Mo 位点具有较强的 OH 吸附，两个位点的协同作用有利于按式（6-10）进行 H 和 OH 的结合从而形成水，展现了较优异的 HOR 性能[17]。

### 2. 协同效应增强电催化选择性

协同效应除了可以增强电催化的活性，对于电催化过程中有多种产物或多种反应路径的反应，协同效应可以调控某个特定反应路径的选择性；对于电催化过程中有多种产物或多种反应路径的反应，其中间物种在活性位点上的吸/脱附情况决定了其是继续参与下一步反应还是很快地释放出去，从而释放出活性位。同时，对于不同的活性位，反应分子在活性位上的吸附姿势和吸附的原子也不一样，从而影响选择性。

如在电催化 ORR 中，根据前面 ORR 反应机理的介绍，可知氧气还原经过多步的质子转移和电子耦合（表6-1）。根据转移电子数不同，可以分为 $2e^-$ 转移路径和 $4e^-$ 转移路径。两个路径都在人们的生产生活中产生较大的作用。$2e^-$ 路径可以用来电催化现制现用 $H_2O_2$，而 $4e^-$ 路径在氢氧燃料电池和锌空气电池等器件中均有重要的应用价值。因此，如何调控 ORR 的选择性非常重要。协同作用就可以在其中起到很重要的作用。例如，通过制备单原子 Fe 和 Fe 团簇共存两种尺寸不同的催化剂间的协同作用，可以显著地提高其 $4e^-$ ORR 活性。其中，Fe 团簇可以调控单原子 Fe 的电子结构，从而使其对 OH 的吸附作用适中，从而利于 $4e^-$ ORR 过程[18]。在 $4e^-$ ORR 过程中，有一个很重要的关键中间体——$OOH^-$。该中间体中的 O =O 键如果易于断裂，则有利于进行 $4e^-$ ORR 过程；如果该中间体吸附较弱，容易脱附，则更容易进行 $2e^-$ ORR 过程，生成绿色化学 $H_2O_2$。因此，对于有目的性地调控 ORR 朝着 $2e^-$ 的过程进行也是比较有意义的[19]。例如，研究人员发现，碳基底上单独的 $Co-N_x-C$ 位点有利于 $4e^-$ ORR 过程，碳基底上的含氧官能团有利于 $2e^-$ ORR 过程，如果将两者结合起来，同时构筑在碳基底上，它们之间的电子相互作用可以调控 $OOH^-$ 中间体的吸/脱附强弱，从而使其更有利于 $2e^-$ ORR 过程。

**表6-1 酸性和碱性水溶液体系的总体 ORR 方程**（其中 $E^\ominus$ 为相对于标准氢电极的电位）

| 电解液 | ORR 路径 | 反应 | $E^\ominus$/eV |
|---|---|---|---|
| 碱性 | $4e^-$ | $O_2 + 2H_2O + 4e^- \rightarrow 4OH^-$ | 0.401 |
| | $2e^- + 2e^-$ | $O_2 + H_2O + 2e^- \rightarrow HOO^- + OH^-$ <br> $HOO^- + H_2O + 2e^- \rightarrow 3OH-$ | 0.065 <br> 0.867 |
| 酸性 | $4e^-$ | $O_2 + 4H^+ + 4e^- \rightarrow 2H_2O$ | 1.229 |
| | $2e^- + 2e^-$ | $O_2 + 2H^+ + 2e^- \rightarrow H_2O_2$ <br> $H_2O_2 + 2H^+ + 2e^- \rightarrow 2H_2O$ | 0.670 <br> 1.770 |

### 3. 协同效应增强电催化稳定性

电催化剂的耐久性决定了电催化性能的稳定性。电催化剂的耐久性可从两方面考虑：一方面，电催化材料不易受外部环境，如杂质气体的毒化等的影响，从而保持性能的稳定；另一方面，指的是材料本身的稳定性，就是电催化材料在电催化过程中不会发生结构的重构，从而保持性能的稳定。协同作用同样也可以在电催化剂的稳定性方面发挥作用。

$$IrN_4—OH_{ads} + Ir—CO_{ads} \rightarrow Ir—COOH_{ads} \qquad (6-11)$$

$$Ir—COOH_{ads} + IrN_4—OH_{ads} \rightarrow CO_2 + H_2O + Ir + IrN_4 \qquad (6-12)$$

以 HOR 反应中协同作用可以增强电催化材料抵抗外部杂质气体毒化能力为例。对于 HOR 电催化剂，目前采用最多的是 Pt 基催化剂，由于氢气在 Pt 金属上的电氧化动力学过程非常快，所以阳极极化一般比较小。但是当氢气中含有少量的 CO 时，由于 CO 在 Pt 的表面产生强烈的吸附，并且与氢气竞争占据 Pt 催化剂的活性位点，从而导致严重的极化现象和电池性能的下降。研究者发现，氢气里仅含 1% 的 CO 时，就会产生明显的毒化现象和电催化性能的降低。对于 CO 毒化问题，目前策略主要有阳极注氧、重整气预处理、新型膜的研制、采用抗 CO 毒化的催化剂。其中，设计和制备抗 CO 催化剂是目前技术水平下一条可行的技术途径，既可以有效地解决 CO 问题，又不会带来其他附加问题。例如可以设计单原子 Ir 和团簇 Ir 的相互作用来增强 HOR 材料的抗 CO 性能。单原子 Ir 具有快速的分解水和合适的吸附 OH 的能力，而 Ir 团簇上吸附的 CO 可以快速地与 OH 反应，生成 COOH（式（6-11）），之后生成的 COOH 继续与单原子 Ir 上的 OH 反应生成 CO_2 和 H_2O（式（6-12）），从而使毒化 Ir 团簇的 CO 快速地排除掉，重新释放新的 Ir 位点，保持催化剂的稳定性[20]。

## 6.3 纳米材料在生物医药领域中的应用

生物材料（biomaterials），又称生物医学材料，是用于与生命系统发生相互作用的，对其细胞、组织和器官进行诊断、治疗、修复或替换机体组织器官或增进其功能的一类天然或人工合成的特殊功能材料，要求具有生物相容性及可替代活组织的特殊生物功能。生物材料是材料科学、生命科学、化学、生物学、解剖学、病理学、临床医学、药物学、工程技术、机械及人工智能等多种学科相互交叉渗透的领域。主要包含人工合成材料、天然材料、单一材料复合材料以及活体细胞或天然组织与无生命的材料结合而成的复合杂化材料。

纳米生物材料是纳米科技向生物材料领域渗透的产物，纳米材料所具有的独特性能不仅为设计和制备新型高性能生物材料提供了新思路和新方法，而且为生物材料领域中采用常规技术和方法所无法解决的问题提供了新的手段，是新材料和纳米生物技术研究的核心内容之一，在医药卫生领域有着广泛的应用和明确的产业化前景。通常，纳米生物材料的发展主要包括两个方面：①利用新兴的纳米技术解决生物学和医学方面的关键技术难题和重要科学问题；②借鉴生物学原理仿生设计构建新型具有纳米尺度的生物材料，改善或提高材料的性能。纳米生物材料必须通过直接或间接参与生命活动才能发挥其作用。细胞是组成生命的基本单元，生物材料与细胞之间的相互作用是其实现功能的基础和核心，蛋白质以及基因级联激活是生物材料调控细胞行为的本质。纳米生物材料特殊的尺寸和结构决定了其与细胞/蛋白质之间的相互作用完全不同于常规材料，呈现一系列特异的生物学效应。例如，对一维纳米粒子来讲，其粒径小于动物细胞（5~50 μm），与生物体重要的蛋白质和核酸相当，这就使得纳米粒子可以进入细胞并对体内蛋白质和遗传物质产生影响，而且也可以携带药物/基因等进入细胞发挥治疗作用。另外，纳米微观结构材料与生物体内细胞生存的微环境（大多是 66 nm 胶原纤维构成的纳米支架结构）处于相同的尺寸，因此，其空间微观结构，如粗糙程度、空隙大小及分布等对细胞形态、黏附、铺展、定向生长及生物活性均有很大的影响[21]。

尽管研究的历史有限，但纳米生物材料发展迅猛，呈现出旺盛的生命力。尤其是近年来，随着纳米科技、生物技术等相关领域研究和相关检测手段的快速发展，纳米生物材料取得了引人注目的成就。一方面，对于纳米生物材料的可控制备、功能组装、纳米化后所表现出的特殊的生物活性（如细胞/组织的调控、抗肿瘤活性、抗菌活性、基因转染等）以及纳米尺度效应（如纳米粒子的大小、表/界面特性等对其生物学效应的影响规律及机理等）有了系统、深入的认识；另一方面，部分纳米生物材料或者其复合材料已经实现产业化，被成功应用于临床，挽救患者生命，造福人类社会。

从 20 世纪 50 年代开始，随着材料学、生物学和纳米技术等多学科技术的发展，纳米生物材料开始起步并逐步应用于组织修复、药物载体以及生物检测和诊断等生物医学领域。80 年代，扫描隧道显微镜的出现加速了纳米生物材料的发展。纵观纳米生物材料的发展历史，不难发现，高分辨显微术的出现、先进材料制备技术及生物医学的快速发展对纳米生物材料的发展起到了举足轻重的推动作用，其发展过程大致可以分为三个阶段：第一阶段——起步；第二阶段——加速；第三阶段——腾飞。

第一阶段：20 世纪之前，受限于传统的材料加工方法以及落后的材料分析检测技术，纳米生物材料的发展基本处于起步阶段，理论研究匮乏。大约从 20 世纪早期开始，电子衍射技术和电子显微术等关键检测分析手段逐渐出现和发展，标志着人类对纳米尺度有了更加直观的认识，纳米生物材料开始萌芽。20 世纪 50 年代，羟基磷灰石（HAP）作为一种无机纳米生物材料首先得到了广泛关注。1958 年，Posner 等对 HAP 的晶体结构进行了细致的分析。70 年代末，自从 Couvreur 等首次报道了聚氰基丙烯酸烷基酯纳米粒子以来，有关它用于药物载体的研究一直方兴未艾[22]。

第二阶段：进入 20 世纪 80 年代，高分辨显微术逐渐发展成熟，极大地促进了纳米生物材料的发展。1981 年，Gerd Binnig 和 Heinrich Rohrer 在瑞士苏黎世的 IBM 实验室发明了扫描隧道显微镜（scanning tunneling microscope，STM），这一年被广泛视为纳米元年[23]。STM 的出现为人们揭示了一个可见的原子、分子世界，对纳米生物材料的发展产生了积极的促进作用，多种纳米生物材料开始走出实验室并应用于临床。1985 年，纳米 HAP 开始应用于临床[24]；1995 年，脂质体获得美国食品药品监督管理局（FDA）批准用于临床治疗[25]。

第三阶段：21 世纪以来，纳米生物材料在组织修复、抗肿瘤、抗菌和生物检测等领域的基础和应用研究开始飞速发展，开启了百花齐放、百家争鸣的新时代。除了传统的纳米生物材料，涌现了一批新的纳米生物医用材料。例如，由于具有比表面积大、载药量高等优势，纳米多孔材料开始应用于药物和蛋白质的输送。量子点纳米尺度上转换材料作为一种新型的荧光纳米材料，因其独特的光物理和光化学特性，也开始应用于生物医学检测领域。同时，随着研究的日益成熟，许多纳米生物材料开始应用于临床，如纳米骨组织修复材料、纳米脂质体、纳米氧化铁等。

### 6.3.1　纳米生物材料的功能分类

1. 成像造影剂

在生物医学领域，纳米材料可被用于成像造影、组织修复、药物与载体、生物传感与检测等方面（图 6-19）。其中，纳米成像探针与造影剂可以获得生命系统详细图像。搭载荧光分子或磁性粒子的介孔纳米生物成像造影剂可以实现对病变组织的早期诊断及对成像剂的体内分布标识。不同于荧光分子存在易荧光猝灭、穿透深度有限的缺陷，部分纳米生物成像造影剂，如磁性介孔 $SiO_2$，因无组织损伤性、穿透能力强、分辨率高等优势而更具实用性。目前，$Fe_3O_4$、$MnO$ 等多种磁性粒子已被引入介孔 $SiO_2$ 体系中，并在磁共振成像（MRI）中展现出较大的应用价值。在 MRI 技术中，$T_1$ 加权像通常用于观察正常组织，$T_2$ 加权像则观察如肿瘤炎症等病变组织。另外，具有多级孔的 $SiO_2$ 在药物输送中所体现出了良好效果，其构建的 MRI 体系展现出诊断与治疗的双重功能。除了作为 MRI 造影剂外，纳米材料可作为荧光和拉曼成像探针对细胞和生物体的行为和功能进行深入了解。在 650~950 nm（近红外 I 区）以及 1 000~1 300 nm（近红外 II 区）的区域，血红蛋白和水具有较低的摩尔消光系数，因此，近红外光信号允许深部组织荧光成像。目前已知的几种纳米材料在光激发时几乎都会产生荧光。

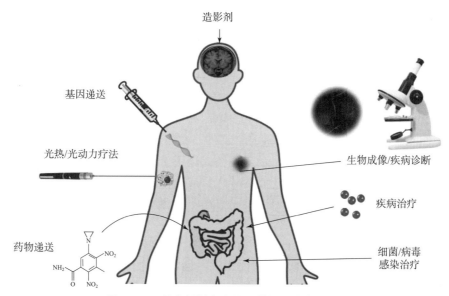

图 6-19　纳米材料在生物医学领域的典型应用

例如，半导体型单壁碳纳米管在生物学重要的近红外 II 窗口中显示出结构依赖性的荧光。单壁碳纳米管的荧光量子产率很低，对于肉眼可见的宏观样品，通常小于 0.01%；对于分散的单根单壁碳纳米管，可以获得高达 0.07% 的光量子产率。通过氧等杂原子的掺杂，以及单壁碳纳米管的化学修饰，可以大大增加单壁碳纳米管的荧光量子产率。碳纳米管经过表面官能化以及表面修饰后，也会产生可见光区域的荧光。荧光碳纳米材料的另一个例子是碳点。碳点发出荧光的机制目前仍在研究中，荧光性质的起源似乎尚未完全了解，并存在科学争议。然而，可以肯定的是，结构完美、无缺陷的大块石墨烯不会在光激发时显示发光。

产生荧光石墨烯衍生物的一种常见策略是通过引入 $sp^3$ 杂化的碳来形成缺陷位点。大部分碳点的一个有趣特征是它们的荧光发射具有激发波长依赖的特性。纳米金刚石的荧光发射源于其结构中的氮空位中心的存在。这种稳定而强烈的荧光发射也被广泛用于生物荧光成像。值得注意的是，碳纳米结构可以通过共价和非共价的形式把更多的荧光官能团、药物小分子、聚合物，甚至是纳米颗粒等连接到碳纳米结构的表面，进而形成具有荧光特性的多功能复合物。

拉曼光谱是用于表征碳纳米材料的多功能工具，也可用于生物成像。在生物成像领域，只有碳纳米管被广泛使用。碳纳米管的各种拉曼模式起源于它们的单一石墨烯片卷起成管的独特结构。碳纳米管最独特的拉曼模式是低波数的径向呼吸模式和 G 带。该领域的最新发展包括将染料结合到碳纳米管的内腔，从而提高成像特性和拉曼散射效应。但是碳纳米材料的拉曼效应非常弱，只能作为补充成像技术。

尽管碳纳米管的荧光量子产量较差，但近红外区的激发光和发射光致发光可以有效地穿透深层组织，并获得优异的信噪比。荧光碳纳米管作为体外和体内成像剂，可以实现体外的细胞成像、组织和活体成像以及肿瘤靶向成像。并且碳纳米管还可以与各种靶向分子结合或掺入脂质体中，这种修饰的碳纳米管具有优异的生物分布和有效的体内肿瘤靶向性。碳纳米管的生物活性和生物安全性以及较弱的荧光信号限制了它的生物成像应用。

纳米金刚石的荧光发射波长位于可见光区域，具体在 $550 \sim 800$ nm 之间的绿色至红色范围。纳米金刚石作为高质量成像剂，也被广泛用于体外和体内的生物成像研究。纳米金刚石可用于长期追踪细胞，并且获得数天内纳米金刚石标记的细胞成像。在受激发射损耗（STED）荧光显微镜下，利用荧光纳米金刚石还可以实现超分辨率的细胞成像。绿色和红色荧光的纳米金刚还可以用来开展细胞的多色成像。对于荧光纳米金刚石来讲，即使存在强烈的自发荧光背景，作为成像探针纳米金刚石，也可以获得对比度极佳的图像，纳米金刚石因此很有希望成为潜在可用的生物体成像剂。

与碳纳米管和纳米金刚石相比，碳点具有更加丰富的荧光性质，同时，它们的生物毒性也比较低。目前碳点的荧光量子产率可以高达 0.9，接近甚至超过某些荧光染料。碳点的荧光成像受到广泛关注，与碳纳米管类似，其已被广泛用于体外和体内成像剂。另外，碳点由于其具备上转换的荧光特性，也适用于多光子生物成像。然而，关于碳点的荧光机制还有争议。尽管碳点的结构多样、表面化学和功能化修饰非常容易并且丰富，但它们的结构和性质调控目前还是一个难题。

除了上述讨论的基于光学和振动光谱学的成像技术之外，一些其他成像技术在生物医学中也常见，包括光声层析成像（PAT）和使用放射性核素的技术，如正电子发射断层扫描（PET）等[26]。此外，通过放射性核素、荧光染料、其他纳米颗粒或无机复合物的结合作用，可以联合更多生物成像模式到碳基纳米成像探针中，从而实现 MRI、计算机断层扫描（CT）、PET、单光子发射计算机断层成像术（SPECT），以及多模态的靶向生物成像[27]。

2. 组织修复材料

利用生物材料、组织工程支架等对组织器官进行再生修复是再生医学的重要研究方向。其中，构建利于体内外蛋白质吸附、细胞黏附/分化、组织长入、营养输送的材料是关键。生物活性不足、修复速度慢、修复效果不理想等是临床普遍存在的共性问题。目前，模拟天然组织组成结构设计构建具有纳米本体或纳米表/界面结构的支架材料、可注射材料等成为国内外关注的热点。如基于骨组织的组成仿生设计胶原纳米复合材料、纳米陶瓷材料、纳米磷酸钙骨水泥材料、纳米磷酸钙基水凝胶材料等；基于天然骨结构设计制备的多级微纳结构材料、3D 打印莲藕状结构材料；基于神经的结构设计纳米纤维材料；等等。深入研究材料的组成、结构等对细胞行为和组织生长的影响规律，为新材料的设计制备提供理论指导，是开发纳米修复材料的重要研究内容。

生物医用材料植入体内与机体的反应首先发生于植入材料的表面/界面，即材料表/界面对体内蛋白质/细胞的吸附/黏附。控制材料表/界面对蛋白质的吸收，进而左右细胞行为，是控制和引导其生物学反应、避免异体反应的关键。深入研究生物材料的表/界面，发展表面改性技术及表面改性植入器械，是改进和提高生物材料活性的重要手段。组装/复合生物活性因子，通过纳米表面/界面的优化实现生物活性因子的活性装载是全面提升传统组织修复材料生物活性又一要发展方向。

诸多纳米结构中，碳纳米结构，特别是碳纳米管和石墨烯的独特物理化学性质使它们有望应用于组织工程和再生医学领域。碳纳米管可用于人工组织骨再生、增强和生物驱动器。碳纳米管的添加可显著改善甲基丙烯酸明胶水凝胶和壳聚糖水凝胶的电导以及心肌细胞的自发搏动频率和生理功能。碳纳米管还可用于改善骨骼再生。碳纳米管电极还可以刺激视网膜神经节细胞，并有望逐渐发挥作用，实现视网膜内层的重塑。与碳纳米管类似，石墨烯及其复合材料在组织工程和再生医学领域也受到广泛关注。石墨烯基材料的物理化学性质影响表面个体细胞和细胞群的相互作用。此外，石墨烯材料在骨和神经组织工程中也有部分应用，如石墨烯水凝胶可用于大鼠的骨再生。石墨烯可加速干细胞的生长，其表面的氧官能团可通过分子间相互作用促进干细胞的分化（π—π 相互作用静电吸引或氢键与细胞蛋白结合）。此外，聚合物官能化的石墨烯材料可与大分子材料产生协同效应，在这些复合材料中，聚合物可提供表面电荷以及氨基、羧基、羟基等官能团，有利于细胞的生长和分化。

在骨组织工程领域，一些静电纺纳米纤维三维多孔支架同样被用于骨修复，如聚乳酸/聚己内酯纳米纤维多孔支架。与纯聚己内酯材料相比，聚乳酸/聚己内酯制备的支架具有更强的机械性能、更好的生物活性，也可以更好地促进大鼠骨间充质干细胞（BMSCs）向成骨细胞分化，大大提高了对大鼠颅骨缺损的修复量。作为纳米生物材料的重要组成部分，纳米纤维材料由于其本身具备类似天然细胞外基质的纳米微孔纤维结构，并具有高比表面积等优点，在构建纳米纤维组织工程支架领域有着广泛的应用。

### 3. 药物与载体

药物递送系统（Drug Delivery System，DDS）可为药物的体内运输提供多种选择，从而为纯药体系所面临的水溶性有限、细胞排斥性、酶分解作用以及高毒性等难题提供解决途径（图 6 - 20）。鉴于以多孔纳米材料（如纳米多孔硅、多孔碳）为代表的纳米药物递送材料具有多样化的孔结构、高比较面积、表面易修饰以及良好的生物相容性等特点，将其作为DDS 中的一类载体材料，有望达到药物靶向运输和控制释放的目的。

药物递送技术所需材料的性质包括良好的生物相容性、可携带多种治疗药物的能力以及水溶液中良好的分散性和表面结构的可扩展性等。对于靶向治疗而言。其重要环节需与成像相结合。从某种意义上看，多孔纳米材料能够满足上述大多数要求。基于多孔纳米材料的载药、成像、治疗等生物医学应用的探索研究往往交织在一起，包括多孔碳与多孔硅在内的多孔纳米材料的结构特点、生物相容性、易于表面功能化等特点也正式实现上述多孔能特性的材料学基础。

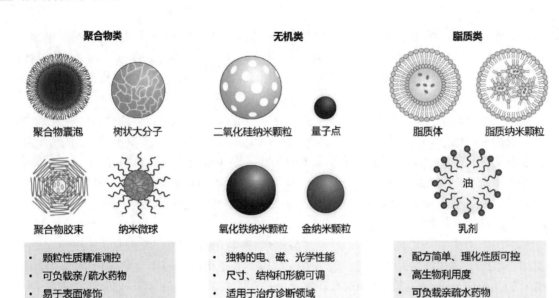

**聚合物类**　　**无机类**　　**脂质类**

聚合物囊泡　　树状大分子　　二氧化硅纳米颗粒　　量子点　　脂质体　　脂质纳米颗粒

聚合物胶束　　纳米微球　　氧化铁纳米颗粒　　金纳米颗粒　　油　　乳剂

- 颗粒性质精准调控
- 可负载亲/疏水药物
- 易于表面修饰
- 面临颗粒团聚和毒性问题

- 独特的电、磁、光学性能
- 尺寸、结构和形貌可调
- 适用于治疗诊断领域
- 面临低分散性和毒性问题

- 配方简单、理化性质可控
- 高生物利用度
- 可负载亲疏水药物
- 面临封装效率低问题

**图 6－20　用于药物递送的纳米载体及其特点**

多孔硅基纳米材料中，不同孔径的介孔 $SiO_2$ 可作为药物运输载体，装载多种类型的药物如消炎药、亲/疏水抗癌药、抗菌药、基因、抗肝纤维化药物等，并进行药物的靶向运输研究。此外，基于介孔 $SiO_2$ 孔道结构，可设计出不同类型的药物控释方法，从而满足不同种的疾病治疗需求。在介孔材料细胞生物学效应方面，介孔 $SiO_2$ 作为药物运输的载体，从最初简单的细胞层面的表征逐渐转移到体内生物相容性的评价，包括细胞毒性、血液相容性、降解性、体内分布、代谢、药代动力学和药效学等相关研究。

在肿瘤治疗方面，基于增强渗透与滞留（EPR）效应，多孔硅基纳米材料在肿瘤部位具有被动靶向的运输效果，并且 EPR 效应的效果与其颗粒大小、表面电位和亲疏水性有关。为增强其在肿瘤细胞的富集，多孔硅基纳米材料表面可修饰靶向分子，从而赋予其主动靶向能力。常见的修饰靶向分子包括叶酸、HER2/neu 受体抗体、精氨酸－甘氨酸－天冬氨酸（RGD）、抗 CD20 抗体、抗表皮生长因子受体抗体等。例如，通过在小尺寸多孔硅纳米材料表面修饰 TAT 多肽，可实现对肿瘤细胞的靶向运输，使多孔硅纳米材料具备进入细胞核的能力。这是由于 TAT 多肽能和核孔复合物相互作用，使得小于核孔（20～70 nm）的纳米粒子进入核孔，进而实现核靶向。

除多孔硅纳米材料外，多孔碳纳米材料由于具有较高的比表面积与优异的生物安全性，也可被设计成高效的载药系统。其中，纳米金刚石可用来负载和递送抗癌药物阿霉素，其具有降低肿瘤排出阿霉素的能力，复合物的循环半衰期是阿霉素的 10 倍，复合物毒性明显低于游离的阿霉素，具有更强的抗肿瘤活性[27]。表面修饰的纳米金刚石（例如涂覆聚乙烯亚胺等）还可通过共价或非共价连接的方式来实现 DNA、siRNA、蛋白质、特定生物分子的转染和递送。此外，纳米金刚石可被设计成可注射治疗剂，可用于药物局部的缓释，其药物缓释时间从几天持续到一个月不等。除递送药物外，功能化的纳米金刚石还可用于跨细胞膜（包括血脑屏障）转运其他分子，包括遗传物质。其他碳基纳米材料中，$C_{60}$ 衍生物的生物学应用主要集中在放射性成像、基因/药物递送、氧化应激降低和癌症治疗。富勒烯可与多胺、两亲分子、肽或脂质/脂质体形成缀合物或复合物，从而构建基因和药物递送系统。此外，DNA 与富勒烯之间的直接缀合物或复合物可用于构建转染复合物。金属/富勒烯与无机纳米颗粒和金属离子的配合物相比，$C_{60}$ 可以提供稳定的笼蔽效应，减少由于金属原子/离子释放引起的毒性。

碳纳米管、碳点以及石墨烯类碳纳米结构具有高比表面积、$\pi$ 结构、类似的表面化学特性。这些特性有助于它们通过化学偶联或物理吸附大量的功能性物种。例如造影剂、siRNA、DNA、抗癌药物和抗体等。利用具有反应性的官能团（如氨基、羧基、羟基）、炔烃、叠氮化物、烷基卤化物和硫醇的引入，可通过光反应、氧化还原反应、偶联反应等实现分子的担载和表面偶联。对于芳香族药物或荧光物种，可通过 $\pi$ 堆积直接或间接地将它们装载到碳纳米结构上。通过上述众多手段，可以实现将肽、生长激素、配体和抗体分子连接到碳纳米材料，因此，也就可以将携带的药物、基因或造影剂靶向癌细胞或肿瘤微环境。随后，利用碳结构提供的光热效应、光敏效应、环境 pH 的变化、氧化还原反应、偶联化学键的解离反应等进行这些"货物"的特异性递送或释放。在靶向递送方面，碳纳米材料的主要作用之一是增加药物/基因片段/造影剂的局部浓度，并提高治疗与成像效果。此外，利用碳纳米材料的可修饰性（金属颗粒、磁性物种、荧光基团、稀土材料、功能高分子等）和药物（光敏剂、放疗和化疗试剂）担载能力，可开发一系列多功能、多模态的成像指导诊疗一体化新体系，主要包括化学疗法、基因治疗、光声、光热、光敏、射频疗法、免疫治疗等，碳纳米材料在上述涉及药物输送、生物成像和癌症治疗等生物医学应用方面已展现出了较大优势。

### 4. 生物传感器与检测器

基于纳米材料的生物传感器及生物检测技术使得纳米生物探针与检测技术在疾病诊断中可追踪到分子水平的异常，并可根据该异常来制订针对单个患者的个性化治疗方案。如半导体量子点纳米光辐射颗粒，具有独特的光学及电子特性，可发出不同的荧光颜色，量子点探针与肿瘤抗原连接后形成影像，可对肿瘤进行诊断。纳米生物传感器通过靶向分子与肿瘤细胞表面标志物分子结合，利用物理方法来测量传感器中的磁信号、光信号等，可实现肿瘤的定位和显像，用于肿瘤早期诊断。用纳米微电子学控制形成纳米机器人，其尺寸可比人体红细胞还小，将纳米机器人从血管注入人体后，可经血液循环对身体各部位进行检测和诊治。

目前用于纳米生物传感器的纳米材料主要有二氧化硅纳米颗粒、纳米金颗粒、表面氨基化的磁性纳米颗粒、掺杂硅纳米线、碳纳米管、以 DNA 为模板组装的微纳器件等。但纳米生物传感器研究中面临一些核心问题，如传感器的性能严重依赖于纳米材料，而且分辨率和重复性有待提高等，这些都是今后纳米生物传感器研究中需要重点解决的问题。近年来出现的可见/近红外纳米荧光探针具有优良的光谱特征和光化学稳定性，可避免有机荧光探针的不足，正逐步发展成为一类很有发展前途的生物荧光探针。

在生物医学领域，葡萄糖的定量检测至关重要，特别是针对血糖水平的监测具有非常重要的实际意义。基于碳纳米材料的葡萄糖检测与传感器已被广泛开发。其中，最常见的是酶基电化学葡萄糖传感器。在该传感器中，葡萄糖氧化酶催化葡萄糖氧化为葡糖酸，在这个过程中，还原态的酶通过工作电极转移电子自身转化为常态的酶。因此，检测系统所获得的电化学信号与葡萄糖含量有关。在该类传感器中，主要是利用碳纳米管或石墨烯良好的导电性，促进电子的传输。当然，在某些条件下，例如，碳纳米结构与酶形成复合结构时，碳纳米管或石墨烯也会起到固定酶的作用，从而大幅提高葡萄糖检测的灵敏性。此外，对碳纳米管或石墨烯的杂原子掺杂、与氧化物或金属等纳米颗粒的复合还可以进一步提高氧化还原过程的酶活性和可逆性，从而提高电化学葡萄糖生物传感器的稳定性和灵敏度。基于石墨烯的场效应晶体管机制也可用于葡萄糖的生物传感，并且该类传感器具有非常高的灵敏度，可以实现样品的连续检测。石墨烯与贵金属的复合结构还可以用来构筑基于表面增强拉曼散射信号的葡萄糖传感器，实现液体样本中葡萄糖的高灵敏检测。此外，值得指出的是，利用碳点的荧光特性，也可以实现葡萄糖的传感和检测。该类检测器可以通过荧光信号的增强、猝灭以及荧光信号的"开－关"三种形式来检测样本中的葡萄糖含量。

基于DNA的传感器广泛应用于医疗诊断及法医学等领域，是非常重要的一类生物传感器。DNA生物传感器中的核心传感元件是由单链或双链DNA构成生物分子识别层。实验发现，与水溶液中的实体DNA和碳纳米管之间相互作用形成的非共价键相比，DNA偶联的碳纳米管具有良好的稳定性。此外，DNA可以围绕碳纳米管"缠绕"，或者与碳纳米管的顶端或侧面结合。DNA功能化的碳纳米管有助于提高碳纳米管的溶解度，进一步提高该类复合材料作为传感器的实用性。目前这类复合物已被用作生物传感器，并检测各种分析物，包括过氧化物、多巴胺、蛋白质、特异性的寡核酸序列、DNA以及酶的催化活性等。目前已建立和制备出不同类别的碳纳米管生物传感器，特别是使用抗体功能化的碳纳米管，可以实现各种各样的癌症生物标志物的检测。其他纳米颗粒（如金纳米粒子）的共修饰，可进一步提高碳纳米管生物传感器的稳定性和灵敏性。此外，碳纳米管生物传感器还包括基于碳纳米管的场效应晶体管传感器以及基于碳纳米结构荧光信号调制（如猝灭、增强等）的传感器。通过这些传感器同样可以实现DNA的高灵敏和高选择性的传感与检测。

碳纳米管和石墨烯在生物传感器中具有优异的导电作用，其能构建功能化的电极表面，增强电化学反应性和酶的稳定性。简单来讲，基于碳纳米材料（包括碳纳米管、石墨烯、碳点等），除上述葡萄糖和DNA的传感，还包括多种药物（有机磷酸）、许多其他生物分子靶标包括神经递质（乙酰胆碱、多巴胺、肾上腺素和去甲肾上腺素等）、小分子（乙醇等）、氨基酸、免疫球蛋白、疾病标志物、金属离子、pH、白蛋白等的高灵敏传感与检测。当然，这些基于碳纳米管和石墨烯的检测与传感器的类型也非常多样，包括电化学和电化学发光型、电化学阻抗型、光电化学型、伏安型、场效应管型等。此外，基于碳点和纳米金刚石的荧光信号，人们还发展了系列荧光检测探针和传感检测器件，通过荧光信号的猝灭、增强、"开－关"的调制来实现针对温度、pH和金属离子以及生物活性分子、疾病标志物和DNA等遗传物质的传感与检测。

### 6.3.2 纳米生物材料可控合成

纳米材料的传统制备方法分为物理方法和化学方法。物理方法，如溅射法、真空沉积法、球磨法等，仪器设备昂贵，并且制备的裸纳米材料产量低、易氧化、团聚严重。湿化法，如反相胶束法、聚合物模板法、高温水解法，均是在液相中合成纳米材料，材料表面一般带有有机稳定分子，以防止制备的纳米材料团聚和氧化。但液相合成法大多需要较高的反应温度（200 ℃），因此限制了较多溶剂和试剂的使用，并且后期还需多步纯化来获得稳定的产品。同时，在合成过程中很难实现对反应条件的精确控制，在制备核壳结构、多级结构等复杂纳米材料方面仍面临着巨大的挑战。因此，发展高质量纳米材料的制备方法和制备平台以及高效的纳米分析方法具有十分重要的研究意义。

### 1. 微流控芯片技术

微流控芯片技术是将化学反应（包括进样、混合、反应、分离、检测）集成到一个微小芯片上来实现的一门新兴科学技术，具有微型化、集成化的特点。自 20 世纪 90 年代学界开发出小型化微全分析系统（μ–TAS）后，开启了合成反应器的微型化之路。微流控芯片的技术基础是微流控技术和微全分析系统技术的结合，最初的微流控芯片的主要应用领域是对待测物质的分离，因此，微分离也成为发展最快、技术最成熟的研究分支之一，并成功地推动了整个微流控芯片的技术发展。近几年来，微流体技术被引入一个新的研究领域：采用微流体技术制备单分散性微型颗粒。与传统制备方法相比，该技术具有粒径形态可控、单分散性、绿色环保且低耗等优势。因其微米数量级的通道结构、优良的液滴和流型操控性能、较快的传热传质速度等特点，微流体技术已广泛应用于金属粒子、氧化硅、纳米沸石、量子点、金属有机骨架材料（MOF）等微纳米材料的高效合成中，该技术方法具有制备时间显著缩短、产品尺寸均一度好等优点。同时，还能通过耦合多步合成过程制得微纳复合颗粒，如 CdS/ZnS 核壳量子点、Co/Au 核壳纳米粒子和核壳结构 MOF 微粒等。这些功能性微球因其优良的物理化学性质而广泛地应用于化学、光学、电子、医学等领域，目前微型合成反应器相关研究工作已经成为国际上一个重要的研究热点。

微流控芯片最重要的功能之一是以液体为介质，实现可控条件下微通道内各种物质的输运。如果这些物质为单个小分子或离子，在流动场中可被看作分布的质点并与液体运动一致，这时流动可按照单一流体进行处理，即单相流。而在许多化学反应和分析中，往往是相同或不同分散相（水相、油相或气相）的流体以相同或不同流速进入微反应器内，从而形成微尺度多相流动。与宏观情形相似，多相微流动也可用量纲为 1 的参数进行机理性描述。

与宏观流体相比，微流体流动规律的显著特点是由于特征尺度的减少而带来的尺度效应。这表现为对流动相的黏性力、表面张力等都要加以重视。同时，微通道表面/体积比的增加使得与表面密切相关的传热、传质、表面物性作用大大增强，流体运动呈现出与宏观尺度下不同的特性。流体在宏观通道中运动时，对流和扩散同时起着重要的作用。而在微通道中，因为流速很慢、尺寸小，导致雷诺数很小，流体会以层流的方式流动，此时对流的作用相对较小，分子扩散占主导地位，层状流大多应用于溶剂萃取。在微反应器中，常常通过设计折线形、S 形微通道或者通过外部控制条件制造湍流来增强两相液体的混合程度，从而提高反应效率。微流动控制技术中常用的液滴生成方法是通过微通道的设计，使由体积（如注射器泵）或压力（如压力容器）驱动的不相溶的连续相和离散相分别在各自的通道流动，两种流体在通道的交汇处相遇，连续相对离散相进行挤压或剪切作用，促使界面不稳定而断裂，生成离散液滴。

在机理层面，流体在微通道中的流动混合机理已得到了深入的研究，实现了流动形态的高度可控。微流体纳米材料合成方法成功地解决了传统批量合成存在的问题，使得所合成材料形态可控，粒径分布窄，几乎达到了单分散性分布，开启了纳米材料合成的新方向。与此同时，基于微流控技术合成纳米材料还面临着许多挑战与创新，要制备高质量的微纳米材料，除了微芯片的通道结构设计以外，在时间、空间上对温度、浓度梯度、流速、pH、介电常数等反应条件的精确控制也是关键因素。此外，分析方法在微流体合成系统中的集成与在线分析是发展通用微流体制备平台和仪器的趋势之一。

2. 生物矿化

人类很早认识到在生物中可以形成具有特殊高级结构和组装方式的生物矿物，如骨骼和牙齿、鸟类蛋壳、海绵骨针、软体动物壳、珍珠、珊瑚等，即生物矿化现象（biomineralization）。生物矿化与一般矿化的区别在于生物矿化以无机离子和生物大分子在界面处相互作用，从分子水平控制无机矿物的形成与生长。通过对自然矿化现象的阐释和机理的探究，可模拟生物矿物的结构和生物矿化机理来合成具有复杂形貌的无机材料，并且可利用活的生物体进行无机纳米材料的生物合成和应用。

生物矿化物质的形成涉及生物分子与无机物质的相互作用，受到如多肽、蛋白、核酸等生物分子的介导，这些生物分子调控材料的成核与生长。某些生物会在体内通过生物矿化生成具有纳米结构的物质。

生物矿化法合成的纳米材料的生物种类包括高等植物、植物提取物、真菌、细菌、放线菌、病毒等，仿生法合成纳米材料主要是指利用天然蛋白质、噬菌体展示法筛选出的多肽、人工多肽、其他小分子如氨基酸等来合成纳米粒子、纳米片、纳米线等多种形貌的纳米材料。此外，合成的条件为室温和近中性 pH 的温和条件，因此，生物及仿生法是一种清洁、无毒和无污染的绿色合成方法。与物理和化学方法相比，生物及仿生法合成的纳米粒子具有尺寸分布窄、稳定性高、生物相容性好、产率高和成本低等优点，在纳米生物技术、医药和催化等领域具有广泛的应用潜力。

细菌是原核生物，广泛存在于自然界中，具有较为简单的结构，便于研究和进行基因工程的改良。同时，细菌的种类多，有助于合成多种多样的纳米材料。迄今为止，细菌可合成的纳米材料的种类有金属（Au、Ag、Pt、Pd）、氧化物（$TiO_2$、$SiO_2$、$ZnO$、$Fe_3O_4$）、硫化物（$CdS$、$ZnS$、$PbS$）、盐类（$CaCO_3$、$BaTiO_3$）等。细菌合成的纳米材料的分布位置有细胞外、细胞内或细胞膜上。合成的机理目前有两种解释：一种是细菌分泌相关的酶至细胞外，催化纳米材料的合成；一种是细菌吸收金属离子到细胞内，在细胞内合成纳米材料。

此外，作为真核生物，真菌拥有比原核生物更加复杂的生理系统，可生产更复杂的蛋白质，创造更丰富的纳米材料。利用轮枝孢菌（Verticillium sp）可合成 Ag 和 Au 纳米颗粒。例如，将轮枝孢菌在含有 $AuCl_4^-$ 的培养基中培养，胞内可合成单分散的 Au 纳米粒子。合成过程中，许多小颗粒排列在细胞壁上，细胞内只有数量很少的大颗粒存在。颗粒大多数是球形，只有少量三角形和六边形的颗粒。$AuCl_4^-$ 首先通过静电相互作用被菌丝体表面带正电荷的酶所吸引，然后被还原成金颗粒。

3. 活细胞合成

通过分析自然界生物体某些结构的特殊性能，可仿生制备出与生物体结构相似性质的纳米材料。同时，细胞内的活性分子，如蛋白质、多肽、DNA、辅酶及其他活性物质也能够对晶体的成核、生长及形貌控制起到关键的作用。将生物体系中的生化反应及其精确的调控网络应用于化学和材料合成中已经逐渐受到重视。活细胞内这些固有的特殊机制，为利用活细胞作为反应器和反应体系，实现纳米材料的合成提供了可能。一方面，处于特定环境中的细胞为了自身的生存、增殖以及应对自然界的变化，进化出了在胞内产生无机矿物质的机制，胞内形成的纳米材料是适应外界生存环境而产生的副产物；另一方面，通过利用细胞自身的结构以及生化代谢过程，能够在本身不具有生物矿化机制的细胞内实现纳米材料的合成，并且能够有效地调控纳米材料的性能，为纳米材料的合成以及生物应用提供新思路。因此，活细胞合成无机纳米材料分两类，即天然的活细胞合成和人为创造的活细胞合成。前者是细胞以生存为目的，即为满足自身生存需要或为了适应环境而经过长期进化的结果，是一种纯自然、没有人为干预的生物矿化过程；后者则是以创造新的合成途径为目的，既有利用生物矿化机制，通过胞内生物分子的模板作用以及细胞对外源重金属离子的解毒作用来实现胞内无机纳米材料合成，也有为了探索合成调控的新模式，利用胞内不同代谢途径，制造不同途径耦合的机会，实现胞内非自然的生物合成。后一种采用新的调控模式进行的胞内无机纳米材料的可控合成，其机制不同于天然的生物矿化合成机制，也不同于人为的仿生生物矿化合成机制，是自然界本不存在的合成过程。

众所周知，细胞反应受到严密的、程序化的调控网络的调节，能够较好地适应和有效抵御外界环境的变化。通常，细胞可通过其高效的解毒机制，有效地实现对重金属离子等的解毒，以避免有毒重金属离子对细胞生命活动的影响。细胞对重金属离子具有一定的耐受性，它们会通过在胞内特定区域产生纳米结构的金属及金属化合物而缓解重金属离子的细胞毒性。例如，通过向培养基中加入适量的 $Ag^+$、$AuCl_4^-$ 或 $Ag^+/AuCl_4^-$，可以方便地利用细胞的还原代谢系统将重金属离子还原，在细胞壁或细胞质内形成 Ag 纳米颗粒、Au 纳米颗粒及 Au – Ag 合金纳米颗粒。此外，将柠檬草的萃取液与 $AuCl_4^-$ 溶液在室温下孵育，能够实现三角形纳米 Au 的合成。

活细胞不仅能够通过胞内的还原途径还原贵金属离子，同时，某些活细胞还可以通过胞内的转运蛋白将外环境中的 $Cd^{2+}$、$Pb^{2+}$、$Zn^{2+}$ 转入胞内，这些外源离子在胞内富集，当达到一定浓度时，细胞会通过其解毒途径对重金属离子进行解毒处理，往往会在胞内形成纳米材料。例如，可利用裂殖酵母（Schizosaccharomycespombe）及白色念珠菌（Candida glabrata）对 $Cd^{2+}$ 进行解毒，实现胞内 CdS 半导体纳米晶体的合成。此过程中，胞内 $(\gamma – Glu – Cys)_n$ –Gly 多肽生物分子能够控制 CdS 纳米晶体的成核及生长。随后，实验发现，大肠杆菌能够摄取外环境的 Cd 源，在胞内合成粒径不均一的 CdS 纳米晶体（图 6 –21）。不同生长期的大肠杆菌对 CdS 纳米晶体形成有显著影响，处于稳定生长期的细胞合成 CdS 量子点的效率最高。除了含 Cd 量子点外，还能够利用活细胞实现 PbS 及 ZnS 量子点的合成。值得注意的是，利用酵母细胞对重金属离子解毒的单一途径合成 PbS 时，Pb(Ⅱ) 是被细胞运送到其液泡以后

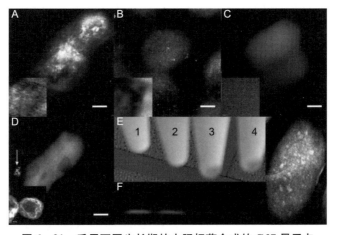

图 6 –21　采用不同生长期的大肠杆菌合成的 CdS 量子点

并在液泡中生成 PbS 纳米晶体。

尽管活细胞可利用胞内低价态硫源或外加 $S^{2-}$ 与所摄取的重金属离子通过其解毒途径合成纳米材料，但仅通过单一的解毒途径，还是很难实现合成的精确调控。因而，不仅产物单一，更重要的是，质量不高、性能不佳。例如，细胞合成的 CdS、PbS、ZnS 等硫化物纳米晶体，难以给出其荧光光谱，且尺寸无法调控。因此，科学利用生物体系及其反应过程合成性能优异的纳米材料，并非易事。

### 6.3.3 纳米生物材料的表面改性与功能组装

纳米尺度的表/界面调控与功能组装是赋予材料特殊性能的有效手段。围绕材料表面/界面的功能构建与计算模拟、生物分子的活性固/装载及生物学功能调控，探索材料特征及多组分协同等对生物分子结构和活性调控的基本规律及机理，基于材料与生长因子协同调控细胞行为和组织形成过程等，均是纳米生物材料的研究热点。

生物医用材料植入体内后，快速吸附/黏附体内的蛋白，进而调控后续的细胞行为。因此，发展纳米尺度表/界面的改性技术，探索纳米表/界面对蛋白吸附和细胞行为的影响规律是优化材料生物学反应，避免发炎感染、免疫排斥等不良反应的关键。深入发展纳米尺度表/界面的改性技术，以及纳米表/界面对蛋白质、细胞的影响和调控一直是纳米生物材料领域的重要研究内容。

纳米材料的表/界面会对蛋白质的结构和功能产生重要影响。采用分子动力学模拟、格子模型和柔性自由连接链模型方法，可系统研究蛋白质的基本构成单元——氨基酸在多种典型纳米材料（石墨烯、二氧化钛、纳米金、纳米磷酸钙等）表面的吸附热力学和动力学过程，认清材料表/界面结构对蛋白质微观结构和活性的影响规律。此外，材料表面化学性质的变化对细胞特性（包括黏附、铺展、迁移、增殖和分化等）产生很大的影响。其中，影响细胞行为的表面化学性质包括两类：特异性（特定的分子或分子结构、化学组成）和非特异性（如亲水性/疏水性和电荷等）。材料表面形貌、粗糙度、图案尺寸和顺序、黏弹性、软硬度等物理性质对细胞行为产生直接的影响。

根据材料的纳米表/界面对生物大分子、细胞、组织的多重影响，表面活性化修饰与功能化可有效提高纳米生物材料的使用性能。生物材料的活性化包括构建具有生物活性的新型生物材料和在已获 FDA 批准的基质材料的基础上进行活性化修饰两条途径。与设计构建新材料相比，对现有材料进行活性化修饰的手段更简单、更容易突破，因而近年来被广泛关注。材料活性化常用的方法：①将细胞或生长因子引入生物材料中，以促进诱导体内细胞的迁移、增殖、分化。如在骨组织的修复过程中，细胞生长因子起着至关重要的调控作用。骨组织修复材料活性化修饰常用的生长因子主要有骨形态发生蛋白、血管内皮生长因子、转化生长因子-β、成纤维生长因子等，这些生长因子被证明在骨组织的修复和发育过程中起着重要的作用。②采用物理、化学或两者结合的方法对材料表面进行修饰，导入生物活性化基团。如在纳米粒子表面进行抗体、叶酸等修饰来提高材料的靶向性和抗肿瘤活性。

在表面改性与功能化的纳米生物材料中，最典型的当属碳纳米材料。典型纳米金刚石的直径为 4~5 nm，它们倾向于聚集。在许多应用中，通常需要解聚成单个初级粒子，以充分体现纳米金刚石的优点。通过用陶瓷微珠（$ZrO_2$ 或 $SiO_2$）研磨或微珠辅助超声波破碎可以使纳米金刚石分散于悬浮液中，但是该方法经常导致珠粒材料的污染和纳米金刚石表面产生石墨层。在空气中进行充分的氧化后，可以通过离心分离获得稳定的直径为 4~5 nm 的纳米金刚石水溶胶。然而，纳米金刚石干燥后也容易重新团聚在一起。纳米金刚石经过在 NaCl 溶液中的超声辅助处理，$Na^+$ 会附着在纳米金刚石表面，可以防止干燥后的再聚集。使用空气或臭氧纯化的纳米金刚石作为起始材料，通过离心分离生成小尺寸纳米金刚石是经济可行的。超速离心可以提取直径为几纳米的金刚石颗粒，但产率低。纳米金刚石的另一个显著特征是许多不同的官能团可以附着在其表面，允许非常复杂的表面功能化而不显著影响金刚石核的性质。虽然共价官能化纳米金刚石表面的方法众多，但从空气或臭氧氧化纯化产生的羧化纳米金刚石开始，然后利用羧基的化学性质进行功能化的方法最为方便。利用氢等离子体处理可以从金刚石表面除去羧基以及氧原子，从而制备氢化纳米金刚石。纳米金刚石还可以利用表面的 C—C 键和羟基等官能团化学性质，通过湿化学反应进行表面修饰。此外，还可以通过纳米金刚石表面石墨结构的碳壳的化学改性来实现表面官能化。例如，产生 C—X 键（其中，X 是 N、O、S 等），以及通过双烯加成反应和重氮化反应进行官能化。纳米金刚石的纯化和均匀性对其分散性与表面稳定性的影响很大。

如前所述，纳米金刚石可以通过表面石墨碳壳（$sp^2$ 结构）的化学改性来实现表面官能化。从这一点来看，对于以 $sp^2$ 结构为基础的富勒烯、碳纳米管、碳点、石墨烯等纳米结构的表面功能化有共同之处，并且功能化的碳基材料可以主要应用于生物医学领域。受篇幅所限，这里不再依据不同的材料来开展细致的讨论。

此外，不同的表面修饰会显著地影响细胞对纳米材料的内吞、胞内转运途径以及外排能力。对于聚二甲基二烯丙基氯化铵（PDDAC）、十六烷基三甲基溴化铵（CTAB）和聚醚酰亚胺（PEI）修饰的 Au 纳米棒来说，只有 PDDAC - Au 纳米棒表现出最明显的细胞内吞和最小的细胞毒性。CTAB - Au 纳米棒可以选择性地定位于肺癌 A549 细胞的线粒体，降低线粒体膜电位并增加细胞活性氧水平，诱导肿瘤细胞凋亡，而对于正常细胞，Au 纳米棒主要定位于溶酶体并能被细胞外排。这种差异导致肿瘤细胞中 Au 纳米棒蓄积于线粒体，从而降低了线粒体膜电位，引起胞内氧化应激水平增加，最终导致细胞死亡。另外，尺寸为 50 nm 的氨基表面修饰的聚苯乙烯纳米颗粒可以引起细胞周期 $G_1$ 期延迟，下调细胞周期蛋白 D 和 E 的表达。同时，与羧基表面修饰相比，氨基表面修饰的聚苯乙烯会破坏细胞膜的完整性，具有更高的细胞毒性。未修饰石墨烯能够通过降低线粒体膜电位以及增加细胞内的活性氧，从而激活线粒体途径，触发细胞凋亡；能够刺激巨细胞激活相关信号通路，分泌特异性细胞因子，引起巨噬细胞形态改变，降低细胞黏附性以及吞噬能力。

值得注意的是，纳米材料进入生物体内会迅速吸附蛋白质分子，形成纳米蛋白冠。不同形状、尺寸、表面电荷、表面化学修饰均会影响纳米颗粒表面蛋白冠的形成和蛋白质的吸附量，蛋白质吸附量与金纳米棒被细胞摄入的能力之间具有正相关的关系。纳米蛋白冠的物理化学特性对纳米材料的体内代谢、细胞摄取和清除能力等生物学行为具有调控作用，可以降低纳米材料的细胞毒性，为设计更安全的纳米药物提供科学依据。例如，碳纳米管与人血液蛋白形成的蛋白冠，主要是通过蛋白质分子的疏水性氨基酸残基与碳纳米管表面发生多重弱相互作用的协同效应以及纳米表面多蛋白分子的竞争吸附过程。碳纳米管的 π 电子密度以及它与蛋白质分子的芳香族氨基酸残基之间相互作用力的大小，是决定蛋白质分子在碳纳米管表面竞争性吸附反应速率以及形成软蛋白冠的关键因素。而对于金属纳米材料，其纳米蛋白冠的形成机制取决于表面化学键的强弱。其主要通过 Au—S 键与体内含硫蛋白质发生作用形成硬蛋白冠，这种硬蛋白冠会共同参与细胞内转运和降解过程，大大改变纳米材料在生物体内的本征特性。

### 6.3.4　生物尺寸效应与安全性

纳米生物材料的纳米效应研究是近年的研究热点，主要聚焦于建立材料的结构与其生物学性能之间的关系，特别是材料纳米化而引起的材料性能的变化。目前特别关注的有以下几个方面：①材料纳米化引起其物理性质的变化，如纳米量子点通过改变核壳的厚度可以调控纳米粒子的颜色和吸收光波长，材料纳米化引起材料表面亲/疏水性的变化等；②材料纳米化对蛋白质结构和活性的调控，如小粒径、大曲率的纳米氧化硅表/界面有利于蛋白质二级结构和活性的维持，血清白蛋白在粒径小于 30 nm 的氧化硅表面上具有更完整的微观结构和更高的活性，而相对分子质量较大的纤维蛋白原则上更适合固定在粒径较大的材料表面（粒径 > 30 nm）；与平整的表面相比，具有独特纳米管状结构的单壁碳纳米管可以显著提高大豆过氧化酶在高温和有机溶剂条件下的稳定性；因为具有比表面积大、吸附性强、选择性高等优点，纳米线进行蛋白质/DNA 检测时可免于标记，并且检测信号灵敏；③材料 - 细胞相互作用的纳米效应。通常，零维和一维纳米材料可通过内吞进入细胞，甚至进入细胞核，调控细胞增殖、细胞分化，甚至诱导细胞凋亡，二维和三维纳米材料则与细胞发生表面接触，调控细胞的黏附、分化、迁移等，过程均存在明显的纳米效应。这些生物学效应直接调控着纳米生物材料的体内外生物活性，因此一直是研究者关注的热点。

此外，纳米材料的尺寸大小可以显著影响其生物学效应及毒性。例如，碳纳米管的毒性与其长度密切相关。长度较短（$0.5 \sim 2 \ \mu m$）的多壁碳纳米管对类神经元细胞没有明显的毒性效应，明显促进细胞的内吞和外排过程，更容易影响神经生长因子信号通路，进而促进神经细胞的分化。较长的碳纳米管（$20 \sim 50 \ \mu m$）会引起肺泡巨噬细胞分泌更多的转化生长因子 - β（TGF - β），进而导致成纤维细胞的增殖，促进成纤维细胞分泌胶原蛋白，从而导致肺纤维化。相关信号通路的激活对于碳纳米管引发肺纤维化具有重要作用。同时发现较长的碳纳米管难以被巨噬细胞完全吞噬，直接与肺组织中的成纤维细胞以及肺泡上皮细胞发生作用，诱导成纤维细胞的激活，使其高表达肌成纤维细胞相关的蛋白。通过激活细胞内 TGF - β 信号通路，诱导成纤维细胞向肌成纤维细胞分化，以及诱导上皮细胞向间质细胞转化。较大的颗粒（$> 5 \ \mu m$）主要通过经典的吞噬作用和巨胞饮作用，而亚微米的颗粒主要通过受体介导的内吞机制发挥作用，其依赖的受体类型与尺寸有关。

生物相容性和低毒性是促进纳米材料生物学应用的两个必要条件，包括细胞毒性检测和动物体内毒性检测。尽管部分非金属纳米材料（如碳纳米材料）相对来讲具有良好的生物相容性，但是，并不能忽略它们的毒性及其对生物安全性的影响。值得注意的是，纳米材料的毒性作用取决于许多因素，例如浓度、表面修饰、尺寸、与之相互作用的生物系统、相互作用时间等。目前人们已经研究了纳米材料和多种生物系统，包括体外细胞培养和几种不同的体内动物模型。但无论如何，仍然需要仔细、系统化的长期研究来证明这些纳米材料的潜在威胁和安全性。

纳米材料在生物体内的代谢和清除规律研究，是保障纳米材料生物医学应用及在工业等领域安全应用的重要基础科学问题。迄今为止，大量研究表明，纳米材料毒性效应来源于其在生物体内不良的吸收（absorption）、分布（distribution）、代谢（metabolism）和排泄（excretion）过程，即 ADME 性质。纳米材料的血液循环特征、体内 ADME 特征和代谢模式决定了其在体内的生物活性（效应）与生物毒性之间微妙的平衡关系。已有的研究揭示纳米材料在体内的 ADME 行为受暴露途径、纳米物理化学特征（尺寸、比表面积、形状、表面化学修饰等）、组织器官的微结构、纳米材料与生物微环境的作用及纳米蛋白冠的形成和性质等因素影响。

经典毒理学中，大多数小分子的吸收和排泄遵循药物动力学的线性规律与一阶模型，也就是说，其药代动力学通常表现出剂量依赖性。而在纳米毒理学中，迄今为止，大多数研究的实验数据表明，大部分纳米材料的摄取和清除通常是非线性的，同时，其 ADME 模式与给药剂量（颗粒质量、表面积或颗粒数）无关。例如，对量子点（QDs）的研究表明，较高的暴露剂量下（小鼠大于 0.5 nmol/只小鼠），QDs 主要分布在肝、脾、肺和肾等的网状内皮系统，而较低的暴露剂量下（0.02 pmol/只小鼠或 20 pmol/只大鼠），QDs 在肝、脾、肺、肾、淋巴结、小肠、胰腺和脑等组织器官呈现较宽的分布范围。在金纳米材料和碳纳米管的动物实验中观察到类似的器官分布和积累模式。通常情况下，粒径较小的纳米颗粒能够分布于脑、肺、肝、肾等脏器，而较大的颗粒则不能被小肠吸收进入血液循环。进入血液循环的纳米颗粒在体内的清除去向与颗粒物的尺寸密切相关，小于 5 nm 的纳米颗粒可经肾脏排出体外，大于 200 nm 的颗粒物经肝脾代谢。另外，纳米材料的形状也会影响其在血液中的循环半衰期。

纳米材料在不同的给药剂量下也表现出不同的蓄积行为。以碳纳米管（CNTs）为例，在低剂量（1.5 μg/只小鼠）下，CNTs 主要积聚在胃、肾和骨中，并且和给药途径无关。$TiO_2$、ZnO、Cu 在单次高剂量给药后可被迅速排泄，很少累积于脏器中。单次口服 100 mg/只小鼠，$TiO_2$（25 nm）和 ZnO（20 nm）在肝脏、脾脏、肺脏和心脏中的累积都很低，滞留量仅仅为 $TiO_2$ 125~500 ng/g 和 ZnO 40~100 ng/g。

纳米材料表现出的复杂剂量 – 效应关系与体内蓄积并不是完全的正相关。例如，口服 108~1 080 mg/kg 体重的纳米 Cu（21 nm），可导致明显的组织损伤，具有剂量依赖性。纳米 Cu 的暴露剂量越高，小鼠的肝、肾和脾脏损伤越严重。然而，小鼠口服 20 nm ZnO（1~5 g/kg 体重）时，较高剂量对小鼠肝脏、心肌和脾脏的病理损害却较小。这些研究表明，纳米材料毒性的剂量依赖性，不仅与纳米材料在特定靶器官中的蓄积有关，还与其毒性作用机制有关。纳米 Cu 的毒性主要是由于纳米 Cu 在体内快速溶解而导致铜离子的过载，同时，碱性 $HCO_3^-$ 大量形成，纳米 Cu 较高的化学反应活性是其体内毒性的主要原因。

纳米材料的生物利用度决定了纳米材料在体内的蓄积程度。传统药物进入体内被吸收和首次通过清除后到达全身循环和特定靶器官/组织的药物量，也就是生物利用度，通常由药物的溶解、扩散和运输所确定。而纳米材料与传统药物不同，分布到特定靶器官/组织的量主要受其尺寸、形状、团聚或聚集程度、溶解度和蛋白质吸附的影响。纳米材料比表面积大，具有较高的表面，容易形成较大的聚集体或团块，这在很大程度上影响了它们的生物利用度，但是可以通过改变纳米材料的分散状态来调节。例如，静脉注射 5 nmol 量子点，大约 8.6% 聚集态量子点滞留于肝组织中，很难被清除。而游离的量子点可以极快的速度通过尿液或粪便排出体外。血清白蛋白处理后的纳米 $CeO_2$ 分散性良好，能够穿透肺泡 – 毛细血管屏障，并被输送到血液中，导致肺沉积。部分团聚态的纳米 $CeO_2$ 被肺泡单核细胞/巨噬细胞吞噬，并从气管或支气管中排出。

纳米材料的聚集或团聚行为影响着其在生物微环境中的尺寸和形状，可以显著改变纳米材料在体外或体内的生物利用度，而生物利用度直接决定了纳米材料的生物医学功能或毒性。例如，较大的 CNTs 聚集体沉积在气道，引起肺部损伤和炎症。不同尺寸金纳米颗粒的药代动力学和生物分布情况也明显不同。同样表面修饰的情况下，小尺寸的金纳米簇（粒径为 7 nm）血液半衰期较长，主要通过肾脏排出体外；较大尺寸的金纳米棒（50 nm 长）和金纳米球（直径分别为 20 nm 和 50 nm）则迅速从血液中清除，高浓度蓄积于肝脏、脾脏，基本无法从体内代谢出去，对肝脏造成明显的形态学损伤。

不同的表面修饰影响纳米颗粒在荷瘤小鼠模型的药代动力学和生物分布。聚乙二醇和牛血清白蛋白（BSA）修饰的金纳米棒主要蓄积在肝脏和脾脏，3 天后无明显代谢，而牛血清白蛋白修饰的金团簇 3 天后 Au 含量明显降低，显示了尺寸依赖的代谢过程。通过控制纳米载体的表面性质和尺寸大小，能延长其在血液中的循环时间，提高其在肿瘤组织的富集，可以获得更安全、更有效的纳米药物设计方法。另外，不同表面修饰的金纳米棒对机体免疫系统具有显著的调节作用，对 DNA 具有不同的释放能力，从而使其具有截然不同的细胞转染能力。例如，金纳米棒只有当表面进行适当修饰后才能显示出良好的佐剂活性。聚二烯丙基二甲基氯化铵（PDDAC）和聚乙烯亚胺（PEI）修饰的金纳米棒可以诱导机体体液和细胞免疫应答。而十六烷基三甲基溴化铵（CTAB）修饰的金纳米棒则引起显著的细胞毒性，不能引起有效的免疫应答。

组织器官的超微结构特征也决定了纳米材料的代谢途径。例如，肝脏中肝血窦孔径大小为 100～200 nm，允许尺寸小于 100 nm 的颗粒进入肝窦周的间隙。纳米材料在主动脉和门静脉中的流速为 10～100 cm/s，而流经肝血窦时，降至 200～800 μm/s，增加了纳米颗粒与肝血窦内库普弗（Kupffer）细胞和血管内皮细胞的接触概率。对量子点的研究表明，肝组织中约 84% 的 Kupffer 细胞、81% 的肝 B 细胞和 65% 的肝血窦内皮细胞参与了对纳米材料的摄取。

### 6.3.5　总结与展望

纳米生物材料从诞生到现在仅仅 70 多年。纵观其整个发展过程，从早期的羟基磷灰石到纳米磷酸钙及其复合改性多功能及涂层材料的发展，从纳米脂质体、纳米聚合物微球到多功能抗肿瘤纳米粒子的广泛应用，从纳米材料在影像学中的探索到如今各种纳米探针在活细胞示踪、核磁共振等检测领域的成功应用，以及各种新型纳米抗菌材料、纳米稀土上转换材料、纳米量子点及其复合材料等的不断问世，纳米生物材料得到了飞速发展。纳米生物材料实现了从组成、结构、形貌以及功能上可控；材料与蛋白质、细胞的相互作用及其调控组织形成、疾病治疗的规律及相关机制得到诠释，对材料发挥作用过程的纳米效应有了一定的认识，这些为新型纳米生物材料的设计、合成及功能化组装提供了直接的理论指导。同时，一批科研成果获得临床转化，成功应用于临床，为人类的健康做出重大贡献，已逐步成为医学领域的重要支柱，并为医疗器械行业的发展提供物质基础和支持。

与此同时，由于纳米材料独特的小尺寸效应、量子效应和巨大比表面积等而具有特殊的物理、化学性质，它在进入生命体后与生命体相互作用所产生的化学特性、生物活性，与化学成分相同的常规物质有很大不同，这有可能给人类健康带来严重损害，并成为许多重大疾病的诱因，因此也会大大限制其在医学领域的应用范围。当前，世界各国对纳米材料毒理学研究还处在初步阶段，研究还不全面，研究方法还不统一和规范。另外，由于对宏观物质的评价方法可能不适合纳米材料，有关纳米材料临床毒性报道还比较欠缺，这就要求生物医学研究者与纳米材料的研究人员进一步加强合作，制造出更先进的生物医用纳米材料来造福人类。

目前，国际上纳米生物技术在生物材料领域的研究已得到快速进展，纳米材料、纳米医学及纳米生物技术均被列为各国政府的优先支持科研方向。2000 年，美国率先发布"国家纳米技术计划"（National Nanotechnology Initiative，NNI）后，我国也高度关注纳米材料的发展，并在同年成立了国家纳米科学技术指导协调委员会。2003 年，国家纳米科学中心成立。由施普林格·自然集团、国家纳米科学中心、中国科学院文献情报中心共同编写的中国纳米白皮书显示，我国对世界纳米科学和技术的进步做出了重要贡献，位列世界纳米科技研发大国之中。过去 20 年，在国家政策、国内一流科研机构和一流大学的共同推动下，我国纳米生物材料取得了飞速发展，部分研究已经达到世界领先水平，但我国纳米生物材料在基础研究方面还比较分散，重复研究过多，源头创新性不够，对一些问题缺乏系统深入的研究，重大成果较少。另外，虽然实验室成果较多，但是科技成果转化能力不强，80%～90%的成果仍保留在实验室。现有企业规模小，产业规模小，技术装备落后，缺乏市场竞争力。为此，今后应瞄准国际纳米生物材料研究热点和产业发展方向，合理规划布局，重点面向高端组织器官修复与替代制品、纳米生物医学检测诊断技术、药物缓控释和靶向治疗纳米载体、纳米材料与制品安全性评价技术等方向，进一步加大研究经费投入，集中优势团队协同攻关，争取新的突破。同时，加强对创新型技术及产业的支持，以市场为导向，加强产学研医顶层设计和全链条发展，借力企业资本和风险投资，形成基础研究—技术研发—中试放大—成果转化和产业化的链式布局，有效推动我国医疗健康和纳米生物材料产业的快速发展。

# 6.4　纳米材料在二次电池中的应用

## 6.4.1　二次电池简介

随着能源供给与环境保护之间的矛盾日益尖锐，开发可再生、环境友好的新型绿色能源具有重要的意义。但是绿色能源多数具有时效性或地域局限性，需配备储能元件。二次电池作为重要的能源储存器件，扮演着重要的角色，已遍布生活的各个方面。二次电池（Rechargeable battery）又称为充电电池或蓄电池，是指在电池放电后可通过充电的方式使活性物质激活而继续使用的电池。利用化学反应的可逆性，可以组建成一个新电池，即当一个化学反应转化为电能之后，还可以用电能使化学体系修复，然后再利用化学反应转化为电能，所以叫二次电池（可充电电池）。市场上主要充电电池有镍氢电池、镍镉电池、铅酸（或铅蓄）电池、锂离子电池、聚合物锂离子电池等。二次电池的主要组成部分包括正极材料、负极材料、集流体、电解液、隔膜、安全阀、密封圈等。纳米材料具有比表面大、锂离子嵌入/脱出深度小、行程短的特性，使电极在大电流下充放电极化程度小，可逆容量高，循环寿命长。纳米材料的高空隙率为有机溶剂分子的迁移提供了自由空间，使有机溶剂具有良好的相容性，同时，也给锂离子的嵌入/脱出提供了大量的空间，进一步提高嵌锂容量及能量密度。小孔径效应和表面效应与化学电源中的活性材料非常相关，作为电极的活性材料纳米化后，表面增大，电流密度会降低，极化减小，导致电容量增大，从而具有更良好的电化学活性。因此。纳米活性材料成为当前新材料、新能源研究的前瞻性课题之一。二次电池中相关的纳米材料研究最多的是纳米正极材料、纳米负极材料、电解液和纳米复合材料固体电解质。以下选取市场上广泛应用且目前广泛研究的锂离子电池（LIBs）和钠离子电池（SIBs）来讨论纳米材料在二次电池中的应用，并详细阐述如何调控纳米材料来提高二次电池的性能。

### 6.4.2　二次电池原理

#### 1. 锂离子电池的原理

化石燃料的过度使用和日渐枯竭，使人类对可持续清洁能源的需求越来越强烈。而高效持久的能源储存装置会大大提高人们对可再生清洁能源（如风能、潮汐能、水能、太阳能等）的开发和利用。锂离子电池被认为是目前最有前途的能源存储系统。LIBs 较轻、能量密度高、功率密度大、循环寿命长、自放电效率低、工作电压高和无"记忆效应"等优点，使其从便携式设备，如手机、电脑，到电动汽车中都有广泛应用。

LIBs 的工作原理如图 6-22 所示，以层状结构 $LiCoO_2$ 为正极，石墨为负极，含锂有机盐为电解液，多孔聚丙烯烃为隔膜，该装置既能防止正负电极的直接接触，又能实现 $Li^+$ 高效转移[28]。当放电时，$Li^+$ 从锂化的石墨（$Li_xC_6$）（负极）结构中脱出，进入脱锂化的 $Li_{1-x}CoO_2$ 结构（正极），分别伴随着两个电极材料的氧化和还原反应。当充电时发生相反的反应。LIBs 的性能主要依赖于能够储存 $Li^+$ 的电极材料。为了实现整个电化学体系的稳定，正负极材料必须与电解液匹配。同时，使用的电极材料的化学势，应该落在电解液的电化学窗口内，或者能在电极材料表面形成钝化层，

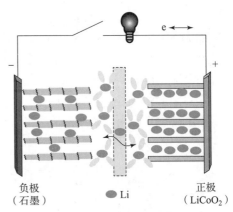

图 6-22　LIBs 工作原理示意图

即 SEI 膜，以防止其与电解液发生反应。SEI 膜的厚度和稳定性严重影响整个电池的性能。SEI 膜是在首次或随后循环中，$Li^+$ 与电解液中的碳酸乙烯酯（EC）反应，产生一些有机物和一些无机物，如 $LiF$、$Li_2O$、$Li_2CO_3$ 等，而形成的一层钝化层。之所以说钝化层，是因为 SEI 膜对 $Li^+$ 和 $e^-$ 均是绝缘的，而且 SEI 中的 $Li_2O$ 是不可逆的。所以说，如果随着反应的进行，形成很厚的 SEI 膜，形成的不可逆容量就会增多，电池的容量和稳定性都会变差。因此，对 SEI 膜的优化和调节也能提高电极材料的整个性能。优异的 LIBs 电极材料应不但具备较高可逆容量、较长循环寿命和较好的安全稳定性，而且要具有较低的成本和环境无污染性[29]。

2. 钠离子电池的原理

当今社会，LIBs 以其高能量密度和高功率密度特性，占据了主要的可充电电池的市场，尤其在便携式移动设备方面，如手机、电脑、MP3、小型电动车等。随着 LIBs 的发展和能源市场的需要，LIBs 也逐渐应用到大型的电动汽车或大型的储能设备中。但是，由于锂较贵，而且在自然界中储量有限，人们越来越开始担心地球的锂资源不能满足目前市场上对 LIBs 的需要。据日本 2010 年报道，如果世界上燃油的汽车被混合动力汽车或者完全电力的汽车取代，将会消耗 7.9 亿吨的锂金属。而钠金属在地壳中的含量排在第六位，而且价格低廉。并且锂与钠处在元素周期表中的同一主族且相邻，钠和锂有很多相似的化学性质。SIBs 和 LIBs 的基本原理是一样的，如图 6-23 所示，因而 SIBs 的研发可以借鉴过去多年来 LIBs 的丰富研究基础。

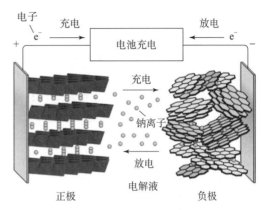

图 6-23　SIBs 工作原理示意图

## 6.4.3　锂离子电池电极材料

1. 锂离子电池正极材料

锂离子电池的性能主要取决于所用电池内部材料的结构和性能。这些电池内部材料包括负极材料、电解质、隔膜和正极材料等。其中，正、负极材料的选择和质量直接决定锂离子电池的性能与价格。因此，廉价、高性能的正、负极材料的研究一直是锂离子电池行业发展的重点。负极材料一般选用碳材料，目前的发展比较成熟。而正极材料的开发已经成为制约锂离子电池性能进一步提高、价格进一步降低的重要因素。在目前的商业化生产的锂离子电池中，正极材料的成本占整个电池成本的 40% 左右，正极材料价格的降低直接决定着锂离子电池价格的降低。对锂离子动力电池尤其如此。比如一块手机用的小型锂离子电池大约只需要 5 g 的正极材料，而驱动一辆公共汽车用的锂离子动力电池可能需要高达 500 kg 的正极材料。

衡量锂离子电池正极材料的优劣，大致可以从以下几个方面进行：①正极材料应有较高的氧化还原电位，从而使电池有较高的输出电压；②锂离子能够在正极材料中大量可逆地嵌入和脱嵌，以使电池有高的容量；③在锂离子嵌入/脱嵌过程中，正极材料的结构应尽可能不发生变化或发生小变化，以保证电池良好的循环性能；④正极的氧化还原电位在锂离子的嵌入/脱嵌过程中变化应尽可能小，使电池的电压不会发生显著变化，以保证电池平稳地充电和放电；⑤正极材料应有较高的电导率，能使电池大电流地充电和放电；⑥正极不与电解质等发生化学反应；⑦锂离子在电极材料中应有较大的扩散系数，便于电池快速充电和放电；⑧价格低廉，对环境无污染。

锂离子电池正极材料一般都是锂的氧化物。研究得比较多的有 $LiCoO_2$、$LiNiO_2$、$LiMn_2O_4$、$LiFePO_4$ 和钒的氧化物等。导电聚合物正极材料也引起了人们的极大兴趣。

（1）$LiCoO_2$

在目前商业化的锂离子电池中，基本选用层状结构的 $LiCoO_2$ 作为正极材料。其理论容量为 274 mAh/g，实际容量为 140 mAh/g 左右，也有报道实际容量已达 155 mAh/g。该正极材料的主要优点为：工作电压较高（平均工作电压为 3.7 V），充放电电压平稳，适合大电流充放电，比能量高，循环性能好，电导率高，生产工艺简单，容易制备等。主要缺点为：价格高昂，抗过充电性较差，循环性能有待进一步提高。

（2）$LiNiO_2$

用于锂离子电池正极材料的 $LiNiO_2$ 具有与 $LiCoO_2$ 类似的层状结构。其理论容量为 274 mAh/g，实际容量已达 190～210 mAh/g。工作电压范围为 2.5～4.2 V。该正极材料的主要优点为：自放电率低，无污染，与多种电解质有着良好的相容性，比 $LiCoO_2$ 价格低等。但 $LiNiO_2$ 具有致命的缺点：$LiNiO_2$ 的制备条件非常苛刻，这给 $LiNiO_2$ 的商业化生产带来相当大的困难；$LiNiO_2$ 的热稳定性差，在同等条件下与 $LiCoO_2$ 和 $LiMn_2O_4$ 正极材料相比，$LiNiO_2$ 的热分解温度最低（200 ℃左右），并且放热量最多，这给电池带来了很大的安全隐患；$LiNiO_2$ 在充放电过程中容易发生结构变化，使电池的循环性能变差。这些缺点使得 $LiNiO_2$ 作为锂离子电池的正极材料还有一段相当的路要走。

（3）$LiMn_2O_4$

用于锂离子电池正极材料的 $LiMn_2O_4$ 具有尖晶石结构。其理论容量为 148 mAh/g，实际容量为 90～120 mAh/g，工作电压为 3～4 V。该正极材料的主要优点为：锰资源丰富，价格低，安全性高，比较容易制备。缺点是：理论容量不高；材料在电解质中会缓慢溶解，即与电解质的相容性不太好；在深度充放电的过程中，材料容易发生晶格畸变，造成电池容量迅速衰减，特别是在较高温度下使用时更是如此。为了克服以上缺点，近年新发展起来了一种层状结构的三价锰氧化物 $LiMnO_2$。该正极材料的理论容量为 286 mAh/g，实际容量为已达 200 mAh/g 左右，工作电压为 3～4.5 V。虽然与尖晶石结构的 $LiMn_2O_4$ 相比，$LiMnO_2$ 在理论容量和实际容量两个方面都有较大幅度的提高，但仍然存在充放电过程中，结构不稳定性问题。在充放电过程中晶体结构在层状结构与尖晶石结构之间反复变化，从而引起电极体积的反复膨胀和收缩，导致电池循环性能变坏。而且 $LiMnO_2$ 也存在较高工作温度下的溶解问题。解决这些问题的办法是对 $LiMnO_2$ 进行掺杂和表面修饰。目前已经取得可喜进展。

（4）$LiFePO_4$

该材料具有橄榄石晶体结构，是近年来研究的热门锂离子电池正极材料之一。其理论容量为 170 mAh/g，在没有掺杂改性时，其实际容量已高达 110 mAh/g。通过对 $LiFePO_4$ 进行表面修饰，其实际容量可高达 165 mAh/g，已经非常接近理论容量。工作电压为 3.4 V 左右。与以上介绍的正极材料相比，$LiFePO_4$ 具有高稳定性、更安全可靠、更环保并且价格低廉。$LiFePO_4$ 的主要缺点是理论容量不高，室温电导率低。基于以上原因，$LiFePO_4$ 在大型锂离子电池方面有非常好的应用前景。但要在整个锂离子电池领域显示出强大的市场竞争力，$LiFePO_4$ 却面临以下不利因素：①来自 $LiMn_2O_4$、$LiMnO_2$、$LiNiMO_2$ 正极材料的低成本竞争；②在不同的应用领域，人们可能会优先选择更适合的特定电池材料；③$LiFePO_4$ 的电池容量不高；④在高技术领域，人们更关注的可能不是成本而是性能，如应用于手机与笔记本电脑；⑤$LiFePO_4$ 急需提高其在 1 C 速度下深度放电时的导电能力，以此提高其比容量；⑥在安全性方面，$LiCoO_2$ 代表着目前工业界的安全标准，而且 $LiNiO_2$ 的安全性也已经有了大幅度的提高，只有 $LiFePO_4$ 表现出更高的安全性能，尤其是在电动汽车等方面的应用，才能保证其在安全方面的充分竞争优势。表 6 – 2 对不同锂离子电池正极材料的性能进行了比较。

表 6 – 2　几种材料所产生的电池性能对比如下

| 电池成分 | 磷酸铁锂电池 | 锂钴电池 | 锂锰电池 | 锂钴镍电池 |
|---|---|---|---|---|
| | $C - LiFePO_4$ | $LiCoO_2$ | $LiMn_2O_4$ | $Li(NiCo)O_2$ |
| 安全性及环保要求 | 安全性最佳，且最符合环保要求 | 稳定性极差，非常不安全 | 尚可接受 | 稳定性极差，非常不安全 |
| 循环次数 | 最佳 | 尚可接受 | 不能接受 | 尚可接受 |
| 能量密度 | 可接受 | 佳 | 可接受 | 最佳 |
| 长期使用成本 | 最经济 | 高 | 可接受 | 高 |
| 温度耐受性 | 极佳（ – 40～70 ℃仍可正常使用） | 高于 55 ℃ 或低于 – 20 ℃ 则衰退 | 高于 50 ℃ 则迅速衰退 | 高于 55 ℃ 或低于 – 20 ℃ 则衰退 |

尽管从理论上能够用作锂离子电池的正极材料种类很多，但目前在商业化生产的锂离子电池中最广泛使用的正极材料仍然是 $LiCoO_2$。层状结构的 $LiNiO_2$ 虽然比 $LiCoO_2$ 具有更高的比容量，但由于它的热分解反应导致的结构变化和安全性问题，使得直接应用 $LiNiO_2$ 作为正极材料还有相当距离。但用 Co 部分取代 Ni 获得安全性较高的 $LiNi_{1-x}Co_xO_2$ 来作为正极材料可能是将来一个重要的发展方向。尖晶石结构的 $LiMn_2O_4$ 和层状结构的 $LiMnO_2$ 由于原材料资源丰富、价格优势明显、安全性能高而被认为是极具市场竞争力的正极候选材料之一。但其存在的充放电过程中结构不稳定性问题将是将来的重要研究课题。具有橄榄石结构的 $LiFePO_4$ 目前的实际放电容量已达理论容量的 95% 左右，并且具有价格低廉、安全性高、结构稳定、无环境污染等优点，被认为是大型锂离子电池中极有理想的正极材料。

**2. 锂离子电池负极材料**

目前，锂离子电池所采用的负极材料一般都是碳素材料，如石墨、软碳（如焦炭等）、硬碳等。正在探索的负极材料有硅基材料、氮化物、锡基氧化物、锗基氧化物、锡合金，以及纳米负极材料等。作为锂离子电池负极材料，要求具有以下性能：①锂离子在负极基体中的插入氧化还原电位尽可能低，接近金属锂的电位，从而使电池的输出电压高；②在基体中，大量的锂能够发生可逆插入和脱插，以得到高容量密度，即可逆的 $x$ 值尽可能大；③在插入/脱插过程中，锂的插入和脱插应可逆且主体结构没有或很少发生变化，这样尽可能大；④氧化还原电位随 $x$ 的变化应该尽可能少，这样电池的电压不会发生显著变化，可保持较平稳的充电和放电；⑤插入化合物应有较好的电导率和离子电导率，这样可减少极化并能进行大电流充放电；⑥主体材料具有良好的表面结构，能够与液体电解质形成良好的 SEI 膜；⑦插入化合物在整个电压范围内具有良好的化学稳定性，在形成 SEI 膜后，不与电解质等发生反应；⑧锂离子在主体材料中有较大的扩散系数，便于快速充放电；⑨从实用角度而言，主体材料应该便宜，对环境无污染。

**1）碳负极材料**

碳负极锂离子电池在安全和循环寿命方面显示出较好的性能，并且碳材料价廉、无毒，目前商品锂离子电池广泛采用碳负极材料。近年来随着对碳材料研究工作的不断深入，已经发现通过对石墨和各类碳材料进行表面改性和结构调整，或使石墨部分无序化，或在各类碳材料中形成纳米级的孔、洞和通道等结构，锂在其中的嵌入/脱嵌不但可以按化学计量 $LiC_6$ 进行，而且可以有非化学计量嵌入/脱嵌，其比容量大大增加，由 $LiC_6$ 的理论值 372 mAh/g 提高到 700~1 000 mAh/g，因此锂离子电池的比能量大大增加。

石墨类碳材料的插锂特性是：①插锂电位低且平坦，可为锂离子电池提供高的、平稳的工作电压。大部分插锂容量分布在 0.00~0.20 V 之间（vs. Li/Li）；②插锂容量高，LiC 的理论容量为 372 mAh/g；③与有机溶剂相容能力差，易发生溶剂共插入，降低插锂性能。

石油焦类碳材料的插/脱锂的特性是：①起始插锂过程没有明显的电位平台出现；②插层化合物 LiC 的组成中，$x = 0.5$ 左右，插锂容量与热处理温度和表面状态有关；③与溶剂相容性、循环性能好。

根据石墨化程度，一般碳负极材料分成石墨、软碳、硬碳。

（1）石墨

石墨材料导电性好，结晶度较高，具有良好的层状结构，适合锂的嵌入/脱嵌，形成锂-石墨层间化合物，充放电容量可达 300 mAh/g 以上，充放电效率在 90% 以上，不可逆容量低于 50 mAh/g。锂在石墨中脱嵌反应在 0~0.25 V，具有良好的充放电平台，可与提供锂源的正极材料 $LiCoO_2$、$LiNiO_2$、$LiMn_2O_4$ 等匹配，组成的电池平均输出电压高，是目前锂离子电池应用最多的负极材料。

石墨包括人工石墨和天然石墨两大类。

人工石墨：人工石墨是将易石墨化炭（如沥青焦炭）在 $N_2$ 气氛中于 1 900~2 800 ℃ 经高温石墨化处理制得。常见人工石墨有中间相碳微球（MCMB）和石墨纤维。

MCMB 是高度有序的层面堆积结构，可由煤焦油（沥青）或石油渣油制得。在 700 ℃ 以下热解炭化处理时，锂的嵌入容量可达 600 mAh/g 以上，但不可逆容量较高。在 1 000 ℃ 以上热处理时，MCMB 石墨化程度提高，可逆容量增大。通常石墨化温度控制在 2 800 ℃ 以上，可逆容量可达 300 mAh/g，不可逆容量小于 10%。

气相沉积石墨纤维是一种管状中空结构，具有 320 mAh/g 以上的放电比容量和 93% 的首次充放电效率，可大电流放电，循环寿命长，但制备工艺复杂，成本较高。

天然石墨：天然石墨是一种较好的负极材料，其理论容量为 372 mAh/g，形成 $LiC_6$ 的结构，可逆容量、充放电效率和工作电压都较高。石墨材料有明显的充、放电平台，并且放电平台对锂电压很低，电池输出电压高。天然石墨有无定形石墨和磷片石墨两种。无定形石墨纯度低。可逆比容量仅 260 mAh/g，不可逆比容量在 100 mAh/g 以上。磷片石墨可逆比容量仅 300~350 mAh/g，不可逆比容量低于 50 mAh/g 以上。天然石墨由于结构完整，嵌锂位置多，所以容量较高，是非常理想的锂离子电池负极材料。其主要的缺点是对电解质敏感、大电流充放电性能差。在放电的过程中，在负极表面，由于电解质或有机溶剂化学反应，会形成一层固体电解质界面（Solid Electrolyte Interface，SEI）膜，另外，锂离子插入和脱插过程中，造成石墨片层体积膨胀和收缩，也容易造成石墨粉化，所以，天然石墨的不可逆容量较高，循环寿命有待进一步提高。

改性石墨：通过石墨改性，如在石墨表面氧化、包覆聚合物热解炭，形成具有核-壳结构的复合石墨，可以改善石墨的充放电性能和循环性能。通过石墨表面氧化，可以降低 $Li/LiC_6$ 电池的不可逆容量，提高电池的循环寿命，可逆容量可以达到 446 mAh/g（$Li_{1.2}C_6$），石墨材料的氧化剂可选择 HNO、O、HO、NO、NO 等。石墨氟化可在高温下用氟蒸气与石墨直接反应，得到（CF）$_n$，也可以在路易斯酸（如 HF）存在时，于 100 ℃进行氟化得到 CF。碳材料经氧化或氟化处理后的容量都会有所提高。

（2）软碳

软碳即易石墨化碳，是指在 2 500 ℃以上的高温下能石墨化的无定形碳。软碳的结晶度（即石墨化度）低，晶粒尺寸小，晶面间距较大，与电解液的相容性好，但首次充放电的不可逆容量较高，输出电压较低，无明显的充放电平台电位。常见的软碳有石油焦、针状焦、碳纤维、碳微球等。

（3）硬碳

硬碳是指难石墨化碳，是高分子聚合物的热解碳。这类碳在 2 500 ℃以上的高温也难以石墨化，常见的硬碳有树脂碳（酚醛树脂、环氧树脂、聚糠醇 PFA - C 等）、有机聚合物热解碳（PVA、PVC、PVDF、PAN 等）、碳黑（乙炔黑）。硬碳的储锂容量很大（500 ~ 1 000 mAh/g），但它们也有明显的缺点，如首次充、放电效率低，无明显的充放电平台以及因含杂质原子 H 而引起很大的电位滞后等。

2）非碳负极材料

（1）氮化物

锂过渡金属氮化物具有很好的离子导电性、电子导电性和化学稳定性，用作锂离子电池负极材料，其放电电压通常在 1.0 V 以上。电极的放电比容量、循环性能和充、放电曲线的平稳性因材料的种类不同而存在很大差异。如 LiFeN 用作 LIB 负极时，放电容量为 150 mAh/g，放电电位在 1.3 V（vs Li/Li$^+$）附近，充、放电曲线非常平坦，无放电滞后，但容量有明显衰减。LiCoN 具有 900 mAh/g 的高放电容量，放电电位在 1.0 V 左右，但充、放电曲线不太平稳，有明显的电位滞后和容量衰减。目前来看，这类材料要达到实际应用，还需要进一步深入研究。

氮化物体系属反萤石（CaF$_2$）或 Li$_3$N 结构的化合物，具有良好的离子导电性，电极电位接近金属锂，可用作锂离子电极的负极。

反萤石结构的 Li - M - N（M 为过渡金属）化合物如 LiMnN 和 LiFeN 可用陶瓷法合成。即将过渡金属氧化物和锂氮化物（MN + LiN）在 1% H + 99% N 气氛中直接反应，也可以通过 LiN 与金属粉末反应。LiMnN 和 LiFeN 都有良好的可逆性和高的比容量（分别为 210 mAh/g 和 150 mAh/g）。LiMnN 在充放电过程中，过渡金属价态发生变化，以保持电中性，该材料比容量比较低，约 200 mAh/g，但循环性能良好，充放电电压平坦，没有不可逆容量，特别是这种材料作为锂离子电池负极时，可以采用不能提供锂源的正极材料与其匹配用于电池。

LiCoN 属于 Li$_3$N 结构锂过渡金属氮化物（其通式为 LiMN，M 为 Co、Ni、Cu），该材料比容量高，可达到 900 mAh/g，没有不可逆容量，充放电电压平均为 0.6 V 左右，同时，也能够与不能提供锂源的正极材料匹配组成电池。目前这种材料嵌锂、脱锂的机理及其充放电性能还有待进一步研究。

（2）锡基负极材料

锡氧化物：锡的氧化物包括氧化亚锡、氧化锡和其混合物，都具有一定的可逆储锂能力，储锂能力比石墨材料高，可达 500 mAh/g 以上，但首次不可逆容量也较大。SnO/SnO$_2$

用作负极具有比容量高、放电电位比较低（在 $0.4 \sim 0.6$ V vs $Li/Li^+$ 附近）的优点。但其首次不可逆容量损失大、容量衰减较快，放电电位曲线不太平稳。$SnO/SnO_2$ 因制备方法不同，电化学性能有很大不同。如低压化学气相沉积法制备的 $SnO_2$ 可逆容量为 500 mAh/g 以上，而且循环寿命比较理想，100 次循环以后也没有衰减。而 SnO 以及采用溶胶－凝胶法经简单加热制备的 $SnO_2$ 的循环性能都不理想。

在 SnO（$SnO_2$）中引入一些非金属、金属氧化物，如 B、Al、Ge、Ti、Mn、Fe 等并进行热处理，可以得到无定型的复合氧化物，称为非晶态锡基复合氧化物（Amorphous Tin - based Composite Oxide，ATCO），其可逆容量可达 600 mAh/g 以上，体积比容量大于 2 200 mAh/g，是目前碳材料负极（$500 \sim 1200$ mAh/cm$^3$）的 2 倍以上，显示出应用前景。该材料目前的问题是首次不可逆容量较高，充放电循环性能也有待进一步改进。

锡复合氧化物：用于锂离子电池负极的锡基复合氧化物的制备方法是：将 SnO、$B_2O_3$、$P_2O_5$ 按一定化学计量比混合，于 1 000 ℃下通氧烧结，快速冷凝形成非晶态化合物，其化合物的组成可表示为 $SnB_xP_yO_z$（$x = 0.4 \sim 0.6$，$y = 0.6 \sim 0.4$，$z = (2 + 3x - 5y)/2$），其中锡是 $Sn^{2+}$。与锡的氧化物（$SnO/SnO_2$）相比，锡基复合氧化物的循环寿命有了很大的提高，但仍然很难达到产业化标准。

锡合金：某些金属如 Sn、Si、Al 等金属嵌入锂时，将会形成含锂量很高的锂－金属合金。如 Sn 的理论容量为 990 mAh/cm$^3$，接近石墨的理论体积比容量的 10 倍。为了降低电极的不可逆容量，又能保持负极结构的稳定，可以采用锡合金作锂离子电极负极，其组成为：25% SnFe + 75% SnFeC。SnFe 为活性颗粒，它可以与金属锂形成合金，SnFeC 为非活性颗粒，它可在电极循环过程中保持电极的基本骨架。这种锡合金的体积比容量是石墨材料的两倍。用 25% $Sn_2Fe$ + 75% $SnFe_3C$ 构成的电极可以获得 1 600 mAh/g 的可逆容量，表现出良好的循环性能。

合金负极材料的主要问题首次效率较低及循环稳定性差，必须解决负极材料在反复充放电过程中的体积效应造成的电极结构破坏。单纯的金属材料负极循环性能很差，安全性也不好，采用合金负极与其他柔性材料复合有望解决这些问题。

（3）锂钛复合氧化物

用来作锂离子电池负极的锂钛复合氧化物主要是 $Li_4Ti_5O_{12}$，可与三个 $Li^+$ 结合形成 $Li_7Ti_5O_{12}$，其理论容量 175 mAh/g。应变比较小，约为 0.2% 的体积变化，也称为零应变材料。

总之，在锂离子电池负极材料中，石墨类碳负极材料以其来源广泛，价格低廉，一直是负极材料的主要类型。除石墨化中间相碳微球（MCMB）、低端人造石墨占据小部分市场份额外，改性天然石墨正在取得越来越多的市场占有率。非碳负极材料具有很高的体积能量密度，越来越引起科研工作者兴趣，但是也存在着循环稳定性差，不可逆容量较大，以及材料制备成本较高等缺点，至今未能实现产业化。负极材料的发展趋势是以提高容量和循环稳定性为目标，通过各种方法将碳材料与各种高容量非碳负极材料复合，以研究开发新型可适用的高容量、非碳复合负极材料。

### 6.4.4　二次电池电极材料的挑战

#### 1. 锂离子电池电极材料的挑战

在目前市面上流通的商用 LIBs 中，正极材料主要为高电势的 $LiCoO_2$、$LiMn_2O_4$ 以及 $LiFePO_4$。尽管各种各样有潜力的可替代材料被提出来，但是由于其较慢的 $Li^+$ 扩散、较低的电导率和较昂贵等特点，还是不能应用到实际中。负极材料最常用的为石墨，然而，对于石墨来说，每六个碳原子才能结合一个 $Li^+$，导致了其理论容量只有 372 mAh/g[29]。因此，众多科学家努力发现新的电极材料，以期满足当今社会大容量密度、大功率电池的需要。吴锋院士作为我国锂离子电池研究最早的倡导者和组织者之一，带领团队发明了高性能电极材料、高强度陶瓷复合隔膜、具有阻燃性和电化学兼容性的功能电解质，提高了锂离子电池的能量密度、功率密度、安全性和温度适应性，为我国锂离子电池抢占国际高端产品市场提供了技术支持。总之，在寻找替代电极材料时，纳米材料或纳米结构的材料成为不二首选。因为纳米材料应用到 LIBs 中具有一系列的优点，如比表面积大、快速的界面法拉第反应、离子和电子扩散路径短，而且由于小尺寸，可以缓解在锂化和脱锂化过程中的体积膨胀等。对于负极材料，按照充放电机理的不同，可以将其分为三类，它们各有优缺点。传统的石墨、Ti—基氧化物和层状 V—（Mo—）基氧化物具有嵌入/脱出机理；Si—、Sn—、Ge—基具有合金/去合金化机理；大部分过渡金属氧化物具有氧化还原反应转化机理[30]。然而，具有合金/去合金化机理的 Si—和 Sn—基材料，虽然每摩尔的 Si 或 Sn 可以容纳 4 mol 的 $Li^+$，但是却会产生巨大的体积膨胀（>300%）。对于具有嵌入/脱出机理的负极材料，可以可逆地嵌入/脱出 $Li^+$，从而保证了主体材料的晶格和结构的完整，但是这些材料的理论容量相对 Si 或 Sn 基材料较低。而对具有转化机理的金属氧化物来说，在首次循环时，金属—O 键会断裂，这会导致巨大的电极极化，从而导致较差的循环性能[31]。过渡金属化合物作为纳米材料中很重要的一个分支，其在自然界中储量丰富，廉价易得，具有极好的环境友好性。最重要的是具有较高的理论比容量，而且极大地优越于商用的石墨。然而，对于过渡金属化合物而言，主要遵循的是嵌入型机理和转化型机理，而且大部分存在着导电性差、在充放电循环中易产生大的体积膨胀等问题。然而，我们坚信，也是科学家们普遍坚信的事实是，通过对 LIBs 活性纳米材料的结构和形貌调控，可以使材料的储锂性能显著提高[32]。

#### 2. 钠离子电池电极材料的挑战

电池的容量、工作电压和循环寿命等重要的参数主要由其电极材料决定，SIBs 仍然面临着开发高性能电极材料的艰巨任务。在研究电极材料中，SIBs 与 LIBs 的不同之处：①钠的电位比锂的高约 0.3 V，钠金属的重量比容量要比锂小得多，因此，SIBs 总是比相应的 LIBs 的工作电压和能量密度小。但是，因钠或锂占电池比重很小，因而相比于 LIBs，SIBs 的能量密度不会显著下降。②$Na^+$ 比 $Li^+$ 要大 55% 左右，所以，钠离子在相同结构材料中的嵌入和脱出会引起材料结构更大一些的变化，因而电极材料的动力学性能、循环稳定性和比容量都可能会比 LIBs 差。

### 6.4.5　二次电池中纳米活性材料的设计策略

无论是对于 SIBs 还是 LIBs，电池的容量、工作电压和循环寿命等重要的参数都主要由电极材料决定。所以，开发高性能的电极材料是使当前 SIBs 和 LIBs 能更好地实际应用的关键步骤。纳米材料以其独特的优点，成为研究电极材料中众多科学家关注的领域[33]。据文献调研，目前主要从以下几个方面来提高纳米材料的储锂或储钠性能：

（1）构筑特殊结构和形貌的纳米材料

这一思路包括很多方法，如设计一维纳米棒或纳米线材料，增加离子或电子的导电性；设计二维片状材料，增加活性面积；设计三维分级孔材料等。此外，还包括各种形状的材料，如纳米球、八面体、立方体；各种特殊结构的材料，如多孔结构、微米/纳米分级结构、中空结构、核壳结构、蛋黄结构、豆荚结构、竹子结构等，这些特殊形状和特殊结构的构筑，都能显著提高材料的比表面积，有利于电解液的渗透，缩短离子和电子的传播路径并能缓解充放电过程产生的体积膨胀。同时，还包括金属、非金属杂原子掺杂和缓冲层的构筑，如碳包覆等。这种处理的结果不但可以增加材料的导电性，缓冲体积膨胀，而且可以引入更多的表面缺陷，促进法拉第反应和相转化[7]，构筑异质结结构的纳米杂化材料。异质结的存在不但能显著提高材料的导电性，而且在充放电过程中，组成异质结的材料能互相作为缓冲层，提高材料的稳定性。

（2）材料无定形化

相对于高结晶性的材料，无定形材料具有高能的界面和表面缺陷，这不但可以避免锂或钠进入时晶格的限制，还可以促进和催化界面反应与相转化，从而提高材料的储能性能和循环稳定性[34]。

（3）增大层状材料的层间距

不管是 Li$^+$ 还是 Na$^+$，都有自己离子尺寸，所以，要想让合适的离子进入层间距，储存更多的活性离子，必须通过增大层间距来适应目标离子的进入，从而增加储能性能。

（4）开发新的纳米材料电极

虽然目前科学家提出了很多提高电极材料性能的方法，但是结果还不是令人很满意，所以，这就促使一些科学家致力于开发新的、具有更大应用潜力的电极材料。

纳米材料的先进性必然会推动二次电池的先进性，因此，纳米材料技术在电化学领域具有十分广阔的前景，不仅可使传统的电池性能达到一个新的高度，更有望开发出新型的电源。由于纳米材料的研究目前大多处于实验室阶段，因此，实现粒径和形貌可控，并且简单、批量地制备纳米材料，是今后实用化需要注意和解决的问题。

### 📚 知识拓展

#### 锌锰二次电池中的纳米材料

虽然锂离子二次电池具有可逆容量高、能量密度高、循环寿命长、小巧轻便等优点，但是其成本高、安全性差、对环境不友好的缺点阻碍了其工业化应用。锌锰二次电池是由金属锌（Zn）作为负极、二氧化锰（MnO$_2$）作为正极、水系溶液作为电解液组成。锌锰二次电池具有原材料资源丰富、绿色环保、成本低廉、理论容量高等优点，被认为是当前极具研究前景的高性能二次电池之一。MnO$_2$ 是一种金属氧化物，属于半导体材料，为离子电池中常见的正极材料，但是其导电性较差，在充放电过程中存在较大的体积膨胀和收缩，并且易生成电化学惰性的低价锰氧化物，致使正极材料结构破坏，活性物质量降低，从而影响电池的电化学性能。同时，Zn 负极热力学性质不稳定，易发生变形、枝晶、钝化、腐蚀问题，使 Zn 负极利用率降低或者电池短路。因此，锌锰二次电池的循环寿命、倍率性能和库仑效率等电化学性能仍难以满足实际应用需求。由于锌锰二次电池的正负极都是纳米材料，可以通过纳米材料的结构调控来改善正、负极活性材料的性能，从而改善电池整体的性能。相关研究表明，通过以下方法可以有效解决上述问题：①正极材料中，精细 $MnO_2$ 结构和复合掺杂改性可大大提高正极材料的电化学活性和导电性，进而获得较高的放电比容量；②负极材料中，通过掺杂可以有效地减少锌极的变形、枝晶、钝化、腐蚀问题的发生；③对于正、负极材料，都可以通过调节纳米材料的尺寸和孔径来调节纳米活性材料的比容量和稳定性。

**科学史话：人类历史上最伟大的技术之一，锂离子电池的前世今生**

锂离子电池是人类历史上最伟大的技术之一，自 1991 年年初首次商业化以来，已经大大改变了我们的生活，而近些年来的电极材料和制作工艺的不断改进，锂离子电池技术可能决定我们的能源未来。

1749 年，Benjamin Franklin 率先使用"电池"一词，当时他正在使用一组相连的电容器进行电力实验。

1786 年，意大利医生和科学家 Galvani 试图使用两种不同的金属工具（铁和青铜）解剖一只青蛙。青蛙的腿开始跳舞，Galvani 立即宣布他发现了"动物电"。

1800 年，意大利物理学家 Alessandro Volta 组装了第一块电池，其中铜和锌金属片堆叠成圆盘，中间用浸过盐水的布隔开。

1859 年，Gaston Plate 发明铅酸电池，至今仍用于启动大多数内燃机汽车。

19 世纪末，第一个基于液体溴化锌的锌充电电池被发明。

20 世纪 60 年代，M. Stanley Whittlingham（图 6-24）在斯坦福大学的博士后研究侧重于插层化学或层状材料的化学性质，允许原子或离子可逆地插入层内，而使层结构没有太大变化。其提出，锂可以在整个化学计量浓度范围内插入 $TiS_2$，并且这种插层反应速率快，具有可逆性，可以作为电池反应。但是锂金属作为负极仍然具有一个相当严重的问题：当电池充电和放电时，纯锂金属会在阳极表面生长锂枝晶，锂枝晶会刺穿隔膜到达阴极，造成电池短路并可能发生爆炸。

Whittlingham 指明了锂嵌入（Intercalation）的技术方向，但距离做出锂离子电池还有很长的距离。锂电池历史上第二位英雄人物出场了，他的名字很特别：John Banniste Goodenough（约翰·班尼斯特·古迪纳夫）（图 6-24）。1976 年之后，年过半百才投入锂电池研究，Goodenough 以一己之力发现了大部分关键正极材料：层状结构的钴酸锂（$LiCoO_2$ lattice structure）、尖晶石结构的锰酸锂（$LiMn_2O_4$ spinel structure）、橄榄石结构的磷酸铁锂（$LiFePO_4$ olivine structure）。至今，Goodenough 先生依然奋战在科研一线，希望为下一代锂固态电池做出突破。

1981 年，Akira Yoshino（图 6-24）将注意力转向电池。他在 1985 年和 1986 年的工作重点是用石油焦代替锂金属阳极，同时结合 Goodenough 的阴极设计。这有助于从电池结构中去除纯锂，仅使用离子进行电荷传导，这使得电池更加安全。他还对新配置进行了首次安全测试，表明它可以承受直接冲击而不会爆炸。在他看来，这是"锂离子电池诞生的时刻"。

图 6-24　John B. Goodenough、M. Stanley Whittingham 和 Akira Yoshino

1987 年，Akira Yoshino 与索尼公司签署了保密协议，索尼公司继续开发电池。

1990 年年初，索尼宣布商业化生产新型电池，并于 1991 年上市。该电池的负极为 Akira Yoshino 发现的石油焦，正极为 Goodenough 发现的锂钴氧化物，电解质为含有 $LiPF_6$ 的碳酸亚丙酯。

自此，锂离子电池在整个储能电池领域一枝独秀。轻巧、可充电且能量强大的锂离子电池已在全球范围内被应用于手机、笔记本电脑、电动汽车等各种产品，并可以储存来自太阳能和风能的大量能量，从而使无化石燃料社会成为可能，对人类具有极大益处。2019 年瑞典时间 10 月 9 日，瑞典皇家科学院宣布，约翰·B. 古迪纳夫（John B. Goodenough）、斯坦利·威廷汉（M. Stanley Whittingham）和吉野彰（Akira Yoshino）三人获得 2019 年诺贝尔化学奖，表彰他们对锂离子电池方面的研究贡献。

# 本章思考题

1. 简述半导体纳米材料的能带结构如何对其光催化反应性能产生影响。
2. 思考如何通过形貌与结构调控来提高半导体纳米材料的光催化反应效率。
3. 氧还原反应的粒径效应和晶面效应是如何体现的？举一例说明。
4. 什么是电子效应？纳米材料的哪些特殊结构会引起电催化当中的电子效应？
5. 纳米材料的表/界面会对生物大分子、细胞、组织的功能特性产生哪些重大影响？如何通过表/界面调控与功能组装，赋予纳米材料特殊生物活性？

6. 借助生命体可控合成纳米材料的途径有哪些？相较于纳米材料的传统合成方式，此种合成方法具备哪些优势？

7. 为什么纳米材料可以提高二次电池的性能？

8. 以锂离子电池负极材料为例，简述可以通过哪些结构调控手段来提高纳米活性材料的性能？

# 参 考 文 献

［1］ Roger I, Shipman M A, Symes M D. Earth – abundant catalysts for electrochemical and photoelectrochemical water splitting ［J］. Nature Reviews Chemistry, 2017, 1 (1)：0003.

［2］ Nørskov J K, Rossmeisl J, Logadottir A, et al. Origin of the Overpotential for Oxygen Reduction at a Fuel – Cell Cathode ［J］. Journal of Physical Chemistry B, 2004, 108 (46)：17886 – 17892.

［3］ Gilman S. The mechanism of electrochemical oxidation of carbon monoxide and methanol on platinum. i. carbon monoxide adsorption and desorption and simultaneous oxidation of the platinum surface at constant potential ［J］. The Journal of Chemical Physics, 1963, 67 (9)：1898 – 1905.

［4］ Chen Y X, Miki A, Ye S, et al. Formate, an Active Intermediate for Direct Oxidation of Methanol on Pt Electrode ［J］. Journal of the American Chemical Society, 2003, 125 (13)：3680 – 3681.

［5］ Samjeské G, Miki A, Ye S, et al. Mechanistic study of electrocatalytic oxidation of formic acid at platinum in acidic solution by time – resolved surface – enhanced infrared absorption spectroscopy ［J］. The Journal of Physical Chemistry B, 2006, 110 (33)：16559 – 16566.

［6］ Chen Y X, Heinen M, Jusys Z, et al. Kinetics and mechanism of the electrooxidation of formic acid – spectroelectrochemical studies in a flow cell ［J］. Angewandte Chemie International Edition, 2006, 45 (6)：981 – 985

［7］ Camara G A, Iwasita T. Parallel pathways of ethanol oxidation：The effect of ethanol concentration ［J］. Journal of Electroanalytical Chemistry, 2005, 578 (2)：315 – 321.

［8］ Tian N, Zhou Z Y, Sun S G. Platinum metal catalysts of high – index surfaces：from single – crystal planes to electrochemically shape – controlled nanoparticles ［J］. The Journal of Physical Chemistry C, 2008, 112 (50)：19801 – 19817.

［9］ Kinoshita K. Particle Size Effects for Oxygen Reduction on Highly Dispersed Platinum in Acid Electrolytes ［J］. Journal Of The Electrochemical Society, 1990, 137 (3)：845 – 848.

［10］ Wang C, Daimon H, Onodera T, et al. A General Approach to the Size – and Shape – Controlled Synthesis of Platinum Nanoparticles and Their Catalytic Reduction of Oxygen ［J］. Angewandte Chemie, 2008, 120 (19)：3644 – 3647.

［11］ Shao M, Peles A, Shoemaker K. Electrocatalysis on Platinum Nanoparticles：Particle Size Effect on Oxygen Reduction Reaction Activity ［J］. Nano Letters, 2011, 11 (9)：3714 –

3719.

[12] Nesselberger M, Ashton S, Meier J C, et al. The Particle Size Effect on the Oxygen Reduction Reaction Activity of Pt Catalysts: Influence of Electrolyte and Relation to Single Crystal Models [J]. Journal of the American Chemical Society, 2011, 133 (43): 17428 – 17433.

[13] Sun, Y, Dai, Y, Liu, Y, et al. A rotating disk electrode study of the particle size effects of Pt for the hydrogen oxidation reaction [J]. Physical Chemistry Chemical Physics, 2012, 14 (7): 2278 – 2285.

[14] Marković N M, Grgur, B N, Ross P N. Temperature – Dependent Hydrogen Electrochemistry on Platinum Low – Index Single – Crystal Surfaces in Acid Solutions [J]. Journal of Physical Chemistry B, 1997, 101 (27): 5405 – 5413.

[15] He T, Wang W, Shi F, et al. Mastering the surface strain of platinum catalysts for efficient electrocatalysis [J]. Nature, 2021, 598 (7879): 76 – 81.

[16] Liu L, Corma A. Metal catalysts for heterogeneous catalysis: from single atoms to nanoclusters and nanoparticles [J]. Chemical Reviews, 2018, 118 (10): 4981 – 5079.

[17] Duan Y, Yu Z Y, Yang L, et al. Bimetallic nickel – molybdenum/tungsten nanoalloys for high – efficiency hydrogen oxidation catalysis in alkaline electrolytes [J]. Nature Communications, 2020, 11 (1): 4789.

[18] Huang H, Yu D, Hu F, et al. Clusters induced electron redistribution to tune oxygen reduction activity of transition metal single – atom for metal – air batteries [J]. Angewandte Chemie, 2022, 134 (12): e202116068.

[19] Li B Q, Zhao C X, Liu J N, et al. Electrosynthesis of hydrogen peroxide synergistically catalyzed by atomic Co – $N_x$ – C sites and oxygen functional groups in noble – metal – free electrocatalysts [J]. Advanced Materials, 2019, 31 (35): 1808173.

[20] Yang X, Wang Y, Wang X, et al. CO – tolerant PEMFC anodes enabled by synergistic catalysis between iridium single – atom sites and nanoparticles [J]. Angewandte Chemie International Edition, 2021, 60 (50): 26177 – 26183.

[21] Dalby M J, Gadegaard N, Oreffo R O C. Harnessing Nanotopography and Integrin – Matrix Interactions to Influence Stem Cell Fate [J]. Nature materials, 2014, 13 (6): 558 – 569.

[22] Lavan D A, Mcguire T, Langer R. Small – Scale Systems for In Vivo Drug Delivery [J]. Nature Biotechnology, 2003, 21 (10): 1184 – 1191.

[23] Stewart M P, Sharei A, Ding X, et al. In Vitro and Ex Vivo Strategies for Intracellular Delivery [J]. Nature, 2016, 538 (7624): 183 – 192.

[24] Mucalo M. Hydroxyapatite (HAp) for Biomedical Applications [M]. New York: Elsevier Science, 2015.

[25] Torchilin V P. Multifunctional Nanocarriers [J]. Advanced Drug Delivery Reviews, 2012 (64): 302 – 315.

[26] Nie L, Chen X. Structural and Functional Photoacoustic Molecular Tomography Aided by Emerging Contrast Agents [J]. Chemical Society Reviews, 2014, 43 (20): 7132 – 7170.

［27］ Mochalin V N, Shenderova O, Ho D, et al. The properties and applications of nanodiamonds ［J］. Nature Nanotechnology, 2011, 7 (1): 11 –23.

［28］ Deng D. Li – ion batteries: basics, progress, and challenges ［J］. Energy Science & Engineering, 2015, 3 (5): 385 –418.

［29］ Deng D, Kim M G, Lee J Y, et al. Green energy storage materials: Nanostructured TiO2 and Sn – based anodes for lithium – ion batteries ［J］. Energy & Environmental Science, 2009, 2 (8): 818 –837.

［30］ Li H, Liu X, Zhai T, et al. $Li_3VO_4$: a promising insertion anode material for lithium – ion batteries ［J］. Advanced Energy Materials, 2013, 3 (4): 428 –432.

［31］ Bruce P G, Scrosati B, Tarascon J M. Nanomaterials for rechargeable lithium batteries ［J］. Angewandte Chemie International Edition, 2008, 47 (16): 2930 –2946.

［32］ Zhang Q, Uchaker E, Candelaria S L, et al. Nanomaterials for energy conversion and storage ［J］. Chemical Society Reviews, 2013, 42 (7): 3127 –3171.

［33］ Gao M R, Xu Y F, Jiang J, et al. Nanostructured metal chalcogenides: synthesis, modification, and applications in energy conversion and storage devices ［J］. Chemical Society Reviews, 2013, 42 (7): 2986 –3017.

［34］ Zhang Q, Uchaker E, Candelaria S L, et al. Nanomaterials for energy conversion and storage ［J］. Chemical Society Reviews, 2013, 42 (7): 3127 –3171.

# 第 7 章
# 纳米材料的化学工程

## 本章重点及难点

（1）了解纳米材料的化学工程应用背景。
（2）了解纳米材料在各领域中的应用。
（3）掌握通过纳米材料的化学工程制备方法，实现对功能纳米材料的宏量生产。
（4）熟悉纳米材料在化工领域的应用背景、优势和意义。
（5）掌握纳米材料强化化工生产过程的原理和机制。

## 7.1 纳米材料的化学工程应用基础

### 7.1.1 纳米材料的化工应用背景

纳米材料是处在原子簇和宏观物体交界过渡区域的一种典型系统，其结构既不同于体块材料，也不同于单个的原子。前面章节已经介绍过，纳米材料特殊的结构层次使它具有尺寸效应、量子效应等，并拥有一系列新颖的物理和化学特性，在众多领域特别是在光、电、磁、催化等方面具有非常重大的应用价值。实际上，"纳米技术热潮"正在席卷科学和工程的各个领域。人们逐渐意识到化学家、诺贝尔奖得主 Richard Smalley 的预言："让我们拭目以待——下个世纪将令人难以置信，我们将通过逐个原子，在尽可能小的尺度上来合成物质，这些微小的纳米物质将使我们的工业和生活发生翻天覆地的变化。"20 世纪 80 年代初期纳米材料这一概念形成以后，世界各国对这种材料给予极大关注。它所具有的独特的物理和化学性质，使人们意识到它的发展可能给物理、化学、材料、生物、医药等学科的研究带来新的机遇。纳米材料的应用前景十分广阔。近年来，纳米材料随着其制备和改性技术的不断发展，它在催化、涂料、医药、污水处理、空气净化等化工生产领域也得到了一定的应用，并显示出它的独特魅力。

1. 药剂

有可能创制出具有"细胞中的药房"的生物分子，它可以针对来自病变细胞的病变信号释放出抗癌的纳米粒子或化合物。

2. 治疗的药物

目前，通过把一般药物简单地纳米化来生产新的固态药是有可能的。这些微小颗粒的高比表面积使它们能溶于通常微米级或更大的颗粒所不能溶的血液中。由于超过 50% 的新药配方可能是因溶解度的问题而不能投放市场，所以这种简单的药物纳米化的方法就为药物合成和应用开辟了新的领域的可能性。

### 3. DNA 标识和 DNA 片段

DNA 的分析可以通过纳米粒子来实现，序列上包覆金纳米粒子。当这些金纳米颗粒置于互补的 DNA 中时，会发生交联（交配）现象，这使胶态金颗粒聚集，最后发生颜色的变化[1]。

现已建立了检测和帮助识别 DNA 样本的微型排列，这是通过制造拥有多达 10 万个不同的已知 DNA 序列的装置来实现的。当未知的目标 DNA 序列与任一 DNA 片段的排列相匹配时，交联（交配）就会发生，未知序列就可能根据其在排列的位置被识别。

### 4. 信息存储

超细染料颗粒由于其颜色、应用范围和颜色牢固性的特点，常常可生成较高质量的油墨。"纳米笔"（原子力显微镜探头）可以写出小至 5 nm 的字。

事实上，在现今的视听录像带和磁盘领域，纳米粒子也有了用武之地，因为录像带和磁盘是依赖于超细粒子的磁学和光学性质的。随着颗粒尺寸越来越小以及磁性矫顽力和光学吸收的可控性的发展，将产生更进一步的进展，所以生产更高密度的存储介质应是可能的。

### 5. 冷藏

在小尺度上，我们已经验证了能够在磁性粒子场的逆转中获得熵的优势。因此，一旦施加磁场，磁性材料的熵就会发生变化，而如果保持隔热条件，磁场的应用将导致温度的变化。这种温度的变化（$\Delta T$）是磁热效应，其大小依赖于磁化时的磁力矩、热容和温度。如果可以获得具有大磁力矩和足够矫顽力的纳米粒子，利用磁热效应的冷藏方法就可能具有实用价值。

无需制冷流体（氟利昂、HFC 等）的磁性纳米粒子冰箱已吸引了许多研究者，如果它研究成功，就可能会给社会和环境带来巨大的好处。

### 6. 化学/光学计算机

金属或半导体纳米粒子的二维或三维的有序排列显示出独特的光学和磁学性质，这些材料在电子工业的众多领域（包括光学计算机）具有巨大的应用前景。

### 7. 改良的陶瓷和绝缘体

对纳米陶瓷粒子的压结会产生更有弹性的固体，显然，这是由于存在大量的晶粒边界。而压结技术的进一步发展有助于合成高密度的非孔材料，这些新材料可能在许多场合取代金属。

### 8. 更坚硬的金属

纳米化的金属颗粒在压缩成固体后，会展现出不同寻常的表面硬度，有时其硬度高达普通微晶金属的 5 倍。

### 9. 薄膜前躯体

与在油墨中的应用相类似，当纳米液态金属胶体溶液用作喷涂涂料时，可以用作金属薄膜的前躯体。特别地，采用金 - 丙酮胶体已实现了银制品的镀金。

10. 环境/绿色化学

（1）太阳能电池

带隙大小可调的半导体纳米粒子具有制备更加有效的太阳能电池的潜力，该太阳能电池既可用于光伏电池（电的生产），也可用于水的裂解（氢的生产）。

（2）环境治理

光激发半导体超细粒子能产生有利于污染物氧化和还原的电子空穴对，以用于污水的净化。

（3）水的净化

在含水环境中，反应性的金属超细粉末（Fe、Zn）对氯烃化合物分解显示出高的反应活性，这导致了多孔金属粉末－沙膜在地下水处理方面的成功应用。

（4）纳米吸附剂

与普通的块体材料相比，纳米材料具有较大的比表面和较多的表面原子，因而显示出较强的吸附特性。作为吸附剂，有以下优点：超强的吸附能力、宽的 pH 适用范围和高的选择性。

11. 催化剂

成功的催化工艺过程经过 60 多年的发展，已形成了一个重要工业，它产生的经济效益至少占了国民生产总值（GDP）的 20%。

纳米材料化学的重要意义是依靠于金属纳米粒子指导相催化反应。其粒子尺寸（指作为衡量处于催化剂表面，可与反应物反应的金属原子部分的比例分布范围）和形貌（指可引起粒子表面反应活性增强的晶面、边缘、角、缺陷等）对催化性能影响的研究已经成为热门领域并将继续下去。

12. 传感器

传感器是通过低负荷压结法合成的半导体纳米粒子的多孔聚集体。这些材料保持了它们的高表面积，同时，当它们吸附不同气体时，它们的电导性会发生变化。与普通工艺压结的粉末相比，由于该材料每单位质量吸附被检测气体（如二氧化硫）的量更多，因而电导性的变化更为明显。因此，纳米粒子应用于传感技术具有相当大的优势。

13. 化学辅助的电子器件

如果电子器件的尺寸继续快速地缩小下去，几十年后电子器件就将达到分子的大小。然而，当尺寸达到分子尺度或纳米尺度时，这些电子器件就成为量子力学意义上的物质，这意味着基于这些器件的物理学将发生巨大的变化。同时，制造工艺也必将发生巨大的改变。一种设想是通过分子电子学实现这一转变，此时分子将不得不作为量子电子器件，并被合成和自组装成有用的电路。而近来的努力也已有所成就，例如，人们们测量了单一的固定苯－1，4－硫醇分子的电性能[2]。此外，实验合成了采用轮烷分子制作的分子开关[3]。

14. 纳米电极

将纳米材料重新设计组合构建到已有的电极基体上，可形成集分离、富集、选择于一体的具有特定功能的新型复合电极。纳米材料复合修饰电极已经被应用在化学、生物、医学、环境等领域，促进了力学理论的研究和电化学领域的发展。

### 15. 改良的聚合物

纳米粉末加到聚合物基体中会产生神奇的影响。纳米粉末可以超细颗数、针状结构或板状形式存在。由于纳米粉末具有补强作用，因而聚合物的强度会大大增加。

纳米粉末的补强机理目前还不清楚。然而，随着进一步的研究，对聚合物和塑料改进后的潜在结果是显而易见的。通过补强，有望得到更硬、更轻的材料，如耐磨轮胎、耐磨涂料、身体部件的替代品、阻燃塑料、金属替代品等。

### 16. 具有自清洁功能和特种颜色的涂料

当涂料掺杂了吸光性的纳米粒子如 $TiO_2$ 时，涂料就有自清洁功能，这已得到验证。其机理与 $TiO_2$ 在水中引起污染物的光氧化有关。黏附在涂料上的有机油脂类材料，会被纳米 $TiO_2$ 因吸收太阳光而形成的电子空穴对氧化。这样，有机物就会从漆膜上被除掉。令人惊奇的是，该涂料本身不会受到这种强力氧化/还原对的影响，但这种涂料的寿命可能短于没有掺杂 $TiO_2$ 的纳米粒子的涂料。

另一个有趣的发展是将纳米金粒子应用到涂料中，金纳米粒子特殊的光学性质会使涂料形成漂亮的金属状淡红色。

### 17. 智能磁流体

铁流体是一种胶体溶液，它含有通过表面活性剂配体稳定的微小磁性粒子。自从 20 世纪 60 年代以来，铁流体已为人所熟知，它在真空密封、高黏度气闸和除污密封方面有着重要的应用。随着进一步改进，其他应用也会变得重要，如作为冷却流体、纳米轴承、磁控热导体以及磁性酸等应用于采矿业中的矿石分选以及废金属分离等。

### 18. 更优异的电池

在锂离子电池中，纳米材料已被证明具有很大的优势。例如，富土公司的研究者发现把纳米锡晶体（7～10 nm）放入由玻璃形成的无定形基质中，就能产生被无定形氧化物网络包围的纳米锡晶岛，在这样的电极中可以保持电导性。这种纳米结构材料的优势在于在从锡中掺入和除去锂的过程中，玻璃的开放式结构有助于提供与体积膨胀有关的张力。而且，人们认为锡的纳米晶的特性会阻止形成对电池有害的 Li－Sn 合金体积相。

纳米结构材料还有其他优点，如 $LiCO_3$ 和 NiO 的快速反应会形成期望的混合氧化物。Dragieva 和其合作伙伴已合成出了一系列的镍－金属－氢（Ni－M－H）电池，他们是借助氢化硼在水中的还原而形成镍纳米粒子来实现的[4]。

总之，制备能形成高比表面积电极的金属纳米晶的能力有某些固有的优势，这一领域必将会有进一步的进展。

显而易见，纳米科学是一门新兴学科，纳米材料作为一种新型的材料，在科学技术高速发展的背景下，被广泛应用于化工领域的各个方向，纳米技术的诞生对于人类而言受益匪浅，未来经过人类的不懈努力，可以将纳米材料发挥出更大的作用。

## 7.1.2  纳米材料的批量化制备

纳米材料的合成与制备在纳米科技中占有极其重要的地位，没有合成与制备方法和技术的进步与发展，就没有纳米科技的进步与发展。因此，国内外大量关于纳米材料的研究都是围绕着合成与制备的新方法、新技术而展开的。纳米材料的合成与制备有两种途径：从下到上和从上到下。所谓从下到上，就是先制备纳米结构单元，然后将其组装成纳米材料。例如，先制备成纳米粉体再将其固化成纳米块体，或直接将原子和分子组装成纳米结构。所谓从上到下，就是先制备出前驱体材料，再从材料上取下有用的部分。从上到下的典型例子就是用高能球磨法制备纳米粉体。此外，还可以通过光刻技术在该材料上形成所需的纳米结构和图案。本小结介绍纳米材料的主要合成与制备方法和技术。

1. 物理气相沉积法

在物理气相沉积（PVD）过程中没有化学反应产生，其主要过程是固体材料的蒸发和蒸发蒸气的冷凝或沉积。采用 PVD 法可制备出高质量的纳米粉体。制备过程中，原材料的蒸发和蒸气的冷凝通常是在充有低压高纯惰性气体（Ar、He 等）的真空容器内进行的。在蒸发过程中，蒸气中原材料的原子由于不断地与惰性气体原子相碰撞损失能量而迅速冷却，这将在蒸气中造成很高的局域过饱和，促进蒸气中原材料的原子均匀成核，形成原子团，原子团长大形成纳米粒子，最终在冷阱或容器的表面冷却、凝聚，收集冷阱或容器表面的蒸发沉积层就可获得纳米粉体。通过调节蒸发的温度和惰性气体的压力等参数可控制纳米粉的粒径。1984 年，Gleiter 等首先采用蒸气冷却法制备出具有清洁表面的 Pd、Fe 等纳米粉体，并在高真空中将这些粉体压制成块体纳米材料[5]。尽管以后气相法制备纳米粉体的方法、技术及设备均有较大的改进，但基本原理是相同的。

近十几年来，脉冲激光沉积（PLD）已发展成为最简单和多用途的气相沉积成膜技术，其装置图如图 7-1（a）所示。PLD 的原理如图 7-1（b）所示，利用 PLD 可以沉积出高温超导薄膜 $YB_2O_3Cu_{7-x}$ 和具有超晶格结构的 $SrTiO_3/BaTiO_3$ 多层复合膜。PLD 的系统设备简单，相反，它的原理却是非常复杂的物理现象。它涉及高能量脉冲辐射冲击固体靶时，激光与物质之间的所有物理相互作用，也包括等离子羽状物的形成，其后，已熔化的物质通过等离子羽状物到达已加热的基片表面，以及最后生成膜。所以，PLD 一般可以分为以下四个阶段：①激光辐射与靶的相互作用；②熔化物质的动态；③熔化物质在基片的沉积；④薄膜在基片表面的成核（nucleation）与生成。在第一阶段，激光束聚焦在靶的表面。达到足够的高能量通量与短脉冲宽度时，靶表面的一切元素都会快速受热，达到蒸发温度。物质会从靶中分离出来，而蒸发出来的物质的成分与靶的化学计量相同。物质的瞬时熔化率主要取决于激光照射到靶上的流量。熔化机制涉及许多复杂的物理现象，例如碰撞、热，与电子的激发、层离，以及流体力学。在第二阶段，根据气体动力学定律，发射出来的物质有移向基片的倾向，并出现向前散射峰化现象。空间厚度随函数 $cos n\theta$ 而变化，而 $n \gg 1$。激光光斑的面积与等离子的温度对沉积膜是否均匀有重要的影响。靶与基片的距离是另一个因素，支配熔化物质的角度范围。同时也发现，将一块障板放近基片会缩小角度范围。第三阶段是决定薄膜质量的关键。放射出的高能核素碰击基片表面，可能对基片造成各种破坏。高能核素溅射表面的部分原子，而在入射流与受溅射原子之间，建立了一个碰撞区。膜在这个热能区（碰撞区）形成后立即生成，这个区域正好成为凝结粒子的最佳场所。只要凝结率比受溅射粒子的释放率高，热平衡状况便能够快速达到，由于熔化粒子流减弱，膜便能在基片表面生成。

PVD 在许多领域都有广泛的应用，以下是其一些应用的实例：PVD 方法可以用于制备金属薄膜，如铜、铝、铬等；用于电子器件、光学涂层和装饰性方面，例如，在集成电路制造中，通过溅射法制备金属薄膜用于金属线路的连接；PVD 也广泛用于制备光学涂层，如

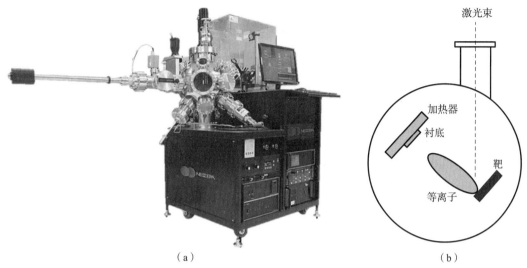

图 7 - 1　组合型激光脉冲沉积系统设备示意图（a）和 PLD 系统示意图（b）

反射镀膜、透明导电膜和光学滤光片，通过控制沉积材料和沉积条件，可以实现特定的光学性质，例如增透、增反射、抗反射等；在纳米颗粒制备方面，PVD 通过调节沉积条件和控制基底温度，可以控制纳米颗粒的尺寸和形貌，这些纳米颗粒常用于催化剂、传感器、生物医学和能源应用等领域；特别地，PVD 是碳纳米管制备的一种常用方法，通过碳源和金属催化剂的反应，在适当的温度下，可以在基底上生长碳纳米管，这些碳纳米管具有独特的电学和机械性能，广泛应用于纳米电子学和纳米材料领域。较为遗憾的是，目前 PVD 的沉积速率还限制在 5 ~ 250 μm/h，距离真正意义的大规模批量生产还存在一定的差距。

2. 化学气相沉积法

化学气相沉积（CVD）是指单独综合地利用热能、辉光放电等离子体、紫外光照射、激光照射或其他形式的能源，使气态物质在固体的热表面上发生化学反应，形成稳定的固态物质，并沉积在晶圆片表面上的一种薄膜制备技术。其设备如图 7 - 2（a）所示。在化学气相沉积过程中，当前驱体气相分子被吸附到高温衬底表面时，将发生热分解或与其他气体或蒸气分子反应，然后在衬底表面形成固体。在大多数 CVD 过程中，应避免在气相中形成反应粒子，因为这不仅降低了气体的含量，而且在形成的薄膜中可能带入不希望出现的粒子。用 CVD 法沉积薄膜，实际上是从气相中生长晶体的物理 - 化学过程。对于气体不断流动的反应系统，其生长过程可分为以下几个步骤：①参加反应的混合气体被输送到衬底表面；②反应物分子由主气流扩散到衬底表面；③反应物分子吸附在衬底表面上；④吸附分子与气体分子之间发生化学反应，生成固态物质，并沉积在衬底表面；⑤反应副产物分子从衬底表面解析；⑥副产物分子由衬底表面扩散到主气体流中，然后被排出沉积区。以上这些步骤是连续发生的，每个步骤的生长速率是不同的，总的沉积速率由其中最慢的步骤决定，这一步骤称为速率控制步骤。在常压下，各种不同硅源沉积硅薄膜的速率与温度有关。在高温区，沉积速率对温度不太敏感，这时沉积速率实际由反应剂的分子通过扩散到达衬底表面的扩散速率，即步骤②的速率决定。在低温区，沉积速率和温度之间成指数关系，这时的沉积速率实际是由步骤④决定的。图 7 - 2（b）所示为 CVD 过程的扩散模型示意图。

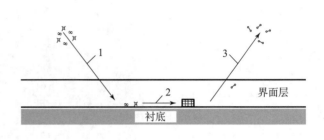

（a）　　　　　　　　　　　　　　　　　（b）

1—气相在界面层通过扩散到达生长表面；2—在生长表面通过化学反应形成固体；
3—气相反应产物（副产物）离开表面。

**图 7 - 2　低压化学沉积设备示意图（a）和 CVD 过程的扩散模型示意图（b）**

CVD 是一种常用的纳米材料制备方法，以下是一些 CVD 的应用实例：在半导体工业中，CVD 被广泛用于制备超高纯度的硅片，通过将硅源气体（如三氯硅烷）引入反应室中，在高温下分解并在硅片表面沉积形成均匀的硅薄膜，这种方法被用于制备晶体管和集成电路等半导体器件；CVD 可用于沉积金属有机化合物来制备金属薄膜，例如，利用金属有机化合物（如二甲基金属配合物）作为前体物质，通过 CVD 方法可以制备金属薄膜，如铜、铝、钨等，这些金属薄膜广泛应用于电子器件、光学涂层和微电子制造等领域；此外，CVD 还可用于制备具有单层或多层结构的二维材料，如石墨烯和过渡金属硫化物，通过在高温下将碳源气体（如甲烷）和金属蒸发源（如铜箔）放置在反应室中，通过反应使其在基底上生长，这种方法被研究和应用于性质二维材料器件的设计与构建；值得一提的是，CVD 也是合成碳纳米管的常用方法之一，通过在高温下将碳源气体（如乙烯、甲烷等）与金属催化剂（如铁、镍等）在反应室中反应，碳源分解并在催化剂表面沉积，最终形成碳纳米管。碳纳米管在电子学、纳米材料和能源储存等领域具有广泛应用。相较于 PVD 制备纳米材料，CVD 不论是在工艺参数还是在产品质量上，都实现了一定意义的提升，CVD 有效降低了产品的制备温度并实现了沉积速率巨大的提升，可以提高至 25～1 500 μm/h，尽管 CVD 相较于 PVD 来说适用的材料更少，但是其产品更为致密和均匀。

**3. 化学气相凝聚法**

从前面介绍的方法可以看出，纳米微粒合成的关键在于得到纳米微粒合成的前驱体并使这些前驱体在很大的温度梯度条件下迅速成核、生长为产物，以控制团聚、凝聚和烧结。物理气相沉积法的优点在于颗粒的形态容易控制，其缺陷在于可以得到的前驱体类型不多；而化学气相沉积法正好相反，由于化学反应的多样性，使得它能够得到各种所需的前驱体，但其产物形态不容易控制，易团聚和烧结。所以，如将热化学气相沉积法中的化学反应过程和气体中蒸发法的冷凝过程结合起来，则能克服上述弊端，得到满意的结果。正是出于这样的考虑，1994 年，W. Chang 等人提出了一种新型的纳米微粒合成技术——化学气相凝聚技术，简称 CVC 法，并用这种方法成功地合成了 SiC、Si$_3$N$_4$、ZrO$_2$ 和 TiO$_2$ 等多种纳米微粒。

化学气相凝聚法是利用气相原料在气相中通过化学反应形成基本粒子并进行冷凝聚合成纳米微粒的方法。该方法主要是通过金属有机先驱物分子热解获得纳米陶瓷粉体。其基本原理是利用高纯惰性气体作为载气，携带金属有机前驱物，例如六甲基二硅烷等，进入钼丝炉（图 7 - 3），炉温为 1 100 ~ 1 400 ℃，气氛的压力保持在 100 ~ 1 000 Pa 的低压状态。在此环境下，原料热解成团簇，进而凝聚成纳米粒子，最后附着在内部充满液氮的转动衬底上，经刮刀刮下进入纳米粉收集器。利用 CVC 合成出的纳米颗粒，具备粒径小、分布窄和无团聚等优势，但由于反应条件和产量的掣肘，CVC 技术目前仍局限于实验室规模的应用。

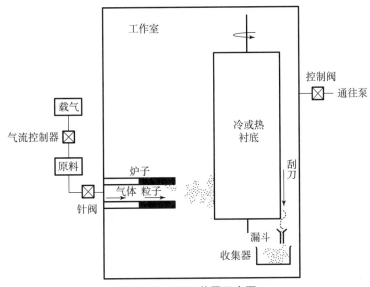

图 7 - 3　CVC 装置示意图

### 4. 溅射法

溅射法的原理是，在惰性气氛或活性气氛下，在阳极和阴极蒸发材料间加上几百伏的直流电压，使之产生辉光放电。放电中的离子撞击阴极的蒸发材料靶，靶材的原子就会由其表面蒸发出来，蒸发原子被惰性气体冷却而凝结或与活性气体反应而形成纳米微粒。在这种成膜过程中，蒸发材料（靶）在形成膜的时候并没有熔融。它不像其他方法那样，诸如真空沉积，要在蒸发材料被加热和熔融之后，其原子才由表面放射出去。它与这种所谓的蒸发现象是不同的。

用溅射法制备纳米微粒有以下优点：不需要坩埚；蒸发材料（靶）放在什么地方都可以（向上、向下都行）；高熔点金属也可制成纳米微粒；可以具有很大的蒸发面；使用反应性气体的反应性溅射可以制备化合物纳米微粒；可形成纳米颗粒薄膜等。

如图 7 - 4（b）所示，将两块金属板（阳极 Al 板和阴极蒸发材料电极板）平行放置在 Ar 气（40 ~ 250 Pa）中，在两极板间加上几百伏的直流电压，使之产生辉光放电。两极板间辉光放电中的离子撞击在阴极的蒸发材料靶上，靶材的原子就会由其表面蒸发出来。这时，放电的电流、电压以及气体的压力都是生成纳米微粒的因素。使用 Ag 靶的时候，制备出了粒径为 5 ~ 20 nm 的纳米微粒。蒸发速度基本上与靶的面积成正比。此外，磁控溅射近年来成为溅射法的热点之一。常见的磁控溅射设备如图 7 - 4（a）所示。

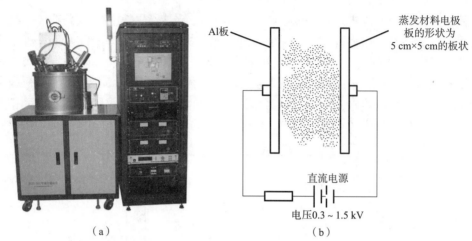

图 7 - 4　全自动磁控溅射台设备示意图（a）和溅射法制备纳米微粒原理（b）

溅射法近年来在多个研究领域大放异彩，例如：在光学器件制造中有广泛应用，通过控制沉积条件和材料选择，可以制备光学滤光片、光学波导和光子晶体等器件；可用于制备生物医学材料，如生物惰性涂层和药物控释系统，这些材料常用于医疗器械、植入物和生物传感器等领域；此外，还可以用于制备磁性材料，如磁性薄膜和多层结构的磁性材料，这些材料广泛应用于磁存储器件、磁传感器和磁性存储介质等领域；最重要的是，溅射法近年来广泛应用于制备金属、合金和氧化物等材料的薄膜涂层，例如，在电子器件制造中，利用溅射法制备金属薄膜用于电极、导线和反射镜等组件，此外，利用溅射法还可制备光学涂层，如抗反射膜、反射镜和光学滤光片。这些应用示例突显了溅射法在不同领域的重要性和广泛应用。溅射法具有较高的控制性、可扩展性和适用性，能够制备各种纳米薄膜和涂层，满足不同领域的需求。近年来，磁控溅射实现了多种超细粉体的表面复合镀膜，并成功利用该技术完成了微纳米级超细粉体的规模化连续生产。该量产技术属于全新技术，目前全球范围内尚未见相关报道。

### 5. 沉淀法

沉淀法是以沉淀反应为基础进行的。根据溶度积原理，在含有目标阳离子的溶液中加入适量的沉淀剂（$OH^-$、$CO_3^{2-}$、$SO_4^{2-}$、$C_2O_4^{2-}$ 等）后，形成不溶性的氢氧化物或碳酸盐、硫酸盐、草酸盐等盐类沉淀物，所得沉淀物经过过滤、洗涤、烘干及焙烧，得到所需的纳米氧化物粉末。

整体反应用下式表示：

$$nA^+ + nB^- \longrightarrow [AB] \tag{7-1}$$

从晶体稳定存在的热力学出发，晶体最小粒径存在的热力学条件应满足 Kelvin 方程：

$$d_c = \frac{4V_m E_s}{RT\ln S}$$

式中，$E_s$ 为晶体界面能；$V_m$ 为晶体摩尔体积；$R$ 为气体常数；$T$ 为热力学温度；$S = c/c^*$，$c$ 为溶液浓度，$c^*$ 为溶液的饱和浓度。

为得到纳米晶粒，需要使溶液中的［AB］有大的过饱和度；而要使粒度分布均匀，反应器各处时刻都应保持均匀的过饱和度。

在含有多种阳离子的溶液中加入沉淀剂后，形成单一化合物或单相固溶体的沉淀，称为单相共沉淀法。例如，在钛和钡的硝酸盐溶液中加入草酸后得到 $BaTiO(C_2O_4)_2 \cdot 4H_2O$ 沉淀，然后焙烧得到 $BaTiO_3$ 多晶陶瓷。同样，以 $TiO_2$ 和 $Ba(OH)_2$ 为原料、邻苯二酚为配位剂，生成 $Ba[Ti(C_6H_4O_2)_3] \cdot 3H_2O$ 沉淀，在 800 ℃ 下焙烧也可以得到 $BaTiO_3$ 超细粉。这种方法生成纳米粉末的化学均匀性可以达到原子尺度，所得化合物的化学计量也可以得到保证。

另外，形成单一化合物可以使中间沉淀产物具有低温反应活性。例如，采用共沉淀法得到的中间产物 $BaSn(C_2O_4)_2 \cdot 5H_2O$ 为前驱物，在 700 ℃ 即可生成 $BaSnO_3$。而如果采用将 $BaCO_3$ 和 $SnO_2$ 球磨后高温焙烧的方法，焙烧温度需要近 1 000 ℃，而且还会产生中间产物 $Ba_2SnO_4$。其他一些纳米多晶陶瓷如 $LaFeO_3$、$LaCoO_3$、$LaMnO_3$ 等，也可以用单相共沉淀法制备。

在实际中，使用单相共沉淀法制备纳米粉体较少，一般的共沉淀产物多为混合物。混合物共沉淀法是向溶液中加入过量的沉淀剂，使沉淀剂离子的浓度远远超过其溶度积理论浓度，使混合物各组分按比例同时沉淀出来，所得沉淀物的均匀性远优于普通的机械混合。

混合物共沉淀法反应过程复杂，颗粒的成核、长大等过程不易控制，而且由于各组分间的沉淀速度存在差异，成分的均匀性受到一定的影响。但是，这种方法工艺简单，得到的粉体性能良好，因而在工业和实验室中得到广泛应用。例如，用混合物共沉淀法制备全稳定或部分稳定的氧化锆陶瓷粉料，是将一定比例的 $ZrOCl_2 - Y(NO_3)_3$ 溶液加入氨水溶液中，形成钇和锆的氢氧化物沉淀，经洗涤、过滤除去 $Cl^-$ 等离子，再经烘干、焙烧，得到钇部分稳定的氧化锆纳米粉体（即 $Y - ZrO_2$）。利用这种方法，人们还制备出了纳米镍铁氧体、镁铝尖晶石粉体等。

在一般的化学沉淀过程中，溶液中各部位沉淀速度是不均匀的，整个溶液范围的成分也不均匀。如果使溶液中的沉淀剂缓慢、均匀地增加，使溶液中的沉淀反应处于一种近似平衡状态，使沉淀能在整个溶液中均匀地产生，这种方法称为均相沉淀法。这种方法克服了由外部向溶液中加沉淀剂而造成的局部沉淀不均匀性。通常，均相沉淀法采用尿素为沉淀剂，由于尿素水溶液在 70 ℃ 附近发生分解，生成 $(NH)_4OH$ 和 $CO_2$，由此生成的 $(NH)_4OH$ 在金属盐的溶液中均匀分布且浓度很低，使得沉淀物均匀地生成。用均相沉淀法也制备出了氧化铝球形颗粒。按一定比例配制硫酸铝和尿素的混合溶液，加热搅拌，使尿素在水溶液中缓慢释放出 $OH^-$，使溶液的 pH 均匀、缓慢地上升，从而使 $Al(OH)_3$ 沉淀的同时在整个溶液中生成，形成均相沉淀。反应完成后，分离过滤出沉淀，经过去离子水洗涤后，用无水乙醇除去去离子水，烘干后焙烧，可得到尺寸分布均匀的球形氧化铝颗粒。另外，类似地，加热硫酸锆和尿素的混合溶液，通过均相沉淀也可得到球形碱式硫酸锆沉淀，焙烧后可制得纳米氧化锆球形颗粒。

沉淀法是一种常用的纳米材料制备方法，以下是一些沉淀法的应用实例：沉淀法常用于制备催化剂纳米颗粒，通过在溶液中引入适当的前体物质，并通过控制 pH、温度和反应时间等参数，可以沉淀出具有特定形状和尺寸的金属、氧化物或硫化物等纳米颗粒，这些催化剂广泛应用于化学反应、环境治理和能源转换等领域；沉淀法可用于制备纳米颗粒级添加剂，以改善材料的性能，例如，通过将金属氧化物纳米颗粒添加到聚合物、涂料或陶瓷中，可以提高材料的力学性能、热稳定性和导电性；沉淀法可用于制备纳米颗粒用于生物医学应用，例如，通过沉淀法制备金属或金属氧化物纳米颗粒，可用于肿瘤治疗、生物成像和药物输送等领域。这些应用示例突显了沉淀法在不同领域中的重要性和广泛应用。通过沉淀法制备纳米颗粒，原料往往可以在 10~30 min 内被完全分解，并且操作简单方便。此外，沉淀法制备得到的纳米材料具备较好的粒径分布和粒径稳定性，因此近年来在工业中也成为热门的制备方法之一，通过沉淀池等大型设备的设立，可以大批量地实现简单纳米材料的制备。

6. 水解法

众所周知，很多化合物可水解生成沉淀。其中有些广泛用来合成超微粉。反应的产物一般是氢氧化物或水合物。因为原料是水解反应的对象即金属盐和水，所以，如果能高度精制金属盐，就很容易得到高纯度的微粉。早为人们熟知的这类化合物有氯化物、硫酸盐、硝酸盐、铵盐等无机盐。另外，作为合成超微粉的原料，还有与无机盐并论的并且很引人注目的金属醇盐。在此，将水解划分为无机盐水解法和金属醇盐水解法来加以叙述。

利用金属的氯化物、硫酸盐、硝酸盐溶液，通过胶体化的手段合成超微粉，是人们熟知的制备金属氧化物或水合金属氧化物的方法。最近，通过控制水解条件来合成单分散球形微粉的方法，广泛地应用于新材料的合成中[4]。例如，氧化锆纳米粉的制备，它是将四氯化锆和锆的含氧氯化物在开水中循环地加水分解。生成的沉淀是含水氧化锆，其粒径、形状和晶型等随溶液初期浓度和 pH 等变化，可得到一次颗粒的粒径为 20 nm 左右的微粉、单分散、球形氧化物。由于粒径不同，其色调在很宽的范围变化，所以，胶体的颗粒调制法也正向颜料应用方向开发。已有报道，特别是在硫酸离子和磷酸离子存在的条件下，用 20 min 到两周左右缓慢地加水分解铬矾溶液、硫酸铝溶液、氯化钛溶液和硝酸钍溶液时，就可得到各自的球状单分散含水氧化铬、含水氧化铝、金红石、含水氧化钍的单分散球状颗粒，它们能够被用作涂料和宝石原料。金属醇盐水解法是利用金属有机醇盐能溶于有机溶剂并可发生水解，生成氢氧化物或氧化物沉淀的特性，制备粉料的一种方法。此种制备方法有以下特点：①采用有机试剂作金属醇盐的溶剂，由于有机试剂纯度高，因此氧化物粉体纯度高；②可制备化学计量的复合金属氧化物粉末。

水解法是一种常用的纳米材料制备方法，以下是一些水解法的应用实例：水解法被广泛应用于制备金属氧化物纳米颗粒，如二氧化钛（$TiO_2$）、氧化锌（$ZnO$）、氧化铁（$Fe_2O_3$）等，这些纳米颗粒在光催化、传感器、电池和生物医学等领域有广泛应用；水解法还可以用于制备碳纳米材料，如碳纳米管、石墨烯和碳量子点等，通过控制反应条件和碳源的选择，可以合成具有不同形貌和尺寸的碳纳米材料，这些材料在电子学、储能和生物医学领域有重要应用；此外，水解法可用于制备金属纳米颗粒，如金、银、铜等，通过选择适当的金属盐和还原剂，在水热条件下，可以合成具有可调控尺寸和形貌的金属纳米颗粒，用于催化、传感器和表面增强拉曼光谱（SERS）等应用。近年来，通过水解法制备纳米材料已经逐渐适配为工业化标准，例如日本的石原产业和德国迪高沙公司便采用水解法实现了纳米二氧化钛的大规模制备。

7. 喷雾法

这种方法是将溶液通过各种物理手法进行雾化而获得超微粒子的一种化学与物理相结合

的方法。它的基本过程是溶液的制备、喷雾、干燥、收集和热处理。其特点是颗粒分布比较均匀,但颗粒尺寸为亚微米到 10 μm。具体的尺寸范围取决于制备工艺和喷雾的方法。喷雾法可根据雾化和凝聚过程分为下述三种方法:将液滴进行干燥并随即捕集、捕集后直接或者经过热处理之后作为产物化合物颗粒,这种方法是喷雾干燥法;将液滴在气相中进行水解是喷雾水解法;使液滴在游离于气相中的状态下进行热处理,这种方法是喷雾焙烧法。

喷雾热干燥法是将已制成溶液或泥浆的原料靠喷嘴喷成雾状物来进行微粒化的一种方法。图 7-5 所示是用于合成软铁氧体超微颗粒的装置模型,用这个装置将溶液化的金属盐送到喷雾器进行雾化。喷雾、干燥后的盐用旋风收尘器收集。用炉子进行焙烧就成为微粉。以镍、锌、铁的硫酸盐一起作为初始原料制成混合溶液,进行喷雾就可制得粒径为 10 ~ 20 μm,由混合硫酸盐组成的球状颗粒[6]。将这种球状颗粒在 800 ~ 1 000 ℃进行焙烧就能获得镍、锌铁氧体。这种经焙烧所得到的粉末是 200 nm 左右的一次颗粒的凝集物,经涡轮搅拌机处理,很容易成为亚微米级的微粉。以高功率为特点的特殊微波技术在应用中,为了激起自旋波,必须要有高临界磁场。所以,要求铁氧体的粒径小,但提高临界磁场,又常产生材料介电特性的劣化。众所周知,这种劣化主要是材料的不均匀性引起的。用这种装置,以同样的方法得到的 Mg - Mn 铁氧体能实现材料的高临界磁场。另外,材料的介电损耗也小。从这一点来看,用这种方法所制备的超微颗粒不仅粒径小,而且组成极为均匀。目前国内主要使用三种喷雾干燥设备:压力喷雾干燥法、离心喷雾干燥法和气流式喷雾干燥法,其区别在于输送料液到干燥室中的途径不同,压力喷雾是利用 $7.09 \times 10^6 \sim 2.03 \times 10^7$ Pa 的高压泵;离心喷雾是利用水平方向做高速旋转的圆盘给予溶液以离心力,使其以高速甩出;气流式喷雾是湿物料经输送机与加热后的自然空气同时进入干燥器,使二者更充分地混合。其设备图如 7-5 (a) 所示。

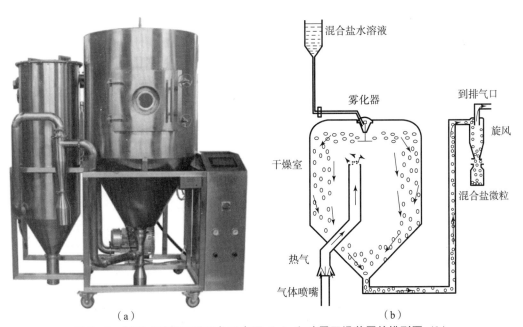

(a) (b)

**图 7-5 气流式喷雾干燥设备示意图 (a) 和喷雾干燥装置的模型图 (b)**

雾化水解法是将一种盐的超微粒子，由惰性气体载入含有金属醇盐的蒸气室，金属醇盐蒸气附着在超微粒的表面，与水蒸气反应形成氢氧化物微粒，经焙烧后获得氧化物的超细微粒。这种方法获得的微粒纯度高、分布窄、尺寸可控。具体尺寸大小主要取决于盐的微粒大小。以雾化水解法合成氧化铝球为例，简介雾化水解法的流程。铝醇盐的蒸气通过分散在载体气体中的氯化银核后冷却，生成以氯化银为核的铝的丁醇盐气溶胶。这种气溶胶由单分散液滴构成，让这种气溶胶与水蒸气反应来实现水解，从而成为单分散性氢氧化铝颗粒，将其焙烧就得到氧化铝颗粒。

喷雾焙烧法是用呈液态的原料用压缩空气供往喷嘴，在喷嘴部位与压缩空气混合并雾化。喷雾后生成的液滴大小随喷嘴而改变。液滴载于向下流动的气流上，在通过外部加热式石英管的同时，被热解而成为微粒。硝酸镁和硝酸铝的混合溶液经此法可合成镁、铝尖晶石，溶剂是水与甲醇的混合溶液，粒径大小取决于盐的浓度和溶剂浓度，溶液中盐浓度越低，溶剂中甲醇浓度越高，其粒径就变得越大。用此法制备的粉末，粒径为亚微米级，它们由几十纳米的一次颗粒构成。

喷雾法是一种常用的纳米材料制备方法，以下是一些喷雾法的应用实例：喷雾法可用于制备各种材料的薄膜涂层，通过将前体溶液雾化并喷洒在基底表面上，热处理后形成均匀的薄膜，这种方法广泛应用于光学涂层、防腐涂层和电池电极等领域；喷雾法可用于制备各种纳米颗粒，通过喷雾法将前体溶液雾化并在热处理过程中形成纳米颗粒，这些纳米颗粒可用于催化剂、传感器、药物输送和生物医学应用等领域；喷雾法可用于制备磁性材料的纳米颗粒，通过喷雾法将磁性材料前体溶液雾化，并在热处理过程中形成纳米颗粒，这些纳米颗粒广泛应用于磁性存储介质、磁传感器和磁共振成像等领域。尽管喷雾法具备许多的优势与广泛的应用，但是也应该看到，目前研究工作仍然存在欠缺，一是对喷雾法各过程机理特别是微观过程理论研究不足，在制备粉体过程中对工艺参数的控制存在盲目性；二是当前大多数工作都停留在小型实验研究阶段，在设备研制和放大规模生产方面还有很长的路要走。

8. 溶剂热法

溶剂热反应是高温高压下在溶剂（水、苯等）中进行有关化学反应的总称。水热法研究较多，近年来有苯热法报道。

用水热法制备的超细粉末，最小粒径已经达到了数纳米的水平，归纳起来，可分为以下几种类型。

①水热氧化。典型反应可以用下式表示：

$$mM + nH_2O \rightarrow M_mO_n + H_2$$

式中，M 可为铬、铁及合金等。

②水热沉淀。比如：

$$KF + MnCl_2 \rightarrow KMnF_2$$

③水热合成。比如：

$$FeTiO_3 + KOH \rightarrow K_2O \cdot nTiO_2$$

④水热还原。比如：

$$Me_xO_y + yH_2 \rightarrow xMe + yH_2O$$

式中，Me 可为铜、银等。

⑤水热分解。比如：

$$ZrSiO_4 + NaOH \rightarrow ZrO_2 + Na_2SiO_3$$

⑥水热结晶。比如：

$$Al(OH)_3 \rightarrow Al_2O_3 \cdot H_2O$$

目前用水热法制备纳米微粒的实际例子很多，以下为几个实例。

用碱式碳酸镍及氢氧化镍水热还原工艺可成功地制备出最小粒径为 30 nm 的镍粉。锆粉通过水热氧化可得到粒径约为 25 nm 的单斜氧化锆纳米微粒，具体的反应条件是在 100 MPa 压力下，温度为 523 ~ 973 K。$Zr_5Al_3$ 合金粉末在 100 MPa、773 ~ 973 K 下进行水热反应，生成粒径为 10 ~ 35 nm 的单斜晶氧化锆、正方氧化锆和 $\alpha - Al_2O_3$ 的混合粉体。陈祖耀等用水热分解法制备纳米 $SnO_2$ 的过程如下：将一定比例的 0.25 mol/L 溶液和浓硝酸溶液混合，置于衬有聚四氟乙烯的高压容器内，于 150 ℃ 加热 12 h，待冷却至室温后取出，得白色超细粉，水洗后置于保干器内抽干而获得 5 nm 的四方 $SnO_2$ 的纳米粉的干粉体。

水热合成法是指在高温、高压下一些氢氧化物在水中的溶解度大于对应的氧化物在水中的溶解度，于是氢氧化物溶入水中，同时析出氧化物。如果氧化物在高温高压下溶解度大于相对应的氢氧化物，则无法通过水热法来合成。水热合成法的优点在于可直接生成氧化物，避免了一般液相合成方法需要经过煅烧转化成氧化物这一步骤，从而极大地降低乃至避免了团聚的形成。如以 $Ti(OH)_4$ 胶体为前驱物，采用管式高压釜，内加贵金属内衬，高压釜做分段加热，以建立适宜的上下温度梯度。在 300 ℃ 纯水中加热反应 8 h，用乙酸调至中性，用去离子水充分洗涤，再用乙醇洗涤，在 100 ℃ 下烘干可得到 25 nm 的 $TiO_2$ 粉体。在水溶液条件下制得的氧化物粉体的晶粒粒度有一个比较确定的下水限，而复合氧化物粉体的晶粒粒度一般比相应的单元氧化物粉体的晶粒粒度大。如在相同条件下，以 $Ba(OH)_2 \cdot 8H_2O$ 和 $TiO_2$ 为前驱物，制得的 $BaTiO_3$ 粉体的晶粒粒度为 170 nm。国内钱逸泰[7] 等使用有机溶剂热法合成技术制备了纳米 InR、GaN 和金刚石等。他们发明了苯热法来代替水热法。在真空中，$Li_3N$ 和 $GaCl_3$ 在苯溶剂中进行热反应，于 280 ℃ 制备出 30 nm 的 GaN 粒子，这个温度比传统方法的温度低得多，GaN 的产率达到 80%。另外，使用还原 - 热解 - 催化方法合成了金刚石粉末。四氯化碳和钠在 700 ℃ 反应，使用 Ni - Co 作为催化剂，生成金刚石和 NaCl，因此，称为还原 - 热解 - 催化方法。5 mL $CCl_4$ 和过量的 20 g 金属 Na 被放到 50 mL 的高压釜中，质量比为 Ni : Mn : Co = 70 : 25 : 5 的 Ni - Co 合金被加到高压釜中作为催化剂。高压釜保持 700 ℃ 48 h，然后在釜中冷却。在还原实验开始时，高压釜中存在着高压，随着 $CCl_4$ 被金属 Na 还原，压强减小。制得灰黑色粉末的密度是 3.21 g/$cm^3$。经过 XRD 和 TEM、Raman 光谱结构分析，证明是金刚石纳米粉末。

当前，我们应用变化繁多的水热合成技术和技巧，制备出了具有光、电、磁等特殊性质的多种复合氧化物，包括萤石、钙钛矿、白钨矿、尖晶石和焦绿石等主要结构类型。这些复合氧化物的成功水热合成，替代及弥补了目前大量无机功能材料需要高温固相反应条件的不足。目前温和水热合成技术，结合变化繁多的合成方法和技巧，已经获得了几乎所有重要的光、电、磁功能复合氧化物和复合氟化物。但是，迄今为止，几乎所有的理论或模型都没有完整给出晶体结构、缺陷、生长形态与生长条件四者之间的关系，尽管可以通过反应器的扩大实现一定程度上的规模化生产，但其在实际应用中仍存在很大的局限性。

9. 微乳液法

自从 1982 年 Boutonmet 首先报道了用肼或氢气还原微乳液水核中的金属盐制备出 3 ~

5 nm 单分散 Pt、Pd、Au 等贵金属纳米颗粒以来，微乳液法已经发展成为制备纳米材料的一种重要的方法。微乳液是指在表面活性剂作用下由水滴在油中（W/O）或油滴在水中（O/W）形成的一种透明的热力学稳定的溶胀胶束。表面活性剂是由性质截然不同的疏水和亲水部分构成的两亲分子。当加入水溶液中的表面活性剂浓度超过临界胶束或胶团的浓度 CMC 时，表面活性剂分子便聚集形成胶束，表面活性剂中的疏水碳氢链朝向胶束内部，而亲水的头部朝向外面接触水介质。在非水基溶液中，表面活性剂分子的亲水头朝向内，疏水链朝向外聚集成反相胶束或反胶束。形成反胶束时，不需要浓度 CMC，或对 CMC 不敏感。无论是胶束还是反胶束，其内部包含的疏水物质（如油）或亲水疏油物质（如水）的体积均很小。但当胶束内部的水或油池的体积增大，使液滴的尺寸远大于表面活性剂分子的单层厚度时，则称这种胶束为溶胀（Swollen）胶束或者微乳液，胶团的直径可以在几纳米至100 nm 之间调节。由于化学反应被限制在胶束内部进行，因此，微乳液可作为制备纳米材料的纳米级反应器。原理如图 7-6 所示。

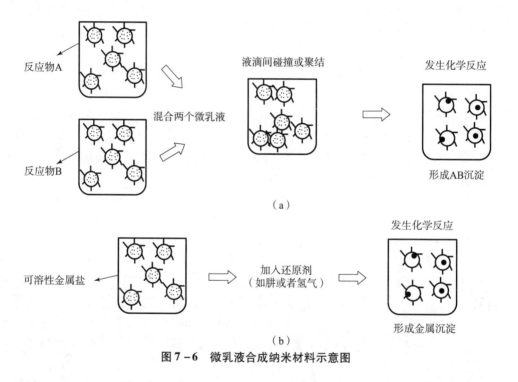

图 7-6　微乳液合成纳米材料示意图

微乳液法已被广泛地应用于制备金属、硫化物、硼化物、氧化物等多种纳米材料。利用反胶束制备纳米材料有三种基本的方法：沉淀法、还原法和水解法。将两种或两种以上不同反应物的微乳液混合，通过胶束的不断碰撞，可使一些胶束发生团聚而形成二聚体。二聚体由于热力学不稳定，又重新分裂成单体胶束。这样，在胶束的不断团聚、分裂过程中，胶束中的反应物得到交换，使化学反应得以进行并最终沉淀形成所需的纳米材料。沉淀法常用于制备硫化物、氧化物、碳化物等纳米粒子。使用 $N_2H_4$、$NaBH_4$ 和 $H_2$ 可使反胶束中的可溶性金属盐溶液还原形成纳米金属微粒沉淀。还原法常用于制备纳米金属粉末。水解法常用于制备金属的氧化物纳米颗粒，其过程是溶于油中的金属醇盐与反胶束中的水反应，形成金属氧化物沉淀。在 CTAB/正丁醇/辛烷/（Y,Ba,Cu）溶液形成的微乳体系中，以草酸铵为沉淀剂

可制备出 $YBa_2Cu_3O_{7-x}$ 超导体粉末，与体相共沉淀法相比，应用微乳技术制备的产物具有更好的性能。采用微乳技术还可制备出 $BaCO_3$、Co 等纳米丝。例如，在 0.2 mol/L 浓度的 $C_{12}E_4$/环乙烷中加入 0.1 mol/L 浓度的 $BaCl_2$ 和 $Na_2CO_3$ 水溶液并与 $C_{12}E_4$/环乙烷反相微乳液混合，可合成出 $BaCO_3$ 纳米丝。

用来制备纳米粒子的微乳液往往是 W/O 型微乳液体系，在 W/O 型微乳液中，水核被表面活性剂和助表面活性剂所组成的界面膜所围，其大小可控制在几纳米或几十纳米之间，尺寸小且彼此分离，故可以看作一个"微型反应器"或"纳米反应器"。这个反应器拥有很大的界面，在其中可以增溶各种不同的化合物。当反应在反应器中进行时，反应容器的大小限制了反应的空间和生成物的大小，从而达到控制产物粒径大小的目的。目前，由于受其高昂的成本、苛刻的条件和微小的反应规模所掣肘，微乳液法仍局限于实验室研究阶段。

10. 电沉积法

电解沉积（Electradeposition）又称为电化学沉积，是在溶液中通以电流后在阴极表面沉积大量的晶粒尺寸为纳米量级的纯金属、合金以及化合物。电解沉积法的成本低，生产效率高，不受试样尺寸和形状的限制，可制成薄膜、涂层或块体材料，所得样品疏松孔洞少，密度较高，并且在生产过程中无须压制，内应力较小，适当的添加剂可控制样品中的少量杂质（如 O、C 等）和结构。用该方法大多数可获得等轴结构的纳米晶体材料，但同时也可获得层状或其他形状结构的材料。所有电沉积过程都要借助电解槽来完成，常见的有电镀槽、电铸槽和冶金电解槽等。电解槽主要由阳极、阴极和电解液构成，电解槽内进行的是一个系统的电化学反应，电沉积在阴极上完成，实际生产中的电沉积过程必须在一个特定的电极电位下才能发生。该电极电位由三个因素决定：阳极、阴极的电极电位和因电解液扩散传质和电迁移而产生的电位差。该电极电位体现了电化学反应的热力学性质和动力学性质，前者是由电化学反应的物质本性决定的，可称为电极电位或电化学反应的内在因素；后者则是影响电极电位和电化反应的外在因素，包括电解液中离子的浓度、温度、pH、搅拌强度等。这些外在因素对实际发生的电化学反应的电极电位的影响可以通过能斯特方程式计算。常见的电沉积设备如图7-7所示。纳米晶体材料的电解沉积过程是非平衡过程，所得材料具有很小的晶粒尺寸、高的晶界体积百分数和三叉晶界占主导的非平衡结构。这种方法制备的材料表现出较大的固溶度范围。例如，在室温下，P 在 Ni 中的固溶度非常小，而电解态 Ni-P 可形成固溶体，含 P 量超过10%，同样，在 Co-W、Ni-Mo 等合金系中也可以获得很宽的固溶度范围。

电沉积法是一种常用的纳米材料制备方法，以下是一些电沉积法的应用实例：电沉积法广泛用于制备金属薄膜，如铜、镍、银等，通过在电解质溶液中将金属离子还原为金属原子并沉积在电极表面上，可以得到均匀、致密的金属薄膜，这些金属薄膜在电子器件、光学涂层和传感器等领域有广泛应用；电沉积法可用于制备磁性材料的纳米颗粒，通过在电

图7-7　电沉积设备
装置示意图

解质溶液中引入磁性离子和适当的还原剂，通过电沉积反应沉积磁性材料的纳米颗粒，这些纳米颗粒广泛应用于磁存储介质、磁性传感器和磁共振成像等领域；此外，电沉积法可用于制备电化学催化剂，如贵金属纳米颗粒，通过在电解质溶液中沉积贵金属离子，并通过电沉积反应形成纳米颗粒，可以制备具有高表面积和活性的催化剂，用于电池、燃料电池和电解水等电化学应用。目前，电沉积法由于其原理简单、效率较高和成本较低等优势，成为常见的纳米材料制备方法之一。通过反应参数的调节，可以自由实现金属纳米颗粒粒径以及镀层整体厚度的调控。近年来，随着无人机、机器人等智能制造的快速发展，局部电沉积也成为热门的技术之一。

### 11. 球磨法

在矿物加工、陶瓷工艺和粉末冶金工业中所使用的基本方法是材料的球磨。球磨工艺的主要作用为减小粒子尺寸、固态合金化、混合或融合，以及改变粒子的形状。

球磨法大部分是用于加工有限制的或相对硬的、脆性的材料，这些材料在球磨过程中断裂、形变和冷焊。氧化物分散增强的超合金是机械摩擦方法的最初应用，这种技术已扩展到生产各种非平衡结构，包括纳米晶、非晶和准晶材料。目前，已经发展了应用于不同目的的各种球磨方法，包括滚转、摩擦磨、振动磨和平面磨等。目前国内市场上已有各种行星磨、分子磨、高能球磨机等产品。

机械摩擦的基本工艺示意图如图 7-8（a）所示。掺有直径约 50 μm 典型粒子的粉体被放在一个密封的容器内，其中有很多硬钢球或者包覆着碳化钨的球。此容器被旋转、振动或猛烈地摇动，磨球与粉体质量的有效比是 5~10，但也随加工原材料的不同而有所区别[8]。图 7-8（b）就是一个球磨方法的典型例子。通过使用高频或小振幅的振动能够获得高能球磨力，用于小批量粉体的振动磨是高能的，而且发生化学反应，比其他球磨机快一个数量级。由于球磨的动能是其质量和速度的函数，致密的材料使用陶瓷球，在连续、严重的塑性形变中，粉末粒子的内部结构连续地细化到纳米级尺寸，球磨过程中，温度上升得不是很高，一般为 100~200 ℃。

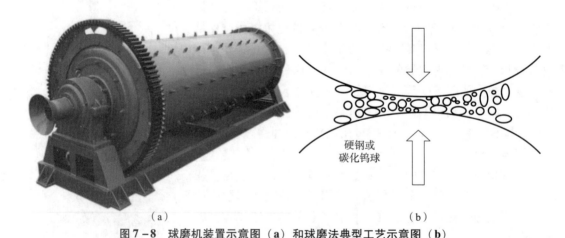

（a）                    （b）

**图 7-8 球磨机装置示意图（a）和球磨法典型工艺示意图（b）**

球磨机是在建材、冶金、选矿和电力等工业中应用极为广泛的粉磨机械，它由水平的简体、进出料空心轴及磨头等部分组成，其装置示意图如图 7-8（a）所示。简体为长的圆筒，筒内装有研磨体，筒体由钢板制造，由钢制衬板与筒体固定，研磨体一般为钢制圆球，并按不同直径和一定比例装入筒中，研磨体也可用在钢锻，根据研磨物料的粒度加以选择。物料由球磨机进料端空心轴装入筒体内，当球磨机在筒体转动时，研磨体由于惯性和离心力的作用、摩擦力的作用，附在筒体衬板上被筒体带走，当被带到一定高度时，由于其本身的重力作用而被抛落，下落的研磨体像抛射体一样将筒体内的物料击碎。在工作过程中，物料由进料装置经入料中空轴螺旋均匀地进入磨机第一仓，该仓内有阶梯衬板或波纹衬板，内装各种规格钢球，筒体转动产生离心力将钢球带到一定高度后落下，对物料产生重击和研磨作用。物料在第一仓达到粗磨后，经单层隔仓板进入第二仓，该仓内镶有平衬板，内有钢球，将物料进一步研磨。粉状物通过卸料板排出，完成粉磨作业。筒体在回转的过程中，研磨体也有滑落现象，在滑落过程中给物料以研磨作用。为了有效地利用研磨作用，对进料颗粒较大的物料进行磨细时，通常把磨机筒体用隔仓板分隔为两段，即成为双仓。物料进入第一仓时，被钢球击碎，进入第二仓时，钢锻对物料进行研磨，磨细合格的物料从出料端空心轴排出。对进料颗粒小的物料进行磨细时，如矿渣、粗粉煤灰，磨机筒体可不设隔仓板，成为一个单仓筒磨，研磨体也可以用钢锻。原料通过空心轴颈进入空心圆筒进行磨碎，圆筒内装有各种直径的磨矿介质（钢球、钢棒或砾石等）。当圆筒绕水平轴线以一定的转速回转时，装在筒内的介质和原料在离心力和摩擦力的作用下，随着筒体到达一定高度，当自身的重力大于离心力时，便脱离筒体内壁抛射下落或滚下，由于冲击力而击碎矿石。同时，在磨机转动过程中，磨矿介质相互间的滑动运动对原料也产生研磨作用。磨碎后的物料通过空心轴颈排出。

在使用球磨方法制备纳米材料时，所要考虑的一个重要问题是表面和界面的污染。对于用各种方法合成的材料，如果最后要经过球磨，这都是要考虑的一个主要问题。特别是在球磨中由磨球（一般是铁）和气氛（氧、氮等）引起的污染，可通过缩短球磨时间和采用纯净、延展性好的金属粉末来克服。因为这样磨球可以被这些粉末材料包覆起来，从而大大减少铁的污染。采用真空密封的方法和在手套箱中操作可以降低气氛污染，铁的污染可减少到 $1\% \sim 2\%$ 以下，氧和氮的污染可以降到 $3 \times 10^{-4}$ 以下。但是耐高温金属长期（30 h 以上）使用球磨时，铁的污染可达到 10% 原子比。

球磨法是一种常用的纳米材料制备方法，以下是一些球磨法的应用实例：球磨法广泛用于制备各种纳米颗粒，如金属、合金和氧化物等，通过在球磨仪中进行机械碾磨，可以将粉末样品细化至纳米尺度，这些纳米颗粒可用于催化剂、传感器、电池和生物医学等领域；球磨法可用于制备纳米复合材料，如纳米复合粉末和纳米复合涂层，通过球磨机械碾磨不同材料的粉末样品，使其混合均匀，形成纳米尺度的复合材料，这些纳米复合材料在材料科学、涂层技术和能源领域具有重要应用；此外，球磨法还可用于调控材料的晶格结构和形貌，通过球磨过程中的机械应力和碰撞作用，可以改变材料的结晶度、晶粒尺寸和晶界性质，实现纳米结构调控和微结构优化。球磨法可以合成常规方法难以获得的高熔点金属、合金材料和复合材料，并且工艺简单、成本低、效率高（一次可获得千克量级产品），以及适合工业化生产而被广泛研究。目前，工业化规模的球磨机通常可以实现吨级装球量，能够将小于等于 20 mm 的进料摩擦成为 1 mm 左右的出料，并能轻松保持 1 t/h 以上的产量。

### 12. 微流反应器

传统的纳米材料制备方法具有产量低、易氧化、团聚严重等缺点。因此，发展高质量、高产量的纳米材料制备方法和制备平台对于其量化应用具有十分重要的意义。微流控芯片技术是将化学反应（包括进样、混合、反应、分离、检测）集成到一个微小芯片上来实现的一门新兴科学技术，具有微型化、集成化的特点，其装置结构如图7-9所示。由于微芯片反应器合成纳米材料具有耗样少、产率高、操作简单等优异特性，已经被越来越多地应用于纳米材料的合成研究中。微流控芯片最重要的功能之一是以液体为介质，实现可控条件下微通道内各种物质的输运。如果这些物质为单个小分子或离子，在流动场中可被看作分布的质点并与液体运动一致，这时流动可按照单一流体进行处理，即单相流。而在许多化学反应和分析中，往往是相同或不同分散相（水相、油相或气相）的流体以相同或不同流速进入微反应器内，从而形成微尺度多相流动。

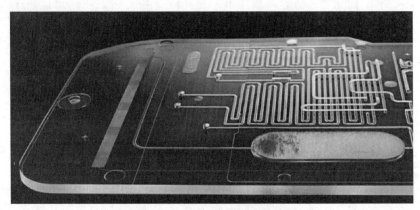

**图7-9　微流控芯片装置示意图**

微反应器又可分为气固相催化微反应器、液液相微反应器、气液相微反应器和气液固三相催化微反应器等。①气固相催化微反应器。由于微反应器的特点而适用于气固相催化反应，迄今为止，微反应器的研究主要集中于气固相催化反应，因而气固相催化微反应器的种类最多。最简单的气固相催化微反应器莫过于壁面固定有催化剂的微通道。复杂的气固相催化微反应器一般都耦合了混合、换热、传感和分离等某一功能或多项功能。运用最广的实例为甲苯气-固催化氧化。②液液相微反应器。到目前为止，与气固相催化微反应器相比较，液液相微反应器的种类非常少。液液相反应的一个关键影响因素是充分混合，因而液液相微反应器或者与微混合器耦合在一起，或者本身就是一个微混合器。专为液液相反应而设计的与微混合器等其他功能单元耦合在一起的微反应器案例为数不多。主要有 BASF 设计的维生素前体合成微反应器和麻省理工学院设计的用于完成 Dushman 化学反应的微反应器。③气液相微反应器。一类是气液分别从两根微通道汇流进一根微通道，整个结构呈 T 字形。由于在气液两相液中，流体的流动状态与泡罩塔类似，随着气体和液体的流速变化，出现了气泡流、节涌流、环状流和喷射流等典型的流型，这一类气液相微反应器被称作微泡罩塔。另一类是沉降膜式微反应器，液相自上而下呈膜状流动，气液两相在膜表面充分接触。气液反应的速率和转化率等往往取决于气液两相的接触面积。这两类气液相反应器的气液相接触面积都非常大，其内表面积均接近 20 000 $m^2/m^3$，比传统的气液相反应器大一个数量级。④气液固三相催化微反应器。气液固三相反应在化学反应中也比较常见，种类较多，在大多数情况下固体为催化剂，气体和液体为反应物或产物，美国麻省理工学院发展了一种用于气液固三相催化反应的微填充床反应器，其结构类似于固定床反应器，在反应室（微通道）中填充了催化剂固定颗粒，气相和液相被分成若干流股，再经管汇到反应室中混合，进行催化反应。

微流体纳米材料合成方法成功地解决了传统批量合成存在的问题，使得所合成材料形态可控，粒径分布窄，几乎达到了单分散性分布，开启了纳米材料合成的新方向。但是，基于微流控技术合成纳米材料还面临着许多挑战与创新，要制备高质量的微纳米材料，除了微芯片的通道结构设计以外，在时间、空间上对温度、浓度梯度、流速、pH、介电常数等反应条件的精确控制也是关键因素。

芯片是基于微流控技术制备纳米材料的基础。制作微流控芯片的材料大致可分为两类：一类是传统基质材料，包括硅片、玻璃、石英等；另一类为高聚物材料，包括聚二甲基硅氧烷（polydimethylsiloxane，PDMS）、聚甲基丙烯酸甲酯（polymethyl methacrylate，PMMA）、聚碳酸酯（polycarbonate，PC）、聚苯乙烯（polystyrene，PS）及其他聚合物。高分子聚合物的制作技术主要包括热压法、模塑法、注塑法、激光烧蚀法、LIGA 法、软刻蚀法等。

### 科学视野

钱逸泰（1941 年 1 月 3 日—2023 年 1 月 14 日，图 7 - 10），出生于江苏省无锡市，无机材料化学家，中国科学院院士，英国皇家学会会士，中国科学技术大学化学与材料科学学院教授、博士生导师，山东大学化学与化工学院院长、教授、博士生导师。1962 年，钱逸泰毕业于山东大学；1986 年，进入中国科学技术大学任教；1997 年，当选为中国科学院院士；2005 年，任山东大学胶体与界面化学教育部重点实验室学术委员会主任；2008 年，当选为英国皇家学会会士；2015 年，获得何梁何利基金科学与技术进步奖。

**图 7 - 10　钱逸泰**

钱逸泰先生桃李满天下。在钱逸泰先生的学生中，最为人熟知的有四大弟子：谢毅、李亚栋、陈仙辉、俞书宏。其中，陈仙辉是超导领域的领军人物，而谢毅、李亚栋、俞书宏三人则已是国际纳米科技领域的顶尖人物。

钱逸泰主要从事纳米材料化学制备和超导材料制备的研究。钱逸泰院士课题组用 Wurtz 反应，以金属钠分别还原四氯化碳和六氯代苯制得了金刚石和多壁碳纳米管。文章分别发表在 *Science* 和 *Journal of the American Chemical Society* 上。对于金刚石工作，"美国化学与工程新闻"评价为"稻草变黄金"，被教育部选为 1998 年十大科技新闻。

## 7.2　纳米材料在化学工程领域的应用

### 7.2.1　纳米材料在能源化工中的应用

能源的开发和利用是人类社会进步的起点，而开发和利用的程度是社会生产力发展的一个重要标志。在一万年以前的新石器时代，人类开始自觉地利用自然环境的柴薪等初级能源，开创了刀耕火种的初始农业。当化石能源成为主要能源后，人类社会的面貌发生了根本的改变。如18世纪资本主义产业革命后，蒸汽机的发明及纺织机的发展，使得能源结构急剧转向煤炭。19世纪70年代，煤炭在能源结构中的比例为24%，20世纪初急剧增加到95%，世界进入煤炭能源时代。这期间，煤炭被大量开采，世界上许多国家建立了以煤炭为基础的大工业区。煤炭在历史舞台上发挥了巨大的作用，促进了资本主义工业的高速发展，出现了机器和大工业的生产。19世纪60年代石油资源的发现以及20世纪50年代以后廉价石油的大规模开发利用，动摇了煤炭半个多世纪以来作为能源主宰的地位，世界能源结构从以煤炭为主转向以石油为主，世界进入石油能源时代，许多国家实现了经济的高速增长。自1973年开始，国际上接连出现两次大的石油危机，石油输出国和输入国都越来越认识到，石油是一种蕴藏量有限的宝贵能源，必须一方面设法提高其利用率，千方百计节省这种能源；另一方面考虑采用新的方法寻求替代能源。此后，石油和煤炭在能源中所占比例缓慢下降，天然气比例上升，新能源、可再生能源逐步发展，形成了当前的以化石能源为主（约占一次商品能源消费的90%）和新能源、可再生能源为辅的格局。

## 1. 催化

早在20世纪80年代，人们已经系统地研究了金属纳米粒子的催化性能，发现其在适当的条件下可以催化断裂 H—H、C—H、C—C、C—O 键，当它们沉积在冷冻的烷烃基质上，甚至有加成到 C—H 键之间的能力。催化剂在化石能源应用领域扮演着重要的角色，它的作用主要可以归结为三个方面：一是提高反应速度，增加反应效率；二是改变反应途径，具备优良的选择性，例如，在银催化剂的作用下，乙烯高选择性地氧化至环氧乙烷而抑制其他反应途径；三是降低反应活化能，使原本需要在苛刻条件下发生的反应能够更温和地进行。然而，大多数传统的催化剂面临催化效率低、使用寿命短和制备工艺粗糙等问题，不仅造成生产原料的巨大浪费，使经济效益难以提高，而且对环境也造成了污染，与人们日益增长的环保理念背道而驰。

表面化学在许多化学过程（如腐蚀、吸附、氧化、还原和催化）中具有很重要的作用。由于表面反应物的相互作用可以化学计量，$1 \sim 10$ nm 范围的粒子为表面化学展示了新的前景，这有两个原因：第一，纳米结构材料的巨大表面积表明表面上有很多原子，因而使得在表面 – 气体、表面 – 液体甚至是表面 – 固体反应中原子的利用率很高（"原子经济"效应）；第二，粒子尺寸的减小加强了表面上的本征化学反应。近年来，纳米材料在传统化工催化领域大放异彩，国际上将纳米粒子催化剂称为第四代催化剂。由于自身粒径尺寸小、表面的键态和电子态与颗粒内部不同，纳米粒子往往能够暴露更大的活性表面，并具备例如表面原子配位不全等缺陷结构，从而提供更多的活性位点用于反应，这就使它具备了相较于传统催化剂更优异的性能。纳米材料用作催化剂，可大大提高反应效率，控制反应速度，甚至使原来不能发生的反应也能进行；同时，纳米材料的表面效应和体积效应决定了它具有良好的催化活性和催化反应选择性。纳米催化剂有颗粒、介孔固体、介孔复合体、合成嵌段介孔分子筛等多种结构，微观研究表明，催化剂表面不同位置有不同的激活能，台阶、扭折、杂质和缺陷等均可构成活性中心，对催化性能存在重要影响，对反应过程中化学吸附、吸附分子表面扩散、表面反应或键重排、反应产物脱附发挥不同的作用。此外，纳米粒子催化剂有很薄的均匀表面层（薄层相当于 $2 \sim 5$ 个原子层的厚度）、特殊的晶体结构、原子级的表面状态、独特的电子结构、优良的表面特性，有利于吸收吸附和表面化学反应的进行，因此，具有密度小、比表面积大、反应活性高、选择性强、使用寿命长和操作性能好等许多优点，适用于各种类型的化学反应，尤其是对催化氧化、还原和裂解反应都具有较高的活性和选择性。接下来，将对纳米材料在煤、石油和天然气三大化石能源领域发挥的重大作用进行简要介绍。

煤化工是指以煤为原料，经化学加工使煤转化为气体、液体和固体燃料以及化学品的行业。根据生产工艺与产品的不同，主要分为煤焦化、煤气化和煤液化三条产品链。煤的焦化是应用最早的煤化工，至今仍然是重要的办法。在制取焦炭的同时，副产煤气和焦油（其中含有各种芳烃化工原料）。电石乙炔化学在煤化工中占有特别重要的地位，煤气化主要用于生产城市煤气、各种工业用燃料气和合成气。在我国，合成气主要用于制取合成氨、甲醇、二甲醚等重要化工产品。随着世界石油和天然气资源的不断减少、煤化工技术的改进、新技术和新型催化剂的开发成功、新一代煤化工技术的涌现，现代煤化工将会有广阔的发展前景。煤化工产品链如图 7-11 所示。我国煤炭资源丰富，其中，褐煤、低变质程度煤以及高硫煤的比例很大。如果直接利用，这些煤由于热值低、品质差、污染重而受到很大限制，市场需求日益萎缩。新型煤化工主要包括煤制油、烯烃、天然气、乙二醇和醇醚（甲醇、二甲醚）几种产品，采用新型煤化工中的煤液化或气化技术，不仅可以降低煤燃烧对大气造成的污染，提高了煤的附加值，还能降低能源和化工产品对石油的依赖程度，所以，新型煤化工将是我国今后发展的主要方向和重点，纳米材料的引入也为新型煤化工领域注入了新的活力，下面将对其主要工艺进行简要介绍。

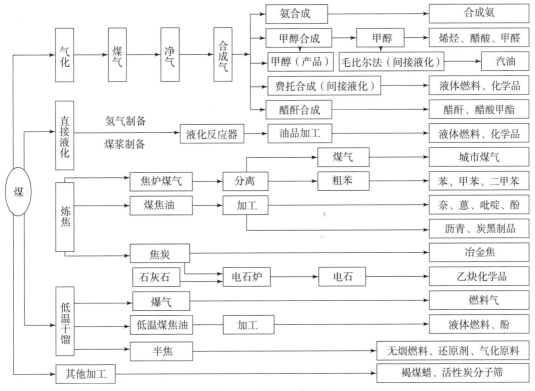

图 7-11 煤化工产品链

费托合成（Fischer – Tropsch synthesis）是煤间接液化技术之一，可简称为 F – T 反应，它以合成气（CO 和 H$_2$）为原料，在催化剂（主要是铁系）和适当反应条件下合成以石蜡烃为主的液体燃料的工业过程。煤间接液化中的合成技术是由德国科学家 Frans Fischer 和 Hans Tropsch 于 1923 年首先发现，并由他们名字的第一字母即 F – T 命名，简称 F – T 合成或费托合成。对比原油裂解生成的高附加值油品，费托反应使用纯净的合成气为原料，反应产物中不含 S、N，也极少有金属污染，因此，更加清洁环保。此外，在高选择性的催化剂作用下，经由费托合成反应将合成气转化为 α – 烯烃以及 C$_2$ ~ C$_4$ 的低碳烯烃，可以大幅缓解化工原料的需求缺口。在典型的费托反应条件下，反应物和产物以气相和液相形式存在，催化剂以固体形式存在。从目前的研究来看，元素周期表上第Ⅷ族的各个元素对费托合成都有着一定的催化作用，其中以 Ru、Fe、Ni 和 Co 四种元素对费托合成反应的催化活性最强。开发具有高选择性和高活性的新型催化剂，是改进费托合成技术的关键，因此，百年来研究学者从催化反应机理入手，目的是开发出高性能催化剂。其中，Ru 基催化剂的稀缺和昂贵、Ni 基催化剂的高甲烷选择性限制了二者的工业化应用，目前这两种催化剂只限于实验室研究阶段。相较于此，Fe 基催化剂和 Co 基催化剂的价格相对低廉，在工业上得到了广泛的应用。Fe 基催化剂对不同 H$_2$/CO 比和杂质（S、Na、K 等）的耐受性更高，因此，Fe 基催化剂得到了更广泛的研究。与其他金属催化剂相比，Fe 基催化剂制备简单、价格低廉，水煤气变换能力和灵活性方面更为优异，因此，早在 1955 年就实现了首次工业应用。但是，铁基催化剂的开发在活性相的相互转化、失活和结垢方面仍然存在一定的挑战，而这也是影响催化活性的关键。普遍的观点认为，由于铁基催化剂在反应过程中极易与合成气反应生成碳化铁，而碳化铁由于碳原子的占位和空间结构的不同，又存在多种不同形式，因此，铁基费托合成的活性相目前仍不能确定。为了进一步改善铁基催化剂反应特性，各种方法应运而生。例如，碱金属助剂的添加和纳米铁基催化剂的应用。将过渡金属（Ru、Co 和 Fe）纳米颗粒（(1.8 ±0.4) nm）分散在液体介质中用于费托合成[9]，该催化剂在 373 ~ 473 K 条件下具备活性，远低于目前工业条件（473 ~ 623 K），纳米颗粒粒径更小，分布更窄，有利于产物分布。

近年来，随着世界经济的飞速发展，石油产品在各个行业中的应用越来越广泛，全球对石油的需求量越来越大。世界石油工业的发展是与科学技术的发展同步的，石油工业的飞跃性发展依赖于相关技术和材料的突破。在油气田开发方面，新材料的应用对推进新工艺技术的发展起着关键的决定性作用，特种有机高分子材料的应用决定了开发驱替方式的创新；耐磨、耐腐蚀新材料和新型橡胶、工程塑料等的应用，有效地提高了开发工艺的技术水平；纳米材料由于其自身独特的性能，是一种非常优异的新材料，它对油气田的开发方面有广泛的应用，并且应用效果极其明显。石油化学工业的特点是以碳氢化合物（包括石油和天然气）为原料，生产化学工业所需的各种中间体和相应产品。图 7 – 12 示出了原油和石油化学品间的关系，从图中可以看出，整个石油化学工业中涉及了各种形式的化学反应，如裂解、重整、氧化、加氢、脱氢、烷基化和聚合等，如果没有催化剂，这些反应都难以进行。值得注意的是，新催化过程的开发和催化剂的改进与更新换代对石油化学工业的发展产生了巨大的助力，伴随着纳米材料的推广和应用，石油化工领域取得了更大的突破。将从以下几个方面进行简要介绍：

一是水热裂解降黏。近年来，石化能源的需求量直线上升，而且劣质化、重质化趋势严

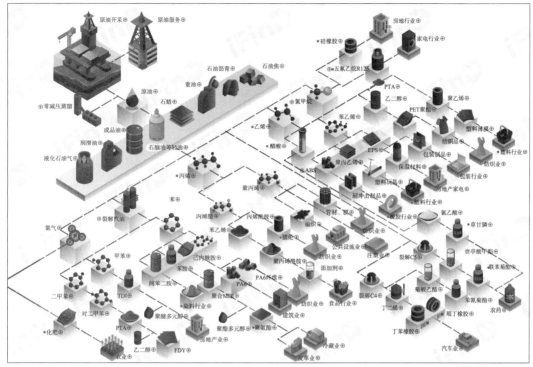

**图 7 – 12 原油与石油化学产品**

重。目前，世界石油 70% 的储量为固态重质油，因此，很多国家在稠油开采与应用研究方面投入了大量的资金。稠油固体必须先降低黏度，然后才能应用于实际中。稠油水热裂解降黏是比较成熟的技术手段，该技术有很好的工业大范围推广前景。其机理主要是过渡金属活性中心攻击稠油胶质和沥青质组分中键能较弱的 C—S、C—N、C—O 以及少量 C—C 键，实现稠油大分子长链断裂，黏度降低。稠油水热裂解降黏的关键在于催化剂的设计和制备，其中，纳米催化剂比表面积大、体积小、化学性质稳定的特性，使其广泛应用于稠油水热裂解降黏反应中。例如，纳米 $Fe_3O_4$ 催化剂同时含有 $Fe^{2+}$ 和 $Fe^{3+}$，是一种反式尖晶石结构，比表面积大，表面原子数占比高，催化活性强。利用两种不同的方法制得 4 种纳米 $Fe_3O_4$ 催化剂，粒径不同，在辽河油田的水热裂解降黏中应用，效果显著。

二是催化脱硫。随着经济的发展，一方面，石油资源需求量急剧增加；另一方面，未开采的石油资源黏度高、成分复杂，常规催化剂很多时候满足不了需要。在外加磁场条件下，将具有磁性与催化性能的纳米粒子用作磁性纳米催化剂，它的活性高又能将催化剂回收，生产效率高又可连续生产。此外，运输燃料过程中，硫化物危害非常大，因为它们能转化为毒性较大的硫氧化物（$SO_x$）。同时，使用磁性载体与脱硫催化剂，可以使生产成本降低，催化剂使用时间延长并得到回收。

三是炼油废气处理。炼油的时候会产生很多有毒有害气体，这些气体对环境及人体的危害很大。随着经济的发展，人们在提高生活质量的同时，也愈加关注环境污染问题。随着技术的进步，纳米催化剂的应用也越来越多，炼油废气的处理也愈加受到关注。添加纳米催化剂，可以将废气处理的效率和质量大幅提高。首先，炼油时纳米催化剂可以对废气进行吸收预处理，以便气体能更均匀地分配到分配器，分配器中的纳米催化剂可以将炼油废气转化为无害气体。其次，纳米催化剂可以降解危害大的有机污染物，将它们转化为污染非常小甚至无污染的一些物质。尤其是对于难降解的有机污染物，纳米催化剂的优势更明显。载体选用 $Fe_3O_4$，将 $SiO_2$ 包裹在 $TiO_2$ 与 $Fe_3O_4$ 之间得到的纳米复合催化剂，其催化效率高且可回收利用。

天然气是从地下自然喷出的或埋藏在地下被开采出的气体的总称。因而，广义地来说，二氧化碳、二氧化硫等都可以包括在内，但人们普遍将天然气限于甲烷等碳氢化合物含量多的可燃性气体。它虽然属于狭义的天然气，但是它的组分并不单纯，而是多组分的混合物。大致可以将天然气分为两种：一种是"干气"，即所含的碳氢化合物只有甲烷；另一种是"湿气"，除含大量的甲烷外，还含有少量的乙烷、丙烷、丁烷等碳氢化合物。天然气可用于生产化学品和清洁液体燃料，被认作是石油的有效替代品，通过加工处理可以得到各种价值附加产品（图 7-13）。通过天然气制备增值化学品的方法可以分为直接法与间接法。天然气直接转化成其他增值化工产品是当前多相催化领域具有挑战性的热门研究课题之一，这是由于甲烷分子具备较好的共价对成性和较高的 CH₃—H 键离解能（435.43 kJ/mol），使甲烷分子成为相当稳定的惰性小分子，给甲烷分子的活化和定向转化带来了极大的困难；相较之下，天然气间接转化利用研究早在 20 世纪就已经开始，利用天然气先转化成合成气再合成氨、甲醇、液体燃料等早已实现了大规模工业生产，其中，利用天然气合成氨、甲醇的生产已在两种产品的化工生产中占主导地位。总体而言，尽管直接转化可能具有更大的潜在经济优势，但大多数商业化技术都是基于催化进行的间接途径。因此，催化在天然气转化过程中发挥着重要作用。先进催化剂的发展需要满足人们的工业需求，符合追求经济效益的实用条件：一是利用廉价原材料生产高价值的产品；二是节能和环境友好的化学转化过程；三是低成本催化剂的制备，如减少或取代贵金属的使用。其中，大部分条件可以通过纳米催化剂的应用来实现，下面将从几个主要应用方面进行简要介绍。

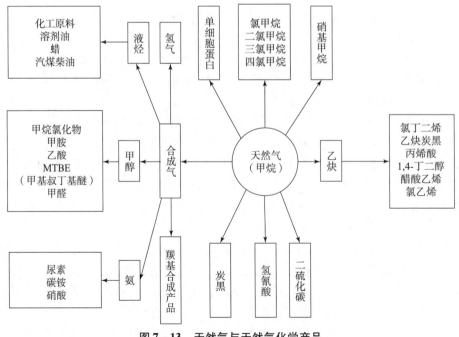

图 7-13　天然气与天然气化学产品

甲烷的直接转化途径包括 C—H 键的激活和由此产生的 $CH_x$ 或 $CH_yO$ 物种在单个容器内转化为所需的产物。热解、氧化偶联（制乙炔、乙烯、苯）、选择性氧化（制甲醇或甲醛）、部分氧化（制合成气 $H_2/CO$）和用蒸汽或二氧化碳重整。甲烷的直接转化可以通过氧化或非氧化两种手段，前者中氧化剂被用来增加热力学驱动力，通过将甲烷中过量的氢转化为水来实现，例如甲烷的氧化偶联（OCM），后者则以裂解和非氧化芳构化为主。近年来，甲烷在无氧条件下催化转化为多碳产物，特别是苯、甲苯和萘等芳烃得到了广泛的研究。其中，大量的工作致力于催化剂的改性，过渡金属组分与沸石载体之间的相互作用。例如，在 Mo/H-ZSM₅ 催化剂上，芳构化包括在 $MoC_x$ 簇上依次生成乙烯（或乙烷），然后在 $MoC_x$ 位点上通过氢解吸将 $C_2$ 中间体转化为芳烃[10]。值得注意的是，甲烷转化技术中最具潜力的重大进展在于发现甲醇和甲醛的直接转化途径[11]。甲烷催化和非催化直接氧化制甲醇和甲醛的研究已经持续了 70 余年，但一直缺少突破性的进展。同天然气氧化耦合工艺一样，氧化产物会发生进一步的氧化生成碳氧产物，特别是在甲烷转化率较高时，氧化产物的选择性会急剧下降。在间接转化途径中，甲烷首先被转化为甲烷衍生物，最常见的是合成气或混合气体（氢气、一氧化碳和一些不同成分的二氧化碳的混合物）。该合成气随后通过相应的催化过程转化至所需的产品，当前大多数商业化的天然气转化过程都是采用间接途径。通过氧化剂（水、氧气和二氧化碳）将甲烷转化为合成气是甲烷间接转化的重要步骤。蒸汽重整和部分氧化是早已商业化的成熟技术。二氧化碳或甲烷在多相催化剂上的干重整制得等摩尔 CO 和 $H_2$ 的合成气是甲烷资源利用的有效途径之一。此外，二氧化碳作为一种清洁且廉价的氧气源能够在一定程度上分担甲烷部分氧化所需的昂贵分离工程，其副反应包括水气转移（WGS）、甲烷解离和 CO 歧化（Boudouard 反应）等。这类反应可以通过贵金属和镍来催化，贵金属催化剂具备更优异的稳定性，但由于获取途径有限，镍基催化剂成为商业更优的选择[12]。传统的镍基催化剂具有较高的反应初始活性，但会由于碳沉积导致快速失活，限制其大规模工业应用。通过将金属纳米晶体（通常为 1~15 nm）分散在比金属纳米颗粒大一到几个数量级的支撑颗粒上成为一种有效手段，例如，以 $ZrO_2$ 作为负载制成 Ni 纳米颗粒，催化剂整体显示出优异的稳定性。此外，MgO 纳米晶体作为 Ni 催化剂载体的应用也获得了成功，并为甲烷重整的高活性和高稳定性的催化剂制备提供了有效的技术支持。

利用纳米微粒作催化剂来提高反应效率、优化反应途径、提高反应速度、温和反应条件的研究，是未来催化科学不可忽视的重要研究课题，将对催化在工业领域的应用带来革命性的变革。

2. 储氢材料

除去太阳能、水能、风能和生物能等再生能源外，氢能以其独有的优势和丰富的资源受到广泛重视。氢是宇宙中最丰富的元素，占宇宙总质量的 75%，地球上也广泛分布着氢，取之不尽，用之不竭。氢的燃烧产物是水，并且在空气中燃烧产生氢氧化物比石油基燃料低 80%，不会对环境产生任何污染。氢的另外一个可贵之处在于它的化学简单性。氢在快速释放能量时，破坏和形成的键相对较少，并具有高的反应速率常数和较快的电极过程动力学。

利用氢能碰到的第一个问题就是氢气的储存。如果以氢气作为载运的燃料，那么必须考虑两个充氢站之间的距离。因此，使用氢气作为燃料的前提是提高储氢的体积能量密度，从而提高了燃料运输的效率。最简单的办法就是把氢气压缩。标准铸铁储气瓶耐压 15 MPa，而只有将储气瓶中储氢的压力增加到大于 75 MPa 时，氢气驱动车才可以达到汽油车运行的距离。这种储气瓶只有使用昂贵的碳纤维增强材料时才能满足要求。将氢液化也是一种储氢的途径，但是液氢只能储存在 20.3 K 的温度条件下，所以使用的储气罐必须是真空绝热的，费用高，而且存在氢的逸散问题。

充分利用氢能使用的分散性和不连续性特点，解决氢的储存及运输问题，储氢材料是可供选择的最佳方案。而且用于储氢和能量转换的材料必须成本低廉，安全性高，效率高，氢的再利用稳定性好。近年来，科学家发现纳米碳是一种优异的储氢材料。其中，纳米碳管、纳米碳纤维等一维纳米碳材料表现出很好的储氢性能（图 7 - 14）。例如，由纳米碳制备的储氢系统可以满足氢能电动车要求的质量储氢密度。

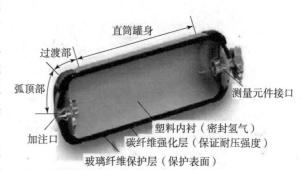

**图 7 - 14　碳纤维车载氢气储罐**

除纳米碳材料之外，其他的纳米材料也可通过形貌控制、缺陷结构和掺杂等来提高储氢容量，降低活化温度，提高充/释速率。溅射沉积 Mg - 50Ni（质量分数%）纳米晶试样表现出多孔的纳米尺寸的晶粒结构。氢化处理后，材料发生了晶粒长大，但仍处于纳米范围。用矿物溶剂作介质通过球磨来制备 Mg - Ni 纳米晶体，具有较高储氢容量的部分原因是球磨过程中引入了缺陷。

储氢材料以前主要集中在金属氢化物，然而单相材料很难满足所有要求。最近的研究主要转向更复杂的材料如纳米晶和复合材料。廉价且轻的 FeTi 暴露于空气中会失效，遇到氢化物会变脆，为了解决这个问题，用表面具有涂层的纳米晶微粒替代。Pd 涂在无定形或纳米晶的 FeTi 薄膜上，Pd 薄膜可以在 150 ℃ 前阻碍 FeTi 在空气中的氧化，在 101 kPa 下充气，H/M（氢/金属）高达 0.8，在 150 ℃ 加热氢放出，H/M 可能降至 0.1，充放过程可以重复 15 次。

储氢材料的研究对汽车工业具有深远的影响，这是因为石油的储量是有限的，而且环境保护的压力也迫使我们去寻找替代燃料。将氢转化为电能或热能，这个循环过程可以无限重复，而且不会产生对生态有害的副产品。这必将成为未来解决能源危机的重要发展方向和主要手段之一。

3. 化学电源

近年来，原油缺口增大，能源消耗结构不合理，环境污染严重。因此，以 Ni - H 电池、锂离子电池和超级电容器为代表的绿色化学能源受到广泛的重视，并得到了大力的发展。进入 20 世纪 90 年代，纳米科学技术已经扩展到化学电源领域。这是由于纳米材料存在量子尺寸引起的特殊的量子限域效应和界面效应，具备独特的化学和物理性质。

燃料电池成为电化学方向的热门研究领域之一。燃料电池是一种将储存在燃料和氧化剂中的化学能直接转化为电能的化学装置。燃料电池的运行可以简单地表示为（图 7 - 15）：

[燃料→阳极 ‖ 电解质 ‖ 阴极←氧化剂]→电能

燃料电池工作时，氢气或含氢燃料输入阳极（也称燃料极），氧气或空气作为氧化剂送

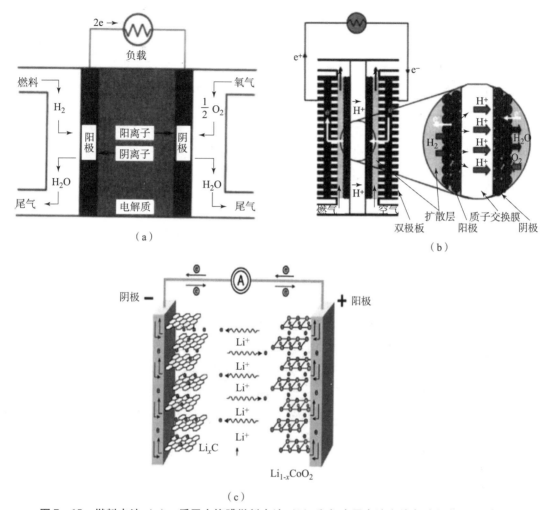

图 7-15　燃料电池（a）、质子交换膜燃料电池（b）和锂离子电池充放电过程（c）示意图

入阴极（也称空气极），并在电极与电解质的界面上发生氢气氧化与氧气还原的电化学反应，产生电流，输出电能。只要不间断地向电池输入燃料与氧化剂，燃料电池就可以连续地输出电能。由于燃料电池本身不包括燃料与氧化剂，依靠电池外部的气体贮罐供给燃料与氧化剂，因此，把燃料电池的功能形象地比喻为"将燃料与氧化剂中的化学能直接转化为电能转换器"是名副其实的。作为一种新型化学电源，燃料电池是继火电、水电与核电之后的第四种发电方式。与火力发电相比较，燃料电池的发电过程不是燃料的直接燃烧，发电效率不受卡诺（Carnot）循环限制，$CO$、$CO_2$、$SO_2$、$NO_x$ 及未燃尽的有害物质排放量极低。因此，燃料电池是集能源、化工、材料与自动化控制等新技术为一体的，具有高效与洁净特色的新电源。燃料电池可以划分为许多类，最常用的分类方法是根据电解质的性质，可以将燃料电池划分为六大类，碱性燃料电池（Alkaline Fuel Cell，AFC）、磷酸燃料电池（Phosphorous Acid Fuel Cell，PAFC）、熔融碳酸盐燃料电池（Molten Carbonate Fuel Cell，MCFC）、固体氧化物燃料电池（Solid Oxide Fuel Cell，SOFC）、质子交换膜燃料电池（Proton Exchange Membrane Fuel Cell，PEMFC）和微生物燃料电池（Microbial Fuel Cell，

MFC)。其中，质子交换膜燃料电池因其操作温度（约 80 ℃）低、功率密度高、启动快及对负载变化响应快，近年来备受关注（图 7 – 15）。其中，氢/空气质子交换膜燃料电池尤其适用于轻型汽车动力和建筑物电源。同传统内燃机汽车相比，质子交换膜燃料电池汽车产业化的瓶颈在于其所使用的催化剂铂含量高，耐久性差。近年来，许多工作围绕 Pt 基催化剂的改性展开，主要包括设计 Pt 合金催化剂、核壳结构 Pt 基催化剂、Pt 单层催化剂、高指数 Pt 基催化剂及纳米多孔 Pt 基催化剂等。其中，纳米多孔材料具有较高的活性表面积、可控的孔隙率和渗透率、毛细性以及反应物易于进入电极/电解质界面等优点，因此得到了广泛的研究。诸如纳米多孔 Pt/Au、Pt/Ni、Pt/Ni/Al、Pt/Co 等多种金属合金纳米线催化剂被广泛报道用于 PEMFC 的阴极或阳极催化剂[13]。此外，为了提高 Pt 在催化剂中的利用率，具有高折射率平面的 Pt 基催化剂因其具备台阶或缺陷等低配位位点，也成为研究热点，诸如高能切面和开放表面结构的纳米晶体层出不穷，百花齐放。但值得注意的是，纳米催化剂尺寸的控制，特别是合成几纳米的高表面能纳米催化剂仍然是该领域的巨大挑战。

纳米材料作为电极的活化材料，可以增大与液体或气体之间的接触面积，提高电池效率，并有利于电池的小型化。纳米材料在化学电源领域有广阔的应用前景。如纳米尺度的银粉、镍粉和 $TiO_2$ 纳米微粒的烧结体可作为光化学电池的电极。纳米碳管等纳米材料具有奇特的电学性能，已被用于制备场发射器件、锂离子电池、燃料电池等。氢氧化镍是碱性蓄电池的正极活性物质，考虑到电池的循环寿命，在设计时采用负极过量而正极限量，氢氧化镍的活性决定电池容量的高低。随着 MH/Ni 高容量碱性蓄电池的发展，正极材料氢氧化镍不但要有高的电化学活性，还要求有高的堆积密度，以提高电极和体积比容量。采用纳米相氢氧化镍粉末烧结成尺寸为 10 ~ 12 μm 的颗粒，可以明显提高镍 – 碱性电池的性能；当氢氧化镍粒径进一步减小至 16.9 nm 后，会发现电池容量进一步提高。

纳米材料、纳米复合材料作为嵌锂材料，由于其特殊的纳米微观结构及形貌，可望更有效地提高材料的可逆嵌锂容量和循环寿命。纳米活性材料所具有的比表面积大、锂离子嵌入脱出深度小、行程短的特性，使电极在大电流下充放电极化程度小、可逆容量高、循环寿命长（图 7 – 15）。纳米材料的高孔隙率为有机分子的迁移提供了自由空间，和有机溶剂具有良好的相容性，同时也给锂离子的嵌入/脱出提供了更大的空间，进一步提供嵌锂容量及能量密度。当前，锰钡矿型 $MnO_2$ 纳米纤维、碳纳米管、聚硅氧烷、聚沥青硅烷以及多种纳米复合材料都可应用于锂离子电池阴极材料。碳纳米材料和纳米二氧化锡则用于锂离子电池的阳极材料。

目前，纳米 $MnO_2$ 是一种重要的纳米材料，在技术上具有广泛的应用前景，如催化剂、有毒金属吸附剂、离子筛、分子筛、人工氧化酶、干电池、陶瓷中的无机颜料、电化学电池（锂、镁、钠）的电极和超级电容器的电极。研究者们将纳米 $MnO_2$ 改进后的电池与传统商业电池（Duracell MN1600）在相同条件下进行对比，发现经纳米 $MnO_2$ 改进后的电池拥有了更大的容量。对于超级电容器来说，一个理想的纳米复合电极具有长周期稳定性应该包含高功率密度材料（碳基）与高能量密度化合物（氧化物）。$MnO_2$ 具有较高的理论比电容，但其主要缺点是导电性差，这可以通过制备各种 $MnO_2$/导电基质杂化材料（如 $SnO_2/MnO_2$、多壁碳纳米管和 $C/MnO_2$ 纳米材料）来增强。

## 7.2.2　纳米材料在生物化工中的应用

科技迅速发展的今天，科学技术的各个领域将更多地发生融合、渗透，以期朝着一体化方向发展。即科学技术的某些领域在某一项高新技术的促进下，可以组成一个有机整体，而信息、生物和新材料代表了高新技术的发展方向。其中，纳米科技的发展促进了高新技术一体化的进程，引起了科技界的高度重视。我国著名科学家钱学森曾经预言："纳米左右和纳米以下的结构将是下一阶段科技发展的重点，会是一层技术革命，从而将是 21 世纪的又一次产业革命。"目前，纳米技术已实现了与众多学科的交叉融合，并且在社会各领域的应用范围都很广，而纳米技术与生物化工的碰撞更是绽放了璀璨的火花。生物化工是生物技术的一个重要组成部分，为解决人类所面临的资源、能源、食品、健康和环境等重大问题起到积极的作用。下面将主要从生物医学和食品两方面简要介绍纳米材料在生物化工中发挥的重要作用。

### 1. 生物医学

目前纳米材料在生物医学领域已得到广泛应用，在基础医学、药物医学、临床医学和预防医学方面的作用不容小觑。生物医学起源于诊断，没有好的诊断就不可能有好的预防和治疗。随着科技的发展，生物医学诊断得到了前所未有的发展，各种检验诊断手段、仪器层出不穷，在其迅猛发展的过程中，纳米材料起到了关键作用。

目前纳米材料在检验诊断中的应用主要有 3 个方面：①利用纳米材料跟踪生物体内活动，对生物体内元素的积累和排除做出判断；②利用纳米颗粒极高的传感灵敏效应对疾病进行早期诊断；③利用纳米材料的特性去化验检测试样，从而辅助治疗。此外，纳米生物材料具备生物兼容性、可生物降解、药物缓释和药物靶向传递等优良特性，在药物治疗方面也大放异彩。纳米材料在药物治疗方面主要涉及以下几个方面：①提高药物的吸收利用度，纳米粒径的药物由于比表面积大，促进了药物的溶解，因而可以提高药物的吸收度，同时，纳米粒径的药物更容易穿透组织间隙且分布极广，可以大大提高其生物利用度；②利用纳米材料控制释放系统，如纳米粒子和纳米胶囊，可延长药物作用时间，并在保证药物作用的前提下减少给药剂量，以减轻或避免毒副作用，另外，可提高药物的稳定性，以便储存；③提高药物作用的靶向性，药物作用靶向性可以通过纳米载体完成，以纳米粒子作为载体与药物形成复合物后，根据不同的治疗目的，选用不同的方式进入体内的目标部位，从而达到治疗目的，有研究发现，纳米粒子的大小、形态及复合物的制造是实现纳米粒子靶向性的关键；④建立新的给药途径，例如，多肽类药物在临床上显示了良好的治疗效果，但是多肽类药物口服易被蛋白水解酶降解，而纳米技术为解决这些问题带来了希望；⑤利用纳米反应器控制药物的反应取向和速度。

### 2. 食品

纳米食品从广义范畴上来讲，是指在生产过程中使用了纳米高科技技术的食品；从狭义上理解，只有利用了纳米技术并对食品进行制作和创新的产品，才可被称为纳米食品。当前人们所说的纳米食品一般是指广义上的纳米食品。纳米材料在食品领域得到了很好的开发和利用，在给食品加工行业带来许多新变化的同时，也使食品工业迎来了许多发展的新契机。在食品生产制造领域，纳米技术在食品的生产制造、材料包装等方面都得到了广泛应用。下面将对纳米加工技术和纳米过滤膜在食品行业的应用进行简要介绍。

在纳米加工技术方面，运用纳米技术打破构成物质内分子以及原子的内部结构，对其按照一定的原则进行重新编辑和破译内部程序，使物质的内部构成发生变化，进而提升这种物质的某些特殊成分对其他物质的吸附能力，促进包含养料在内的部分营养物质在人体内的传送，进而在一定程度上促进某些有益于身体健康的矿物质元素的吸收，延长食品中部分营养物质元素发挥效用的时间，以此延长食品的相对安全时间。随着科学技术的发展，当前工业上常对矿物质、再生植物蛋白纤维、高分子碳水化合物以及维生素等进行纳米化处理。例如，淀粉这种高分子碳水化合物经纳米技术处理后，其固有的性质发生了变化，使用性能得到有效提升，用于食品加工中可达到增稠的目的。大豆纤维这种再生植物蛋白经纳米化处理后，转变为一种具有高活性的纤维素，加速物质分子之间的反应速度，在工业生产中具有吸收附着和减缓释放的作用，有利于保存食品中部分易挥发的香味成分以及某些需延长留存时间的营养元素。

在工业上使用纳米过滤膜技术能将食品中多种营养元素和具有功能的成分有效分离出来，纳米过滤膜技术具有良好的分离提纯效果。纳米过滤膜的孔径只有几纳米，十分微小，是一种介于以压力为推动力的超强膜分离技术和以压力差为推动力的逆渗透之间的一种膜分离技术。目前，在食品工业生产中，纳米过滤技术应用较广，如可用于乳清蛋白的浓缩、各种食品调味液的脱色、果汁浓缩等。例如，要想去除葡萄酒里的色素，可采用纳米过滤技术进行提纯处理；为了使不能食用过多糖分的人喝上各种口味的牛奶，可运用纳米过滤提纯处理技术，使用纳米过滤器从牛奶中将乳糖成分提取出来，同时，用其他类糖分代替，这种过滤提纯的方式意味着在对食品进行加工处理时没有必要采用化学制品或加热的方式，可使食品安全得到更有效的保障。纳米过滤器经过科学改造后，能将牛奶或水中的一些杂质清理干净，从而起到杀菌消毒的作用，还可以使食品中的矿物质等营养元素得以保留，人们饮用牛奶时无须加热即可直接饮用。

### 7.2.3　纳米材料在精细化工与绿色制造中的应用

精细化工是一个巨大的工业领域，产品数量繁多，用途广泛，并且影响到人类生活的方方面面。纳米材料的优越性无疑也会给精细化工带来福音，并显示它的独特魅力。由纳米微粒组成的纳米固体的界面组元占很大的比例，既不同于长程有序的晶体，也不同于长程无序、短程有序的非晶体，而是一种长短程都无序的"类气体"结构。这种特殊结构决定了纳米固体很多新奇的效应，如小体积效应、量子尺寸效应、宏观量子隧道效应以及表面界面效应等。所有这些效应导致材料具有完全新型的性质，特别是一些非常具有应用前景的特性，都为纳米材料在精细化工中的应用，包括陶瓷、橡胶、塑料、化妆品和黏合剂等领域，奠定了坚实的基础。纳米材料对人类产生的影响正渗透进老百姓衣、食、住、行的各个领域，甚至改变人们的思维方式和生活方式，是一次新型技术革命，从而将引发21世纪又一次产业革命。美国国家科学基金会的纳米技术高级顾问米哈伊尔·罗科预言："由于纳米技术的出现，在今后30年中，人类文明所经历的变化将会比刚刚过去的整个20世纪都要多得多。"

1. 陶瓷

从成分来看，陶瓷材料既不像金属那样由金属元素的原子组成，也不像有机物那样主要由碳、氢、氧原子所构成，陶瓷是由金属氧化物、氮化物、碳化物、硼化物等化合物或其相互作用形成的复杂化合物所组成，实质上是一类由多种物质组成的复合材料。

从结合状态也就是化学键来看，金属材料是由金属键构成，其自由电子分散于原子之间，形成原子与原子的结合。有机材料是由原子之间的共价键结合成分子，但分子之间则是由很弱的范德华力所构成。而陶瓷材料绝大多数是周期表中电负性差别很大的元素之间形成的化合物，大部分以离子键结合，小部分以共价键、金属键结合。但归根结底，陶瓷和金属及有机材料之间的区别主要是其化学成分以及原子、分子间的结合状态。

陶瓷材料具有优良的力学性能、耐高温性能、电磁方面的性能以及防腐蚀和耐环境的性能，但是由于其韧性较低而呈脆性，且难以加工，严重限制了其应用。通常的陶瓷是借助高温高压使各种颗粒融合在一起制成的。纳米颗粒压成块体后，颗粒之间的界面具有高能量，在烧结中，高的界面能释放出来成为额外的烧结驱动力，有利于界面中孔洞收缩和空位团的湮灭，因此，在较低温度下烧结就能达到致密化的目的，并且性能优异。由于烧结温度低，制成的烧结体晶粒较小，因此特别适用于电子陶瓷制备，如利用纳米钛酸钡颗粒烧结可提高片式电容器和片式电感器的各种性能。纳米功能陶瓷是指通过有效的分散、复合而使异质相纳米颗粒均匀、弥散地保留于陶瓷基质结构中而得到的具有某种特殊功能的复合材料。

纳米陶瓷是纳米材料的一个分支，是指平均晶粒尺寸小于 100 nm 的陶瓷材料。纳米陶瓷属于三维的纳米块体材料，其粒径尺寸、晶界宽度、第二相分布、缺陷尺寸等是在纳米量级的水平。纳米陶瓷一般可分为三类：晶粒内纳米材料、晶粒间纳米材料以及纳米/纳米复合材料。前两类纳米复合材料的纳米级粒子主要弥散于晶粒内或晶粒间，其主要是改善高温力学性能。后一类主要是为了使材料增加某些新的功能（如可加工性和超塑性等）。前两类纳米复合材料技术有望应用于耐火材料中，尤其是晶粒间纳米复合材料技术，可以在耐火材料中加入少量能引入某些特殊功能的纳米级粉末添加剂，通过纳米粉末的表面 – 界面效应及其奇异的特性，改善材料的性能，使材料的性能成倍提高。1987 年，德国的 Karch 等人首次报道了所研制的纳米陶瓷具有高韧性与低温超塑性行为。自此以后，纳米陶瓷材料因化学性质稳定、韧性好、耐磨性好、硬度高及密度小等系列性能而被人们所注目，并在各个领域中逐渐被应用。陶瓷材料在通常情况下呈脆性，而纳米颗粒制得的纳米陶瓷材料具有良好的韧性。其原理为纳米材料具有较大的界面，原子排列相当混乱，在外力作用下，纳米粒子容易迁移而表现为很好的韧性和一定的延展性，使陶瓷材料具有优异的力学性能，用纳米陶瓷材料可制得"摔不碎的酒杯"或"摔不碎的碗"。碳化硅（SiC）、氮化硅（$Si_3N_4$）陶瓷粉体材料可以具有 1 400 ~ 1 600 ℃ 的使用温度。

如前所述，制备纳米陶瓷的主要目的是充分发挥陶瓷的高硬度、耐高温、耐腐蚀性并改善其脆性，应用于高温燃气轮机、航天航空部件等。WC – Co 材料可用于微型钻头、打印针、精密工模具等。研究工作多集中在力学性能（室温及高温韧性、抗弯强度、超塑性、硬度、弹性模量、耐高温行、耐氧化性、抗高温蠕变性、残余应力等）方面，对其他性能的研究目前也已引起研究者的重视。纳米陶瓷的问世，使材料的强度、韧性和超塑性大大提高，人们追求的陶瓷增韧和强化问题有望在纳米陶瓷中得到解决。

2. 塑料

纳米塑料是指金属、非金属和有机填充物以纳米尺寸分散于树脂基体中形成的树脂基纳米复合材料。在树脂基纳米复合材料中，加入的填料分散相为纳米材料，其尺寸至少在一维方向上小于 100 nm。分散相的纳米尺寸效应、表面效应和强界面结合，使纳米塑料具有一般工程塑料所不具备的优异性能。例如：高强度、抗静电性和防辐射性等。因此，纳米塑料是一种全新的高技术新材料，是纳米技术在高分子材料中应用的一个典型范例。

按照塑料中加入的纳米材料的不同，可将纳米塑料分为无机纳米塑料和有机纳米塑料。在塑料中加入无机纳米材料形成无机纳米塑料，例如加入 $CaCO_3$、$ZnO$、$TiO_2$、$Cu$、$SiO_2$ 和硅藻土等。这类纳米材料本身具有一定功能，加入塑料中可以达到以下效果：一是改善塑料性能，例如提高力学性能、透气透水率、耐高温或低温等；二是增加塑料的特殊性能，例如防辐射性能、抗静电或导电性能和磁性能等很多塑料以前没有的性能。有机纳米塑料的制备是在塑料中添加纳米有机化合物，有机化合物以纳米级存在于塑料大分子中，所以，有机纳米塑料也叫有机纳米聚合物分子复合材料。在塑料中加入有机化合物的目的是改善塑料的功能，例如，在塑料中加入刚性分子聚对苯二甲基苯并噻唑，可以增加塑料的力学性能，加入其他纳米有机物可以提高塑料加工性能和光学特性等。

纳米塑料的魅力体现在对传统产品的改性。这种改性绝不昂贵，但产品性能却大幅提升，极具市场活力。如普通塑料价格低，但性能逊于工程塑料；工程塑料虽性能优越，但价格因素限制其广泛应用。纳米材料改性将完美地解决这一矛盾，例如它将普通聚丙烯塑料与工程塑料尼龙 6 相提并论，而成本却只是其 1/3，可以实现点"塑"成"金"。

值得注意的是，纳米材料技术与塑料工业的结合最为成功的两个实例便是抗菌塑料和导电塑料的诞生。抗菌塑料是指塑料本身具有抗菌性，可以在一定时间内将沾污在塑料上的细菌杀死并抑制细菌生长。抗菌塑料是通过在塑料中添加抗菌剂的方法实现的。利用纳米技术在塑料中添加少量的纳米无机抗菌剂即可制得高效的抗菌塑料。经纳米技术改性的无机抗菌剂之所以有很好的抗菌性能，是因为：由于颗粒的减小，单位质量的无机抗菌剂颗粒数增多，比表面积加大，而无机抗菌剂是接触式杀菌，增加了与细菌的接触面积，从而提高了抗菌效果。同时，由于抗菌剂的粒径超细，依靠库仑引力可穿透细菌的细胞壁进入细胞体内，破坏细胞合成酶的活性，使细胞丧失分裂增殖能力而死亡。抗菌性纳米复合塑料具有极其优异的性能：安全性高，无毒副作用；抗菌时效长，缓释效果良好；抗菌效率高，对大肠杆菌等的抗菌率达到 99% 以上；抗菌谱宽，克服了一般抗菌材料的单一性；稳定性好，具有普通银系抗菌剂所不能比拟的光稳定性和热稳定性。高效的纳米抗菌塑料主要应用于家用电器，如电冰箱的门把手、门衬、内衬等部件，洗衣机的抗菌不锈钢筒、抗菌洗涤水泵、抗菌波轮等部件；医用电器设备的外用的塑料制件等。导电塑料是指具有一定导电性能的塑料，常用导电塑料多采用添加铜粉、银粉或炭黑的方法制得。由于普通炭黑等材料在塑料中分散性差，与塑料的相容性不好，因而其在应用上受到了一定的限制。以纳米级 $TiO_2$ 为载体，在 $TiO_2$ 上包覆一层致密的 $Sn$ 和 $Sb$ 膜，可制成性能优异的纳米级导电粉。该导电粉由于粒径超细，因而和塑料有很好的相容性，并且白度好，为导电粉在塑料上的应用拓宽了领域。导电塑料主要用于电器的壳体，以屏蔽或反射电器所产生的对人体有害的电磁波。

纳米材料具有有机聚合物韧性好、密度低、易于加工等优点，以及无机填料的强度和硬度较大、耐热性好、不易变形等特点，是现代社会中最重要、应用最广泛的材料。把纳米微粒掺入塑料中，具有增强、增韧与耐磨损的效果，而且还能提高塑料的成型加工性。如超高相对分子质量的聚乙烯，熔体黏度极高，加工困难，采用适当的工艺制成纳米复合材料后，加工性能得到极大的改善。纳米技术应用于塑料，赋予了塑料更多的可能性甚至以前从未有过的性能，能够更好地解决人们日益增长的生活需求。

### 3. 橡胶

尺寸在 1~100 nm 的无机粒子分散在连续相橡胶基体中构成的复合材料，称为纳米复合橡胶。

纳米材料的一个主要特性就是超常规的物性，如纳米氧化锌作为橡胶的无机活性剂，应用到橡胶鞋底生产，用量不仅比间接法氧化锌特级品少 1/3，而且耐高温、耐老化。在橡胶原料中加入少量纳米二氧化硅（$SiO_2$），鞋底的拉伸强度、撕裂强度、断裂伸长率、抗折性、耐高温及耐老化性能大大超出原材料。此外，由于纳米材料具有极佳的力学性能、良好塑性、光学性能和电磁性能，可提高鞋制品的防腐蚀能力。此外，纳米 ZnO 可用于制造耐磨的橡胶制品，可以使飞机轮胎、轿车用的子午胎等具有防老化、抗摩擦起火、使用寿命延长等性能。据称，轮胎侧面胶的抗折性能可由 10 万次提高到 50 万次，而且其用量仅为普通 ZnO 的 30%~50%。把纳米微粒掺入橡胶中，同样具有增强、增韧和耐磨损的效果，纳米级炭黑、白炭黑、氧化锌、二氧化钛、氧化铁和碳酸钙等纳米材料已广泛应用于橡胶制品中。其中，纳米碳酸钙等材料将取代传统的补强、耐磨、抗老化添加剂炭黑，以及高能耗、高成本的白炭黑，一改橡胶制品纯黑色的外观，赋予其多姿多彩、优异的性能及富有吸引力的性价比。舟山明日纳米材料有限公司采用无机纳米 $SiO_2$ 和橡胶分子的接枝作用，造出高性能多功能的纳米 $SiO_2$ 改性彩色橡胶，其各项性能指标均得到大幅度提高，并制成了纳米 $SiO_2$ 改性彩色防水卷材及配套胶黏剂、纳米 $SiO_2$ 改性场地材料及彩色轮胎等。采用纳米材料改性的橡胶手套可广泛用于家庭和医院，具有杀菌功能。据杜邦公司报道，该公司采用纳米改性材料可生产出 15 个方面 52 类新一代抗菌性产品，广泛用于生活、办公及学习用品，以提供长效性的杀菌及防霉效果。

### 4. 化妆品

化妆品可用于清洁、保养皮肤；对问题性皮肤起治疗作用；遮盖皮肤瑕疵，调和肤色；修饰面部的五官及轮廓。化妆品的这些作用取决于化妆品中的活性物质，而这些活性物质必须全部通过皮肤来吸收。采用传统工艺生产的化妆品，活性物质的功效往往难以充分发挥。与有机化合物相比，纳米 ZnO、$TiO_2$、$Fe_2O_3$ 等纳米材料具有无刺激、无毒、无味、光稳定、化学稳定、热稳定、易着色、低成本等优点，同时，纳米级物质更易被皮肤吸收。纳米化妆品不仅可提高药物和营养物利用率、提高抑菌抗菌作用、增强防晒剂功能，还能运用纳米胶囊技术使功效成分较长时间维持在有效浓度内，起到稳定有效成分、减少添加剂对皮肤的刺激作用。因此，以纳米材料取代防晒剂中的有机物已成为研究的热点和化妆品行业发展的趋势。目前所说的纳米技术在化妆品中的应用大致有两个方面：一种是将纳米粉体添加到化妆品中，使化妆品的一些特性发生改变；另一种是利用纳米工程技术将不能直接制成纳米级产品的有效成分改性纳米化。纳米材料在化妆品中的应用不胜枚举，下文将对主要部分进行介绍。

一是应用于化妆品乳化技术中。金纳米粒子和银纳米粒子，除了具有众多的应用外，也表现出抗菌和抗真菌特性。因此，金和银纳米颗粒被用于化妆品（图 7-16），如除臭剂和抗衰老霜。银纳米颗粒可作为多种微生物的有效生长抑制剂，银和银基化合物在各种应用中用于控制细菌生长。由于银基化合物逐渐沉淀在溶液和乳剂中，因此，在化妆品中使用银可能会受到影响，而解决这一问题的办法可能是使用银纳米颗粒。采用纳米技术制备化妆品时，将化妆品中最具功效的成分进行特殊处理，得到的化妆品膏体微粒尺寸可以达到纳米数量级。这种纳米级膏体对皮肤的渗透性大大增加，皮肤选择吸收功能物质的利用率随之大大提高。此外，纳米粒子的稳定性也取得了较大突破，Kokura 等人研究了纳米银在化妆品中作为防腐剂的使用，并报道称纳米银在超过 1 年的时间内保持稳定，没有出现沉淀。值得注意的是，纳米银颗粒对细菌和真菌具有良好的保存效果，并且不穿透人体皮肤。

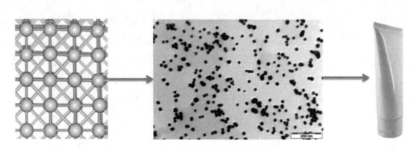

图 7 – 16　金纳米粒子用于化妆品

二是应用于活性物质传输技术中。在活性成分的传输技术中新型载体是关键，化妆品的传统载体是水和各种动植物油脂，而近年来，微胶囊和纳球已广泛应用于化妆品的载体。微胶囊是指用聚合物薄膜将微量固体、液体或气体物质包裹制成微小囊状物，超薄壁厚仅 10 nm。微胶囊可防止各种成分间的互相干扰，控制添加剂的释放速度。纳球是近年来出现的另一种新型多孔微粒载体，直径为纳米级。纳球由于多孔而使球体表面积增加，从而具有极强的吸附能力，可运载更多的有效成分，并具有缓释和定向释放的效应。欧洲已经开发出纳球 100NCK、纳球 100NH 等具有定向释放特性的纳球产品，广泛应用于各种化妆品中。

三是应用于防晒剂中。国内之前最常用的防晒剂有甲氧基肉桂酸辛酯等有机防晒剂（属于化学防晒剂）和 $TiO_2$、$ZnO$、$SiO_2$ 等无机防晒剂（属于物理防晒剂）。化学防晒剂品种多，效果好，但光稳定性不太好；物理防晒剂的光稳定性好，同时具有美白作用，但物理防晒剂含量不宜过高。太阳光对人体有伤害的紫外波段主要在 300 ~ 400 nm，纳米 $TiO_2$、纳米 $ZnO$、纳米 $SiO_2$ 等都有在这个波段吸收紫外光的特性。无机紫外线（UV）屏蔽剂外观为白色超微细粉末，主要成分为纳米 $TiO_2$、纳米 $ZnO$，粒径均匀，比表面积大，添加量小，亲和性强。纳米 $TiO_2$ 和 $ZnO$ 经过特殊处理后，按不同的使用范围及比例添加，可以赋予产品新的功能。

5. 涂料

随着社会的不断进步，人们的居住环境也越来越注意环保的问题。一般来说，传统的涂料耐洗刷性差，时间不长，墙壁就会变得斑驳陆离。使用某些特殊工艺制备的涂料，其细度在纳米量级，这种涂料称为纳米结构涂料。现在采用纳米技术制造的新型涂料，不但耐洗刷性可提高十多倍，悬浮稳定性和触变性差、不耐老化、光洁度低等问题都将迎刃而解，而且有机挥发物极低，无毒无害无异味，有效解决了建筑物密封性增强所带来的有害气体不能尽快排出的问题。

根据涂料的细度，可以把纳米复合涂料细分为纳米改性涂料和纳米结构涂料，广义上讲，纳米粒子用于涂料中所得到的一类具有抗辐射、耐老化和具有某些特殊功能的涂料称为纳米复合涂料。所谓纳米复合涂料，就是由纳米材料在聚合物体系中以纳米级分散水平复合而制成的一种复合涂料或复合涂层材料。纳米复合涂料有两个特征：一是分散相尺寸在 1～100 nm；二是由于纳米相的存在而使涂料性能得到显著提高或赋有新功能。利用纳米粒子抗紫外线等性能对现有涂料进行改性，提高涂料的某些性能，这种涂料应称为纳米改性涂料。而使用某些特殊工艺制备的涂料，其细度在纳米量级，这种涂料应称为纳米结构涂料。在建筑材料领域主要使用的是具有耐老化和抗辐射等要求的涂料。

将纳米材料与表面涂层技术相结合，有利于纳米材料的扩大应用，同时，给涂料技术的进一步提高创造了条件。借助于添加纳米材料，技术上无须增加太大的成本，便可使传统涂层的功能得到质的提高。这种纳米复合涂料已走向市场，展示出良好的应用势头。利用现有的涂层技术，针对涂层的性能添加纳米材料，即可实现涂层性能的提高。如在传统涂料（特别是外墙涂料）中添加少量纳米 $SiO_{2-x}$ 后，很好地解决了其悬浮稳定性差、触变性差、抗老化性差、光洁度不高等问题。因纳米 $SiO_2$ 是一种抗紫外线辐射（即抗老化）材料，加之其极微小颗粒的比表面积大，能在涂料干燥时很快形成网状结构，同时增加涂料的强度和光洁度。

纳米涂料的开发研究还有很多亟待解决的问题，其关键问题是如何保证纳米微粒在涂料中有效稳定分散和纳米微粒在涂料中的储存稳定性，它的应用将成为涂料向高性能、高档次、功能化发展的又一新动力。因此，纳米材料的应用将会给传统的涂料带来一场革命。纳米复合涂料已成为涂料家族中的新成员，相应地，传统涂料理论需要补充和完善，纳米复合涂料的新理论、新机理需要建立。纳米复合涂料在这些新理论、新机理基础上将朝着特殊化、功能化、多元化及高级化的方向发展。

### 7.2.4 纳米材料在环境化工中的应用

人类对地球资源过度地开采和利用，带来了日趋严重的生态环境问题，资源短缺、环境污染、疾病蔓延和气候反常等，为人类的生存和发展带来了越来越多的困扰。纳米材料在环境保护和环境治理方面的应用，已应运而生，并呈现出欣欣向荣的景象。由于纳米材料具有独特物理化学性能，因此，纳米材料可以作为高效催化剂、抗菌剂、吸附剂等应用于环境污染的治理中，发挥其独特的性能，使一些功能材料在污染治理技术中有更广泛的应用，纳米材料和纳米技术在环保方面的应用的更深入研究，将会给环境污染治理方面带来新的契机。下面将从废气、废液和固体废物三个方面简要介绍纳米材料在环保领域的应用。

1. 空气净化

现代工业的发展在为人类创造巨大财富的同时，给人类生存环境也带来了严重污染。工业生产中使用的气体燃料和在生产过程中产生的气体的数量与种类越来越多，这些有毒性气体和可燃性气体严重污染环境，而且有可能发生爆炸和火灾，危及人身和财产安全，此外，机动车排放的气体也是重要的污染源之一。应用纳米材料实现空气净化，是近年来针对大气污染治理的有效手段，下面将对集中主要措施进行简要介绍。

一是空气中硫氧化物的净化。煤不完全燃烧释放出的二氧化硫、一氧化碳和氮氧化物是影响人类健康的有害气体，如果在燃料燃烧的同时加入纳米级催化剂，不仅可以使煤充分燃烧，不产生一氧化硫气体，提高能源利用率，而且会使硫转化成固体的硫化物。如果使用纳米 $Fe_2O_3$ 作为催化剂，经纳米材料催化的燃料中硫的含量小于 $0.01\%$，不仅节约了能源，提高了能源的综合利用率，也减少了因为能源消耗所带来的污染环境问题，而且使废气等有害物质再利用成为可能。

二是汽车尾气净化。近年来汽车的普及也使得其尾气成为大气主要污染源之一。复合稀土化合物的纳米级粉体具有极强的氧化还原性能，这是其他任何汽车尾气净化催化剂都不能比拟的。它的应用可以彻底解决汽车尾气中一氧化碳和氮氧化物的污染问题。以活性炭作为载体，纳米 $Zr_{0.5}Ce_{0.5}O_2$ 粉体作为催化活性体的汽车尾气净化催化剂，具有极强的电子得失能力和氧化还原型，再加上纳米材料比表面积大，空间悬键多，吸附能力强，因此它在氧化一氧化碳的同时，还原氮氧化物，使它们转化为对人体和环境无害的气体——二氧化碳和氮气。

三是石油提炼工业中的脱硫工艺。从根源上解决污染源问题，仅靠采用汽车尾气排放和空气中硫氧化物的净化是不够的，如果在石油提炼工业中重视脱硫过程，降低燃料中硫含量，那么有害气体 $SO_2$ 产生的源头就被截断，因而对环境的治理可以起到事半功倍的效果。纳米材料在脱硫工艺中提高脱硫效率方面发挥重要作用，例如，采用半径为 $55 \sim 70$ nm 的钛酸钴作为催化剂，以多孔硅胶或 $Al_2O_3$ 陶瓷作为载体的催化剂进行脱硫，其催化效率极高。

### 2. 污水处理

污水处理就是将污水中通常含有的有毒有害物质、悬浮物、泥沙、铁锈、异味污染物、细菌病毒等物质从水中去除。由于传统的水处理方法效率较低、成本高、存在二次污染等问题，污染治理一直得不到很好解决。纳米技术的发展和应用有望彻底解决这一难题。

污水中的贵金属是对人体极其有害的物质，它从污水中流失，也是资源的浪费。纳米技术可以将污水中的贵金属如金、钌、钯和铂等完全提炼出来，变害为宝。一种新型的纳米级净水剂具有很强的吸附能力，它的吸附能力和絮凝能力是普通净水剂三氯化铝的 $10 \sim 20$ 倍，因此它能将污水中悬浮物完全吸附并沉淀下来。

纳米超高效水处理剂具有传统水处理剂无法比拟的污水净化效果，同时，药剂费用低、应用范围广、使用方便。在超高效净化器内，污水与净水剂在极短时间内得以充分混凝，使污水在设备里充分曝气，提高污泥沉淀效率，从而取代大溶剂的污泥沉降池，既节约了空间，又缩短了流程。该工艺彻底摆脱了生物氧化控制，同时，通过一系列的特定化学过程去除或稳定污泥中的有害物质，并在此基础上向污泥上补充氮、磷、钾来平衡肥分，利用生态肥料技术实现污泥的无害化和资源化。

我国污水治理工艺诞生至今，经历了物理法和生物氧化法，但长期以来停留在生物氧化法阶段，巨大的投资和高昂的运转费用，给企业发展带来了沉重的负担。如今已进入物理化学法时代，因此，污水治理由排放型和处理型治理工艺向资源型治理工艺转变，是废水处理的必然趋势。纳米技术的发展，必将为我国开创出一个高效、低耗、低投入的污水治理局面。

### 3. 固体废物处理

纳米材料的出现缓解了白色污染对生态环境的破坏。将可降解的淀粉和不可降解的塑料通过超微粒粉碎设备粉碎至"纳米级"后，进行物理共混改性。利用这种新型原料，可生产出 100% 降解的农用地膜、一次性餐具、各种包装袋等类似产品，农用地膜经 4~5 年的大田实验表明：70~90 天内，淀粉完全降解为水和二氧化碳，塑料则变成对土壤和空气无害的细小颗粒，并在 17 个月内同样完全降解为水和二氧化碳，这是彻底解决白色污染的实质性突破。

纳米 $TiO_2$ 技术应用于固体废弃物处理，其优越性主要体现在以下两个方面：首先，纳米级处理剂降解固体废弃物的速度快。例如，纳米 $TiO_2$ 降解固体废弃物的速度为常规 $TiO_2$ 的 10 倍。其次，在固体废弃物中掺杂纳米 $TiO_2$，当其作垃圾焚烧或填埋时，可有效地除去其中的有害物质。因此，纳米 $TiO_2$ 技术可在很大程度上缓解固体废弃物给城市环境带来的巨大压力，也可以减轻填埋等传统方式所产生的二次污染。

在固体废弃物处理中，可将橡胶制品、塑料制品、废印刷电路板等制成超微粉末，以除去其中的异物，成为再生原料回收。在日本还将废弃橡胶轮胎制成粉末用于铺设运动场、道路和新干线的路基。介孔二氧化硅材料 MCM – 41 现在已广泛应用于超细污染物的去除。纳米材料还可以降解有机磷农药、城市垃圾等。

## 知识拓展

煤化学工业：1845 年，德国化学家霍夫曼（Hoffmann）研究煤焦油染料化工技术问题，首先在煤焦油中发现苯胺，先后合成了多种染料、香料、杀菌剂、解毒剂等，促进了德国煤化学工业迅速发展；1856 年，霍夫曼的学生、英国青年化学家帕金（Perkin）在研究利用煤焦油中提炼出来的苯胺合成奎宁的过程中，意外地发现了一种自然界中没有的优良染料——苯胺紫；帕金获得专利以后，在英国建造了世界上第一个合成煤焦油染料工厂，从煤焦油中提取了大量的芳香族化合物，制成种类繁多的香料、杀菌剂、炸药、药品等。

电解海水制氢最新进展：目前，较为理想的低碳高纯制氢技术主要是可再生能源电解水制氢，然而，水裂解反应的理论电压高达 1.23 V，因而使其具有较高的能耗和成本，无法推广至实际应用。此外，海水电解制氢还面临着海水的复杂化学环境所带来的巨大影响，例如催化剂污染失活、阳极氯氧化副反应与腐蚀等。鉴于此，深圳大学谢和平院士与南京工业大学邵宗平教授联合基于自驱动相变机制的原位水净化工艺，开发了一种新型的用于制氢的直接海水电解系统（SES），从根本上解决了电解海水制氢过程中的副反应和腐蚀问题[14]。在实际应用场景下，该海水电解系统在电流密度为 250 $mA/cm^2$ 时可以稳定地运行 3 200 h 以上。更重要的是，该系统能够以接近于淡水电离的方式实现高效、尺寸灵活且可扩展应用的海水直接电解，并且不会显著增加任何的操作成本，具有极高的应用潜力，取得了电解海水制氢的世纪突破，被 *Nature* 选为 Research Briefing 专栏推介文章。

**科学视野**

闵恩泽（1924 年 2 月 8 日—2016 年 3 月 7 日，图 7-17），四川成都人，石油化工催化剂专家，中国科学院院士、中国工程院院士、第三世界科学院院士、英国皇家化学会会士，2007 年度国家最高科学技术奖获得者，感动中国 2007 年度人物之一，是中国炼油催化应用科学的奠基者，石油化工技术自主创新的先行者，绿色化学的开拓者，被誉为"中国催化剂之父"。

1946 年，闵恩泽毕业于国立中央大学；1951 年，获美国俄亥俄州立大学博士学位；1955 年，进入石油工业部北京石油炼制研究所工作；之后为资深院士、中国石油化工股份有限公司石油化工科学研究院高级顾问。

**图 7-17　闵恩泽**

闵恩泽主要从事石油炼制催化剂制造技术领域研究，20 世纪 60 年代主持开发了制造磷酸硅藻土叠合催化剂的混捏-浸渍新流程；通过中型试验，提出了铂重整催化剂的设计基础，研制成功航空汽油生产急需的小球硅铝催化剂，主持开发成功微球硅铝裂化催化剂。20 世纪 80 年代开展了非晶态合金等新催化材料和磁稳定床等新反应工程的导向性基础研究。1995 年，闵恩泽进入绿色化学的研究领域，策划指导开发成功化纤单体己内酰胺生产的成套绿色技术和生物柴油制造新技术。

# 本章思考题

1. 纳米材料的合成与制备有几种途径？请简述。
2. 沉淀法、微乳液法、电沉积法各有什么特点？
3. 球磨法制备纳米材料有什么优缺点？
4. 化石能源的主要利用途径有哪些？在利用过程中，存在哪些局限性和缺陷？
5. 光、电催化相较于传统的热催化存在哪些优势？请简述。
6. 纳米材料在精细化工领域有哪些应用？主要依靠它的哪些特性？请简述。

# 参考文献

[1] Merkin C, Lestinger R, Mucic R, Storhoff J. A DNA - based method for rationally assembling nanoparticles into macroscopic materials [J]. Nature, 1996 (382): 607-609.

[2] Reed M, Tour J, Burgen T, Zhou C, Miller C. Conductance of a Molecular Junction [J]. Science, 1997 (278): 252-254.

［3］ Collier C，Wong E，Belohradsky M，et al. Electronically Configurable Molecular – Based Logic Gates ［J］. Science，1999（285）：391 – 394.

［4］ Mitov M，Popov A，Dragieva I. Possibilities for battery application of $Co_xB_yH_z$ colloid particles. Colloids and Surfaces ［J］. A. Physicochem. Eng. Agents，1999（149）：413 – 419.

［5］ 陈丽君，许春漫. 数字图书馆电子商务服务 SWOT 分析与发展策略 ［J］. 情报科学，2006（10）：1582 – 1586.

［6］ 尾崎义治，贺集诚一郎. 超微颗粒导论 ［M］. 赵修建，张联盟，译. 武汉：武汉工业大学出版社，1991.

［7］ Xie Y，Qian Y，Wang W，Zhang S，Zhang Y. A Benzene – Thermal Synthetic Route to Nanocrystalline GaN ［J］. Science，1996（272）：1926 – 1927.

［8］ 张志琨，崔作林. 纳米技术与纳米材料 ［M］. 北京：国防工业出版社，2000.

［9］ Li H，Jia X，Zhang Q，Wang X. Metallic Transition – Metal Dichalcogenide Nanocatalysts for Energy Conversion ［J］. Chem，2018（4）：1510 – 1537.

［10］ Li L，Borry R，Iglesia E. Design and optimization of catalysts and membrane reactors for the non – oxidative conversion of methane ［J］. Chemical Engineering Science，2002（57）：4595 – 4604.

［11］ Lunsford J. Catalytic conversion of methane to more useful chemicals and fuels：a challenge for the 21st century ［J］. Catalysis Today，2000（63）：165 – 174.

［12］ Yuan Q，Zhang Q，Wang Y. Direct conversion of methane to methyl acetate with nitrous oxide and carbon monoxide over heterogeneous catalysts containing both rhodium and iron phosphate ［J］. Journal of Catalysis，2005（233）：221 – 233.

［13］ Snyder J，McCue I，Livi K，Erlebacher J. Structure/Processing/Properties Relationships in Nanoporous Nanoparticles As Applied to Catalysis of the Cathodic Oxygen Reduction Reaction ［J］. Journal of American Chemical Society，2012（134）：8633 – 8645.

［14］ Xie H，Zhao Z，Liu T，et al. A membrane – based seawater electrolyser for hydrogen generation ［J］. Nature，2022（612）：673 – 678.

# 第 8 章
# 展　望

当你从宇宙的视角来看自己时，你的内心会不断提醒你还有更大、更美好的事情值得关注。

——阿尔伯特·爱因斯坦（1879—1963）

通过纳米材料化学与工程，化学、化工与纳米技术长久地结合在一起。自 20 世纪 90 年代以来，全球的学术、工业、政府和国防等部门都参与到了纳米化学研究与教育中。纳米材料正在深度地与物理、化学、材料、生物、信息、电子、光电工程、机械工程、机电工程、计算机、自动化以及兵器等学科融合发展，在电子学、光学、光电子和光子学、均相/异相催化、光催化、电催化、锂离子电池、光伏电池、超级电容器、压电/热电、燃料电池、光电探测、信息存储和处理、显示器、防伪、生物传感、生物诊疗、肿瘤治疗、仿生材料以及国防、航空航天等应用领域发挥着重要的作用。

纳米化学不仅开创了新的领域，正在越来越多的新领域大展宏图。如纳米化学中的定向进化技术，对生物结构的自然进化过程进行人为控制，得到具有特定功能的结构。日新月异的纳米科技成果告诉我们，病毒还能结合非生物的金属和半导体材料；病毒表面的蛋白序列可以结合无机材料，进而可以控制无机纳米团簇的生长。生物分子马达作为随处可见的纳米机器，以肌肉为动力的纳米机器等来自生物的启示，生物体可以组装特定功能的纳米复合材料，借助纳米化学也能制造特定的结构，大自然经历漫长的进化为我们创造了丰富的生物材料，仿生纳米化学及工程才刚刚开始。

编写这本《纳米材料化学与工程》教材是令人振奋的体验。"然后会有如何"引用自 Philip Ball 的名言，"突破是孕育着希望的发现，也意味着又一轮艰苦奋斗的开始"，在顶级期刊发表高水平论文只是起点，真正将研发结果付诸实践并走向市场，创造社会价值，为人类社会发展做出贡献仍是一个长期而又艰巨的任务。

"纳米材料的形态影响和决定功能和用途"，这句话在本教材中体现得淋漓尽致。原本由材料科学家、物理科学家和工程师自上而下地制造材料，现在需要材料化学家来寻找更富创造性的合成途径，通过自下而上的方式组装不同形态的材料。化学工程是研究物质转化过程中物质运动、传递、反应及其相互关系的科学，其任务是认识物质转化过程中传递现象和规律及其对反应本身和目标产品性能的影响，研究绿色高效地进行物质转化的工艺、流程和设备，建立使之工业化（规模）的设计、放大和调控的理论与方法，并重点关注化学与化工的交叉融合，将新理论、新概念、新方法应用于工业过程。纳米材料化学工程一方面要遵循传统的"三传一反"等原理，另外，近年来如微流控、微化工等工艺技术表明，该领域研究内涵也出现了许多新的变化，主要表现在更加聚焦于纳微介观结构、界面与多尺度优化与调控的研究、观测和模拟，更加聚焦于非常规和极端过程的研究。结合化工生产过程和工艺开发，将是纳米材料化学领域未来若干年的模式。

# 彩　　插

（a）

（b）

（c）

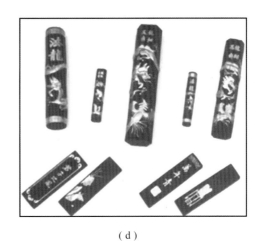

（d）

图 1-1　王羲之"丧乱帖"（a）、古罗马的莱克格斯杯（Lycurgus cup）（b）、
荷花出淤泥而不染（c）以及中国的徽墨（d）

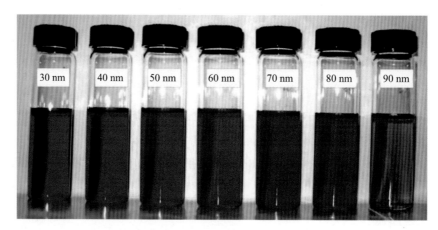

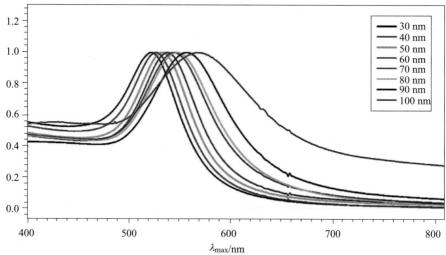

图 2 - 8　水溶液中不同粒径的金纳米颗粒的颜色及紫外 - 可见光谱[7]

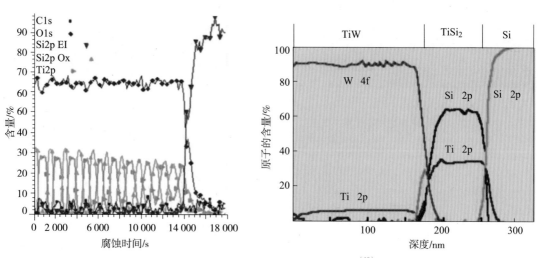

图 5 - 28　一定深度范围内的元素含量[19]

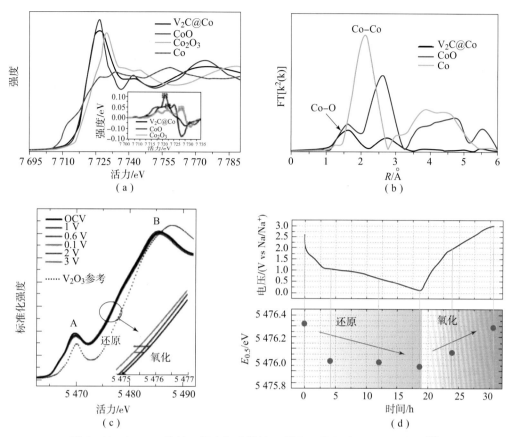

图 5-29 MXene 的基于同步加速器的 X 射线吸收光谱（XAS）表征[20]

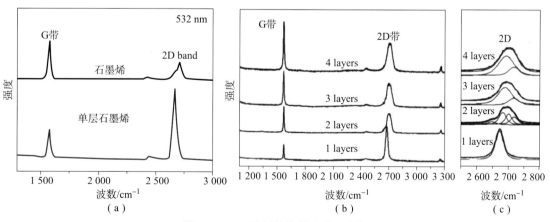

图 5-41 石墨烯的拉曼光谱和成像

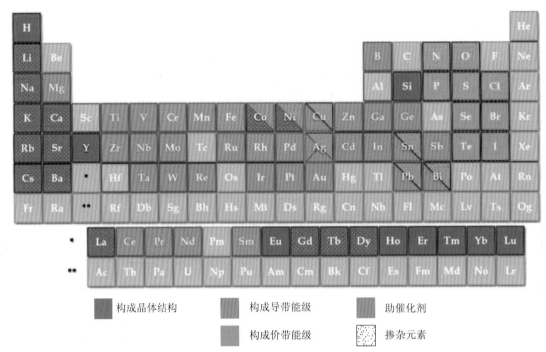

构成晶体结构    构成导带能级    助催化剂

构成价带能级    掺杂元素

图 6 − 5    半导体光催化剂的组成